护士执业资格考试同步辅导丛书

内科护理学笔记

（含老年保健、精神障碍、中医护理）

（第二版）

主　编　徐　亮
副主编　刘　辉　赵淑敏
编　者　（按姓氏汉语拼音排序）
符勤怀（广州医学院从化学院）
郭　华（广东省江门中医药学校）
郭子荣（广州医学院护理学院）
胡晓迎（广东省珠海市卫生学校）
李　春（广州医学院从化学院）
刘　辉（广州医学院护理学院）
梅碧琪（广州医学院护理学院）
吴　彤（广州医学院护理学院）
谢　冰（广州医学院护理学院）
徐　亮（广州医学院护理学院）
张蔚蔚（广州医学院护理学院）
赵淑敏（浙江省桐乡市卫生学校）

科学出版社
北　京

内 容 简 介

本书围绕内科常见病、多发病患者的护理编写，承袭第一版优势，以2011年最新版护士执业资格考试大纲为指导，对结构和内容进行了必要的调整：从“三栏一框”精简为“两栏一框”——考点提纲栏、模拟试题栏和锦囊妙“记”框。其中考点提纲栏部分根据最新考纲增加了老年保健、精神障碍、中医护理等内容，在疾病护理中增加了护理问题，同时加大了与护理相关的社会人文知识等内容的比例；模拟试题栏部分由四个模块调整为专业实务和实践能力两个模块，含 A_1、A_2、A_3、A_4 型题，题量丰富。书后附模拟试题一套，供学生自我检测。

本书可供护理专业学生、临床护士、社区护士备考使用，同时也可作为护理专业自学考试、专升本考试、成人高考及在校生学习期间的参考资料。

图书在版编目(CIP)数据

内科护理学笔记 / 徐亮主编．—2版．—北京：科学出版社，2011．9
护士执业资格考试同步辅导丛书
ISBN 978-7-03-032229-6

Ⅰ．内… Ⅱ．徐… Ⅲ．内科学：护理学-护士-资格考试-自学参考资料
Ⅳ．R473．5

中国版本图书馆 CIP 数据核字(2011)第 175733 号

责任编辑：裴中惠 张 茵 / 责任校对：纪振红
责任印制：刘士平 / 封面设计：范璧合

科学出版社出版
北京东黄城根北街16号
邮政编码：100717
http://www.sciencep.com

新蕾印刷厂印刷
科学出版社发行 各地新华书店经销
*
2010年1月第 一 版 开本：787×1092 1/16
2011年9月第 二 版 印张：20
2011年9月第五次印刷 字数：624 000
印数：20 001–27 000

定价：35.00元

(如有印装质量问题，我社负责调换)

第二版前言

“护士执业资格考试同步辅导丛书”（第二版）包括《基础护理学笔记》《内科护理学笔记》《外科护理学笔记》《妇产科护理学笔记》《儿科护理学笔记》共5册，是以2011年全国护士执业资格考试大纲为指导，在承袭第一版教材优势的基础上，对结构和内容进行了调整后修订而成。

在编写结构方面，本丛书根据最新考纲高度概括的特点，将第一版“三栏一框”的编写格式精简为“两栏一框”：①考点提纲栏：以考试大纲为依据，摒弃了一般辅导书中烦琐的文字叙述，采用提纲挈领的编写格式，提炼教材精华，辅以助记图表，降低学习难度；同时，将常考的关键字词加粗标出，对重要的知识点在加粗的基础上标注星号，以凸显历年高频考点内容，强化记忆。②模拟试题栏：涵盖考试大纲知识点，从专业实务和实践能力两方面对应考纲进行命题，避免试题与实际考试题型脱节的情况，题型全面，题量丰富，帮助考生随学随测，提升应试能力。③锦囊妙“记”框：通过趣味歌诀、打油诗和顺口溜，帮助考生巧妙、快速地记忆知识点。

根据最新考纲中考试范围的变动，新版丛书在内容上进行了补充调整，以便更完善地覆盖考点：①在考点提纲栏部分增加了精神障碍患者的护理、中医护理。②在疾病护理中增加了护理问题，同时加大了与护理相关的社会人文知识内容的比例等。③在模拟试题栏部分，将四个模块的命题格式调整为专业实务和实践能力两个模块。书后附模拟试卷一套，供学生进行自我检测。

本丛书可以有针对性地帮助考生进行考前系统复习，有效提高使用者参加护士执业资格考试的通过率，是临床护士、社区护士顺利通过护士执业资格考试的好帮手；同时，也可作为护理专业自学考试、专升本考试、成人高考及在校生学习期间的参考资料。

本丛书在编写过程中得到了广州医学院护理学院、广州医学院第三附属医院、广东省新兴中药学校、广东省江门中医药学校、广东省珠海市卫生学校、浙江省桐乡市卫生学校、其他各位编者所在单位及科学出版社卫生职业教育出版分社的大力支持和帮助，在此深表感谢！编写期间参考了大量国内相关书籍和教材，一并向相关编者致以谢意。

受编者水平所限，本丛书难免在内容上有所疏漏，在文字上有欠妥之处，恳请广大读者不吝赐教和指正，以促进本丛书日臻完善。

编　者

2011年7月

第一版前言

“护士执业资格考试同步辅导丛书”是以全国护士执业资格考试大纲为指导，以科学出版社及其他出版社出版的中、高等（包括本科、大专、中专）护理专业内科护理学、外科护理学、儿科护理学、妇产科护理学、基础护理学教材内容为基础，结合编者多年来全国护士执业资格考试辅导的成功经验组织编写，本着“在教材中提炼精华，从零散中挖掘规律，到习题中练就高分，从成长中迈向成功”的宗旨，为考生顺利通过护士执业资格考试助一臂之力。

“护士执业资格考试同步辅导丛书”包括《内科护理学笔记》、《外科护理学笔记》、《儿科护理学笔记》、《妇产科护理学笔记》、《基础护理学笔记》共5本。编写内容涵盖了考试大纲要求的知识点，采用“三栏一框”的编写格式：①护考目标栏：以国家护士执业资格考试大纲为依据，明确考点，使学生对需要掌握的内容做到心中有数。②考点提纲栏：以考试大纲为依据，采用提纲挈领、助记图表等形式，摒弃了一般教材和考试指导中烦琐的文字叙述，提炼教材精华，在重要的知识点前标注1～2个星号，凸显历年高频考点；常考的关键字词加黑标出，强化记忆。③模拟试题栏：涵盖考试大纲知识点，其中《内科护理学笔记》、《外科护理学笔记》、《儿科护理学笔记》、《妇产科护理学笔记》从基础知识、相关专业知识、专业知识三方面，《基础护理学笔记》围绕专业实践能力，对应考点提纲进行命题，避免一般教材章节后试题与实际考试题型脱节的情况，题型全面，题量丰富，帮助考生随学随测，强化记忆，提升应试能力。④锦囊妙“记”框：通过趣味歌诀、打油诗和顺口溜等形式，帮助考生巧妙、快速地记忆知识点。

根据国家最新颁布的《护士条例》及《护士执业资格考试办法》规定，护理专业毕业生在拿到毕业证当年即可参加国家护士执业资格考试。本丛书可以有针对性地帮助考生进行考前系统复习，有效地提高考生参加国家护士执业资格考试的通过率，是临床护士、社区护士顺利通过国家护士执业资格考试的好助手；同时，也可作为护理专业自学考试、专升本考试、成人高考及在校生学习期间的参考资料。特别需要提出的是，尽管目前的国家护士执业资格考试不考X型题，为保证本丛书覆盖知识点的完整性，再现往年真题的风貌，本丛书仍保留了X型题，供老师和同学们参考借鉴。

本丛书在编写、审定过程中，得到了广州医学院护理学院、广州医学院第三附属医院、新兴中药学校、江门中医药学校、南方医科大学南方医院、各位编者所在单位及科学出版社卫生职业教育出版分社的大力支持和帮助，在此深表感谢！编写期间参考了大量国内相关书籍和教材，一并向相关编者致以谢意。

由于编者水平所限，本丛书难免在内容上有所疏漏，在文字上有欠妥之处，恳请广大读者不吝赐教和指正，以促进本丛书日臻完善。

编　者

2009年9月

目录

第1章 绪 论

考点提纲栏——提炼教材精华，突显高频考点

第1节 护理体检

一、概述

1. 检查前准备包括用物准备、环境准备、患者准备。
2. ★基本检查方法有5种：视诊、触诊、叩诊、听诊、嗅诊。

二、一般状态检查

1. 全身一般状况

(1)体温
- 1)体温过低：低于**35℃**，见于急性大出血、休克、慢性消耗性疾病、甲状腺功能减退症、极度衰弱。
- 2)体温升高：高于**37.2℃**称为发热，见于感染、无菌性炎症、内出血、恶性肿瘤、组织破坏等。

(2)脉搏：每次测量脉搏不少于1min，特别是在检查心血管疾病患者时
- 1)速脉：>**100次/分**，见于发热、贫血、甲状腺功能亢进症、心功能不全、周围循环衰竭、心肌炎等。
- 2)缓脉：<**60次/分**，见于颅内压增高、黄疸、甲状腺功能减退症、病态窦房结综合征等。<**40次/分**，可能为房室传导阻滞。
- 3)★水冲脉：脉搏骤起骤落、急促有力，见于主动脉瓣关闭不全、甲状腺功能亢进症等。
- 4)★交替脉：脉搏一强一弱交替出现但节律正常，是左心衰竭的重要体征，见于高血压性心脏病、急性心肌梗死、心肌炎等。
- 5)★奇脉：又称吸停脉，吸气时脉搏明显减弱或消失，见于心包积液和缩窄性心包炎。
- 6)不整脉：脉搏不规则，见于心律失常；若脉率少于心率，称为★脉搏短绌，见于心房颤动、期前收缩。

(3)呼吸：正常成年人静息时呼吸次数为**16～20次/分**，男性以腹式呼吸为主，女性以胸式呼吸为主，测量时注意其频率、节律、深度、气味的变化
- 1)呼吸频率改变
  - ①呼吸>**24次/分**为呼吸增快，见于体力活动、发热、严重贫血、甲状腺功能亢进症等。
  - ②呼吸<**10次/分**为呼吸减慢，见于颅内压升高等。
- 2)★呼吸节律改变：以下两种呼吸节律改变均因呼吸中枢兴奋性降低所致，见于中枢神经系统疾病、中毒等
  - ①潮式呼吸，又名陈-施呼吸，特点是呼吸由浅慢逐渐变为深快，再由深快变为浅慢，继之暂停数秒，周而复始。

1. 全身一般状况

(3)呼吸：正常成年人静息时呼吸次数为**16～20次/分**，男性以腹式呼吸为主，女性以胸式呼吸为主，测量时注意其频率、节律、深度、气味的变化

- 2)★呼吸节律改变：以下两种呼吸节律改变均因呼吸中枢兴奋性降低所致，见于中枢神经系统疾病、中毒等
  - ②间停呼吸，也称毕奥呼吸，是病情危急的征象；特点是呼吸次数显著减少，并且每隔一段时间出现呼吸暂停数秒钟。
- 3)呼吸深度改变
  - ①酸中毒大呼吸，也称库斯莫呼吸，指代谢性酸中毒时呼吸加深、频率稍快，见于尿毒症、糖尿病酮症酸中毒患者。
  - ②呼吸浅快见于肺气肿、呼吸衰竭患者。
- 4)★呼吸气味
  - ①尿臭味见于尿毒症患者。
  - ②恶臭味见于支气管扩张或肺脓肿患者。
  - ③肝腥味见于肝性脑病患者。
  - ④烂苹果味见于糖尿病酮症酸中毒患者。
  - ⑤刺激性蒜味见于有机磷农药中毒患者。

(4)血压

- 1)★正常血压：**90mmHg≤收缩压<140mmHg，60mmHg≤舒张压<90mmHg**。
- 2)血压异常
  - ①血压升高，收缩压≥140mmHg和(或)舒张压≥90mmHg；继发性的血压增高称为高血压症，多见于肾脏疾病等。
  - ②血压降低，收缩压<90mmHg和(或)舒张压<60mmHg；见于休克、心功能不全、心肌梗死等。
  - ③脉压，正常脉压为30～40mmHg
    - a)脉压增大见于原发性高血压、主动脉瓣关闭不全、主动脉粥样硬化、严重贫血、甲状腺功能亢进症等。
    - b)脉压减小见于低血压、主动脉瓣狭窄、心包积液、重度心功能不全、严重二尖瓣狭窄等。

(5)意识状态

- 1)意识清楚：思维合理、反应敏锐、语言清晰。
- 2)★意识障碍的程度(表1-1)，昏迷的区别(表1-2)。

表1-1　意识障碍的程度

	程度	唤醒	反应	语言
嗜睡	最轻	可被唤醒	迟钝	答话切题
意识模糊	能基本应答	较难唤醒	迟缓	答话迟缓
昏睡	近似于人事不省	很难唤醒	较差	答非所问
昏迷	最严重	不能唤醒	无	无

注：谵妄：是以兴奋为主的意识模糊，表现为知觉障碍、胡言乱语、烦躁不安。

表1-2　昏迷的区别

程度	意识	强刺激	防御反射	生命体征	大小便失禁
浅昏迷	大部丧失	可有反应	仍存在	一般无改变	少有
深昏迷	全部丧失	无反应	消失	改变	多有

(6)面容和表情：常见有急性病容、慢性病容、病危面容、二尖瓣面容、甲状腺功能亢进症面容、满月面容、肢端肥大症面容。

(7)营养状态：是估计机体健康状况和疾病程度的重要标志之一，分为良好、不良。

1. 全身一般状况
- (8)★体位:常见自动、被动、强迫三种
  - 1)自动体位:活动自如。
  - 2)被动体位:不能变换或调整身体的位置,见于瘫痪、极度衰弱或昏迷患者。
  - 3)强迫体位:为减轻痛苦而采取的某种特殊体位,主要包括强迫坐位(端坐呼吸)、强迫卧位、强迫蹲位、辗转体位等。
- (9)四肢、脊柱与步态:震颤麻痹患者呈慌张步态、小脑疾患患者呈醉酒步态。

2. 皮肤黏膜检查
- (1)颜色
  - 1)苍白。
  - 2)发红。
  - 3)发绀:皮肤黏膜呈青紫色,由血液中还原血红蛋白的绝对量超过50g/L所致
    - ①常见部位是舌、唇、耳郭、面颊、肢端。
    - ②多见于先天性心脏病、心肺功能不全等。
    - ③严重贫血患者一般不出现发绀。
  - 4)黄染:皮肤黏膜发黄,由血液中的胆红素浓度过高渗入所致
    - ①见于肝细胞损害、胆道阻塞、溶血性疾病。
    - ②过多食用南瓜、胡萝卜、柑橘等,致皮肤黄染部位多在手掌、足底皮肤,而非巩膜和口腔黏膜。
  - 5)色素沉着:见于肝硬化、慢性肾上腺皮质功能减退症等。
- (2)皮疹:加压时可褪色或消失。
- (3)★紫癜:为皮肤黏膜下出血,常见于重症感染、血液病、某些血管损害的疾病、工业毒物或药物中毒等
  - 1)出血点:直径≤**2mm**,加压后不褪色。
  - 2)紫癜:直径在**3~5mm**。
  - 3)瘀斑:直径>**5mm**。
  - 4)血肿:片状出血伴局部皮肤隆起。
- (4)★蜘蛛痣:出现在上腔静脉所属处,如面、颈、上臂、前胸等,其产生与体内雌激素增高相关,慢性肝病、健康的妊娠期妇女可见。
- (5)弹性:弹性减退常见于老年人、严重脱水患者。
- (6)湿度:皮肤湿、冷见于休克等,皮肤异常干燥见于维生素A缺乏症、脱水等,汗多见于结核病、风湿热等。

3. 淋巴结检查:肺癌多向右侧锁骨上窝或腋窝淋巴结群转移,胃癌多向左侧锁骨上窝淋巴结转移,乳癌多向腋窝淋巴结群转移。

三、胸部检查

1. 胸部体表标志:包括胸骨角、第7颈椎棘突等,胸骨角与第2肋软骨相连。

2. 胸廓与胸壁
- (1)扁平胸:胸廓扁平,见于肺结核等。
- (2)★桶状胸:胸廓呈桶状,多见于肺气肿患者。
- (3)佝偻病胸:胸部上下长度较短,胸骨中下段前突形似鸡胸。
- (4)局部异常隆起和凹陷:隆起可见于大量胸腔积液、气胸等;凹陷可见于肺不张、广泛胸膜粘连。

3. ★气管:肺实变、肺气肿患者气管居中,胸腔积液、气胸患者气管移向健侧。

4. 肺和胸膜
- (1)视诊
  - 1)单侧呼吸运动减弱:患侧减弱,健侧代偿性呼吸运动增强。
  - 2)双侧对称性呼吸运动减弱:肺气肿的特点。
  - 3)★三凹征:胸骨上窝、锁骨上窝、肋间隙、腹上角凹陷,出现在严重吸气性呼吸困难时,见于气管异物等上呼吸道部分梗阻患者。
  - 4)★呼气性呼吸困难:见于下呼吸道部分梗阻患者如支气管哮喘、肺气肿患者。
- (2)触诊:肺气肿、气胸、胸膜腔积液时语颤减弱;肺实变时语颤增强。

4. 肺和胸膜
- (3)叩诊
  - 1)肺部正常叩诊音：呈清音，但与实质脏器重叠处呈浊音，左前胸第5、6肋间隙以下呈鼓音。
  - 2)肺部异常叩诊音：肺气肿呈过清音，气胸呈鼓音，肺炎、胸腔积液、肺肿瘤呈浊音或实音。
- (4)听诊
  - 1)正常呼吸音：肺部绝大部分可听到肺泡呼吸音。
  - 2)异常呼吸音：肺气肿、气胸、胸腔积液等可听到肺泡呼吸音减弱或消失，肺实变可听到异常支气管呼吸音。
  - 3)★啰音：干啰音常见于支气管哮喘、心源性哮喘、慢性支气管炎；湿啰音如局限于肺的某部，提示该部有炎症，若两肺布满湿啰音则提示急性肺水肿。
  - 4)胸膜摩擦音：胸膜脏层和壁层相摩擦的声音，多见于结核性胸膜炎。

四、心脏和血管

1. 视诊
- (1)心尖搏动
  - 1)★正常心尖搏动：胸骨左缘第5肋间锁骨中线内 **0.5～1.0cm**，搏动范围直径 **2.0～2.5cm**。
  - 2)★异常心尖搏动
    - ①心尖搏动向左下移位见于左心室增大，心尖搏动向左移位见于右心室增大。
    - ②心尖搏动移向某侧，可见于此侧肺不张或对侧气胸、胸腔积液。
    - ③心尖搏动上移可见于能使膈肌上抬的腹部疾病。
- (2)★颈静脉怒张和肝颈静脉回流征
  - 1)颈静脉怒张：提示上腔静脉回流受阻，静脉压增高，见于心包积液、右心衰竭等患者。
  - 2)肝颈静脉回流征：阳性为右心功能不全的重要征象之一。
- (3)颈动脉搏动：见于主动脉瓣关闭不全、甲状腺功能亢进症及严重贫血。
- (4)毛细血管搏动征：见于主动脉瓣关闭不全、甲状腺功能亢进症及严重贫血。

2. 听诊
- (1)心脏瓣膜听诊区
  - 1)二尖瓣区：位于心尖部，即**左锁骨中线内侧第5肋间**。
  - 2)肺动脉瓣区：胸骨左缘第2肋间。
  - 3)主动脉瓣区：第一听诊区在胸骨右缘第2肋间，第二听诊区在胸骨左缘第3、4肋间。
  - 4)三尖瓣区：胸骨下端近剑突稍偏左或稍偏右处。
- (2)★听诊内容：主要包括心率、心律、心音和心脏杂音
  - 1)心率：正常成人为60～100次/分；＞100次/分多为窦性心动过速，常见于剧烈运动、高热等；＜60次/分为窦性心动过缓，常见于运动员、心肌炎等。
  - 2)心律：正常人心律规则，临床最常见的心律失常是期前收缩、心房颤动
    - ①期前收缩可呈联律出现，多见于洋地黄中毒、各种器质性心脏病。
    - ②★心房颤动听诊特点为心律快慢不一，心音强弱不一，心率与脉率不一；常见于风湿性心脏病二尖瓣狭窄、甲状腺功能亢进症等。
  - 3)心音：舒张期奔马律，常见于心肌炎、动脉粥样硬化心脏病等重症心脏病患者，提示左心室功能低下。
  - 4)心脏杂音：在第一心音及第二心音之间的杂音为收缩期杂音，在第二心音之后的杂音为舒张期杂音，无论性质程度如何，为病理性杂音。

五、腹部检查

1. 腹部分区：多用九区法。

2. ★腹部视诊：正常人腹部平坦；严重脱水、极度消瘦者腹部凹陷，甚至呈“舟状腹”；在腹壁看到肠蠕动

波和肠型多因肠梗阻。

3. 腹部触诊：正常人腹壁柔软、无抵抗感
- (1)★压痛、反跳痛及肌紧张：病变累及壁腹膜的征象是反跳痛；急性弥漫性腹膜炎时，全腹肌肉紧张显著，硬如木板，称“**板状腹**”；压痛、反跳痛、腹肌紧张为腹膜炎症病变的三大体征，称**腹膜刺激征**。
- (2)腹部包块：触及肿块时，应注意其大小、位置、形态、硬度、有无压痛与搏动、能否移动、与周围器官和腹壁的关系等。
- (3)肝脏触诊：正常肝脏质地柔软，表面光滑，边缘规则，无压痛，无搏动。
- (4)脾脏触诊：正常脾脏不能触及。

4.★腹部叩诊：正常腹部叩诊呈鼓音；肝硬化腹水、结核性腹膜炎时可出现移动性浊音。

5. 腹部听诊
- (1)★肠鸣音：正常人**4～5次/分**，脐周最明显；若>10次/分称肠鸣音亢进，见于急性肠炎；如3～5min内听不到肠鸣音，称肠鸣音消失，见于肠麻痹。
- (2)胃振水音：正常人仅于饭后多饮时出现，若空腹或饭后6～8h，仍有振水音，提示胃排空不良，见于胃扩张、幽门梗阻等。

六、神经系统检查

1.★瞳孔
- (1)瞳孔大小：正常人两侧瞳孔对称、等大、正圆，直径约**2.5～5mm**
  - 1)瞳孔缩小见于有机磷、吗啡、巴比妥类等药物中毒。
  - 2)瞳孔散大见于颅内压升高、阿托品药物中毒及深昏迷患者。
  - 3)两侧瞳孔大小不等，提示颅内出血、脑疝、脑肿瘤等颅内病变。
- (2)瞳孔对光反射：受到光线刺激后，正常人两侧瞳孔立即缩小，移开光源后迅速复原
  - 1)瞳孔对光反射迟钝或消失，见于昏迷患者。
  - 2)两侧瞳孔散大伴对光反射消失，见于濒死状态。

2.★生理反射
- (1)浅反射：刺激皮肤或黏膜所致；角膜反射消失见于深昏迷患者；腹壁反射消失见于昏迷、锥体束或胸髓病损。
- (2)深反射：刺激肌腱或骨膜所致；膝腱反射减弱或消失多为末梢神经炎、神经根炎等下运动神经元病变；膝腱反射亢进见于上运动神经元病变等。

3.★病理反射：最常见是巴宾斯基征，提示锥体束受损，见于脑出血等。

4.★脑膜刺激征：包括颈项强直、凯尔尼格征、布鲁津斯基征，见于脑膜被炎症、出血等刺激或颅内压增高时。

第2节 常用实验检查

一、血液检查

1. 血红蛋白和红细胞数测定
- (1)★参考值：
  - 血红蛋白
    - 成年男性 120～160g/L
    - 成年女性 110～150g/L
  - 红细胞
    - 成年男性 $(4.0\sim5.5)\times10^{12}/L$
    - 成年女性 $(3.5\sim5.0)\times10^{12}/L$
- (2)★临床意义
  - 1)红细胞及血红蛋白减少：称贫血。病理性减少可由造血原料不足、造血功能障碍或红细胞丢失、破坏过多等原因引起。
  - 2)红细胞及血红蛋白增多
    - ①相对性增多见于连续呕吐、频繁腹泻、多汗多尿、大面积烧伤等。
    - ②绝对性增多见于缺氧，如高原生活、剧烈的体力活动、严重的肺气肿、肺源性心脏病和某些先天性心脏病等。

2. 白细胞计数及白细胞分类计数
- (1)★参考值为:**白细胞计数:(4.0～10.0)×10^9/L**
- (2)临床意义如下
  - 1)★白细胞及中性粒细胞:中性粒细胞占白细胞计数的0.5～0.7
    - ①增多可分为生理性、病理性增多
      - a)生理性增多见于新生儿、妊娠5个月以上、剧烈运动或劳动后;
      - b)病理性增多见于急性感染,特别是化脓菌感染,如肺炎球菌性肺炎、败血症,严重的组织损伤、急性心梗、急性中毒等。
    - ②减少常见于伤寒、应用氯霉素、抗肿瘤药物、再生障碍性贫血。
  - 2)★嗜酸粒细胞
    - ①增多见于过敏性疾病,如支气管哮喘、荨麻疹;寄生虫病,如血吸虫病等。
    - ②减少见于伤寒、副伤寒及长期应用糖皮质激素时。
  - 3)淋巴细胞:增多见于某些病毒感染、结核感染、慢性淋巴细胞性白血病。

3. ★网织红细胞计数:网织红细胞的增减,反映骨髓造血功能的盛衰
- (1)增多:见于各种贫血,如溶血性贫血、出血性贫血、缺铁性贫血及巨幼红细胞性贫血经补充有关物质后。
- (2)网织红细胞减少见于再生障碍性贫血。

4. 红细胞沉降率:增快无特异性,需结合临床。

5. ★血小板计数
- (1)参考值:**(100～300)×10^9/L**
- (2)临床意义
  - 1)病理性减少
    - ①造血功能障碍,如再生障碍性贫血、急性白血病、放射病等。
    - ②血小板破坏增加,如原发性血小板减少性紫癜、脾功能亢进等。
    - ③血小板消耗过多,如弥散性血管内凝血。
  - 2)病理性增加:见于急性大失血、溶血性贫血等。

6. 出血时间测定:延长见于再生障碍性贫血、血小板减少性紫癜等。

7. 凝血时间测定:凝血时间延长见于血友病、严重的肝损害、阻塞性黄疸等。

二、尿液检查

1. ★尿液一般检查
- (1)尿量:正常成人为**1 000～2 000ml/24h**。
- (2)颜色和透明度:淡黄色透明液体。
- (3)酸碱度:为弱酸性～中性。
- (4)比重:为1.003～1.035。

2. ★化学检查
- (1)蛋白质定性检查:正常为阴性
  - 1)蛋白尿:是蛋白质定性检查呈阳性,分为生理性、病理性蛋白尿。
  - 2)生理性蛋白尿:见于剧烈运动后、劳累、寒冷等,为暂时性。
  - 3)病理性蛋白尿:见于肾实质性病变、肾淤血、药物中毒等。
- (2)尿糖定性试验:测定尿中葡萄糖
  - 1)班氏尿糖定性结果(表1-3)。

表1-3 班氏尿糖定性结果

反应结果	符号	含葡萄糖量(g/L)
蓝色不变	(－)	无
绿色	(＋)	微量,5以下
黄绿色	(＋＋)	少量,5～10
土黄绿	(＋＋＋)	中等量,10～20
砖红色	(＋＋＋＋)	大量,20以上

2. ★化学检查
   - (2)尿糖定性试验:测定尿中葡萄糖
     - 2)注意事项
       - ①需新鲜尿液。
       - ②假阳性反应是在尿内含乳糖、果糖、麦芽糖,服用维生素C、大黄等导致。
     - 3)临床意义:正常属阴性,阳性见于糖尿病、甲状腺功能亢进症、慢性肝炎等。

3. 显微镜检查
   - (1)★红细胞:正常人尿内无或偶见红细胞
     - 1)镜下血尿:每高倍视野中平均见到3个以上红细胞。
     - 2)临床意义:见于急慢性肾炎、肾结核、泌尿道结石、肿瘤。
   - (2)★白细胞及脓细胞:如每高倍视野中超过5个为增多,称镜下脓尿,见于肾肿瘤、泌尿系统炎症如肾盂肾炎等。
   - (3)管型:正常人尿内无或偶见,尿内出现多量管型时,为肾实质病变。

4. 尿液其他检查
   - (1)尿酮体检查:糖尿病酮症患者,尿酮呈阳性。
   - (2)1h尿细胞排泄率:肾盂肾炎白细胞排出增多,肾炎红细胞排出增多。

三、粪便检查

1. 显微镜检查:寄生虫卵、原虫为诊断寄生虫病重要依据。

2. ★粪便隐血试验:正常人呈阴性,全消化道各种出血均可呈阳性。用化学检查法查粪便隐血试验前3d需限制饮食,禁止摄入动物血等。

四、★常用肾功能检查

1. 内生肌酐清除率
   - (1)标本采集法
     - 1)试验前和试验日摄低蛋白饮食共3d,禁食肉类,避免剧烈运动。
     - 2)试验日晨8时排尽尿液弃去,此后至次日晨8时的24h尿液放入加有甲苯的标本瓶内。
     - 3)试验日采静脉血2~3ml,注入抗凝管内,充分混匀。
     - 4)血、尿标本同时送验;必要时测身长、体重,以计算体表面积。
   - (2)临床意义:降低说明肾小球滤过功能减退,见于慢性肾小球肾炎,慢性肾功能衰竭。

2. 血尿素和血肌酐测定:增高见于
   - (1)肾脏疾病引起肾功能不全、肾前或肾后因素致尿量显著减少等。
   - (2)血肌酐明显增高时,表示肾功能已严重损害,提示预后差。

3. 尿浓缩与稀释功能试验:夜尿量>**750ml**,见于早期肾衰竭;尿比重**固定在1.010**左右,最高尿比重<**1.018**,比重差<**0.009**见于肾浓缩功能不全。

五、常用肝功能检查

1. 胆红素代谢功能试验
   - (1)血清总胆红素和血清直接胆红素(1min胆红素)测定
     - 1)参考值:
       - 血清总胆红素1.7~17.1μmol/L。
       - 血清直接胆红素0.51~3.4μmol/L。
     - 2)★临床意义
       - ①判断黄疸程度
         - a)总胆红素在17~34.2μmol/L为隐性黄疸。
         - b)>34.2μmol/L为显性黄疸。
       - ②判断黄疸类型,阻塞性黄疸的直接胆红素最高,肝细胞性黄疸次之。
   - (2)尿胆原定性及胆红素定性试验:临床意义
     - 1)尿胆原增高:溶血性黄疸、肝细胞性黄疸。
     - 2)尿胆原降低:完全阻塞性黄疸。
     - 3)尿胆红素阳性:阻塞性黄疸、肝细胞性黄疸。
     - 4)尿胆红素阴性:溶血性黄疸。

2. ★蛋白质代谢功能试验：血清蛋白总量及白蛋白与球蛋白比值(A/G)测定的临床意义
   - (1)白蛋白显著降低
     - 1)肝细胞严重损伤：严重肝炎、晚期肝硬化。
     - 2)肝外疾患：营养不良及消耗性疾病、肾炎、肾病综合征。
   - (2)球蛋白增高：见于慢性肝炎、肝硬化。
3. ★血清丙氨酸氨基转移酶测定(ALT)
   - (1)分布：广泛存在于肝、心、脑、肾等组织细胞中，含量最高者为肝细胞。
   - (2)临床意义：判断肝细胞损害之重要指标
     - 1)ALT 显著增高：见于急性黄疸型肝炎；对早期诊断有价值。
     - 2)ALT 反复或持续增高：可见于慢性肝炎。
     - 3)ALT 下降：见于重型肝炎，同时见黄疸迅速加深，即为胆-酶分离。

六、其他生化检查

1. 血清电解质测定
   - (1)血钾、血钠、血氯化物
     - 1)参考值
       - ①★血清钾测定：3.5～5.1mmol/L。
       - ②血清钠测定：135～145mmol/L。
       - ③血清氯化物测定：95～105mmol/L。
     - 2)★临床意义
       - ①血钾增高见于尿少、尿闭、肾上腺皮质功能减退症、肾衰竭。
       - ②血钾降低见于呕吐、腹泻、大量利尿及应用胰岛素时。
   - (2)血钙、血磷：临床意义
     - 1)血钙增高见于甲状旁腺功能亢进症。
     - 2)血钙降低见于急性出血性胰腺炎。
2. 血清脂类测定：总称为血脂，包括胆固醇、三酰甘油、磷脂和游离脂肪酸
   - (1)血清总胆固醇：增高见于冠状动脉粥样硬化、高血压、重症糖尿病、肾病综合征等。
   - (2)血清三酰甘油测定：增高是冠状动脉粥样硬化的重要因素。

第3节 其他检查

一、心电图检查

1. 常规心电图导联：包括双极肢导联、加压单极肢导联、胸导联。
2. ★正常心电图的各波及间期的名称和意义
   - (1)P 波：**心房除极波**，由心房激动产生。
   - (2)PR 间期：反映电活动从心房到心室的传导时间。
   - (3)QRS 波群：**心室除极波**，由心室激动所产生。
   - (4)ST 段：心室除极刚结束到复极前的一段短暂时间。
   - (5)T 波：心室复极时的电位变化和时间。
   - (6)Q-T 间期：心室除极、复极的总时间。
3. 心电图各波、段、间期正常范围(表 1-4)。

表 1-4 心电图各波、段、间期正常范围简表

		标准肢导联	加压肢导联	胸导联
P 波	方向	Ⅰ直立 Ⅱ直立	aVR 倒置 aVF 直立	$V_{3\sim6}$直立
	振幅	＜0.25mV		＜0.20mV
	时间	≤0.11s		
P-R 间期		0.12～0.20s		

续表

		标准肢导联	加压肢导联	胸导联
Q波	振幅	深度小于同导联R波的1/4,aVR导联例外,可呈Qr波		
	时间	＜0.04s		
QRS波群	时间	0.06～0.10s		
S-T段	抬高	≤0.1mV		$V_{1\sim2}$≤0.2mV $V_{3\sim4}$≤0.3mV $V_{5\sim6}$≤0.1mV
	压低	＜0.05mV		
T波	方向	Ⅰ直立 Ⅱ直立	aVR倒置	$V_{3\sim6}$直立
	振幅	大于同导联R波的1/10		
U波	方向	与T波一致		

注:不定指直立、双相、平坦或倒置。

二、X线检查

1. ★X线检查前准备
   - (1)透视检查前准备:简短解释,尽量除去厚层衣物及影响X线穿透的物品,如发夹、金属饰物、膏药、敷料等。
   - (2)摄片检查前准备:摄片时需屏气;除急腹症外,腹部摄片前应先清理肠道,以免气体或粪便影响摄片质量。
   - (3)造影检查前准备
     - 1)禁忌证:严重心、肾疾病或过敏体质等。
     - 2)碘过敏试验:用碘造影剂**1ml**作缓慢的静脉注射,**15min**内观察患者**有无胸闷、心慌、恶心、呕吐、呼吸急促、头晕、头痛、荨麻疹**。
2. 新技术的应用
   - (1)计算机体层摄影(CT):胸腹部扫描前禁食6～8h,指导患者呼吸和屏气要领;盆腔扫描前3d进食少渣、少胀气饮食。
   - (2)磁共振成像(MRI):检查前需去除患者随身携带的任何可干扰磁场的金属物件,包括义齿、起搏器、节育环等体内金属性异物。

三、超声检查

超声检查前一般无需特殊准备,腹部、盆腔检查除外。

1. ★腹部检查:包括胆囊、胰腺及胃肠的检查
   - (1)禁食12h。
   - (2)胆囊超声前**24～48h**禁食脂肪餐。
2. 盆腔检查:包括子宫、附件、膀胱、前列腺等检查;检查前需要多饮水,**保持膀胱充盈**。

第4节 内科疾病分期护理

一、各期患者的特点

1. 急性病期:起病急骤、进展迅速、病势凶猛,自觉症状中,常导致患者不良心理反应。
2. 慢性病期:病程长,病情时好时坏,疗效不显著,身体不能完全康复,患者需要长期治疗和护理。
3. 危重病期:身体虚弱,变化迅速,随时有生命危险。

4. 康复期：组织器官的器质性改变已基本消除，进入功能恢复阶段或留有后遗症。

5. 老年期：65 岁以上，脏器和神经系统功能有所衰退，代偿能力和免疫功能减低，常有多种疾病并存。

二、各期患者的护理措施

1. 急性病期患者的护理：心理护理、加强病情观察、对症护理、加强营养、健康教育。

2. 慢性病期患者的护理：心理护理、促进和保持病情缓解、指导自我护理。

3. 危重病期的护理：抢救，减少病痛、防止器官衰竭。

4. 康复期患者的护理：心理护理很重要；重视功能锻炼；促进残疾者成为“自主”者，重新回归社会。

5. 老年人的护理
   - (1)心理护理。
   - (2)保持生理需要
     - 1)饮食护理：低热量、优质蛋白质饮食，少食大量糖类，避免高脂肪及高胆固醇，宜多吃新鲜水果和蔬菜，每日饮水量应保持 **1 000～1 500ml**，饮食要定时定量及少量多餐等。
     - 2)保证睡眠：每日有 6h 睡眠和 1h 午睡。
     - 3)保持活动：防止卧床患者肢体失用、减少便秘。
   - (3)加强安全措施：老年人洗澡不必过勤，水温宜在 **40℃** 以下，时间不宜超过 **30min**；防止跌伤等。
   - (4)加强晨晚间护理及用药监护，指导老年保健。

模拟试题栏——洞破命题思路，提升应试能力

专业实务

A_1型题

1. 吸气性呼吸困难多见于
   A. 慢性阻塞性肺气肿　B. 气管异物
   C. 重症肺炎　D. 支气管哮喘
   E. 气胸

2. 正常成人 24h 尿量为
   A. 500～1 000ml　B. 800～1 000ml
   C. 1 000～1 500ml　D. 1 000～2 000ml
   E. 1 500～2 000ml

3. 下列提示早期肾衰竭的指标是
   A. 尿比重固定在 1.010 左右
   B. 12h 夜尿量＞750ml
   C. 血肌酐明显增高
   D. 尿沉渣见透明管型
   E. 尿白细胞排泄率增高

4. 可导致红细胞计数减少的是
   A. 慢性失血　B. 连续呕吐
   C. 慢性缺氧　D. 大面积烧伤
   E. 高原居住

5. 会出现中性粒细胞增多的情况是
   A. 病毒性肝炎　B. 肺炎球菌肺炎
   C. 长时间应用氯霉素后　D. 伤寒
   E. 再生障碍性贫血

6. 白细胞分类计数中比率最高的是
   A. 淋巴细胞　B. 单核细胞
   C. 中性粒细胞　D. 嗜碱粒细胞
   E. 嗜酸粒细胞

7. 下列能致嗜酸粒细胞增多的疾病为
   A. 急性心肌梗死　B. 急性阑尾炎
   C. 支气管哮喘　D. 伤寒
   E. 急性化脓性扁桃体炎

8. 能反映肾小球滤过功能最可靠的指标是
   A. 血肌酐　B. 血尿酸
   C. 血尿素氮　D. 内生肌酐清除率
   E. 尿肌酐

9. 下列属于病理反射的检查是
   A. 布鲁津斯基征　B. 角膜反射
   C. 瞳孔对光反射　D. 膝腱反射
   E. 巴宾斯基征

10. 能使血清肌酐明显增高的疾病是
    A. 休克　B. 心力衰竭
    C. 上消化道大出血　D. 急性尿潴留
    E. 尿毒症

11. 血清钾参考值是
    A. 3.5～5.1mmol/L　B. 135～145mmol/L

C. 98～106mmol/L　　D. 95～108mmol/L

E. 2.25～2.75mmol/L

12. 下列属于病理性蛋白尿的是

A. 运动　　B. 体位改变

C. 寒冷　　D. 肾炎

E. 劳累

13. 正常情况下，成人尿比重为

A. 1.000～1.005　　B. 1.005～1.010

C. 1.010～1.015　　D. 1.015～1.025

E. 1.003～1.035

14. 由心房激动产生的心电图波段称为

A. P 波　　B. PR 间期

C. QRS 波群　　D. ST 段

E. T 波

A_2 型题

15. 患者，女性，50 岁，患糖尿病 1 年。下列检查中哪项最适用于她

A. 尿糖定性

B. 尿比重

C. 尿蛋白定性

D. 尿细胞和管型的检查

E. 尿胆红素测定

16. 患者，男性，42 岁，自幼为乙肝携带者，近两周感乏力、腹胀，查血清白蛋白减少、球蛋白增高，估计他最可能患的疾病是

A. 系统性红斑狼疮　　B. 多发性骨髓瘤

C. 慢性炎症　　D. 慢性肾小球肾炎

E. 肝硬化

17. 患者，女性，30 岁，拟诊为急性肾盂肾炎。实验室检查尿中白细胞为多少时对肾盂肾炎有诊断价值

A. 白细胞＞2/HP　　B. 白细胞＞3/HP

C. 白细胞＞4/HP　　D. 白细胞＞5/HP

E. 白细胞 3～5/HP

18. 患者，男性，47 岁，以急性白血病入院化疗，化疗后复查血象：血小板计数为 44×10^9/L。患者想了解有关血小板计数的参考值，护士的解释是

A. $(4.0\sim5.5)\times10^{12}$/L

B. $(4.0\sim10.0)\times10^{9}$/L

C. $>300\times10^{9}$/L

D. $(3.5\sim5.0)\times10^{12}$/L

E. $(100\sim300)\times10^{9}$/L

19. 患者，男性，18 岁，因胸痛入院。身体状况评估中有助于判断自发性气胸的信息是

A. 叩诊患侧呈鼓音

B. X 线胸片显示有气胸线

C. 听诊患侧呼吸音减弱

D. 有明显呼吸困难

E. 发生胸痛时正在与同学追赶打闹

20. 患者，女性，19 岁，疑为心包炎急诊，护士在进行身体状况评估时发现其脉搏吸气时显著减弱，此脉搏称为

A. 水冲脉　　B. 交替脉

C. 脉搏短绌　　D. 奇脉

E. 不整脉

21. 患者，男性，78 岁，家人突然发现他走路姿势奇怪，表现为身体前倾，起步后小步急行，呈慌张步态，多见于

A. 小脑病变　　B. 脊柱病变

C. 震颤麻痹症　　D. 脑血管病变

E. 四肢畸形

22. 患者，男性，43 岁，发现胆石症 8 年，突发右上腹痛、巩膜黄染 1d，测体温 39.5℃，护士估计化验结果最可能出现

A. 血清总胆红素正常

B. 血清直接胆红素明显增高

C. 尿胆原增高

D. 尿胆红素阴性

E. 粪尿胆原增高

23. 患者，男性，36 岁，年度例行体检，拟行肝、胆 B 超检查，护士应告知患者检查前禁食

A. 4h　　B. 6h

C. 8h　　D. 10h

E. 12h

24. 患者，女性，51 岁，胃溃疡病史 10 余年，常规体检中需行大便潜血试验，试验前 3d，患者应禁食

A. 西红柿　　B. 豆制品

C. 动物血　　D. 土豆

E. 牛奶

25. 患者手持结果显示为“镜下血尿”的化验单前来咨询，作为一名护士你的解释是镜下血尿指肉眼正常，但尿沉渣镜检发现每高倍镜视野平均见到红细胞在

A. 10 个/HP　　B. ＞6 个/HP

C. ＞1 个/HP　　D. ＞5 个/HP

E. ＞3 个/HP

26. 患者，男性，36岁，拟诊为“急性黄疸型甲型肝炎”入院，下列辅助检查结果中反映肝功能损伤最灵敏的指标是
A. 血清丙氨酸氨基转移酶增高
B. 血清白蛋白减少
C. 血清天门冬氨酸氨基转移酶增高
D. 血清胆红素增高
E. 血清球蛋白增高

27. 患者，男性，52岁，胃溃疡史10年。近半年来上腹疼痛、嗳气、食欲减退等症状明显加重，体重下降10kg，医疗诊断为胃癌伴淋巴结转移。胃癌淋巴结转移的位置常为
A. 左锁骨上窝淋巴结群
B. 右锁骨上窝淋巴结群
C. 右颈部淋巴结群
D. 左颈部淋巴结群
E. 左腋下淋巴结群

28. 某糖尿病患者因饮食不当导致酮症酸中毒，你估计其呼吸为
A. 浅快呼吸　B. 蝉鸣样呼吸
C. 鼾声呼吸　D. 叹息样呼吸
E. 深而规则的大呼吸

29. 患者，男性，34岁，因怀疑肺部病变在门诊轮候进行X线透视检查。护士为其讲解检查的方法，下列正确的是
A. 尽量保暖，检查时穿厚衣物
B. 胸部粘贴的膏药不必除下
C. 需禁食6h
D. 检查过程中遵从医师指导并积极配合
E. 透视时间越长对身体越有利

30. 患者，女性，36岁。昨晚7点后一直未曾进食进水，今晨8点发现其左上腹可闻及振水音，最可能原因是
A. 大量饮水　B. 消化性溃疡
C. 幽门梗阻　D. 急性腹膜炎
E. 肠梗阻

31. 患者，男性，59岁。因“食欲减退、恶心、呕吐伴少尿2d”入院。发现颈静脉怒张、肝颈静脉回流征阳性。最可能的原因是
A. 急性肺水肿　B. 心肌梗死
C. 心绞痛　D. 右心衰竭
E. 左心衰竭

32. 患者，男性，50岁，肝癌晚期骨转移，护士观察到患者面色铅灰、表情淡漠、目光无神、眼眶凹陷，此时的面容属于
A. 二尖瓣面容　B. 满月病容
C. 病危病容　D. 急性病容
E. 慢性病容

33. 患者，女性，26岁，发热、腰痛、尿频、尿痛1d，尿液浑浊，镜检见白细胞(＋＋＋＋)，有白细胞管型。你估计最可能的原因是
A. 急性肾小球肾炎　B. 急性肾盂肾炎
C. 急性膀胱炎　D. 急性尿道炎
E. 肾病综合征

34. 患者，男性，68岁。腹部手术后第3天，护士观察病情发现患者肠鸣音每分钟为6次。护士所用方法属于
A. 视诊　B. 触诊
C. 听诊　D. 嗅诊
E. 叩诊

35. 患者，男性，37岁，医疗诊断为肺炎。护士对其进行身体状况评估时发现心脏位置未见异常，则其二尖瓣听诊区位于
A. 胸骨左缘第2肋间处
B. 胸骨右缘第2肋间处
C. 胸骨左缘第3～4肋间处
D. 左锁骨中线内侧第5肋间处
E. 胸骨体下端近剑突稍偏左处

36. 患者，女性，44岁，患“风心病”10年。护士发现其心尖搏动位于胸骨左缘第6肋间锁骨中线外0.8cm，提示该患者
A. 左心房增大　B. 右心室增大
C. 全心增大　D. 右心房增大
E. 左心室增大

37. 下夜查房中，护士发现某患者两侧瞳孔大小不等，最可能的原因是
A. 有机磷中毒　B. 阿托品中毒
C. 吗啡中毒　D. 巴比妥类药物中毒
E. 颅内出血

38. 患者，男性，59岁。连续3d护士测其血压结果是160/80mmHg，最可能是
A. 收缩压降低，舒张压正常
B. 收缩压正常，舒张压降低
C. 低血压
D. 正常血压
E. 高血压

39. 患者，女性，29岁，患心肌炎急诊入院，护士在测量生命体征时发现其脉搏一强一弱交替出现，节律尚正常。该脉搏属于

A. 交替脉　　B. 水冲脉
C. 缓脉　　D. 奇脉
E. 不整脉

40. 患者，男性，23岁。凌晨1点急诊入院，面色潮红，表情痛苦，测体温39.8℃，呼吸30次/分，唇周有疱疹，该患者属于

A. 急性病容　　B. 慢性病容
C. 病危病容　　D. 肢端肥大症面容
E. 二尖瓣面容

41. 患者，男性，57岁。肺炎入院3日。体温39.7℃，胡言乱语，躁动不安。此现象为

A. 意识模糊　　B. 精神错乱
C. 谵妄　　D. 浅昏迷
E. 深昏迷

42. 患者，男性，69岁，处于昏迷状态，护士观察他昏迷深浅度时所利用的最可靠指标为

A. 能否被唤醒
B. 对答是否切题
C. 大小便是否失禁
D. 瞳孔对光反应是否存在
E. 对疼痛刺激的是否有反应

43. 患者，男性，48岁，突发脑血栓，送入医院时无意识反应，对光反射消失，呼吸8次/分、血压80/50mmHg，尿失禁，此患者意识障碍表现为

A. 嗜睡　　B. 昏睡
C. 浅昏迷　　D. 深昏迷
E. 意识模糊

44. 患者，男性，74岁。反复咳嗽、咳痰18年，近5年来劳累后心悸、气促。入院时发绀明显，呼吸困难，护士应协助患者采用的体位是

A. 自动体位　　B. 强迫坐位
C. 被动体位　　D. 强迫卧位
E. 强迫蹲位

45. 患者，女性，64岁，因煤气中毒半天后平车送入院，护士评估发现患者仰卧、呼之不应，对强烈痛刺激尚有反应，基本生理反应存在，脉搏131次/分，皮肤多汗，面色潮红，口唇呈樱桃红色。目前患者的体位最可能属于

A. 强迫体位　　B. 端坐位
C. 自动体位　　D. 被动体位
E. 截石位

46. 患者，男性，67岁，医疗诊断为慢性支气管炎，作为一名护士你建议他洗澡的时间最多

A. 30min　　B. 35min
C. 40min　　D. 45min
E. 50min

47. 患者，男性，72岁。因低热、咳嗽、咯血半个月，以"支气管扩张"收入院。晚7点在病房突然咯血约120ml，随即烦躁不安，极度呼吸困难，唇指发绀，大汗淋漓，双手乱抓。该患者属于下列疾病分期中的哪期

A. 急性病期　　B. 慢性病期
C. 危重病期　　D. 康复期
E. 老年期

48. 患者，男性，78岁，半个月前因COPD入院，现病情稳定，护士对其进行相关护理中不恰当的是

A. 保持每日6h睡眠和1h午睡
B. 给予低热量饮食，多进新鲜蔬菜和水果
C. 加强用药监护，适当减少用药量
D. 勤洗澡以保持皮肤清洁
E. 卧床时经常变换体位，活动四肢

49. 患者，男性，61岁。肺心病，下肢水肿，口唇发绀，呈端坐呼吸，在对其护理过程中暂不需要

A. 加强病情观察　　B. 心理护理
C. 功能锻炼　　D. 减轻病痛
E. 加强营养

50. 患者，男性，73岁。患肺心病10年，近半个月来下肢水肿，端坐呼吸，护理人员观察其病情时，为警惕患者发生肺性脑病，应注意观察

A. 意识状态　　B. 体温
C. 饮食状况　　D. 皮肤、黏膜
E. 姿势和步态

51. 患者，女性，33岁，因月经过多3个月入院。护士在观察病情时发现其双下肢皮肤散在暗红色改变，加压后不褪色，多数直径在3～5mm，护士告知患者此种情况为

A. 皮疹　　B. 出血点
C. 血肿　　D. 瘀斑
E. 紫癜

52. 患者，男性，65岁，在车祸中头部损伤2h入院。护士在护理过程中，最重要的观察指标是

A. 巴宾斯基征　　B. 颈项强直
C. 凯尔尼格征　　D. 布鲁津斯基征

E. 意识

53. 患者，男性，56岁。因“风湿性心脏病、心房颤动”收住院。该患者常见的脉搏为

A. 奇脉　B. 短绌脉
C. 速脉　D. 缓脉
E. 水冲脉

54. 患者，女性，28岁。因右侧肢体烫伤0.5h入院，有甲状腺功能亢进症、心房颤动病史13年，护士为其测量心率、脉率的正确方法是

A. 先测心率，再在左上肢测脉率
B. 先测心率，再在右上肢测脉率
C. 一人听心率，一人在右上肢测脉率，同时测1min
D. 一人听心率，一人在左上肢测脉率，同时测1min
E. 一人同时测心率和脉率，共测1min

55. 患者，男性，69岁，有肺气肿病史近30年，护士对其进行身体状况评估时发现患者胸廓最可能呈

A. 扁平胸　B. 桶状胸
C. 佝偻病胸　D. 鸡胸
E. 局部异常隆起

56. 患者，男性，25岁。突然畏寒、发热伴胸痛3d，胸透见右中肺有大片炎性阴影。诊断为“肺炎球菌肺炎”，则在右胸部最可能闻及

A. 实音　B. 湿啰音
C. 胸膜摩擦音　D. 干啰音
E. 浊音

A_3/A_4 型题

(57、58题共用题干)

患者，女性，38岁，既往体健。近1个月来发现畏寒、乏力、记忆力减退、反应迟钝。住院检查：体温35℃，呼吸16次/分，心率60次/分，血压110/70mmHg，黏液水肿，血TSH升高，血FT_4降低。

57. 护士在对其进行上述护理体检中发现

A. 心率增快　B. 呼吸减慢
C. 体温过低　D. 体温升高
E. 血压升高

58. 出现上述体征最可能的原因是

A. 组织破坏　B. 恶性肿瘤
C. 无菌性炎症　D. 内出血
E. 甲状腺功能减退

(59、60题共用题干)

患者，女性，45岁。头颅CT示脑出血，呼之不应，体温36℃，呼吸18次/分，血压130/88mmHg，心跳70次/分，无自主运动，对声、光刺激无反应。

59. 该患者的生命体征

A. 体温升高　B. 呼吸减慢
C. 基本正常　D. 血压降低
E. 心率增快

60. 该患者的意识状态属于

A. 嗜睡　B. 昏睡
C. 意识模糊　D. 深昏迷
E. 浅昏迷

(61、62题共用题干)

患者，女性，39岁。有胃溃疡史8年，因突发腹痛4h来急诊。

61. 身体状况评估的重点应是

A. 腹水征　B. 肠鸣音
C. 直肠指检　D. 肝浊音界位置
E. 腹部形态

62. 对确诊有价值的辅助检查是

A. 腹部MRI　B. 淀粉酶测定
C. X线　D. 腹腔灌洗
E. 腹部CT

(63、64题共用题干)

患者，男性，48岁。肝硬化腹水近3年，昨日家人发现他神志恍惚，答非所问，躁动不安。

63. 当时的情况可判断患者意识状态为

A. 深昏迷　B. 谵妄
C. 浅昏迷　D. 意识模糊
E. 精神错乱

64. 随后患者被急送入院，今9点护士在执行医嘱时发现他处于熟睡状态，在其家人大声呼叫下勉强唤醒，但毫无表情，答非所问，此时属

A. 昏睡　B. 深昏迷
C. 嗜睡　D. 浅昏迷
E. 意识模糊

(65、66题共用题干)

患者，男性，43岁。因误服大量巴比妥类药物入院。住院期间，患者呼吸呈周期性变化：呼吸由浅慢渐变为深快，再转为浅慢，然后呼吸暂停一段时间，周而复始，其形态类似潮水起伏。

65. 其呼吸节律称为

A. 呼吸增快　B. 呼吸减慢
C. 酸中毒大呼吸　D. 潮式呼吸
E. 间停呼吸

66. 住院一段时间后，病情变化，表现为交替出现呼吸和呼吸暂停，在有规律的呼吸几次后，突然停止呼吸，间隔一段时间后，又开始呼吸，如此反复出现。此时的呼吸为

A. 潮式呼吸　　B. 呼吸减慢
C. 呼吸浅快　　D. 呼吸增快
E. 间停呼吸

（67、68 题共用题干）

患者，男性，22 岁。诉剧烈腹痛，痛始于脐周，后转至右下腹。体检示：体温 39.4℃，脉搏 117 次/分，血压 126/88mmHg；右下腹压痛，肌紧张，有反跳痛，肠鸣音减弱；腰大肌试验阳性。实验室检查：WBC 12.5×10^9/L，中性粒细胞比例 0.82。

67. 患者腹部出现反跳痛表示炎症已

A. 累及壁层腹膜　　B. 波及大网膜
C. 累及脏层腹膜　　D. 波及邻近脏器
E. 并发穿孔

68. 若该患者出现“板状腹”，则提示

A. 急性肠扭转　　B. 急性弥漫性腹膜炎
C. 急性胆囊炎　　D. 急性胰腺炎
E. 急性胃肠炎

（69、70 题共用题干）

患者，女性，68 岁，因经济纠纷与他人争执后喝农药数口，被急送来院，查体发现患者呼气带有大蒜臭味，你估计

69. 最可能的原因是

A. 肺脓肿　　B. 糖尿病酮症酸中毒
C. 有机磷农药中毒　　D. 肝性脑病
E. 尿毒症

70. 患者此时双侧瞳孔的变化呈

A. 散大且固定　　B. 不等大
C. 无变化　　D. 散大
E. 缩小

参考答案

1～5 BDBAB　6～10 CCDEE　11～15 ADDAA
16～20 EDEAD　21～25 CBECE　26～30 AAEDC
31～35 DCBCD　36～40 EEEAA　41～45 CEDBD
46～50 ACDCA　51～55 EEBDB　56～60 BCECE
61～65 DCBAD　66～70 EABCE

（胡晓迎）

第2章　呼吸系统疾病患者的护理

考点提纲栏——提炼教材精华，突显高频考点

第1节　常见症状的护理

★一、咳嗽、咳痰

1. 咳嗽是一种保护性的反射动作，借以排出呼吸道内的分泌物或异物。

2. 发病原因有感染(病毒、细菌)、机械性刺激和理化因素刺激。

★3. 临床表现

(1)咳嗽的性质：咳嗽分为干咳和湿咳。前者常见于咽炎和早期肺癌等；后者常见于慢支及支气管扩张。

★(2)痰的性状和痰量

1)性状

①无色透明痰：多见于病毒感染。

②黄色痰：多见于有化脓菌感染。

③草绿色痰：多见于铜绿假单胞菌感染。

④**粉红色泡沫痰：见于急性肺水肿。**

⑤**铁锈色痰：多见于肺炎球菌性肺炎。**

⑥**血痰：要警惕肺癌和肺结核。**

⑦灰黑色痰：多见于大气污染或尘肺。

⑧痰液有恶臭：多见于厌氧菌感染和肺脓肿。

2)量：痰量增减可反映病情进展，量多提示感染严重；经治疗痰量明显减少，表明炎症被控制；骤然减少而体温升高，应考虑排痰不畅。

(3)咳嗽、咳痰与时间、体位的关系

1)咳嗽突然发作多与异物吸入及过敏有关，干咳伴咽部异物感常为咽炎。

2)刺激性咳嗽见于支气管肺癌；夜间咳嗽见于左心功能不全。

3)当咳嗽、咳痰在变换体位时加重，如慢性支气管炎、支气管扩张患者在晨起或夜间刚躺下时咳嗽加剧并咳出大量脓痰。

4)咳嗽的音色：咳嗽声音嘶哑见于声带发炎或肿物；**带金属音的咳嗽见于支气管狭窄或受压，如肺癌**；咳嗽声音微弱见于患者极度衰竭或声带麻痹者。

5)咳嗽伴随症状及并发症：咳嗽伴发热常提示感染；咳嗽伴胸痛应警惕病变累及胸膜；剧烈咳嗽可引起气胸等并发症。

★4. 护理措施

(1)改善环境：保持室内空气新鲜流通，温湿度适宜，避免尘埃和烟雾等刺激，注意保暖，避免受凉。

(2)补充营养与水分：给予高蛋白、高维生素饮食，多饮水，每日饮水量保持在1 500ml以上，以利稀释痰液。

★4. 护理措施
- ★(3)促进排痰：按医嘱用祛痰药物，还可采用以下措施
  - 1)**指导有效咳嗽**：适用于**神志清醒尚能咳嗽的患者**。
  - 2)**拍背与胸壁震荡**：适用于**长期卧床、久病体弱、排痰无力的患者**。
  - 3)**湿化呼吸道**：适用于**痰液黏稠不易咳出者**。
  - 4)**体位引流**：适用于**痰量较多、呼吸功能尚好的支气管扩张、肺脓肿**等患者。
  - 5)**机械吸痰**：适用于**痰量较多而咳嗽反射弱的患者**，尤其是昏迷或已行气管切开、气管插管的患者。
- (4)预防并发症：对咳脓痰者加强口腔护理；昏迷患者每2h翻身1次，每次翻身前后注意吸痰，以免口腔分泌物进入支气管造成窒息。

★二、咯血

1. 咯血：指喉以下呼吸道或肺组织的出血，经口腔咯出。咯血量的多少与受损血管的性质及数量有直接关系，而与疾病严重程度不完全相关。

2. 常见病因有呼吸系统疾病、心血管疾病及血液病、系统性红斑狼疮等。

3. 临床表现
- (1)咯血者常有胸闷、喉痒和咳嗽等先兆，咯出的血色多数鲜红，伴泡沫或痰，呈碱性。
- (2)★根据咯血量分为：痰中带血、小量咯血(<100ml/d)、中量咯血(100～500ml/d)、大量咯血(>500ml/d或>300ml/次或发生窒息)。
- (3)出血部位可有呼吸音减弱和湿啰音。大咯血患者常有紧张不安、血压下降等表现。

★4. 窒息是咯血最危险并发症，也是致死主要原因。出现表情恐怖、张口瞠目、两手乱抓、抽搐、大汗淋漓、牙关紧闭或神志丧失，提示发生了窒息。

★5. 护理措施
- (1)心理安慰：护士应守在患者身边。使之有安全感，并做必要的解释，使其放松身心，配合治疗。
- (2)安静休息：宜卧床休息，保持安静。大咯血患者应绝对卧床休息，减少翻动，协助患者取患侧卧位，有利健侧通气。
- (3)药物应用
  - 1)止血药物：咯血量较大者常用**垂体后叶素**。该药有收缩血管和子宫平滑肌的作用，**冠心病、高血压及妊娠者应禁用**。注意观察用药不良反应。
  - 2)镇静剂：对烦躁不安者常用镇静剂，如地西泮。**禁用吗啡、哌替啶**，以免抑制呼吸。
  - 3)镇咳剂：大咯血伴剧烈咳嗽时常用可待因口服或皮下注射，年老体弱、肺功能不全者慎用。
- (4)饮食：**大咯血者暂禁食，出血停止后24h可进温凉流质**。小量咯血者应进少量流质饮食，避免饮用浓茶、咖啡等刺激性饮料。多饮水及多食富含纤维素食物，以保持排便通畅。
- (5)窒息的预防及抢救配合
  - 1)预防
    - ①患者咯血时，宜取患侧卧位，以发挥健侧呼吸功能。劝告患者身体放松，防止声门痉挛或屏气，以免造成呼吸道阻塞。
    - ②充分吸氧，保持呼吸道通畅，加强病情观察，并备好抢救物品。
  - ★2)窒息时紧急处理
    - ①体位引流，立即置患者于**俯卧头低脚高位**，并拍其背部，使气管内淤血排出。
    - ②负压抽吸，迅速用鼻导管经口或鼻腔盲插抽吸，以清除呼吸道出血块。
    - ③必要时可进行气管插管或用气管镜在直视下吸出潴留血块。
    - ④高流量输氧，以改善组织缺氧。如呼吸表浅，按医嘱应用呼吸兴奋剂或其他辅助呼吸措施。
  - 3)窒息后护理：患者呼吸恢复后，若继续咯血有窒息可能，仍需严密观察病情变化，监测血气分析和凝血机制。

二、肺源性呼吸困难

1. 肺源性呼吸困难指因呼吸系统疾病引起患者自感空气不足、呼吸费力，并伴有呼吸的频率、深度与节律异常。

★2. 类型及病因(表 2-1)。

表 2-1　呼吸困难的分型

鉴别点	吸气性呼吸困难	呼气性呼吸困难	混合性呼吸困难
受阻部位	上呼吸道	下呼吸道	—
表现	吸气困难，吸气时间延长；喘鸣、吸气时胸骨、锁骨上窝及肋间隙凹陷：三凹征	呼气困难，呼气时间延长，伴有哮鸣音	吸气、呼气均困难，呼吸表浅、频率增加
常见疾病	喉、气管狭窄，如炎症、喉头水肿、异物和肿瘤等	支气管哮喘和阻塞性肺病	重症肺炎、肺纤维化、大量胸腔积液、气胸等

★3. 临床表现

(1)分度：依据呼吸困难与活动的关系，分为以下几种

1)轻度：仅在重体力活动时出现呼吸困难。

2)中度：呼吸困难表现为轻微体力活动(如走路、日常活动等)即出现呼吸困难。

3)重度：即使在安静休息状态下也出现呼吸困难。可表现为端坐呼吸，即患者平卧时呼吸困难加重，坐起时呼吸困难减轻，因而迫使患者采取坐位。

(2)呼吸频率、深度、节律的改变：慢性阻塞性肺气肿时呼吸加快、变浅；肺性脑病时呼吸节律改变；呼吸中枢抑制时呼吸减慢；酸中毒时呼吸加深且稍快。

★4. 护理措施

(1)环境：保持病室空气新鲜，温湿度适宜，避免刺激性气体，保证患者良好休息。严重呼吸困难者尽量减少不必要的谈话，以减少耗氧量。

(2)调整体位：患者取半坐位或端坐位，必要时设置跨床小桌，以便患者伏桌休息，减轻体力消耗。

(3)保持呼吸道通畅：气道分泌物多者，协助患者充分排出。

(4)心理护理：增加巡视次数，进行必要的解释，以缓解其紧张情绪。

(5)吸氧：氧气疗法是纠正缺氧、缓解呼吸困难最有效的方法，但应密切观察氧疗效果，以防发生氧中毒和二氧化碳麻醉

★1)缺氧严重而无 CO_2 潴留者，可用面罩给氧。

2)缺氧而有 CO_2 潴留者，可用鼻导管或鼻塞法给氧。

3)患者血气分析 PaO_2 在 50～60mmHg，$PaCO_2$ 在 50mmHg 以下，可用一般流量(2～4L/min)氧浓度(29%～37%)给氧。

4)患者血气分析 PaO_2 在 40～50mmHg，$PaCO_2$ 正常，可短时间、间歇高流量(4～6L/min)高浓度(45%～53%)给氧。

5)患者血气分析 PaO_2 低于 60mmHg，$PaCO_2$ 在 50mmHg 以上，应持续低流量(1～2L/min)低浓度(25%～29%)给氧。

四、胸痛

1. 胸痛是由于胸内脏器或胸壁组织病变引起的胸部疼痛。

2. 胸痛主要由胸部疾病所致，少数由其他部位的病变引起。痛阈因个体差异性大，故胸痛的程度与原发疾病的病情轻重并不完全一致。

3. 临床表现可为隐痛、钝痛、刺痛、灼痛、刀割样或压榨样疼痛

(1)胸膜炎所致的胸痛，以腋下为明显，且可因咳嗽和深呼吸而加剧。

(2)自发性气胸的胸痛，在剧咳或劳动中突然发生且较剧烈。

(3)肋间神经痛沿肋间神经呈带状分布，为刀割样、触电样或灼痛。

(4)冠心病的胸痛位于心前区，呈压榨样痛或窒息样痛。

★4. 护理措施
- (1)注意休息:调整情绪,转移注意力,可减轻疼痛。
- (2)调整体位:采取舒适的体位,如半坐位、坐位,以防止疼痛加重。胸膜炎患者取患侧卧位,以减少局部胸壁与肺的活动,缓解疼痛。
- (3)止痛:如因胸部活动引起剧烈疼痛者,可在**呼气末**用**15cm宽胶布固定**患侧胸廓,亦可采用局部热湿敷、冷湿敷或肋间神经封闭疗法止痛。
- (4)疼痛剧烈影响休息时,可按医嘱适当使用镇痛剂和镇静剂。

第2节 急性感染性喉炎患者的护理

一、概述

急性感染性喉炎为喉部黏膜急性弥漫性炎症。以犬吠样咳嗽、声音嘶哑、喉鸣及吸气性呼吸困难为特征。冬、春二季发病较多,常见于1～3岁幼儿,可导致呼吸道梗阻而危及生命。

二、病因与发病机制

1. 机体免疫力下降:病毒或细菌感染引起。
2. 职业因素:用嗓过度或吸入生产性粉尘、有害气体等。

三、临床表现

1. 分型:急性喉炎多继发于上呼吸道感染,也可为急性传染病的前驱症状或并发症。

轻型:无发热或低热为多,仅有犬吠样咳嗽及轻度声音嘶哑。

重型:起病急,症状重,多有★**高热、声音嘶哑、犬吠样咳嗽、吸气性喉鸣及梗阻**,严重者出现发绀,烦躁不安,吸气性呼吸困难,**三凹征**等症状。咳出分泌物后症状略缓解。一般**白天症状较轻**,入睡后因喉部肌肉松弛,分泌物潴留阻塞,致**夜间症状加剧**。

2. 分度:根据吸气性呼吸困难的轻重,将喉梗阻分4度(表2-2)。

表2-2 喉梗阻分度

分度	临床表现	体征
Ⅰ	仅在活动后才出现吸气性喉鸣和呼吸困难	肺呼吸音清晰,心率无改变
Ⅱ	安静时也出现喉鸣及吸气性呼吸困难	可闻喉传导音或管状呼吸音,心率较快
Ⅲ	出现阵发性烦躁不安,口唇及指、趾发绀,口周发绀或苍白,恐惧,出汗	呼吸音明显降低或听不见,心音较钝,心率快
Ⅳ	严重呼吸困难、窒息、昏迷	呼吸音几乎消失,仅有气管传导音,心音低钝、心律不齐

四、治疗要点

1. 保持呼吸道通畅:同时使用**肾上腺皮质激素**雾化吸入。
2. 控制感染:选择敏感抗生素,常用青霉素类、氨基糖苷类或头孢菌素类。
3. 对症治疗:吸氧、镇静、化痰处理。
4. 气管切开术:**严重缺氧或Ⅲ度以上喉梗阻**,立即行**气管切开**。

五、护理问题

1. 低效性呼吸型态:与喉头水肿有关。
2. 有窒息的危险:与喉梗阻有关。
3. 体温过高:与感染有关。

六、护理措施

1. 改善呼吸功能,保持呼吸道通畅。

2. 严密观察病情变化:观察患者呼吸情况,出现呼吸困难立即处理。

3. 营养支持:保证营养与水分供给,禁烟酒,禁刺激性饮食。

第3节　支气管哮喘患者的护理

一、定义

★1. 支气管哮喘是由多种细胞(如嗜酸粒细胞、肥大细胞和T淋巴细胞、中性粒细胞、气道上皮细胞等)和细胞组分参与的气道慢性炎症。

2. 这种气道炎症导致气道高反应性的增加和广泛、易变的可逆性气流受限,表现为反复发作性喘息、胸闷和咳嗽症状。

二、病因和发病机制

★1. 常见病因和诱因
- (1)过敏原:以吸入性为主,如花粉、尘螨、动物的毛等。
- (2)感染:呼吸道感染(尤其病毒感染)是哮喘急性发作常见的诱因。
- (3)其他:环境、气候、某些食物;药物如阿司匹林、β受体阻滞剂等;精神因素、剧烈运动等。

2. 发病机制主要为变态反应、**气道慢性炎症**、**气道高反应性**和神经机制。

★★三、临床表现

1. 症状和体征
- (1)哮喘发作前可有干咳、打喷嚏、流泪等先兆。典型表现为**发作性呼气性呼吸困难**、咳嗽和哮鸣,多在**夜间或清晨发作和加重**。
- (2)双肺弥漫性**哮鸣音**、呼吸加快,中、重度患者发作时端坐位,辅助呼吸肌活动明显增强。可有发绀、大汗、奇脉、颈静脉怒张等体征。
- (3)发作缓解后可无任何症状及体征,若患者呼吸音显著减弱或消失,提示气道有严重阻塞。

2. 临床类型(表2-3)。

表2-3　哮喘的分型

鉴别点	内源性哮喘	外源性哮喘	混合性哮喘
发病人群	成年起病者占70%	多见于有遗传、过敏体质的儿童和青少年,50%在30岁前发病	无特殊人群
诱因	感染因素为主	过敏因素为主	感染因素+过敏因素
临床表现	先有上呼吸道感染的咳嗽、咳痰、发热等症状,逐渐出现哮喘	起病前多有先兆症状,发作将停止时,咳出大量痰液后,气促减轻,哮喘停止,呈可逆性反复发作	症状表现复杂或不典型
发病规律	间歇期长短不一,无规律性,多在冬季发病	发作期与间歇期交替出现,常与季节有关,多在春秋季发病	长年发作,无明显缓解季节

★3. 重症哮喘
- (1)指严重的哮喘发作持续24h以上,经一般支气管扩张剂治疗不缓解者。
- (2)常因感染未控制、过敏原未消除、痰液黏稠阻塞细支气管、精神过度紧张、突然停用糖皮质激素、并发酸中毒、肺不张、自发性气胸等引起。
- (3)表现为极度呼吸困难,端坐呼吸,发绀明显。大量出汗,甚至出现呼吸、循环衰竭。

四、辅助检查

1. 血象见嗜酸粒细胞增多；合并感染时白细胞计数或中性粒细胞比例增多；外源性哮喘时血清 IgE 增高。
2. 痰液见嗜酸粒细胞较多、尖棱结晶、黏液栓、透明的哮喘珠。
3. 早期、轻度者血气分析 PaO_2、$PaCO_2$ 下降，pH 升高；晚期、重度者 PaO_2 下降，$PaCO_2$ 升高，pH 下降。
4. 发作时胸部 **X 线检查**可见**两肺透亮度增加**，缓解期无明显异常。

五、治疗要点

防治原则：消除病因，控制急性发作，巩固治疗，改善肺功能，防止复发，提高患者的生活质量。

1. 消除病因：应避免或消除引起哮喘发作的变应原和其他非特异性刺激，去除各种诱发因素。

★2. 控制急性发作：应兼顾解痉、抗炎、去除气道黏液栓，保持呼吸道通畅，防止继发感染
- (1) $β_2$ 受体激动剂：**沙丁胺醇为轻度患者的首选**，平喘效果迅速，可口服或气溶胶、雾化溶液和干粉剂吸入。
- (2) 茶碱类：为中效支气管扩张剂
  - 1) 常口服，必要时稀释后静脉注入或滴注。本药有较强碱性，局部刺激性强，不宜肌内注射。
  - 2) 静脉用药速度过快或浓度过高，可强烈兴奋心脏，引起头晕、心悸、心律失常、血压剧降，严重者可致心搏骤停。急性心肌梗死及血压降低者禁用。
- (3) 抗胆碱药物：主要抑制分布于气道平滑肌的迷走神经释放乙酰胆碱，使平滑肌松弛，如异丙基阿托品雾化吸入。
- (4) **糖皮质激素**：**是目前最有效的药物**，其作用是抑制气道变应性炎症，降低气道高反应性。但由于长期使用不良反应较多，故不可滥用
  - 1) 轻度：吸入必可酮(丙酸培氯米松)或口服泼尼松。
  - 2) 中、重度：常用泼尼松口服，重度者先静脉给予氢化可的松或地塞米松，病情控制后再改为口服泼尼松，一般不宜长期应用。

3. 防止复发：**色甘酸钠可稳定肥大细胞膜，对预防运动和变应原诱发的哮喘最有效**。主要不良反应为对呼吸道的刺激，个别患者可引起恶心、胸闷等。

六、护理措施

1. 改善通气，缓解呼吸困难
- (1) 为患者调整舒适的坐位或半坐位，或于床上放置一横跨患者腿部的小桌，令其伏于桌上，以减少疲劳。
- (2) 协助排痰
  - 1) 指导患者咳嗽时坐起，身体前倾，尽量将痰咳出。
  - 2) ★痰液黏稠时多饮水，每日进液量至少为 1 500ml，或使用蒸气吸入，或遵医嘱给予祛痰药物，并定期为患者翻身、拍背，促使痰液排出。
  - 3) ★**哮喘持续状态**每日宜**静脉补液 2 000～3 000ml，以稀释痰液。哮喘患者不宜用超声雾化吸入**，因雾液刺激可使支气管痉挛，令哮喘症状加重。
- (3) ★给氧：呼吸困难明显者遵医嘱给予患者低流量鼻导管持续吸氧，注意湿化吸氧。
- (4) 按医嘱使用支气管解痉药物和抗炎药物。

2. 放松身心，消除恐惧
- (1) ★环境：病室适宜湿度在 50%～70%，定期空气加湿；室温维持在 18～22℃，不摆放花草，不使用羽毛制品。
- (2) 心理：陪伴患者身边，解释病情，消除紧张情绪。必要时遵医嘱给镇静剂，注意**禁用吗啡和大量镇静剂，以免抑制呼吸**。
- (3) ★休息及饮食：嘱患者卧床休息，给予营养丰富、高维生素的清淡流质或半流质饮食，多吃水果和蔬菜，避免进食可能诱发哮喘的食物，如鱼、虾、蛋等。

3. 防治并发症：定期巡视病室，严密观察呼吸困难的程度及生命体征情况，及时发现感染、呼吸衰竭及自发性气胸等并发症，并及时采取措施协助医生抢救。

★4. 健康教育
- (1)居室禁放花、草、地毯，不养宠物等。
- (2)避免进食能诱发哮喘的食物，如牛奶、鱼虾、蛋等；避免吸入刺激性物质，如灰尘、烟雾、炒菜油烟等；避免接触油漆、染料等化学物质。
- (3)避免精神紧张和剧烈运动；充分休息，合理饮食，增强体质，预防感冒。吸烟者戒烟。
- (4)发作季节前3个月在医生指导下使用增强免疫力的制剂，如菌苗等。一旦哮喘发作及时就医。

第4节　慢性支气管炎、慢性阻塞性肺气肿患者的护理

一、定义

★1. 慢性支气管炎指气管、支气管黏膜及其周围组织的慢性非特异性炎症。临床上**以咳嗽、咳痰或伴有喘息及反复发作为特征**，常并发阻塞性肺气肿。

2. 慢性阻塞性肺气肿指终末细支气管远端的气道弹性减退，持久性膨胀、充气，肺的体积增大，同时伴有气道壁的破坏。

3. 慢性阻塞性肺疾病（COPD）指由于慢性支气管炎和肺气肿导致气流不可逆性阻塞为特征的一类疾病，呈缓慢进行性发展。

二、病因和发病机制

1. 病因
- (1)慢性支气管炎：吸烟、大气污染、感染因素、过敏因素，其他如气候变化、机体免疫力降低等。
- (2)慢性阻塞性肺气肿：慢性支气管损伤、慢性支气管炎、蛋白酶-抗蛋白酶平衡失调、遗传因素。

2. 发病机制
- (1)病因导致支气管壁炎性细胞浸润，炎性物质导致黏膜下腺体增生、分泌增加及黏液纤毛运动障碍和气道清除能力削弱，出现黏膜充血、水肿、增厚。
- (2)慢性炎症导致弹性蛋白酶释放，水解肺泡壁内的弹性蛋白，使肺泡壁被破坏失去弹性，肺泡腔扩大，同时毛细血管损伤使组织营养障碍而发展为肺气肿。

三、临床表现

1. 慢性支气管炎
- (1)★临床特征为慢性反复发作的咳嗽、咳痰或伴喘息，病情常缓慢进展，可并发慢性阻塞性肺气肿和慢性肺源性心脏病
  - 1)**咳**：早期较轻微，仅在寒冷季节出现，重症患者四季发作，在冬、春季加剧，一般晨间较为明显。
  - 2)**痰**：痰液多为白色黏液泡沫痰。细菌感染时痰量增多，尤以体位变动或清晨起床时痰量较多，可有脓性及黏液脓性痰。
  - 3)**喘**：由支气管痉挛、支气管黏膜水肿、管壁肥厚和痰液阻塞引起。随病程进展，活动后或急性发作期加重。
  - 4)体征：早期多无异常体征，急性发作期可在肺底闻及散在的干、湿啰音，咳嗽、咳痰后啰音可消失。喘息型患者呼气延长，伴哮鸣音。
- (2)分型：慢性支气管炎分为
  - ①单纯型，仅有咳嗽、咳痰。
  - ②喘息型，除咳嗽、咳痰外，还有喘息和哮鸣音，哮鸣音在阵咳时加剧，睡眠时明显。
- (3)★分期：根据病情分为以下几期
  - 1)急性发作期：指1周内咳、痰、喘症状中任何一项明显加剧。
  - 2)慢性迁延期：指咳、痰、喘症状迁延1个月以上者。
  - 3)临床缓解期：经治疗或自然缓解，症状基本消失或偶有轻微咳嗽和少量痰液，保持2个月以上者。

慢性支气管炎的诊断依据：根据咳嗽、咳痰或伴喘息，每年发病至少3个月，连续2年或以上。

2. 阻塞性肺气肿
(1)症状：除慢性支气管炎症状外，主要为逐渐加重的呼吸困难。初期可在劳累后出现，随病情发展在静息时也感到呼吸困难。严重时可出现呼吸衰竭。
(2)★体征：视诊：**桶状胸**，肋间隙增宽，**呼吸运动减弱**；触诊：**语颤减弱或消失**；叩诊：呈过**清音**，肺下界和肝浊音界下降，心浊音界缩小或不易叩出；听诊：肺部**呼吸音减弱**，呼气延长，心音遥远，并发感染时肺部可闻及湿啰音。

四、辅助检查

1. 血液检查：继发细菌感染时，白细胞总数及中性粒细胞比例增多。在阻塞性肺气肿感染加重期，还可有PaO_2下降及$PaCO_2$升高。

2. 胸部X线检查：可见肺纹理增多及紊乱。肺气肿时，两肺透亮度增加，肋间隙增宽。

3. 肺功能检查：COPD早期可有小气道功能异常，以后可出现第1秒用力呼气量占用力肺活量比值减少。慢支并发阻塞性肺气肿时，残气容积增加。

五、治疗要点

1. 戒烟，控制各种诱发因素：由于本病为慢性病，应帮助患者了解疾病，增加其战胜疾病的信心。

2. 对慢性支气管炎患者在急性发作期要控制感染、祛痰止咳和解痉平喘
(1)控制感染：根据致病菌性质及药物敏感程度选用抗生素，轻症多选择口服及肌内注射抗生素，重症多选用静脉注射抗菌谱较广的药物。
(2)祛痰止咳：祛痰常用乙酰半胱氨酸、溴己新等，也可使用中药。老年体弱或痰量较多者，以祛痰为主，不应使用强止咳药，如可待因等。
(3)解痉平喘：常选用茶碱类(如氨茶碱)、β_2受体激动剂(如沙丁胺醇)、抗胆碱能药(如异丙托品)等支气管扩张剂，必要时使用糖皮质激素。
(4)气雾吸入：痰液黏稠者可采用气道雾化吸入，湿化痰液以助排痰，雾化液中可加入抗生素及痰液稀释剂。

六、护理措施

1. 遵医嘱给予抗感染治疗，有效地控制呼吸道感染。鼓励和指导患者有效咳嗽，促进排痰；痰量较多不易咳出时，按医嘱使用祛痰剂或给予超声雾化吸入。

2. 改善呼吸状况：对阻塞性肺气肿患者的治疗主要为改善呼吸功能
(1)★合理用氧：如患者缺氧伴二氧化碳潴留，给予**持续(>15h/d)**、**低流量(1～2L/min)**，**低浓度(25%～29%)给氧**，睡眠期间不停氧；严重呼吸困难者，通过面罩加压呼吸机辅助呼吸，必要时建立人工气道。
(2)★呼吸训练
1)**缩唇呼气**：在呼气时将口唇缩成吹笛子状，气体经缩窄的口唇缓慢呼出。其作用是提高支气管内通气时间，防止呼气时小气道过早陷闭，以利气体排出。
2)**腹式呼吸训练**
①肺气肿患者常呈浅速呼吸，呼吸效率低，让其作深而慢的腹式呼吸，通过腹肌的主动舒张与收缩加强腹肌训练，可使呼吸阻力减低，肺泡通气量增加。
②开始训练时，以半卧位、膝半屈曲最适宜。立位时上半身略向前倾，可使腹肌放松，舒缩自如，全身肌肉特别是辅助呼吸肌尽量放松，平静呼吸。
③**用鼻吸气，经口呼气**，呼吸要缓慢均匀，切勿用力呼气。吸气时腹肌放松，腹部鼓起；呼气时腹肌收缩，腹部下陷。

2. 改善呼吸状况：对阻塞性肺气肿患者的治疗主要为改善呼吸功能
(2)★呼吸训练
2)**腹式呼吸训练**
④开始训练时，可将一手放在腹部，一手放在前胸，以感知胸腹起伏。呼吸时应使胸廓保持最小的活动度，**呼与吸时间比例为2∶1～3∶1，每分钟10次左右。**
⑤练习数次后可稍事休息，两手交换位置后继续进行训练。每日训练2次，每次10～15min，熟练后可增加训练次数和时间，并可在各种体位时进行练习。

3. 饮食：给予高热量、高蛋白质、高维生素饮食，少吃产气食品，防止产气影响膈肌运动。

4. 全身性运动：全身运动锻炼结合呼吸锻炼，能有效挖掘呼吸功能潜力，可进行步行、气功、太极拳等，锻炼方式及锻炼时速度、距离根据身体状况决定。

5. 心理护理：由于长期呼吸困难，患者容易丧失信心，多有焦虑、抑郁等心理障碍，应聆听患者的叙述，做好患者与家属及单位间的沟通，疏导其心理压力。

七、健康教育

1. 戒烟：使患者了解吸烟的危害，改善生活环境。

2. 增强体质，防止急性呼吸道感染，进行耐寒锻炼。重视缓解期营养摄入，改善营养状况。

3. 坚持全身运动和呼吸训练，进行适宜的全身活动，指导患者制订合理的运动计划。

4. 家庭氧疗的指导。长期氧疗可以改善患者的预后，提高其生活质量，给有此医嘱的患者提供有关家庭氧疗的咨询与帮助。

5. 坚持进行腹式呼吸及缩唇呼气训练。

6. 关注患者的心理问题：居家患者常有明显的孤独感，抑郁的发生率较高，因此，家人及朋友除为患者提供身体方面的关怀外，在心理上应更多给予关注与帮助。

第5节 慢性肺源性心脏病患者的护理

一、定义

★1. 慢性肺源性心脏病是由于肺组织、胸廓或肺动脉系统的病变，引起肺循环阻力增高，导致**肺动脉高压**及心脏负荷增加、右心扩大、右心功能不全的心脏病。

2. 主要由慢性支气管炎并发阻塞性肺气肿引起，90%以上为40岁以上中老年人。寒冷、高原、农村发病率高，诱因为呼吸道感染。

二、病因和发病机制

1. 病因：90%为慢支、阻塞性肺气肿引起，其次为支气管哮喘、支气管扩张、肺结核、尘肺等发展而来；胸廓运动障碍性疾病、肺血管疾病少见。

1. 控制哮喘急性发作的治疗方法：两碱激素色甘酸，肾上抗钙酮替芬。

2. 重度哮喘的处理：一补二纠氨茶碱，氧疗两素兴奋剂。

3. 与慢性支气管炎相鉴别的疾病

“爱惜阔小姐”：“爱”——肺癌；“惜”——矽肺及其他尘肺；“阔”——支气管扩张；“小”——支气管哮喘；“姐”——肺结核。

2. 发病机制
- (1)★肺动脉高压的形成
  - 1)各种病因引起肺泡内压增高，压迫肺毛细血管，造成管腔狭窄或闭塞，以及毛细血管网的毁损，使肺循环阻力增大。
  - 2)缺氧、高碳酸血症和呼吸性酸中毒，导致血管活性物质增加，引起肺小动脉平滑肌痉挛，使肺血管阻力增高，形成肺动脉高压。
- (2)右心室肥大和右心衰竭：长期肺循环阻力增加，右心负担加重，右心室代偿性肥厚。随着心脏储备能力逐渐减退，右心室即行扩张，最后导致右心衰竭。

★三、临床表现

1. 肺、心功能代偿期
- (1)支气管、肺及胸廓原发疾病症状和体征，如慢性咳嗽、咳痰、气急、喘息，活动后感心悸、乏力、呼吸困难，并发呼吸道感染时咳嗽加剧，痰量增多。
- (2)明显肺气肿、肺动脉高压和右心室肥大的体征，如发绀、心音遥远、剑突下收缩期搏动、肺动脉瓣第二心音亢进等。

★2. 肺、心功能失代偿期
- (1)**呼吸衰竭**：是肺功能不全的晚期表现，常因急性呼吸道感染诱发
  - 1)低氧血症：呼吸困难加重、明显发绀、心率加快、头痛、烦躁不安、谵妄、昏迷等。
  - ★2)**肺性脑病**：指由于慢性心肺疾病，导致患者缺氧和二氧化碳潴留，出现精神神经症状和体征，表现为**头痛、昼睡夜醒、多汗、皮肤潮红，结膜充血水肿、昏迷**等。
- (2)**心力衰竭：以右心衰竭为主**
  - 1)症状：心悸、呼吸困难、乏力、厌食、上腹胀痛、尿少等。
  - 2)体征：严重发绀、颈静脉怒张、肝大且有压痛、肝颈静脉反流征阳性、下肢水肿、心率加快、三尖瓣区或剑突下可有收缩期吹风样杂音、舒张期奔马律。

四、辅助检查

1. 血液检查：红细胞和血红蛋白可增高。合并感染时白细胞总数增加或核左移。
2. 肝肾功能检查：丙氨酸氨基转移酶和肌酐、尿素氮增高。
3. 血气分析：低氧血症、高碳酸血症，早期 pH 正常，重症时 pH 下降。
4. 心电图：示右心室肥大和右心房肥大。
5. 胸部X线检查：除肺、胸基础疾患的X线征象外，尚有肺动脉高压和右心肥大的征象。

五、治疗要点

★治疗原则是治肺为本、治心为辅。

1. 急性加重期
- (1)控制感染：根据感染的环境、痰涂片、痰培养和药敏结果选择抗生素。常用的有青霉素类、氨基糖苷类、喹诺酮类及头孢菌素类抗感染药物。
- (2)维持呼吸道畅通，纠正缺氧和二氧化碳潴留
  - 1)使用止喘、祛痰药，翻身，胸部叩击，雾化吸入等，是保持气道通畅的重要措施。
  - 2)★纠正缺氧通常采用低流量、低浓度持续24h给氧。长期氧疗采取一昼夜低浓度持续吸氧15h以上，可以提高生存率，改善生活质量。
- (3)治疗右心衰竭
  - 1)**利尿剂**：以短期、缓慢、间歇、交替、小剂量为原则，选作用中、轻度药物，以避免大量利尿引起血液浓缩、痰液黏稠，加重气道阻塞及低钾血症。
  - 2)强心剂：利尿剂效果不显著时加用。由于患者长期处于缺氧状态，对洋地黄耐受性低，容易中毒，应以快速、小剂量为原则，密切观察其毒副作用。
  - 3)血管扩张剂：对部分顽固性心力衰竭可以试用。

2. 缓解期：主要积极治疗原发病，减少急性发作，改善心肺功能。

★六、护理措施

1. 及时清除痰液，改善肺泡通气
   - (1)对体弱卧床、痰多而黏的患者，宜每2～3h帮助翻身1次，同时鼓励患者咳嗽，并在呼气期给予拍背，促进痰液排出。
   - (2)对神志不清者，可进行机械吸痰，需注意无菌操作，抽吸压力要适当，动作轻柔，每次抽吸时间不超过15s，以免加重缺氧。

2. 持续低流量吸氧
   - (1)一般低浓度(25%～29%)、低流量(1～2L/min)给氧，经鼻导管持续吸入，必要时可通过面罩或呼吸机给氧，吸入的氧必须湿化。
   - (2)**患者呼吸中枢对CO_2刺激的敏感性降低，吸入高浓度氧时，缺氧改善解除了对中枢的兴奋作用，可使呼吸受抑制，CO_2潴留加剧，甚至诱发肺性脑病。**
   - (3)采取持续低流量给氧，既能提高PaO_2浓度，改善缺氧，又不至于加重CO_2潴留。

3. 有水肿的患者宜**限制水、盐摄入**，做好皮肤护理，避免皮肤长时间受压；正确记录24h出入液量；按医嘱应用利尿剂，注意观察水肿消长情况。

4. 改善营养状况：应摄入高蛋白、高维生素、高热量、易消化食物。

5. 加强锻炼：呼吸肌锻炼，如腹式呼吸和缩唇呼气；全身锻炼，如进行呼吸操和有氧活动；耐寒锻炼，如用冷水洗脸、洗鼻等。

6. 慎用镇静剂：患者烦躁不安时要警惕呼吸衰竭、电解质紊乱等，禁用麻醉剂及中枢镇静剂影响呼吸；必要时可选择地西泮，以免诱发或加重肺性脑病。

七、健康教育

1. 积极防治支气管、肺部疾病：劝告患者进行体格锻炼，每天晨起户外活动，提高耐寒能力。预防感冒，尽量少去公共场所，一旦发生呼吸道感染，及时诊疗。

2. 劝告患者戒烟，避免烟雾、粉尘刺激：根据肺、心功能状况，指导患者进行呼吸体操、腹式呼吸、气功和太极拳等锻炼，达到改善呼吸、循环功能的目的。

第6节　支气管扩张患者的护理

★一、定义

★1. 支气管扩张指支气管及其周围组织的慢性化脓性炎症，导致支气管管壁组织破坏，引起慢性不可逆异常扩张和变形。

2. 临床上以慢性咳嗽、大量脓痰和反复咯血为特征。

二、病因和发病机制

1. **支气管：肺组织感染和支气管阻塞**
   - (1)麻疹、百日咳、肺炎等导致炎性感染，使支气管壁损害，管壁抵抗力削弱，大量分泌物长期积存支气管内，炎症和破坏进一步加重，形成支气管扩张。
   - (2)支气管结核、异物、肿瘤阻塞支气管，导致通气和引流不畅，易引发感染，造成管壁破坏而形成支气管扩张。

慢性肺心病并发症：肺脑酸碱心失常，休克出血DIC。

2. 支气管周围纤维瘢痕组织收缩:肺结核、肺脓肿、胸膜纤维化,这些原因都可导致支气管周围纤维瘢痕组织向四周牵拉,使支气管管腔扩张。

3. 先天性支气管发育不全:较少见,多呈囊性扩张。

三、临床表现

多数患者在12岁前发病,呈慢性过程,早期症状不明显。典型表现如下。

★1. **慢性咳嗽和大量脓性痰**
- (1)咳嗽多为阵发性,**与体位变动有关**,晨起及晚上临睡时咳嗽、咳痰尤多,咳大量脓性痰,每日可达100～400ml。
- (2)痰放置数小时后,可分3层,**上层为泡沫黏液,中层为浆液,下层为脓性物和坏死组织**。如伴有厌氧菌感染时,可有恶臭味。

★2. **反复咯血**
- (1)咯血量差异较大,轻者血痰,重则大咯血。大咯血多为压力较高的支气管小动脉破裂造成。出血后血管压力降低,血管便自行收缩,咯血自行停止。
- (2)**有的患者咯血为唯一的症状**,咳嗽、咳痰不明显,甚至完全没有,临床上称为**"干性支气管扩张"**。咯血最常见的诱因为感染。

★3. 反复肺部感染:感染的特点是常在同一肺段发生,感染的原因是扩张部位的支气管黏膜破坏,黏膜抵抗力降低和引流不畅。

4. 体征
- (1)早期或病变轻、无感染者,肺部可无明显异常。随病情发展可在**肺下部、背部闻及固定持久的局限性湿啰音**。
- (2)部分慢性患者可出现杵状指(趾)、贫血,肺功能严重下降的患者活动后可有发绀等。并发肺气肿时可有相应体征。

四、治疗要点

1. 控制感染:急性感染时应根据病情、痰培养及药物敏感试验选用合适的抗生素。常用阿莫西林、环丙沙星或头孢类抗生素口服,或用青霉素或庆大霉素肌内注射。

2. 痰液引流:痰液引流和抗生素治疗同样重要,它可保持气道通畅,减少继发感染和减轻全身中毒症状
- (1)祛痰剂:常用复方甘草合剂或氯化铵、溴己新口服。痰液黏稠者加用超声雾化吸入。有喘息者加入支气管扩张剂,以提高祛痰效果。
- (2)体位引流:应根据病变部位采取相应体位进行引流,引流时尤其是进行头低脚高位引流时,要密切观察患者的心肺功能及咳痰的情况,以防发生意外。

★3. 咯血的处理
- (1)大咯血必须积极抢救,首先清除呼吸道及口腔积血,防止窒息。无禁忌证时,**大咯血应首选垂体后叶素等**。
- (2)大咯血出现窒息征象时,立即取头低足高俯卧位,头偏向一侧,轻拍背部以利血块排出,迅速清除口鼻血凝块,必要时行气管插管或气管切开。

4. 手术治疗:病灶较局限,内科治疗无效者应考虑手术治疗,术前须明确出血部位。如病变范围广泛或伴有严重心、肺功能障碍者不宜手术治疗。

5. 其他:加强营养,纠正贫血等。

★★五、护理措施

1. 清除痰液:可先用生理盐水雾化吸入或蒸汽吸入,以降低痰液黏稠度,并辅以叩背,指导患者进行有效咳嗽,或遵医嘱给予祛痰药物。

2. 体位引流
- (1)引流前向患者解释引流目的及配合方法。依病变部位不同而采取痰液易于流出的体位。
- (2)引流时间可从每次5～10min加到每次15～30min,嘱患者间歇做深呼吸后用力咳痰,同时用手轻拍患部以提高引流效果,引流完毕给予漱口。
- (3)记录排出的痰量及性质。

2. 体位引流 (4)注意事项
1)引流宜在**饭前**进行。在为痰量较多的患者引流时，应注意将痰液逐渐咳出，以防发生痰量过多涌出而窒息。
2)引流过程中注意观察，若患者出现咯血、发绀、头晕、出汗、疲劳等情况，应及时终止引流。**患有高血压、心力衰竭及高龄患者禁止体位引流**。

3. 增强抗病能力
(1)急性感染期患者要卧床休息，有大咯血者应绝对卧床。缓解期患者可适当进行户外活动，但要避免过度劳累。
(2)饮食宜高热量、高蛋白质、富含维生素，以补充消耗。保持口腔清洁，勤漱口，以减少感染并增进食欲。

4. 加强病情观察，防治并发症：及时发现窒息等并发症并处理。

第7节 肺炎患者的护理

★肺炎是由不同病原体或其他因素所致的肺实质或间质内的急性渗出性炎症。共同临床表现为发热、咳嗽、气促、呼吸困难及肺部固定细湿啰音。

★分类及特点

1. 按解剖位置分类
(1)大叶性(肺泡性)肺炎：炎症起于肺泡，表现为肺实质的炎症，通常不累及支气管，致病菌多为肺炎链球菌。
(2)小叶性(支气管性)肺炎：病原体引起细支气管、终末细支气管及肺泡炎症。常继发于其他疾病，可由细菌、病毒、支原体以及军团菌等引起。
(3)间质性肺炎：以间质为主的炎症，有肺泡壁增生、间质水肿。

2. 按病因学分类：**细菌性肺炎最为常见**，其次为病毒、支原体、立克次体、衣原体、真菌、原虫均可引起肺炎。细菌性肺炎最常见病原菌是肺炎球菌。

3. 根据感染来源分类
(1)社区获得性肺炎：指在医院外获得的感染性肺实质炎症。常见病原体为肺炎链球菌、流感嗜血杆菌、卡他莫拉菌和非典型病原体如支原体、衣原体等。
(2)医院获得性肺炎：指患者入院时不存在肺炎，也不处于潜伏期，而于入院48h后在医院内发生的肺炎。**常见的病原体是革兰阴性杆菌**。

下面主要介绍肺炎链球菌肺炎的护理。

一、定义

肺炎链球菌肺炎指肺炎链球菌引起的肺实质急性炎症。典型病变呈大叶性分布。主要临床表现为**寒战、高热、胸痛、咳嗽、咳铁锈色痰**。

二、病因和发病机制

机体免疫功能正常时，肺炎链球菌寄居在上呼吸道。免疫功能受损时，有毒力的肺炎链球菌入侵人体而致病，其致病力是由于多糖荚膜对组织的侵袭作用。

★三、临床表现

患者多见于既往健康的男性青壮年。

1. 症状
(1)诱因：上呼吸道感染、COPD、受凉、糖尿病、心力衰竭、醉酒、全身麻醉等诱因存在时，在全身及呼吸道抵抗力降低时，感染发病。
(2)全身症状：起病急骤，寒战、高热(体温常＞39℃，呈稽留热)。老年体弱者体温不升，提示病情严重。此外，可有头痛、全身不适、食欲欠佳。
(3)呼吸系统症状：咳嗽、痰少或咳**铁锈色痰**。患侧胸痛，咳嗽或深呼吸时加剧。病变较广泛时可因缺氧出现呼吸困难和发绀。

2. 体征：早期可不明显，肺部大片实变时有**肺实变体征，呼吸动度减弱，语颤增强，叩诊浊音，闻及支气管**

呼吸音和湿啰音。部分患者可出现**口周疱疹**等。

★3. **中毒性(休克型)肺炎**
- (1)老年人多见。以**周围循环衰竭**表现为主,多在发病早期呈现休克状态,血压突然下降,多在80/69mmHg以下,严重者甚至测不出。呼吸道症状不明显。
- (2)表现为面色及皮肤苍白,四肢冰冷、发绀、脉搏细数。可有呕吐、腹泻等消化道症状,中毒性心肌炎导致心律失常,以及谵妄、昏迷等神经系统症状。

★四、辅助检查

1. 血白细胞增高(10～20)×10^9/L,中性粒细胞比值可达0.8以上(老年人白细胞可不增加,但中性粒细胞增高),常伴核左移或胞质内有中毒性颗粒。

2. 胸部X线检查早期可见肺纹理增粗或受累肺段、肺叶模糊。实变期可见肺实变影或大片炎症浸润性阴影,实变影中可见支气管充气征。

3. 痰涂片可见革兰阳性双球菌或链球菌,可培养出肺炎球菌(24～48h可确定)。

五、治疗要点

★1. 抗菌治疗:**首选青霉素**,轻症肌内注射,重症静脉滴注。青霉素过敏或耐药者,可用红霉素、林可霉素、头孢菌素。疗程一般7d,或退热3d即可停药。

2. 尽量不用退热药,避免大量出汗而影响临床判断。有低氧血症者,应给予吸氧,如发绀明显且病情不断恶化者,可进行机械通气。

★3. 中毒型肺炎
- (1)首先**扩容**;使用适量的血管活性药物,维持收缩压在90～100mmHg;宜选用2～3种广谱抗生素联合、大剂量、静脉给药。
- (2)对病情严重者可考虑糖皮质激素;纠正水、电解质及酸碱平衡失调,但输液速度不宜太快,以防心力衰竭和肺水肿的发生。

★六、护理措施

1. 缓解不适,促进身心休息
- (1)患者应卧床休息,注意保暖,给予高蛋白质、高热量、易消化的流质或半流质饮食,并鼓励多饮水,每日在1 500～2 000ml。
- (2)寒战者可用热水袋或电热毯等保暖,适当增加被褥。高热者头部、腋下、腹股沟放置冰袋或用温水、酒精擦浴,**尽量不用退热药**。
- (3)剧咳胸痛者,可取患侧卧位或用胶布固定胸壁。烦躁、失眠者可按医嘱给予水合氯醛等。腹胀、鼓肠可用局部热敷、肛管排气。

2. 促进排痰,改善呼吸:气急者采取半卧位,或给予一般流量吸氧。痰黏稠者鼓励多饮水,给予蒸汽或超声雾化吸入,或服用祛痰剂并配合翻身拍背。

3. 密切观察生命体征及面色、神志、尿量等变化。下列情况应考虑中毒性肺炎的可能,应立即做好抢救准备
- (1)出现精神症状;体温不升或过高;心率>140次/分;血压逐步下降或突然下降到80/50mmHg。
- (2)脉搏细弱、四肢厥冷、冷汗多、发绀,一般情况衰竭;白细胞过高(>30×10^9/L)或过低(<4×10^9/L)。

★4. 中毒性肺炎的抢救与护理
- (1)患者应平卧位,头部抬高15°,保温、给氧。
- (2)迅速建立两条静脉通道,保证液体和药物输入,输液速度不宜过快。
- (3)严密观察病情,注意T、P、R、BP及神志的变化,记录24h出入量,同时配合医师做好抢救工作。
- (4)进行抗休克与抗感染治疗
  - 1)**纠正血容量**:补充水分,一般先静脉滴注5%葡萄糖氯化钠溶液或低分子右旋糖酐,以维持血容量,减低血液黏度,预防血管内凝血。
  - 2)按医嘱给予血管活性药(如异丙基肾上腺素等),使收缩压维持在90～100mmHg,或用血管扩张药改善微循环,严密监测血压变化。

★4. 中毒性肺炎的抢救与护理
- (4)进行抗休克与抗感染治疗
  - 3)注意水、电解质和酸碱平衡失调，但输液速度不宜太快，以免发生心力衰竭和肺水肿，如血容量已补足而24h尿量仍少于400ml，应考虑有肾功能不全。
  - 4)监测血气分析及电解质；按医嘱给予抗生素行抗感染治疗，并注意其不良反应。

第8节　肺结核患者的护理

一、定义

★1. 结核病是由结核杆菌引起的慢性、特异性感染的传染病，可侵及多脏器，以肺部受累形成**肺结核**最为常见。

2. 肺结核主要病理改变是结核结节、干酪坏死和空洞形成；其主要临床表现是**午后低热、乏力、盗汗、消瘦、咳嗽、咯血**。

二、病因和发病机制

1. 结核菌属放线菌目抗酸分枝杆菌，对人类致病主要是人型菌，对外界抵抗力较强，在阴湿处能生存5个月以上，但在烈日暴晒2h或煮沸1min可被杀死。

★2. **传染源主要是排菌的肺结核患者**(尤其是痰涂片阳性、未经治疗者)的痰液。呼吸道感染是肺结核的主要感染途径，飞沫感染为最常见的方式。

★3. 人体感染结核菌后是否发病，取决于人体的免疫状态、变态反应或感染细菌的数量、毒力。主要是细胞免疫。结核病变态反应、免疫反应是同时存在的。

4. 结核菌侵入人体后**4～8周**，组织对结核菌及其代谢产物所发生的反应称为变态反应。人只有受大量毒力强的结核菌入侵而人体免疫力低下时才发病。

★三、临床类型

1. **原发型肺结核**
   - (1)人体初次感染结核菌后在肺内形成的病灶，并引起淋巴管炎和淋巴结炎。**肺内原发病灶、淋巴管炎和肺门淋巴结炎，统称为原发综合征。**
   - (2)多见于**儿童或偏远山区的成人**。症状多轻微而短暂，有微热、咳嗽、食欲缺乏、体重减轻等，数周好转。本型大多数预后良好。

2. 血行播散型肺结核
   - (1)急性粟粒性肺结核由一次大量结核菌侵入血循环引起。起病急，全身中毒症状重，如高热、呼吸困难等，常可伴发结核性脑膜炎。
   - (2)亚急性或慢性血行播散型肺结核由多次少量结核菌入血所致。临床上可无明显中毒症状，病情发展也较缓慢，患者常无明显感觉。

3. 继发型肺结核
   - (1)包括：**浸润性肺结核**(成人最常见类型)、**空洞性肺结核**(慢性纤维空洞型肺结核为最常见传染源)、结核球、干酪样肺炎、纤维空洞性肺结核。
   - (2)其来源多由于原发感染后潜伏在肺内的结核菌，当机体抵抗力减弱时，结核菌重新繁殖，也可由于与排菌的患者密切接触，反复经呼吸道感染引起。
   - (3)症状及体征随病变范围和性质相差甚大，从无明显症状到出现高热、气急等明显中毒症状，X线胸片有相应表现。

锦囊妙记

大叶性肺炎

充血水肿红色变，灰色肝变溶解散，胸痛咳嗽铁锈痰，呼吸困难肺实变。

4. 结核性胸膜炎
  (1)结核菌可由肺部病灶直接蔓延，也可经淋巴或血行到胸膜。青少年多见，有干性和渗出性两个阶段。
  (2)干性胸膜炎主要表现为胸痛，并可听到胸膜摩擦音；渗出性胸膜炎胸痛消失，出现逐渐加重的呼吸困难。

5. 其他肺外结核：按部位和脏器命名。如骨关节结核、肠结核、肾结核等。

6. 菌阴肺结核：为三次痰涂片及一次培养阴性的肺结核。

四、临床表现

★1. 症状
  (1)全身毒性症状：表现为**午后低热**、**乏力**、**食欲减退**、**消瘦**、**盗汗**等；若肺部病灶进展播散，常有不规则高热；妇女可有月经失调或闭经。
  (2)呼吸系统症状
    1)咳嗽、咳痰：早期干咳或带少量黏液痰，发展时痰量增多；继发感染时，痰呈黏液脓性。支气管内膜结核表现为刺激性咳嗽。
    2)咯血：约 1/3～1/2 患者有咯血，咯血量多少不定，与病情轻重无关。咯血后常伴数天低热，常因小支气管内血液吸收引起，高热则往往提示病灶播散。
    3)胸痛：病灶累及胸膜时相应胸壁有刺痛，一般多不剧烈，随呼吸及咳嗽而加重。
    4)呼吸困难：合并气胸或大量胸腔积液时，可突然出现明显的呼吸困难；慢性重症肺结核，常有渐进性呼吸困难，甚至缺氧发绀。

2. 体征
  (1)早期可无阳性体征或仅在**肩胛间区**闻湿啰音。病变范围大而浅表者可有实变体征，语颤增强，叩诊浊音，听诊闻及支气管呼吸音、湿啰音。
  (2)纤维空洞性肺结核可有胸廓塌陷，纵隔、气管向患侧移位。结核性胸膜炎早期有局限性胸膜摩擦音，有渗出后出现典型胸腔积液体征。
  (3)**因肺结核好发于肺上叶尖后段及下叶背段，故锁骨上下、肩胛间区叩诊略浊，咳嗽后偶可闻及湿啰音，对诊断有参考意义。**

五、辅助检查

★1. **痰结核菌检查：是确诊肺结核最特异的方法**，痰中找到结核菌是确诊肺结核的主要依据。**痰菌阳性表明其病灶是开放性的，具有传染性。**

★2. **胸部 X 线检查：是早期发现肺结核的主要方法**，也是肺结核分型的重要依据，且可观察病情变化及治疗效果。

★3. **结核菌素试验：是诊断结核感染的参考指标**，用以测定人体是否受过结核菌感染。有旧结核菌素(OT)试验和纯结核菌素(PPD)试验2种，现多采用后者
  (1)方法：取 PPD 0.1ml(5U)在左侧前臂曲侧中、上部 1/3 交界处皮内注射。48～72h 观察和记录皮肤**硬结直径**，平均直径=(横径+纵径)/2。
  (2)结果：**皮下硬结＜5mm 为阴性，5～9mm 为弱阳性，10～19mm 为阳性，＞20mm 以上或局部出现水疱与坏死者为强阳性。**
  (3)临床意义
    1)**阳性仅表示曾有结核感染**，并不一定现在患病；强阳性常表示为活动性结核病；**3 岁以下强阳性反应者，应视为有新近感染的活动性结核病**，有必要治疗。
    2)阴性提示没有结核菌感染；变态反应产生前；应用免疫抑制药物；营养不良、麻疹、百日咳等患者；严重结核病及各种危重患者；年老体衰者。

六、治疗要点

★1. 抗结核化学药物治疗（简称化疗）：合理化疗指对活动性结核病坚持早期、联用、适量、规律和全程使用敏感药物的原则

(1)常用药物：杀菌剂有异烟肼、利福平、链霉素、吡嗪酰胺；抑菌剂有乙胺丁醇、对氨水杨酸、氨硫脲、卡那霉素。

(2)使用方法：分两阶段治疗，强化治疗阶段2～3个月；接着巩固治疗阶段。短程化疗总疗程6～9个月，标准化疗总疗程12～18个月。

(3)★常用抗结核药物的不良反应和注意事项(表2-4)。

表2-4　常用抗结核药物的不良反应和注意事项

药名	不良反应	注意事项
异烟肼(H,INH)	周围神经炎、消化道反应、偶有肝功能损害	避免与抗酸药同时服用，注意消化道反应、肢体远端感觉及精神状态；监测肝功能
利福平(R,RFP)	肝损害、过敏反应	服药后体液及分泌物呈橘黄色；与对氨基水杨酸钠、乙胺丁醇合用可加重肝毒性和视力损害；监测肝功能
链霉素(S,SM)	听力障碍、眩晕、口周麻木、肾损害、过敏反应	用药前和用药后每1～2个月进行听力检查，注意有无平衡失调；监测尿常规
吡嗪酰胺(Z,PZA)	胃肠道不适、肝损害、高尿酸血症、关节痛	警惕肝脏毒性，监测肝功能；注意关节疼痛，监测血清尿酸；孕妇禁用
乙胺丁醇(E,EMB)	球后视神经炎、胃肠道反应，偶有肝损害	用药后1～2个月进行1次视力和辨色力检查；幼儿禁用
对氨基水杨酸钠(P,PAS)	胃肠道反应、过敏反应、肝损害	饭后服药，减轻消化道不适，监测肝功能

2. 对症处理

(1)休息、补充足够热量、蛋白质、维生素。如有高热等严重毒性症状时，应该在有效抗结核治疗的基础上短期慎用糖皮质激素。

(2)咯血

1)痰中带血或少量咯血，以对症治疗为主。年老体弱肺功能不全者要慎用强镇咳药，以免抑制咳嗽反射发生窒息。**窒息是咯血致死的原因之一。**

2)★中等或大量咯血时应严格卧床休息，胸部放置冰袋，并配血备用；取患侧卧位，轻轻将存留在气管内的积血咳出。咯血过多者，可酌情适量输血。

3)★给予垂体后叶素**5～10U**加入50%葡萄糖溶液40ml，缓慢静脉滴注。此药同时可引起冠状动脉和子宫平滑肌收缩，高血压、冠心病、孕妇、心力衰竭患者禁用。

(3)★胸腔穿刺抽液

1)结核性胸膜炎的胸水中蛋白含量高，容易引起胸膜粘连，故原则上应尽快抽尽胸腔积液，且可缓解症状。一般每次抽液不超过**1 000ml**。

2)抽液时，患者出现头晕、出汗、面色苍白、心悸、脉细、四肢发凉等"**胸膜反应**"**应立即停止抽液**，让患者平卧，必要时**皮下注射0.1%肾上腺素0.5ml**。

3)密切观察血压变化，预防休克发生。抽液过多可使纵隔复位太快，引起循环障碍；抽液过快可发生肺水肿。

★七、护理措施

1. 补充营养，促进身心恢复

(1)饮食：宜高热量、富含维生素、高蛋白质，以增强抵抗力，促进病灶愈合。多食牛奶、豆浆、鸡蛋、鱼、肉、水果及蔬菜等。

1. 补充营养，促进身心恢复
(2)注意休息：轻症及恢复期患者，不必限制活动；有高热等明显中毒症状及咯血者应卧床休息。
(3)心理护理：肺结核病程长、恢复慢，且病情易反复，使患者产生急躁、惧怕心理，应耐心向患者讲解疾病的知识，并给予患者帮助与支持。

2. 病情观察：若病情持续不退，脉搏快速，呼吸急促，提示病情较重，应加强护理。一旦有咯血窒息的先兆症状，应及时抢救。注意观察用药后的不良反应。

3. 对症护理：高热、盗汗的患者，及时用毛巾擦干身体和更换衣被。对做特殊检查，应提前做好解释工作，避免产生恐惧心理，积极配合检查。

4. 咯血护理
(1)嘱患者放松心情，消除紧张情绪，有血时轻咯出，勿吞咽，以免引起窒息。取患侧卧位，便于将血咯出，保持呼吸道通畅。
(2)咯血停止后可进温凉的流质饮食，禁服活血补药及辣的食物，卧床休息，避免咳嗽，保持排便通畅。嘱患者若有胸闷、喉痒等咯血先兆，及时告知。

5. 预防传染
(1)控制传染源：加强卫生宣教，早期发现患者，保证患者合理用药，治愈肺结核。
(2)消毒隔离：嘱患者不得随地吐痰。将痰吐在纸上用火焚烧。患者应有一套单独的用物，并定期进行消毒。
(3)接种卡介苗：可以使人体产生针对结核菌的特异性免疫力，减少肺结核的发生。
(4)药物预防：在开放性肺结核（即排菌者）的家庭内，对结素试验阳性且与患者密切接触的成员、结素试验新近转为阳性的儿童可服用异烟肼预防。

八、健康教育

1. 肺结核活动期的患者应注意休息，避免疲劳，戒酒及维持良好营养。为获得疾病的彻底治愈，督促患者坚持规则、全程化疗是最重要的教育内容。

2. 因为不规则用药或过早停药是治疗失败的主要原因。为此，患者必须备有足够的药物，并将每日服药纳入日常生活中。

3. 用药过程中注意药物不良反应，一旦出现不良反应能及时就诊。指导患者和家属掌握消毒隔离的意义、方法及注意事项，防止传播。

4. 了解可能出现的并发症及相应的急救处置。嘱患者定期复查，彻底治愈肺结核。

第9节　原发性支气管肺癌患者的护理

一、定义

★原发性支气管肺癌（简称肺癌）指原发于支气管黏膜或腺体的肺部恶性肿瘤。常有区域性淋巴结和血行转移。

二、病因和分类

1. 病因
(1)★**吸烟：是重要危险因素**。纸烟中含有各种致癌物，其中苯并芘为主要致癌物质。男性肺癌80%～90%与吸烟有关，女性肺癌与被动吸烟关系密切。

『锦囊妙记』

肺结核的鉴别诊断

“直言爱阔农”：“直”——慢性支气管炎；“言”——肺炎；“爱”——肺癌；“阔”——支气管扩张；“农”——肺脓肿。

1. 病因
(2)职业因素：石棉、砷化合物、煤烟、沥青等。石棉有致癌作用，且与吸烟有协同致癌作用，石棉厂的吸烟工人肺癌死亡率为一般吸烟者的8倍。
(3)空气污染：室内污染有被动吸烟、烹调、燃料燃烧。室外污染常见汽车废气、工业废气、公路沥青等。
(4)电离辐射：大剂量电离辐射可致肺癌。
(5)饮食与营养：维生素A及其衍生物β-胡萝卜素能抑制化学致癌物诱发的肿瘤。维生素A为抗氧化剂，可直接抑制苯并芘等的致癌作用。
(6)其他：结核病、病毒、真菌、感染；机体免疫功能低下；癌基因的活化及抑癌基因的失活；内分泌失调；家族遗传。

★2. 分类
(1)按解剖学部位分类
1)中央型肺癌：指发生在段支气管至主支气管的癌肿。约占3/4，以鳞癌及小细胞癌较多见。
2)周围型肺癌：指发生在段支气管以下的癌肿。约占1/4，以腺癌较为多见。
(2)按细胞分化程度和形态特征分类
1)**鳞状上皮细胞癌**(鳞癌)：**最常见**。多见于老年男性，与吸烟关系密切。鳞癌生长缓慢，转移较晚，手术治疗的机会相对多；但对放疗、化疗不敏感。
2)小细胞未分化癌(小细胞癌)：恶性程度最高。多发生于肺门附近的大支气管，癌细胞生长快，侵袭力强，远处转移早。对放疗、化疗均敏感。
3)大细胞未分化癌(大细胞癌)：恶性程度较高。可发生在肺门附近或肺边缘的支气管。大细胞癌转移较小细胞未分化癌晚，手术切除机会较大。
4)腺癌：女性及不吸烟者中多见，以周围型肺癌多见，易向管外生长，局部浸润和血行转移较早，易转移至肝、脑、骨及胸膜。对放疗、化疗敏感性较差。

★三、临床表现

1. 原发肿瘤引起的症状和体征
(1)咳嗽：常以**阵发性、刺激性干咳为早期首发症状**，无痰或少量白色黏液痰。随肿瘤肿大，咳嗽可呈高金属音。继发感染时痰量增多，且呈黏液脓性。
(2)咯血：以**中央型肺癌多见**，多为持续性痰中带血或间断血痰，侵蚀大血管时可大咯血。
(3)喘鸣：局限性喘鸣，是由于肿瘤阻塞气管所致。
(4)胸闷、气短：肿瘤引起支气管狭窄、阻塞，可引起胸闷、气急，并发肺炎、肺不张及胸腔积液时，呼吸困难加重。
(5)体重下降：食欲减退，晚期表现为消瘦、恶病质。
(6)发热：多由继发性肺炎所致，肿瘤组织坏死也可引起癌性发热。

2. 肿瘤局部扩展引起的症状和体征
(1)胸痛：肿瘤累及胸膜、胸壁时，出现持续、固定、剧烈的胸痛，于呼吸、咳嗽时加重；肋骨受侵犯时与咳嗽、呼吸无关。
(2)呼吸困难：肿瘤压迫大气道时，引起吸气性呼吸困难。
(3)吞咽困难：肿瘤侵犯或压迫食管。
(4)声音嘶哑：癌肿直接压迫或转移至纵隔淋巴结肿大后，压迫喉返神经，以左侧多见。
★(5)**上腔静脉阻塞综合征**：癌肿侵犯纵隔，压迫上腔静脉。头面部、颈部和上肢水肿，胸前部淤血和静脉曲张可有头痛、头晕、眩晕。
★(6)**Horner综合征**：肺上沟癌(肺尖部)压迫颈部交感神经，引起病侧眼睑下垂、瞳孔缩小、眼球内陷，同侧额部与胸壁无汗或少汗，感觉异常。
(7)臂丛神经压迫综合征：肿瘤压迫臂丛交感神经引起。患侧上肢麻木、无力、火灼样疼痛，夜间重。

3. 肺外转移引起的症状和体征：肺癌可转移至脑、骨、肝、淋巴结等部位，引起相应组织器官的临床表现，如右锁骨上及腋下淋巴结肿大。

4. 癌作用于其他系统引起的肺外表现(副癌综合征):如肥大性肺性骨关节病、男性乳房发育、库欣综合征、稀释性低钠血症、神经-肌肉综合征、高钙血症。

四、辅助检查

★1. **胸部X线检查**:是发现肺癌**最主要**的一种方法。中央型肺癌可见单侧类圆形阴影或肺门不规则肿块;周围型肺癌见到边界毛糙的结节状或团块状阴影。

★2. **痰脱落细胞检查:是简单有效的早期诊断肺癌的方法之一**。非小细胞肺癌阳性率高于小细胞肺癌,一般在70%~80%。

★3. **纤维支气管镜检查**:可获取组织作组织学诊断,对近端气道内可视肿瘤,活检**阳性率高**,为90%~93%。

4. 其他检查:经胸壁针刺活检、纵隔镜、胸腔镜、开胸肺活检、肿瘤标记物等有助于确诊。

五、治疗要点

综合治疗需根据患者身体状况、肿瘤的病理类型、侵犯范围选用治疗方法。

★1. **手术治疗:非小细胞肺癌早期以手术为主。手术效果为鳞癌>腺癌>大细胞癌>小细胞癌**。

★2. 化学药物治疗:**小细胞肺癌以化疗为主**,辅以手术和(或)放疗。鳞癌次之,腺癌效果最差。常用药物有环磷酰胺、氮芥、多柔比星、长春新碱、顺铂等。

★3. 放射治疗:小细胞肺癌>鳞癌>腺癌。常用的射线有^{60}Co、γ射线、电子束、β射线和中子加速器。不良反应为放射性肺炎。

4. 其他:包括局部介入治疗、生物调节治疗、中医药治疗。

★六、护理措施

1. 心理护理
   - (1)医护人员要根据患者的年龄、职业、文化程度及性格等情况,给予不同的沟通和支持。
   - (2)确诊后,可据患者的心理承受能力决定是否向其透露真情。尽量给患者创造一个清静和谐的环境,建立良好的护患关系,取得患者的信任。

2. 补充营养:良好的营养状态是保证完成治疗计划的前提,供给患者能耐受的富含营养的饮食,不能进食者给予鼻饲,或静脉补充营养。

3. 对症护理,提高晚期肺癌患者的生活质量:肺癌患者晚期最突出的病症是疼痛和呼吸困难
   - (1)疼痛:如采取舒适的体位、避免剧烈咳嗽、局部按摩、局部冷敷、使用放松技术、分散注意力等,或遵医嘱使用止痛药物。
   - (2)呼吸困难:给予患者高斜坡卧位,遵医嘱吸氧,据病情鼓励患者下床活动,以增加肺活量。大量胸水者,协助医生进行胸腔穿刺,抽出胸水。

七、健康教育

1. 在人群中宣传肺癌的预防保健知识,以减少肺癌的发生,或争取早期诊断及治疗。大力宣传吸烟对机体的危害,提倡不吸烟或戒烟。

2. 治理大气污染、加强环境卫生和劳动保护、改善矿工劳动条件是减少肺癌发病的重要措施。防治肺部慢性疾病,如慢性支气管炎、肺结核等。

3. 组织肺癌普查,特别是针对40岁以上有重度吸烟史者和高危职业人群、高危地区人群。

4. 教育人们,尤其是40岁以上吸烟者,有不明原因的咳嗽、咯血等症状要及时就医,以早发现、早治疗。

第10节 慢性呼吸衰竭患者的护理

一、定义

★1. 呼吸衰竭指各种原因引起的**肺通气和(或)换气**功能严重障碍,导致**缺氧和(或)二氧化碳潴留**,从而引起一系列病理、生理改变和相应临床表现的综合征。

★2. 静息条件下呼吸大气压空气时，**PaO_2<60mmHg和(或)$PaCO_2$>50mmHg**即为呼吸衰竭。可分为急性呼吸衰竭和慢性呼吸衰竭。

★3. 根据血气的变化将呼衰分为以下两种：
- (1)低氧血症型(Ⅰ型)：仅有PaO_2下降，$PaCO_2$正常。
- (2)高碳酸血症型(Ⅱ型)：既有PaO_2下降，同时$PaCO_2$升高。

4. 慢性呼吸衰竭指一些慢性疾病造成呼吸功能损害逐渐加重，经过较长时间发展为呼吸衰竭。如慢性阻塞性肺疾病(COPD)、肺结核、间质性肺疾病、神经肌肉病变。

二、病因和发病机制

1. 病因
- (1)呼吸道病变：气管-支气管的炎症、痉挛、肿瘤、异物、纤维化瘢痕，如COPD、重症哮喘等。
- (2)肺组织病变：各种累及肺泡和(或)肺间质的病变，如肺炎、肺气肿、严重肺结核、弥漫性肺纤维化、肺水肿、矽肺等。
- (3)胸廓与胸膜病变：胸部外伤、气胸、严重脊柱畸形、大量胸腔积液、胸膜肥厚粘连、强直性脊柱炎、类风湿脊柱炎均可引起呼吸衰竭。
- (4)神经肌肉疾病：脑血管疾病、颅脑外伤、脑炎、镇静催眠剂中毒、脊髓损伤、脊髓灰质炎、多发性神经炎、重症肌无力、有机磷中毒、破伤风等。
- (5)其他：肺水肿、肺栓塞、肺血管炎等。

2. 发病机制
- (1)肺泡通气不足：正常人在静息状态下有效肺泡通气量约为4L/min，当肺泡通气量减少会引起PaO_2降低和$PaCO_2$增高，从而引起缺氧和二氧化碳潴留。
- (2)通气/血流比例失调：是低氧血症最常见原因。正常成人静息状态下通气/血流比值约为0.8，通气/血流比例失调见于以下两种情况
  - 1)部分肺泡通气不足：比值降低，静脉血未能充分氧合，形成肺动-静脉样分流，又称功能性分流。
  - 2)部分肺泡血流不足：比值增高，吸入气体不能与血液进行充分交换，又称为无效腔样通气。
- (3)气体弥散障碍：指O_2、CO_2等气体通过肺泡膜进行交换的物理弥散过程发生障碍。O_2的弥散能力仅为CO_2的1/20，故弥散障碍时是以低氧血症为主。

★三、临床表现

除原发病症状外，其临床表现主要与缺氧和高碳酸血症有关。

1. **呼吸困难：是最早、最突出的表现**，表现为呼吸浅速，出现三凹征，严重者有呼吸节律的改变。呼吸中枢受损时，呼吸频率变慢且常伴节律的变化。

2. **发绀：是缺氧的典型表现**，可见口唇、指甲等处发绀。如同时肢端皮肤厥冷，常提示周围循环不良；如上肢青紫而温暖湿润，则多属肺泡通气不足、二氧化碳潴留所致血管扩张所致。

3. 精神神经症状
- (1)缺氧早期脑血流量增加，出现搏动性急性头痛；轻度缺氧出现注意力分散，智力定向力减退；缺氧程度加重，出现烦躁不安、神志恍惚、嗜睡、昏迷。
- (2)轻度CO_2潴留表现兴奋症状，如多汗、烦躁、嗜睡、失眠；潴留加重抑制中枢神经系统，表现神志淡漠，间歇抽搐、昏睡、昏迷等现象，称**肺性脑病**。

4. 心血管系统症状：早期血压升高，心率加快，晚期心率减慢、血压下降、心律失常甚至心脏停搏。皮肤温暖、湿润，与CO_2潴留引起外周血管扩张有关。

5. 其他：可有谷丙转氨酶升高、上消化道出血、蛋白尿、红细胞尿、尿素氮升高。若治疗及时，随着缺氧、二氧化碳潴留的改善，上述症状可消失。

四、辅助检查

血气分析显示PaO_2<60mmHg，$PaCO_2$>50mmHg，动脉血氧饱和度<75%；血pH常降低。

五、治疗要点

呼吸衰竭治疗的基本原则是**迅速纠正严重缺氧和 CO_2 潴留**，积极处理原发病或诱因，维持心、脑、肾等重要脏器的功能，预防和治疗并发症。

六、护理措施

★1. 合理用氧
- (1)对Ⅰ型呼吸衰竭患者，**短时间**内间歇给予**高浓度**(>50%)或**高流量**(4～6L/min)吸氧。
- (2)对Ⅱ型呼吸衰竭患者，应给予**低浓度**(25%～29%)、**低流量**(1～2L/min)鼻导管**持续**吸氧。有条件时采用面罩吸氧，以免缺氧纠正过快引起呼吸中枢抑制。
- (3)给氧过程中若呼吸困难缓解、心率减慢、发绀减轻，表示氧疗有效；若呼吸过缓或意识障碍加深，须警惕二氧化碳潴留。

2. 通畅气道，改善通气
- (1)及时清除痰液。清醒患者鼓励用力咳痰；对于痰液黏稠患者，要给予雾化吸入稀释痰液。咳嗽无力者定时协助翻身、拍背，促进排痰；对昏迷患者可机械吸痰。
- (2)按医嘱应用支气管扩张剂，如氨茶碱等。对病情重或昏迷患者气管插管或气管切开，使用人工机械呼吸机。

★3. 用药护理
- (1)按医嘱选择使用有效的抗生素控制呼吸道感染；使用呼吸兴奋剂(如尼可刹米、洛贝林等)，必须保持呼吸道通畅。
- (2)注意观察用药后反应，以防药物过量；对烦躁不安、夜间失眠患者，慎用镇静剂，以防引起呼吸抑制。

4. 观察病情，防治并发症：密切注意生命体征及神志改变。及时发现肺性脑病及休克；注意尿量及粪便颜色，及时发现上消化道出血。了解血气分析、血尿常规、血电解质检查结果。

第11节　急性呼吸窘迫综合征患者的护理

一、概述

急性呼吸窘迫综合征(ARDS)是指原心肺功能良好，因严重感染、创伤、休克等肺内外袭击后出现的**以肺泡毛细血管损伤为主**要表现的临床综合征，属于急性肺损伤，是严重阶段或类型。

二、病因

1. 肺内因素
- (1)化学性因素：如吸入烟雾、化学性物质、胃内、氧中毒等。
- (2)物理性因素：如肺损伤，放射性损伤。
- (3)生物性因素：**如重症肺炎，是我国最主要病因。**

2. 肺外因素：神经系统病变、毒血症(革兰阴性菌)、输血、烧伤、溺水等。

三、发病机制

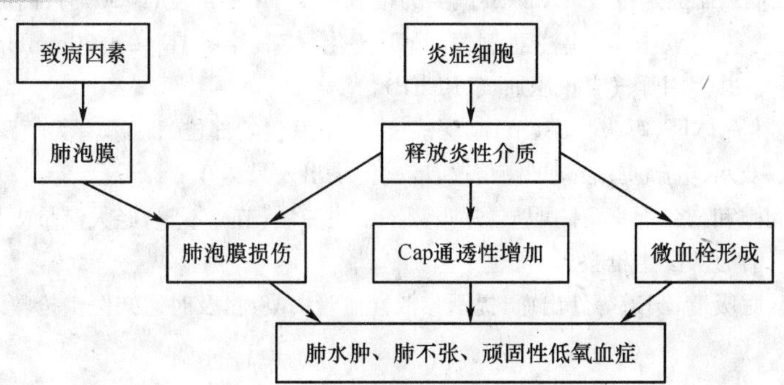

四、临床表现

除原发病症状与体征外，还包括：

★1. 症状
- (1)最早出现的症状是呼吸困难，为**进行性加重的呼吸困难**，伴**严重低氧血症**。
- (2)表现：呼吸深快、费力、胸部紧束、呼吸窘迫，**用普通的吸氧疗法不能改善**。

2. 体征：早期无异常，或仅在双肺闻及少量湿啰音，后期闻及水泡音，可有管状呼吸音。

五、辅助检查

1. 动脉血气分析：PaO_2≤60mmHg，氧合指数＜200mmHg。**氧合指数降低是诊断 ARDS 必备条件。**

2. X线摄片：早期可无异常，随着病情进展，出现弥漫性肺泡浸润，可在**双肺出现点片状阴影**。

六、治疗要点

积极治疗原发病，及时纠正缺氧，保护重要脏器功能。

1. 呼吸支持
- (1)氧疗：迅速纠正缺氧时抢救最重要的措施。轻症患者高浓度(＞50%)面罩给氧，使 PaO_2 ≥60mmHg 或 SaO_2≥90%。
- ★(2)**机械通气**：及早应用，**成人 ARDS 治疗模式为呼气末正压通气(PEEP)**，小潮气量。PEEP 改善 ARDS 的呼吸功能，主要**通过吸气末正压使陷闭的支气管和闭合的肺泡张开，提高功能残气**。小儿肺透明膜病治疗模式为持续正压通气(CPAP)。

2. 维持有效血容量
- (1)输血：失血过多者给予输新鲜血，滴速不宜过快，切忌过量。在保证血容量、稳定血压前提下，要求出入液量轻度负平衡(－500～－1 000ml/d)。
- (2)利尿：可使用呋塞米，40～60mg/d，促进水肿液的消退，减轻肺水肿。ARDS 患者除低蛋白血症外，早期不宜给胶体液。

3. 控制感染：非感染性引起的 ARDS，早期可以应用激素。地塞米松 60～80mg/d，氢化可的松 1 000～2 000mg/d，1 次/6h，连用 2d，有效者继续使用 1～2d 停药，无效者迟早停用。ARDS 伴有败血症或严重呼吸道感染忌用激素。

4. 营养支持治疗。

七、护理问题

1. 气体交换受损：与肺 Cap 损伤、肺水肿、肺泡内透明膜形成有关。

2. 潜在并发症：多脏器功能衰竭。

八、护理措施

1. 一般护理
- (1)安置于呼吸监护病房，专人护理。室内空气清洁流通。
- (2)使用机械通气的清醒患者，注意加强沟通，给予心理支持。
- (3)做好呼吸道护理，如建立人工气道，套管**气囊压力维持在 20cmH_2O 左右**。

★2. 氧疗：**迅速纠正低氧血症是抢救 ARDS 最重要的措施**。给予★**高浓度(＞50%)、高流量(4～6L/min)**吸氧，必要时加压给氧。为防止氧中毒，应注意观察 PaO_2 变化，使其维持在 60～70mmHg 即可。如 PaO_2＜50mmHg，需行机械通气，并使用呼气末正压通气(PEEP)。

3. 病情观察：观察生命体征，呼吸频率、节律、深浅度，发绀发生的部位、程度，有无烦躁、呼吸困难等，必要时查动脉血气分析。以及水、电解质、酸碱平衡情况，准确记录出入量。

如发现吸气时肋间隙和胸骨上窝下陷明显，呼吸频率由快变慢，节律不整，经大流量吸氧后，发绀仍进行性加重，提示病情危重，及时通知医生抢救。

如出现皮肤、黏膜、呼吸道、阴道等处出血，提示弥散性血管内凝血，及时通知医生抢救。

九、健康教育

1. 积极预防上呼吸道感染，避免受凉和过度劳累。
2. 适当锻炼身体，劳逸结合，保持生活规律，心情愉快，增强机体抵抗力。
3. 进食营养丰富、易消化的食物，戒烟酒。

模拟试题栏——识破命题思路，提升应试能力

一、专业实务

A₁型题

1. 引起呼吸系统疾病最常见的病因是
   A. 肿瘤　B. 感染
   C. 吸烟　D. 变态反应
   E. 理化因素
2. 慢性肺心病发生的关键环节是
   A. 肺动脉高压　B. 左心室肥厚
   C. 右心室扩大　D. 体循环淤血
   E. 心功能不全
3. 慢性呼吸衰竭最常见的病因是
   A. 慢性阻塞性肺疾病　B. 支气管哮喘
   C. 支气管扩张　D. 重症肺结核
   E. 慢性胸廓病变
4. 支气管扩张最常见的病因是
   A. 婴幼儿期支气管肺组织感染和阻塞
   B. 支气管异物
   C. 青年期肺结核
   D. 先天发育障碍和遗传因素
   E. 中老年期支气管肺癌
5. 肺源性心脏病肺动脉高血压形成的最主要因素是
   A. 继发性红细胞增多
   B. 血液黏稠度增加
   C. 血容量增加
   D. 肺毛细血管微栓子形成
   E. 缺氧及二氧化碳潴留引起肺小动脉收缩
6. 慢性肺源性心脏病最常见的病因是
   A. 支气管哮喘　B. 支气管扩张
   C. 重症肺结核　D. 慢性阻塞性肺疾病
   E. 肺血管疾病
7. 咯血最常见的原因为
   A. 支气管哮喘　B. 支气管扩张
   C. 肺结核　D. 肺气肿
   E. 风湿性心脏病二尖瓣狭窄
8. 慢性呼吸衰竭最常见的酸碱失衡是
   A. 呼吸性酸中毒　B. 呼吸性碱中毒
   C. 代谢性酸中毒　D. 代谢性碱中毒
   E. 呼吸性酸中毒+呼吸性碱中毒

解析：慢性呼吸衰竭过程中，因低氧和高碳酸血症等因素可引起多种复杂的酸碱平衡失调和电解质紊乱。其发生率如下：呼吸性酸中毒最多见，其次为呼吸性酸中毒伴代谢性碱中毒或呼吸酸中毒伴代谢性酸中毒；单纯呼吸性或代谢性碱中毒较少见。

9. 判定肺结核临床类型的主要依据是
   A. 年龄　B. 痰菌检查
   C. 结核菌素试验　D. 临床症状
   E. 胸部X线检查

解析：确诊肺结核的检查是痰菌阳性，判定肺结核临床类型的检查是胸部X线检查。

10. Ⅱ型呼吸衰竭的诊断标准是
   A. $PaO_2>60mmHg$，$PaO_2>50mmHg$
   B. $PaO_2<60mmHg$
   C. $PaO_2<60mmHg$，$PaO_2>50mmHg$
   D. $PaO_2>50mmHg$
   E. $PaO_2>60mmHg$，$PaO_2<50mmHg$

名师点评

ARDS早期“三无”表现：肺部无啰音；口唇无发绀；X线无变化。

解析：呼吸衰竭是由于多种原因引起通气和(或)换气功能严重损害，导致缺氧伴(或不伴)二氧化碳潴留，继而引起一系列生理功能和代谢紊乱的临床综合征。因此，呼吸衰竭(未经治疗前)必需的诊断指标是低氧血症。Ⅱ型呼吸衰竭是缺氧伴二氧化碳潴留，$PaO_2 < 60mmHg$，$PaO_2 > 50mmHg$。

11. 呼吸系统疾病最常见的致病因素是
    A. 感染　B. 理化因素
    C. 过敏因素　D. 变态反应
    E. 全身性疾病
12. 呼气性呼吸困难主要见于
    A. 喉头水肿　B. 胸腔积液
    C. 支气管肺癌　D. 肺炎
    E. 支气管哮喘

解析：呼气性呼吸困难是下呼吸道受阻，呼气费力，主要见于支气管哮喘、慢性阻塞性肺气肿等，特别注意支气管哮喘是发作性呼气性呼吸困难。

13. 慢性阻塞性肺气肿感染加重期可能会出现的并发症是
    A. 左心衰竭　B. 心肌炎
    C. Ⅰ型呼吸衰竭　D. 心包炎
    E. Ⅱ 型呼吸衰竭
14. 引起肺心病的主要原因为
    A. 胸廓活动功能障碍
    B. 呼吸中枢功能障碍
    C. 慢性支气管炎、肺疾患
    D. 胸腔内肿瘤
    E. 过敏反应
15. 呼吸呈恶臭味见于
    A. 肝性脑病　B. 支气管扩张
    C. 有机磷农药中毒　D. 尿毒症
    E. 酮症酸中毒

A_2 型题

16. 患儿，男性，4岁，进食果冻中，突然出现咳嗽、呼吸困难、口唇发绀，出现三凹征，其呼吸困难的发生机制是
    A. 上呼吸道狭窄
    B. 细小支气管狭窄
    C. 肺组织弹性减弱
    D. 麻醉药抑制呼吸中枢
    E. 呼吸面积减少
17. 患儿，女性，29岁，饲养宠物狗2d后，自觉鼻痒、干咳、呼气费力、胸闷，肺部听诊后出现哮鸣音，呼吸困难的发生机制是
    A. 大气道狭窄梗阻
    B. 广泛性肺部病变使呼吸面积减少
    C. 肺组织弹性减弱
    D. 上呼吸道异物刺激
    E. 肺组织弹性减弱及小支气管痉挛性狭窄
18. 患儿，女性，1岁，发热1d伴犬吠样咳嗽、声音嘶哑、呼吸困难入院。查体：烦躁不安，口唇发绀，三凹征，喉鸣，心率140次/分，听诊呼吸音明显减弱，心音低钝。其喉梗阻程度为
    A. Ⅰ度　B. Ⅱ度
    C. Ⅲ度　D. Ⅳ度
    E. Ⅴ度

解析：Ⅲ度喉梗阻临床表现：出现阵发性烦躁不安，口唇及指、趾发绀，口周发绀或苍白，恐惧，出汗；体征：呼吸音明显降低或听不见，心音较钝，心率快。

19. 患者，女性，28岁，鼻塞、流涕1d，最常见的病原体可能是
    A. 鼻病毒　B. 埃可病毒
    C. 柯萨奇病毒　D. 呼吸道合胞病毒
    E. 副流感病毒
20. 患者，女性，23岁，发作性呼气性呼吸困难1d，听诊双肺布满哮鸣音，使用一般支扩剂无效，判断其发生的原因不包括
    A. 呼吸道感染未控制
    B. 持续接触大量过敏原
    C. 精神过度紧张
    D. 突然停用糖皮质激素
    E. 贫血
21. 支气管哮喘长期反复发作，最常见的并发症是
    A. 上呼吸道感染　B. 肺结核
    C. 阻塞性肺气肿　D. 肺不张
    E. 自发性气胸
22. 患者，男性，51岁，反复咳嗽咳痰5年，每年入冬后症状加重，患者原有吸烟史30年，诊断：慢性支气管炎。该疾病起病、加重和复发的基本原因是
    A. 呼吸道感染　B. 大气污染
    C. 吸烟　D. 自主神经功能失调

E. 气候变化

23. 患者,男性,62岁,反复咳嗽咳痰10余年,数年来入冬后症状加重,呼吸困难进行性加重,稍事活动后即感胸闷气短,患者原有吸烟史30年,引起该病最重要的危险因素是

A. 吸烟　　B. 感染
C. 大气污染　　D. 寒冷刺激
E. 过敏反应

24. 患者,男性,66岁,反复咳嗽咳痰20余年,症状进行性加重,咳脓性痰伴喘息2年。辅助检查:X线示双下肺纹理增粗,双肺透亮度增加,该患者发病最常见的病因是

A. 支气管扩张　　B. 慢性支气管炎
C. 支气管哮喘　　D. 尘肺
E. 肺纤维化

25. 患者,男性,56岁,反复咳嗽咳痰10余年,寒冷时症状明显加重,咳白色黏痰伴喘息,该患者最主要的并发症是

A. 肺出血　　B. 支气管扩张
C. 小叶性肺炎　　D. 肺栓塞
E. 肺气肿、肺心病

26. 慢性肺源性心脏病发病机制是

A. 右心前负荷加重　　B. 右心前负荷加重
C. 左心前负荷加重　　D. 左心后负荷加重
E. 左心前、后负荷加重

解析:慢性肺源性心脏病发病机制是肺动脉高压,缺氧、高碳酸血症、呼吸性酸中毒、支气管炎症、肺气肿可使肺动脉压力增高,造成低氧血症。缺氧可使醛固酮增加,使水钠潴留;缺氧可使肾小动脉收缩,肾血流减少加重水钠潴留,使右心前负荷加重。

27. 患者,男性,66岁,因反复咳嗽、大量脓痰伴咯血入院,拟诊支气管扩张,该疾病的确诊依据是

A. 反复咯血
B. 慢性咳嗽及大量脓痰
C. 支气管碘油造影
D. 胸部平片见肺纹理粗乱,呈卷发样
E. 肺部有固定局限的湿啰音

解析:两侧支气管造影可明确诊断,不仅了解扩张的形态,而且明确病变部位及范围。如发现囊状、柱状或囊柱状改变,可确诊。

28. 患者,男性,66岁,因反复咳嗽、大量脓痰伴咯血入院,拟诊支气管扩张。关于支气管扩张的发病机制**不包括**

A. 先天性发育缺损
B. 支气管-肺组织感染和支气管阻塞
C. 肺结核和慢性肺脓肿伴支气管慢性炎症
D. 肿瘤压迫引起支气管部分或完全阻塞
E. 缺氧性肺血管收缩

29. 支气管扩张最为常见的病因是

A. 婴幼儿期麻疹、支气管肺炎
B. 肺结核
C. 慢性支气管炎
D. 重症肺炎
E. 支气管肿瘤

30. 患者,男性,16岁,因突发寒战高热、咳嗽胸痛入院,诊断:肺炎球菌性肺炎。该疾病最好发的人群是

A. 新生儿　　B. 婴幼儿
C. 青少年　　D. 青壮年
E. 老年人

31. 患者,男性,17岁,突起高热、咳嗽、咳铁锈色痰,该患者最有可能的诊断是

A. 支原体肺炎　　B. 肺炎球菌性肺炎
C. 肺结核　　D. 支气管扩张
E. 肺脓肿

32. 患者,女性,75岁,因呼吸衰竭入ICU使用呼吸机辅助通气。3d后出现呼吸机相关性肺炎,该肺炎最常见的病原菌是

A. 革兰阳性球菌　　B. 革兰阴性球菌
C. 革兰阳性杆菌　　D. 革兰阴性杆菌
E. 真菌

33. 患儿,男性,2岁,因发热、咳嗽、咳痰入院,诊断:支气管肺炎,该疾病与支气管炎的主要区别是

A. 口唇发绀　　B. 呼吸困难、气促
C. 发热、咳嗽　　D. 呼吸音粗糙
E. 肺部固定湿啰音

34. 王女士患肺炎,进行机械通气,视诊可见左肺呼吸活动度明显减弱,听诊时听到左肺有支气管呼吸音,且呼吸机的压力表显示上气道压升高,这说明

A. 左肺支气管痉挛　　B. 右肺支气管痉挛
C. 左肺水肿　　D. 左侧气胸
E. 左肺实变

解析:肺实变体征:视诊:胸廓对称、病侧呼吸运动减弱;触诊:气管居中,病侧语音震颤增强;叩诊:病变部位叩诊呈浊音;听诊:病变部位可闻及支气管呼吸音和响亮的湿啰音,语音共振增强,累及胸膜者可闻及胸膜摩擦音。

35. 患者,男性,19岁,突起高热、咳嗽、咳铁锈色痰,其发病诱因**不包括**

A. 受凉、淋雨　B. 过度疲劳
C. 酒醉　D. 精神紧张
E. 大手术

36. 患者,男性,69岁,突发高热、寒战、咳脓血痰。辅助检查:白细胞计数 50×10^9/L,中性粒细胞0.75,核左移并有毒性颗粒,胸部X线见肺气囊肿,单发或多发片状阴影伴有空洞和液平面。拟诊:金色葡萄球菌肺炎。该疾病最有诊断价值的是

A. 起病急,病情重
B. 血白细胞总数高、核左移
C. 双肺大量湿啰音
D. X线胸片显示有多发性脓肿或脓胸、肺大疱
E. 呼吸困难、脓血痰

37. 患者,男性,40岁,高热、咳嗽、胸痛来急诊。查痰肺炎球菌。血象如何改变

A. 嗜酸粒细胞增加　B. 淋巴细胞增加
C. 中性粒细胞增加　D. 大单核细胞增加
E. 嗜碱粒细胞增加

38. 结核菌侵入人体后引起变态反应的时间是

A. 1～2周　B. 3～4周
C. 4～6周　D. 4～8周
E. 6～10周

39. 患者,女性,23岁,午后低热、盗汗、咳嗽咳痰3个月来门诊就诊,医生给予PPD试验。请问判断该试验结果的最重要指标是

A. 红斑直径　B. 风团大小
C. 硬结直径　D. 发疹时间
E. 有无水疱

40. 患者,男性,25岁,1个月前入城打工,因发热、咳嗽入院,胸部X线检查呈“哑铃状”双极阴影,其最有可能的诊断是

A. 原发综合征　B. 支气管淋巴结结核
C. 粟粒型肺炎　D. 支原体肺炎
E. 金黄色葡萄球菌肺炎

解析:原发综合征好发于儿童和初次进城者,胸部X线摄片特征为:“哑铃状”双极阴影。

41. 患儿,女性,1岁,2周前患麻疹,近7d来发热,T39℃,咳嗽,气促,双肺呼吸音粗,未闻啰音。PPD(+++)。胸部X线检查:双肺可见分布均匀、大小一致、密度一致的粟粒状阴影。最有可能的诊断是

A. 支气管肺炎
B. 麻疹肺炎
C. 麻疹合并急性粟粒型肺结核
D. 原发型肺结核
E. 金黄色葡萄球菌肺炎

42. 患者,男性,56岁,因阵发性咳嗽、咯血半个月入院,诊断:肺癌,该疾病临床上最常见的肺癌是

A. 鳞癌　B. 小细胞未分化癌
C. 大细胞未分化癌　D. 腺癌
E. 肺转移癌

43. 患者,男性,60岁,因慢性呼吸衰竭入院,其最常见的病因可能是

A. 重症肺结合结核　B. 呼吸肌病变
C. 严重胸廓畸形　D. 慢性阻塞性肺疾病
E. 神经系统病变

44. 患者,男性,65岁,因重症肺炎致进行性呼吸困难1d入院。体检:呼吸30次/分,吸气费力,发绀。ARDS患者早期X线检查结果是

A. 完全正常　B. 无明显改变
C. 呈条状阴影　D. 呈点状阴影
E. 呈片状阴影

45. 患者,女性,45岁,用氧不当后出现氧中毒,患者出现进行性加重的呼吸困难,拟诊:ARDS。对ARDS的诊断和病情判断有帮助的检查是

A. 血气分析　B. 呼吸功能监测
C. 血流动力学监测　D. X线检查
E. 心电图检查

A_3/A_4 型题

(46、47题共用题干)

患者,男性,52岁,吸烟史30余年,近1个月来出现带金属音的刺激性咳嗽。

46. 应考虑的病因是

A. 原发性支气管肺癌　B. 胸膜炎
C. 肺炎　D. 左心衰竭
E. 支气管扩张

47. 引起原发性肺癌最重要的危险因素是
A. 吸烟 B. 石棉肺
C. 空气污染 D. 化学物
E. 缺乏维生素 A

(48～50 题共用题干)

某男性老年患者，慢性咳嗽，咳痰 12 年，近 2 年来劳动时出现气短，偶有踝部水肿，门诊以“慢性支气管炎合并慢性阻塞性肺气肿”收入院。

48. 体检评估时胸部阳性体征可表现为
A. 扁平胸 B. 语颤减弱
C. 语颤增强 D. 心浊音界扩大
E. 呼气期缩短

49. 对上述患者进行哪些检查有助于确诊
A. 心电图 B. 胸部 X 线检查
C. 痰液检查 D. 血气分析
E. 脑脊液检查

50. 若该患者病情反复发作，且出现肺动脉瓣第二心音亢进，则提示该患者有
A. 右心衰竭 B. 左心衰竭
C. 肺动脉高压 D. 周围循环衰竭
E. 主动脉压升高

(51～53 题共用题干)

患儿，男性，9 岁，昨日上午春游回家后出现喉痒、气喘、呼吸困难、发绀，双肺哮鸣音。

51. 该患儿最可能的哮喘类型是
A. 内源性哮喘 B. 外源性哮喘
C. 混合性哮喘 D. 运动型哮喘
E. 咳嗽型哮喘

52. 该型哮喘的特点是
A. 中老年发病多见 B. 全年发病
C. 无明确过敏原 D. IgE 增高
E. 嗜酸粒细胞正常

53. 如患儿出现哮喘持续状态是指喘息严重发作，经一般处理
A. 24h 以上未见缓解的
B. 18h 以上未见缓解的
C. 12h 以上未见缓解的
D. 8h 以上未见缓解的
E. 6h 以上未见缓解的

(54、55 题共用题干)

患儿，女性，1 岁，发热 1d 伴犬吠样咳嗽、声音嘶哑、呼吸困难入院。查体：烦躁不安，口唇发绀，三凹征，喉鸣，心率 140 次/分，听诊呼吸音明显减弱，心音低钝。

54. 最有可能的诊断是
A. 支原体肺炎 B. 急性感染性喉炎
C. 哮喘 D. 气管异物
E. 普通感冒

55. 该患者治疗错误的是
A. 吸氧 B. 补液扩容
C. 控制感染 D. 激素治疗
E. 严重时气管切开

(56、57 题共用题干)

患者，女性，32 岁，患支气管扩张症已 10 余年。1 周来因受凉咳嗽、咳痰加重，痰呈脓性，每日约 500ml，体温 37.8℃。

56. 此患者基本病因最可能是
A. 支气管先天发育不良
B. 支气管防御功能退化
C. 支气管平滑肌痉挛
D. 支气管感染及阻塞
E. 支气管变态反应性炎症

57. 清除此患者痰液最有效的措施为
A. 指导有效咳嗽 B. 体位引流
C. 湿化呼吸道 D. 帮助翻身，拍背
E. 鼻导管吸痰

(58～60 题共用题干)

患者，男性，63 岁。确诊慢性阻塞性肺病近 10 年，因呼吸困难一直需要家人护理和照顾起居。今晨起大便时突然气急显著加重，伴胸痛，送来急诊。

58. 采集病史时应特别注意询问
A. 胸痛部位、性质和伴随症状
B. 冠心病、心绞痛病史
C. 吸烟史
D. 近期胸部 X 线检查情况
E. 近期服药史如支气管舒张剂、抗生素等

59. 体检重点应是
A. 肺下界位置及肺下界移动度
B. 肺部啰音
C. 病理性支气管呼吸音
D. 胸部叩诊音及呼吸音的双侧比较
E. 颈动脉充盈

60. [假设信息]入院后医生建议予辅助检查以确诊，最有价值的是
A. B 型超声显像 B. 心电图
C. X 线透视或摄片 D. MRI

E. 核素肺扫描

(61～63 题共用题干)

患者,男性,18 岁,初次进城,近 1 个月来出现午后低热、盗汗、消瘦,拟诊:肺结核。

61. 为明确诊断,建议该患者做哪项检查
A. 肺功能检查　B. 胸部 X 线摄片
C. PPD 试验　D. 痰结核菌涂片
E. 纤维支气管镜检查

62. [假设信息]临时医嘱给予胸部 X 线摄片,其最有可能的结果是
A. "哑铃状"双极阴影
B. 双肺均匀、大小一致的栗粒状阴影
C. 双肺大小不一的栗粒状阴影
D. 一侧或两侧单个或多个厚壁空洞
E. 锁骨上下片状、絮状阴影、边缘模糊

63. [假设信息]患者经检查确诊为"原发综合征",病变所在部位通常**不包括**
A. 肺上叶底部　B. 肺门
C. 肺下叶上部　D. 肺尖
E. 肺中叶

解析:原发综合征是指肺的原发病灶、淋巴管炎和肺门淋巴结结核。在肺上叶下部或下叶上部片状或类圆形模糊阴影。同侧肺门淋巴结增大。

64. [假设信息] 患者经检查确诊为"纤维空洞型肺结核",考虑该病最主要的传播途径为
A. 直接蔓延　B. 消化道传播
C. 淋巴传播　D. 呼吸道传播
E. 血液传播

65. [假设信息]入院后 3d,该患者出现大咯血,是指 24h 咯血量大于
A. 100ml　B. 200ml
C. 300ml　D. 400ml
E. 500ml

二、实践能力

A_1 型题

66. 关于胸膜炎所致的胸痛描述正确的是
A. 位于心前区,呈压榨样痛
B. 沿肋间神经呈带状分布
C. 在剧咳或劳动中突然发生
D. 位于心前区,呈窒息样痛
E. 以腋下为明显,且可因咳嗽和深呼吸而加剧

67. 患者大咯血,给予的止血药首选为
A. 酚磺乙胺　B. 垂体后叶素
C. 卡巴克络　D. 维生素 K
E. 抗血纤溶芳酸

68. 急性感染性喉炎治疗错误的是
A. 吸氧、雾化吸入
B. 控制感染
C. 烦躁不安者给予氯丙嗪镇静
D. 给予激素,减轻喉头水肿
E. 严重缺氧者及时气管切开

69. 当前防治哮喘最有效的药物是
A. β_2 受体激动剂　B. 糖皮质激素
C. 抗胆碱能药物　D. 茶碱类
E. 肥大细胞膜稳定剂

70. 支气管哮喘发作时首选的给药途径是
A. 口服法　B. 吸入法
C. 舌下含服法　D. 肌内注射法
E. 静脉注射法

71. 哮喘持续状态的处理,下列哪项是错误的
A. 控制感染　B. 纠正脱水
C. 解除支气管痉挛　D. 肌内注射吗啡镇静
E. 纠正缺氧

72. 排除痰液的护理措施,下列哪项不妥
A. 痰液黏稠可使用祛痰剂
B. 限制水分摄入,以免痰液生成过多
C. 对症使用有效的中成药
D. 行蒸汽吸入或药物超声雾化吸入
E. 对痰多而无力咳出者协助翻身拍背,或导管插入吸痰

73. 肺气肿患者最具特征性的体征是
A. 肋间隙饱满
B. 呼吸运动减弱
C. 触觉语颤减弱
D. 双肺叩诊呈过清音
E. 听诊呼吸音减弱,呼气相延长

74. 治疗肺心病心力衰竭的首要措施是
A. 卧床休息,低盐饮食
B. 使用小剂量强心剂
C. 使用小剂量作用缓和的利尿剂
D. 应用血管扩张剂减轻心脏负荷
E. 积极控制感染和改善呼吸功能

75. 治疗肺炎球菌肺炎,首选的抗菌药物是
A. 林可霉素　B. 头孢氨苄

C. 红霉素　　D. 氧氟沙星
E. 青霉素

76. 肺炎患者胸痛时宜取
A. 头低脚高位
B. 头抬高15°,脚抬高20°
C. 平卧位
D. 健侧卧位
E. 患侧卧位

77. 休克型肺炎抗休克治疗的首要措施是
A. 应用强心剂　　B. 补充血容量
C. 纠正酸碱平衡失调　　D. 应用血管活性药
E. 应用糖皮质激素

78. 小细胞肺癌的主要治疗措施是
A. 手术治疗　　B. 化学治疗
C. 放射治疗　　D. 免疫治疗
E. 中医中药治疗

79. 支气管肺癌的早期症状是
A. 剧烈胸痛　　B. 胸闷、气促
C. 消瘦、发热　　D. 刺激性呛咳
E. 痰中带血

80. 慢性呼吸衰竭最早最突出的表现是
A. 发热　　B. 咳嗽
C. 发绀　　D. 呼吸困难
E. 精神神经症状

A_2型题

81. 患儿,男性,12岁,进食鱼虾后突发呼吸困难,口唇发绀,双肺闻及大量哮鸣音,此时最佳体位安置是
A. 平卧位　　B. 端坐位
C. 半卧位　　D. 俯卧位
E. 头高脚低位

82. 患儿,男性,12岁,进食鱼虾后出现突发呼吸困难,口唇发绀,双肺闻及大量哮鸣音,该患者最主要的护理诊断是
A. 气体交换受损　　B. 焦虑
C. 清理呼吸道无效　　D. 活动无耐力
E. 低效性呼吸型态

83. 患者,男性,13岁。每年春暖花开时均有哮喘发作,一次看电影时见到银幕上满园春色,突然哮喘发作。对此现象应
A. 嘱患者休息　　B. 立即氧气吸入
C. 静脉补液　　D. 使用支气管舒张剂
E. 做好心理护理

84. 患者,男性,30岁。严重哮喘发作,心电图为窦性心动过速,心率132次/分,低血压。不宜采用的治疗是
A. 吸氧　　B. 雾化吸入
C. 普萘洛尔口服　　D. 应用糖皮质激素
E. 二羟丙茶碱静脉注射

解析:普萘洛尔(心得安)作用于支气管平滑肌,阻断β_2受体,可使支气管平滑肌收缩,对支气管哮喘患者可诱发或加重急性发作。

85. 患者,男性,50岁。慢性支气管炎史15年,3d前受凉感冒后咳嗽加重,痰多黏稠不易咳出、气促、乏力、食欲减退。患者首选的护理诊断及合作性问题是
A. 活动无耐力　　B. 低效性呼吸型态
C. 清理呼吸道无效　　D. 气体交换受损
E. 营养失调:低于机体需要量

86. 患者,男性,62岁。咳嗽、咳痰、胸闷气短10年。肺功能检查:残气量增加,残气量占肺总量比值40%。最可能的诊断是
A. 支气管哮喘　　B. 自发性气胸
C. 肺结核　　D. 慢性肺源性心脏病
E. 阻塞性肺气肿

解析:残气量(RV)/肺总量(TCL):残气量与肺活量之比用于判断有无肺气肿。<25%为正常;26%~35%为轻度肺气肿;36%~45%为中度肺气肿;46%~55%为重度肺气肿;>55%为极重度肺气肿。RV/TCL比值与年龄有关,随年龄增加残气量增大,但一般不应超过35%。

87. 患者,女性,60岁。慢性咳喘史15年,6个月来下肢水肿,诊断为慢性肺源性心脏病、右心衰竭。血气分析:pH 7.41,PaO_2 36mmHg,$PaCO_2$ 62mmHg。氧疗应采取
A. 低浓度、低流量持续给氧
B. 高浓度面罩给氧
C. 高浓度、高流量间断给氧
D. 高浓度、高流量持续给氧
E. 低浓度、低流量间断给氧

解析:缺氧可引起全身各系统的损害,必须迅速纠正。对于缺氧伴有二氧化碳潴留(Ⅱ型呼吸衰竭)的患者宜采用鼻导管持续(>15h/d)、低浓度(<25%~29%)、低流量(<1~2L/min)吸氧。

88. 患者,男性,58岁。慢性咳喘史10年,感冒后病情

加重入院，经治疗后病情缓解。查体：桶状胸，两肺叩诊过清音，呼吸音低。动脉血气分析：PaO_2 75mmHg，$PaCO_2$ 45mmHg。患者出院后最重要的自我护理措施是

A. 锻炼腹式呼吸　B. 避免吸入有害气体

C. 保持室内清洁　D. 坚持长期家庭氧疗

E. 定量行走锻炼、改善肺功能

89. 患者，女性，60岁。慢性阻塞性肺疾病经住院治疗后，病情好转出院。血气分析：PaO_2 60mmHg，$PaCO_2$ 40mmHg。有关长期家庭氧疗的健康指导，下述正确的一项是

A. 目前病情暂不需要氧疗

B. 休息和睡眠时不需要吸氧

C. 逐渐增加每日吸氧的时间

D. 每日吸氧时间不能超过10h

E. 一昼夜持续低流量吸氧15h以上

90. 患者，女性，63岁。既往有肺心病史10年，近2d来感头痛、恶心、烦躁，血压160/95mmHg、心率120次/分，护士对其护理措施最主要的是

A. 呼吸兴奋剂应用　B. 改善通气、氧疗

C. 合理休息　D. 合理饮食

E. 地西泮静脉注射

91. 患者，男性，65岁。慢性肺气肿患者，近日痰多，不易咳出，常有喘鸣、头痛、烦躁，白天嗜睡，夜间失眠，晨间护理时发现患者神志淡漠，应考虑出现

A. 窒息先兆　B. 呼吸性酸中毒

C. 肺性脑病　D. 休克早期

E. 脑疝先兆

解析：慢性呼吸衰竭可并发肺性脑病。表现为精神恍惚、昼睡夜醒、无意识动作、抽搐、扑翼样震颤、精神错乱乃至昏迷，并可有神经病理体征，视神经盘水肿，颅内压增高，甚至并发脑疝，患者可突然死亡。

92. 患者，男性，78岁，COPD，患者在进行腹式呼吸锻炼时，下列动作中应予以纠正的是

A. 吸气时腹部用力挺出

B. 呼气时腹部尽力收缩

C. 深吸快呼

D. 鼻吸口呼

E. 深吸慢呼

93. 夜班护士发现一支气管扩张患者咯血约200ml后突然中断，呼吸极度困难，喉部有痰鸣音，表情恐怖，两手乱抓，首先要做的是

A. 立即通知医师　B. 立即气管插管

C. 清除呼吸道积血　D. 给予氧气吸入

E. 应用呼吸兴奋剂

94. 患者，男性，80岁，因反复咳嗽，大量脓痰入院，下列关于排痰的措施，不妥的是

A. 多饮水以利于痰液稀释

B. 痰多且无力咳痰者应以祛痰为主

C. 咳嗽反射减弱或消失的患者应给予机械吸痰

D. 为了增加患者的耐受能力，体位引流应在餐后半小时内进行

E. 勤翻身拍背可促进排痰

95. 患者，男性，80岁，因反复咳嗽，大量脓痰入院，该患者且无力咳痰，为防止窒息，护士在翻身前首先应

A. 给患者吸氧　B. 给患者吸痰

C. 指导患者有效咳嗽　D. 给患者雾化吸入

E. 缓慢移动患者

96. 患者，男性，80岁，因长期咳嗽，大量脓痰，反复咯血入院，目前最重要的护理措施是

A. 加强营养　B. 促进痰液引流

C. 观察有无窒息先兆　D. 加强心理护理

E. 遵医嘱使用抗生素

97. 患者，男性，25岁。高热2d伴右上腹刺痛，不敢呼吸及咳嗽。急性面容，呼吸急促，口唇疱疹，右下肺呼吸音减弱，语颤增强，偶闻湿啰音，右上腹轻度肌紧张及压痛。血白细胞22×10^9/L，中性粒细胞0.9，诊断应首先考虑

A. 急性胆囊炎　B. 右侧肺炎球菌肺炎

C. 右侧胸膜炎　D. 右侧气胸

E. 胆石症

解析：患者右上腹刺痛，不敢呼吸及咳嗽，考虑病变累及胸膜，疼痛放射至右上腹。同时，患者为青壮年，口唇疱疹，右下肺呼吸音减弱，语颤增强，考虑右肺炎球菌肺炎。

98. 患者，女性，68岁，受凉后出现高热、咳嗽、咳铁锈色痰、胸痛，观察该患者时应特别注意

A. 体温高低　B. 痰液性质

C. 呼吸困难程度　D. 周围循环衰竭征象

E. 白细胞总数的多少

99. 患者，女性，27岁。右侧胸痛伴气急8d，体温39℃，脉搏100次/分，呼吸28次/分。右肩胛下

叩诊呈实音，呼吸音消失，心脏向左移位。诊断首先考虑

A. 肺炎　　B. 肺癌
C. 肺脓肿　　D. 肺不张
E. 结核性胸膜炎

100. 患者，女性，30岁。结核性胸膜炎大量胸腔积液，在胸腔穿刺抽液过程中突感头晕、心悸、出汗。四肢发凉，面色苍白，脉细弱，血压80/50mmHg。最可能的原因是

A. 麻醉药过敏　　B. 发生气胸
C. 胸膜反应　　D. 穿破血管导致失血
E. 肺水肿

101. 王女士为肺结核患者在家疗养，但痰中有结核菌，最简便有效的处理痰的方法是

A. 煮沸　　B. 深埋
C. 焚烧　　D. 乙醇溶液浸泡
E. 消毒灵浸泡

102. 患者，男性，28岁。近2个月来午后低热、盗汗，伴食欲减退、消瘦、乏力，近1周出现高热、痰量增多，伴咯血及右侧胸痛。痰菌检查结核杆菌阳性。护理诊断与病情不符的一项是

A. 知识缺乏　　B. 体温过高
C. 有窒息的危险　　D. 心排血量减少
E. 营养失调：低于机体需要量

103. 患者，女性，22岁。肺结核史1年，2h前突然咯血不止。最重要的护理措施是

A. 减小活动和保持镇静
B. 保持呼吸道通畅
C. 准备抢救药物
D. 积极止血治疗
E. 加强抗结核治疗

104. 某支气管哮喘患者发作时，强迫端坐位，发绀明显，大汗淋漓，不能讲话，于一阵剧咳后突感一侧胸痛，气急加剧。检查发现疼痛侧胸部叩诊呈鼓音，听诊呼吸音消失。下列哪些措施**不妥当**

A. 立即排气减压，以解除气急，使肺复张
B. 使用支气管解痉剂及镇咳、镇静剂
C. 按危重病期护理，取平卧位，头偏向一侧
D. 保持排便通畅
E. 密切观察病情变化，防止复发和出现并发症

解析：患者剧烈咳嗽后并发自发性气胸，应取半坐位，并配合抢救。

105. 患者，男性，42岁，因诊断肺结核入院。入院3d突然出现大咯血，继而突然咯血中断，表情恐怖，大汗淋漓，此时首要的护理措施是

A. 立即取半卧位
B. 加压给氧
C. 立即气管插管
D. 保持呼吸道通畅，清除血块
E. 人工呼吸

106. 患者，女性，75岁。体检X线胸片提示肺占位性病变入院，经病理诊断为小细胞肺癌。该患者首选的治疗方法为

A. 手术切除　　B. 化疗
C. 对症治疗　　D. 单纯营养支持
E. 免疫治疗

107. 患者，男性，50岁。近半年以来已在右肺中叶发生2次节段性肺炎，肺炎控制后仍然有持续痰中带血。最可能的病变是

A. 慢性支气管炎　　B. 肺炎球菌肺炎
C. 支气管肺癌　　D. 支气管扩张
E. 支气管内膜结核

108. 某支气管哮喘患者，每当发作就自用沙丁胺醇（舒喘灵）喷雾吸入，护士应告诫患者，如用量过大可能会出现

A. 心动过缓、腹泻
B. 食欲减退、恶心呕吐
C. 血压升高、心动过速
D. 皮疹、发热
E. 肝、肾功能异常

109. 患者，男性，28岁，皮毛厂工作，因吸入大量焚烧后废气出现呼吸困难，送入院吸氧后未见好转。入院后血气分析示：PaO_2 50mmHg，$PaCO_2$ 50mmHg，胸部X线示：肺部片状浸润阴影，诊断：ARDS。该患者最主要的治疗措施是

A. 控制感染　　B. 纠正缺氧
C. 补充体液　　D. 营养支持
E. 心理疏导

110. 患者，女性，50岁，用氧治疗不当出现ARDS。此时最有效治疗是

A. PEEP
B. 持续低流量、低浓度给氧
C. CPAP
D. 间歇高流量吸氧
E. 停氧

解析：成人 ARDS 治疗模式为呼气末正压通气(PEEP)，小潮气量。其机制是主要通过吸气末正压使陷闭的支气管和闭合的肺泡张开，提高功能残气。

A_3/A_4 型题

(111～113 题共用题干)

患者，男性，24 岁，自觉低热、乏力、食欲缺乏，有盗汗、体重下降、呼吸困难、胸痛等表现，诊断浸润型肺结核收入院。

111. 入院后应采用的隔离种类为
A. 严密隔离　　B. 消化道隔离
C. 保护性隔离　　D. 接触性隔离
E. 呼吸道隔离

112. 关于疾病防治及护理措施不妥的是
A. 患者痰液用 20%漂白粉溶液搅拌静置，2h 后倒掉
B. 护士在病室里不密切接触患者时，可不戴口罩
C. 病室每日用紫外线照射进行空气消毒
D. 病室通向走廊的窗子需关闭
E. 给予异烟肼、链霉素治疗

113. 按医嘱给予患者抗结核治疗，下列药物中长期应用对肝脏损坏最严重的是
A. 异烟肼　　B. 利福平
C. 链霉素　　D. 吡嗪酰胺
E. 对氨基水杨酸

(114、115 题共用题干)

患者，女性，65 岁。因支气管扩张入院。夜班护士发现该患者咯血约 200ml 后突然中断，呼吸极度困难，喉部有痰鸣音，表情恐怖，两手乱抓。

114. 护士应首先采取的措施是
A. 立即通知医师　　B. 立即气管插管
C. 清除呼吸道积血　　D. 给予高流量氧气吸入
E. 应用呼吸兴奋剂

115. 此患者最有可能发生的并发症是
A. 出血性休克　　B. 窒息
C. 肺不张　　D. 肺部感染
E. 贫血

(116～119 题共用题干)

患者，男性，60 岁。慢性咳嗽、咳痰 20 年，活动后气促 8 年，病情加重 2 周。神志清楚，发绀，桶状胸，剑突下可见心脏搏动，两肺闻及干、湿啰音，心率 110 次/分，有期前收缩，肝肋下 2.0cm，质中等，有压痛，肝颈静脉回流征阳性，双下肢水肿。血白细胞 12×10^9/L，中性粒细胞 0.85，心电图示房性期前收缩，动脉血气分析：PaO_2 58mmHg，$PaCO_2$ 70mmHg。

116. 最可能的诊断是
A. 支气管哮喘继发感染
B. 慢性支气管炎并发冠心病
C. 慢性支气管炎伴阻塞性肺气肿
D. 慢性阻塞性肺病疾病呼吸衰竭
E. 慢性肺心病肺心功能失代偿期

解析：患者为慢性支气管炎伴阻塞性肺气肿并发慢性肺心病，并且出现了呼吸衰竭和右心衰竭的症状。答案 E 符合诊断。

117. 最恰当的首要处理是
A. 给氧及呼吸兴奋剂
B. 控制感染和保持呼吸道顺畅
C. 静脉注射呋塞米消肿
D. 静脉注射毛花苷 C 强心
E. 静脉注射利多卡因纠正心律失常

118. 氧疗时给氧浓度和氧流量应为
A. 29%，2L/min　　B. 33%，3L/min
C. 37%，4L/min　　D. 41%，5L/min
E. 45%，6L/min

119. 帮助患者排痰，哪种措施不妥当
A. 雾化吸入　　B. 定时翻身拍背
C. 鼓励用力咳嗽　　D. 鼻导管吸痰
E. 体位引流

(120～124 题共用题干)

患者，男性，16 岁。在春季旅游途中突感胸闷，呼吸困难，伴大汗而急诊入院。口唇发绀，两肺满布哮鸣音，心率 90 次/分，律齐。既往有类似发作，可自行缓解。

120. 可能性最大的诊断是
A. 过敏性休克
B. 支气管哮喘
C. 心源性哮喘
D. 慢性支气管炎急性发作
E. 变态反应性肺浸润

121. 首先考虑的护理诊断及合作性问题是
A. 气体交换受损　　B. 清理呼吸道无效
C. 低效性呼吸型态　　D. 恐惧
E. 潜在并发症：自发性气胸

122. [假设信息]如你是责任护士，认为对患者饮食

宣教中**不恰当**的是
A. 摄入高维生素流质
B. 摄入富于营养的清淡流质
C. 鼓励患者多进食
D. 忌食易过敏食物，如鱼、虾等
E. 少油腻，多饮水

123. [假设信息]患者入院后上述症状未改善，采取的护理措施正确的为是
A. 半坐位　B. 补液小于2 500ml
C. 超声雾化吸入　D. 吗啡镇静
E. 低流量吸氧

124. [假设信息]患者经过有效治疗，病情缓解出院，进行健康指导时应特别强调
A. β_2受体激动剂不宜长期使用
B. β_2受体激动剂必须与糖皮质激素同时使用
C. β_2受体激动剂仅限于哮喘急性发作时使用
D. β_2受体激动剂吸入后必须立即刷牙
E. β_2受体激动剂必须单一使用

解析：长期、单一应用β_2受体激动剂可造成细胞膜β_2受体的向下调节，出现临床耐药现象，故应予避免。

(125～130题共用题干)

患者，女性，67岁。有肺心病病史20年，此次因2周前受凉后，出现咳嗽、咳黄脓痰，今晨出现痰不易咳出且呼吸困难加重，烦躁不安，神志恍惚。查体：体温37.4℃，脉搏110次/分，呼吸36次/分，节律不整，口唇发绀，两肺底闻及细湿啰音，心(－)，腹(－)，血压正常。

125. 患者最可能出现的并发症是
A. 呼吸衰竭　B. 上消化道出血
C. 急性脑出血　D. 肾功能衰竭
E. 急性心力衰竭

126. 此时患者不宜采取的治疗是
A. 静脉滴注氯化钾　B. 给予镇静剂
C. 低流量吸氧　D. 给呼吸兴奋剂
E. 使用人工呼吸机

127. [假设信息]患者今神志恍惚加剧，查动脉血气分析：PaO_2 58mmHg，$PaCO_2$ 65mmHg。首要的治疗措施为
A. 高流量吸氧　B. 建立静脉通路
C. 持续低流量吸氧　D. 气管切开
E. 吸痰

128. [假设信息]患者使用呼吸机和呼吸兴奋剂治疗后，出现恶心、呕吐、烦躁、面颊潮红、肌肉颤动等现象应考虑
A. 肺性脑病先兆　B. 通气量不足
C. 呼吸兴奋剂过量　D. 呼吸性碱中毒
E. 痰液阻塞

解析：此为典型的呼吸兴奋剂过量的表现。肺性脑病表现为神志恍惚、嗜睡、谵妄、呕吐、球结膜水肿等；通气量不足表现为低氧血症和二氧化碳分压升高，其表现类似于肺性脑病；呼吸性碱中毒多由于高通气造成，一般有颤抖、手足麻木等；痰液阻塞为低通气状态，造成低氧，很少出现肌肉颤动。

129. [假设信息]患者处于COPD急性加重期，对其进行氧疗时，正确的是
A. 嘱家属应根据情况自行停止或变动氧流量
B. 夜间应停止氧疗，以保证患者睡眠
C. 吸氧浓度一经设定，就不可再作调整，以免影响氧疗效果
D. 吸氧装置不需定期消毒
E. 氧疗过程中应注意观察意识、呼吸困难、发绀及血气分析情况

130. [假设信息]经治疗缓解后，患者对今后是否会再次复发较为恐惧。主管护士对其做下列哪些健康指导**不妥当**
A. 劝告患者戒烟
B. 鼓励其加强体育锻炼，做耐寒训练
C. 鼓励增进营养
D. 常规服用抗生素预防感染
E. 指导家庭氧疗

参考答案

1～5 BAAAE　6～10 DCAEC　11～15 AEECB
16～20 AECAE　21～25 CAABE　26～30 BCEAD
31～35 BDEEC　36～40 DCDCA　41～45 CADBA
46～50 AABBC　51～55 BDABB　56～60 DBDDC
61～65 DADDE　66～70 EBCBB　71～75 DBDEE
76～80 EBBDD　81～85 BEECC　86～90 EADEB
91～95 CCCDB　96～100 BBDEC　101～105 CDBCD
106～110 BCCBA　111～115 EBBCB
116～120 EBAEB　121～125 CCAAA
126～130 BCCED

(赵淑敏　郭　华)

第3章　循环系统疾病患者护理

考点提纲栏——提炼教材精华，突显高频考点

第1节　常见症状的护理

一、心源性呼吸困难

1. 发生机制：各种原因的心脏疾病→左心功能不全→肺淤血（甚至肺水肿）→通气与换气功能异常→PO_2↓、PCO_2↑→心源性呼吸困难。

2. ★**心源性呼吸困难按其渐进性严重程度表现为：劳力性呼吸困难、阵发性夜间呼吸困难、端坐呼吸、急性肺水肿。**

3. 临床类型：见表3-1。

表3-1　三种心源性呼吸困难特点

类型	表现特点	机制
劳力性呼吸困难	最先出现 体力活动时发生，休息即缓解	体力活动时，回心血量增加，加重肺淤血的结果
阵发性夜间呼吸困难	常发生在夜间，平卧时肺淤血加重，于睡眠中突然憋醒，被迫坐起 心源性哮喘：咳嗽、咳泡沫样痰，有些伴支气管痉挛，双肺干啰音（与支气管哮喘类似） 重症者：急性肺水肿（★**特征：咳粉红色泡沫痰**）	睡眠平卧时血压重新分配使肺血流量增加 膈肌高位肺活量减少 夜间迷走神经张力增高，使小支气管收缩
端坐呼吸	★**心功能不全后期严重表现** 休息时发生，不能平卧，被迫采取坐位或半卧位，以减轻呼吸困难	坐位时膈肌下降，回心血量减少，故采取的坐位越高，反映患者左心衰竭的程度越严重

4. 护理问题：气体交换受损、活动无耐力。

5. 护理措施
(1)休息：减轻体力活动，必要时坐位或半卧位，尤其★**夜间睡眠保持半卧位（其目的：以减少回心血量，改善呼吸运动）。**
(2)稳定情绪。
(3)吸氧：给予中等流量（2～4L/min）、中等浓度（29%～37%）氧气吸入。
(4)密切观察病情变化：加强夜间巡视。
(5)★**急性肺水肿者迅速给予两腿下垂坐位（其目的：以减少回心血量）及乙醇（30%～50%）湿化吸氧（其目的：有助于减少肺泡内泡沫的表面张力，消除肺泡内的泡沫，增加气体交换面积），加压给氧等。**

二、心前区疼痛

1. 疼痛部位:心前区或胸骨后疼痛。

2. 原因:心绞痛、心肌梗死是引起心前区疼痛最常见的原因,其次是心包炎、胸膜炎等。

3. 护理问题:疼痛。

4. 护理措施
   - (1)体位:平卧位或舒适体位。
   - (2)心理护理:消除对疼痛的恐惧感。
   - (3)减轻疼痛,预防复发
     - 1)环境及生活护理。
     - 2)遵医嘱给予镇静药、止痛药、扩血管药或进行病因治疗。
     - 3)进行针对性健康指导,指导患者采用行为疗法及放松技术(如深呼吸、全身肌肉放松等)。

三、心悸

1. 常见原因
   - (1)各种心律失常。
   - (2)各种器质性心脏病、甲状腺功能亢进症、严重贫血、高热、低血糖反应等。
   - (3)健康人在强体力活动、精神高度紧张、大量饮酒、饮浓茶和咖啡使用某些药物(如阿托品、咖啡因、氨茶碱、肾上腺素等)。

2. 护理问题:焦虑。

3. 护理措施
   - (1)避免紧张、焦虑。
   - (2)少量多餐,避免过饱,忌饮浓茶、饮酒和咖啡。
   - (3)严密观察病情变化,注意监测心律、心率、血压,必要时心电图检查。对严重心律失常引起心悸的患者,应卧床休息,进行心电监护。

四、心源性水肿

1. 机制
   - (1)右心功能不全→体循环静脉淤血→有效循环血量减少→肾血流量减少→继发性醛固酮分泌增多→钠水潴留→水肿。
   - (2)静脉淤血→静脉压升高→毛细血管静脉端静水压增高→组织液生成增加→回吸收减少→水肿。

2. ★**特点:下垂性、凹陷性、全身性。从身体下垂部位开始,以踝内侧、胫前部明显,逐渐延及全身,多呈可凹陷性水肿。久病卧床者出现背部、骶尾部及会阴部水肿。**

3. 并发症:水肿部位因长期受压和营养不良→水肿液外渗、皮肤破溃、软组织损伤→压疮。

4. 护理问题:体液过多、有皮肤完整性受损的危险。

5. 护理措施
   - (1)★**限制钠盐饮食**:如腌制品、干海货、发酵面点、含钠的饮料和调味品等,摄盐量<5g/d。
   - (2)维持体液平衡,纠正电解质紊乱:记录24h出入液量;遵医嘱监测电解质变化;静脉输液时应根据血压、心率、呼吸及病情,随时调整。
   - (3)皮肤护理,如使用热水袋取暖,水温40～50℃为宜,以免烫伤。

五、心源性晕厥

1. 概念:指暂时性广泛脑组织缺血、缺氧引起的急起而短暂的可逆性意识丧失。

2. 常见病因:严重心律失常、主动脉瓣狭窄、急性心肌梗死引起急性心源性脑缺血综合征、高血压脑病等。

3. 护理问题:心排血量减少、有受伤的危险。

4. 护理措施
- (1)发作时处理：将患者置于通风处，头低脚高位，解松领口，去除口中异物及分泌物，以防窒息。
- (2)病情观察：呼吸和脉搏。
- (3)如无脉搏，立即叩击心前区1～2次，行胸外心脏按压术；建立静脉通道，备急救药物，同时监测血压、心率、心律、呼吸、皮肤色泽及皮温等。
- (4)避免诱因：过度疲劳、紧张、恐惧。

第2节　心力衰竭患者的护理

一、概述

1. 心力衰竭(充血性心力衰竭)是指由于心肌收缩力下降，心排血量不能满足机体代谢需要，出现器官、组织血液灌注不足，肺循环和体循环淤血为主要特征的一种临床综合征。

2. 临床类型以★**慢性心力衰竭为多见**。

二、慢性心力衰竭

1. 概述：是多数心血管疾病的终末阶段，也是★**最主要的死亡原因**。

特定症状：呼吸困难和乏力。

特定体征：水肿。

主要指标：射血分数下降，一般＜40%。

★**根据临床表现和活动能力，心功能分为四级**(表3-2)。

表3-2　心功能分级及临床表现

分级	临床表现
Ⅰ级	体力活动不受限制
Ⅱ级	体力活动轻度受限制，日常活动可引起气急、心悸
Ⅲ级	体力活动明显受限制，稍事活动即引起气急、心悸，有轻度脏器淤血体征
Ⅳ级	体力活动重度受限制，休息时亦气急、心悸，有重度脏器淤血体征

2. 病因和诱因
- (1)病因
  - 1)★**心肌损害**：冠心病、心肌炎、心肌病等。心肌代谢障碍性疾病，以糖尿病、心肌病最常见等。
  - 2)★**心脏负荷过重**
    - ①前负荷(容量负荷)过重：二尖瓣关闭不全、主动脉瓣关闭不全、全身性血容量增多(甲状腺功能亢进症、慢性贫血、妊娠)等。
    - ②后负荷(压力负荷)过重
      - a. 左心室压力负荷过重：高血压、主动脉瓣狭窄等。
      - b. 右心室压力负荷过重：肺动脉高压、二尖瓣狭窄、肺动脉瓣狭窄、肺栓塞等。
- (2)诱发和加重心力衰竭的因素
  - 1)★**感染**：最常见，最重要的是呼吸道感染。
  - 2)★**生理和心理压力过大：如劳累过度、精神紧张、情绪激动等。**
  - 3)★**循环血量增加或锐减：如输液过多过快、摄入高盐食物、妊娠及大量失血、严重脱水等。**
  - 4)严重心律失常：特别是快速心律失常，如心房颤动。
  - 5)★**治疗不当：如洋地黄过量或用量不足、利尿剂使用不当等。**
  - 6)其他：水、电解质、酸碱平衡紊乱，合并甲状腺功能亢进症、贫血等。

3. 临床表现
- (1)早期表现:心动过速、面色苍白、疲乏等。
- (2)★**左心衰竭:主要表现为肺循环淤血**
  - 1)症状
    - ①★**呼吸困难:劳力性呼吸困难(最早出现);阵发性夜间呼吸困难(最典型);急性肺水肿(最严重);端坐呼吸(晚期)。**
    - ②咳白色泡沫样痰、咯血:★**发生急性肺水肿,咳大量粉红色泡沫痰**(原因:为肺泡和支气管淤血所致)。
    - ③其他:倦怠、乏力,头晕、失眠、嗜睡、烦躁等精神症状(原因:心排血量降低,脑缺氧导致)。
  - 2)体征:心率加快、第一心音减弱,可出现★**交替脉(为左心衰竭的特征性体征)**,两肺底湿啰音和发绀。
- (3)★**右心衰竭:主要表现为体循环淤血**
  - 1)症状:为食欲缺乏、恶心、呕吐、少尿、夜尿和肝区胀痛等。
  - 2)体征
    - ①水肿:★**凹陷性水肿,早期出现在下垂部位,以足背、内踝和胫前明显;★长期卧床的患者以腰背部和骶尾部明显。**
    - ②★**颈静脉怒张和肝颈静脉回流征阳性(后者更具特征性)。**
    - ③肝脏肿大和压痛。
    - ④发绀(原因:体循环静脉淤血,血流缓慢使血液中还原血红蛋白增多所致)。
- (4)全心衰竭:★**呼吸困难减轻,发绀加重**(原因:右心衰竭时排出血量减少,致左心衰竭的呼吸困难的症状减轻)。

4. 辅助检查
- (1)X线检查:心影大小及外形可为病因诊断提供重要依据;有无肺淤血及其程度直接反映心功能状态。
- (2)超声心动图:射血分数可反映心脏收缩功能,正常射血分数>50%。
- (3)有创性血流动力学检查。
- (4)反射性核素检查:帮助判断心室腔大小等。

5. 治疗原则
- (1)治疗病因、消除诱因。
- (2)★**减轻心脏负担**
  - 1)休息:限制体力活动(目的:减轻心脏负荷),是基本治疗方法。
  - 2)饮食:限钠盐摄入,控制在<3g/d为宜,少食多餐。水肿明显时应限制水摄入。
  - 3)吸氧:持续吸氧,流量2~4L/min(目的:增加血氧饱和度,改善呼吸困难)。
  - 4)利尿剂应用:(目的:排出体内潴留的体液,减轻心脏前负荷,改善心功能)(表3-3)。

表3-3　常用的利尿剂

类型	代表药物	副作用	注意事项
排钾利尿剂	噻嗪类利尿剂(如氢氯噻嗪) 袢利尿剂(如呋塞米)	引起低钠、低钾、低氯血症碱中毒	应同时补充氯化钾或与保钾利尿剂同用
保钾利尿剂	螺内酯(安体舒通)、氨苯蝶啶	引起高血钾症	常与排钾利尿剂合用以防止低钾的发生;高血钾时不宜用

- (3)扩血管药物
  - 1)扩张小动脉,减轻心脏后负荷:如血管紧张素转化酶(ACEI抑制剂的卡托普利、贝那普利、α_1受体阻滞剂等。
  - 2)扩张小静脉,减轻心脏前负荷:如硝酸酯剂为主,硝酸甘油。

5. 治疗原则

(4)正性肌力药物：★**是治疗心力衰竭的主要药物**，具有增强心肌收缩力作用：用于治疗以收缩功能异常为特征的心力衰竭，尤其对心腔扩大引起的低心排血量心力衰竭，伴快速心律失常的患者作用最佳

1)洋地黄类药物：★**是临床最常用的强心药物**，增加心肌收缩力的同时，不增加心肌耗氧量

①洋地黄类药物的适应证：充血性心力衰竭，尤其对伴有心房颤动和心室率增快。对室上性心动过速、心房颤动和心房扑动有效。

②★**洋地黄类药物的禁忌证：洋地黄中毒或过量(绝对禁忌)、急性心肌梗死24h内(24h内不宜使用)。**

③洋地黄类制剂

a)中效：地高辛，适用于中度心力衰竭的维持治疗。

b)速效：毛花苷C(西地兰)，适用于心力衰竭伴快速心房颤动者。

④洋地黄类药物毒性反应

a)胃肠道反应：食欲下降、恶心、呕吐等。

b)神经系统反应：头痛、头晕、★**视物模糊、黄视、绿视等。**

c) 心血管系统反应：是洋地黄类药物较严重的毒性反应，常出现各种心律失常，以室性期前收缩二联律最常见，尚有室上性心动过速伴房室传导阻滞、房室传导阻滞、窦性心动过缓等。

d) **长期心房颤动患者使用洋地黄后心律变得规则，心电图ST段出现鱼钩样改变，提示发生洋地黄中毒的危险。**

2)β受体兴奋剂：多巴酚丁胺、多巴胺。

3)磷酸二酯酶抑制剂：氨力龙、米力龙。

(5)β受体抑制剂：卡维地洛、美托洛尔。支气管痉挛性疾病、心动过缓、二度以上包括二度的房室传导阻滞的患者禁用。

5. 护理问题

(1)气体交换受损：与左心衰竭致肺循环淤血有关。

(2)体液过多：与右心衰竭致体循环淤血、水钠潴留、低蛋白血症有关。

(3)活动无耐力：与心功能不全、心排血量下降有关。

(4)潜在并发症：洋地黄中毒。

6. 护理措施

(1)休息与活动，减少心脏负荷(表3-4)。

表3-4 ★根据心功能情况决定活动和休息原则

心功能	活动和休息原则
Ⅰ级	不限制体力活动，但避免剧烈运动和重体力劳动
Ⅱ级	适当从事轻体力工作和家务劳动，但需增加活动的间歇时间和睡眠时间
Ⅲ级	日常生活可以自理或他人协助下自理，严格限制一般体力活动
Ⅳ级	绝对卧床休息生活需他人照顾

★**防止长期卧床导致静脉血栓形成、肺栓塞、便秘、压疮等发生。**

6. 护理措施
- (2)病情观察
  - 1)心力衰竭症状：观察有无呼吸困难程度、咳嗽、咳痰、乏力、恶心及腹胀等情况。
  - 2)监测呼吸的频率、节律及心率、心律变化。
  - 3)监测发绀程度、呼吸音、肺部啰音变化及血气分析、血氧饱和度等。
  - 4)每日测量体重，准确记录出入量。电解质和酸碱变化：★**防止低血钾诱发洋地黄中毒或加重心力衰竭**。
  - 5)注意并发症：感染、压疮、下肢静脉血栓等。
- (3)输液护理：★**严格控制输液量和速度，以防诱发急性肺水肿**。
- (4)饮食护理
  - 1)高蛋白、高维生素、易消化、清淡饮食。
  - 2)少食多餐，避免过饱。
  - 3)★**限制水、钠摄入**，限制含钠量高的食品，每日食盐摄入量<5g。
- (5)皮肤、口腔护理。
- (6)用药护理
  - 1)使用利尿剂的护理：血钾测定及摄入含钾食物及补充钾盐的注意事项。
  - 2)使用洋地黄类的护理
    - ①严格遵医嘱，静脉注射要缓慢。用药前监测脉搏。如脉搏<60次/分或节律不规则时应暂停服药并通知医生。
    - ②不与奎尼丁、普罗帕酮(心律平)、维拉帕米(异搏定)、钙剂、胺碘酮等药物合用，以免增加药物毒性。
    - ③观察用药后毒性反应，必要时监测血清地高辛浓度。
    - ④洋地黄类药物毒性反应的处理：立即停洋地黄类药；停用排钾利尿剂；快速纠正心律失常，对室性心律失常者，可使用苯妥英钠治疗；对缓慢心律失常者，可使用阿托品0.5～1.0mg治疗。
  - 3)使用血管扩张剂的护理：观察硝酸酯剂和ACE抑制剂的不良反应。如硝酸甘油静脉滴注时要控制滴速，★**须监测血压变化**，(如血压下降超过原有血压的20%或心率增加20次/分应停药)改变体位时，★**动作宜缓慢，以防发生低血压反应**。
- (7)心理护理。

7. 健康教育
- (1)介绍病因和诱因，树立信心。
- (2)指导患者自我护理方法。
- (3)帮助患者合理安排活动和休息。
- (4)严格按医嘱服药，注意药物不良反应。
- (5)学会观察监测病情。
- (6)定期门诊随访。
- (7)指导育龄妇女避孕、妊娠和分娩。

三、急性心力衰竭

1. 以急性左心衰竭最常见。
2. 病因：急性广泛心肌梗死、高血压急症、严重心律失常、输液过多过快等。
3. 临床表现
- (1)★**症状：重度呼吸困难(被迫采取坐位，两腿下垂，双臂支撑以助呼吸)，频率达30～40次/分，咳嗽、咳大量粉红色泡沫痰**，极度烦躁不安、大汗淋漓、口唇青紫、面色苍白。
- (2)体征：心率和脉率增快，两肺**满布湿啰音和哮鸣音**，心尖区可闻及舒张期奔马律。

4. 治疗原则：紧急处理
- (1)★**体位：减少静脉回流，置患者于两腿下垂坐位或半卧位。**
- (2)★**吸氧：高流量(6～8L/min)吸氧，乙醇(30%～50%)湿化(目的：降低肺泡及气管内泡沫的表面张力，使泡沫破裂，改善肺通气)。加压给氧。**
- (3)镇静：吗啡，可镇静、减慢心率，扩张小血管。严重肝功能不全、肺源性心脏病、支气管哮喘及颅脑损伤等禁用。
- (4)快速利尿：呋塞米 20～40mg。
- (5)血管扩张剂：硝普钠缓慢静脉滴注(避光)，不宜连续超过 24h。
- (6)强心剂：★**以毛花苷C(西地兰)缓慢静脉注射，重度二尖瓣狭窄患者禁用，急性心肌梗死 24h 内一般不宜使用。**
- (7)平喘：静脉滴注氨茶碱，警惕过量，肝肾功能减退患者及老年人应减量。
- (8)糖皮质激素：地塞米松，可降低外周阻力，减少回心血量，减少肺毛细血管通透性从而减轻肺水肿。

5. 护理问题
- (1)气体交换受损：与肺水肿有关。
- (2)恐惧：与呼吸困难有关。
- (3)清理呼吸道无效：与肺淤血、呼吸道内大量泡沫痰有关。
- (4)潜在并发症：心源性休克、呼吸道感染、下肢静脉血栓形成。

6. 护理措施
- (1)充分休息：★**坐位，双下肢下垂，以利于呼吸和减少静脉回心血量，从而减轻心脏负担，注意防止静脉血栓形成和皮肤损伤的发生。**
- (2)吸氧：高流量(6～8L/min)吸氧，乙醇(30%～50%)湿化，加压给氧。
- (3)保持呼吸道通畅：注意排痰。
- (4)饮食：应摄取高营养和高热量饮食，饮食以少盐、易消化、清淡饮食为宜；选择富有维生素、钾、镁和含适量纤维素的食品；避免进食产气食物避免刺激性食物。
- (5)病情监测：呼吸、意识、精神状态、皮肤颜色、温度和血压等，肺部啰音变化及血气分析、血氧饱和度、尿量等。
- (6)心理护理。
- (7)用药护理。

7. 健康教育
- (1)介绍诱发因素。
- (2)输液注意事项。
- (3)定期复查，学会观察病情。

第3节　心律失常患者的护理

一、心律失常分类按发生机制分类

1. 冲动起源异常
- (1)由窦房结发出的冲动频率过快、过慢或有明显不规则形成的心律失常。
- (2)起源于窦房结以外(异位)的冲动。

2. 冲动传导异常
- (1)传导阻滞。
- (2)预激综合征。

二、窦性心律失常

心脏的正常起搏点位于窦房结，其冲动产生的频率是 60～100 次/分。

1. 窦性心动过速：窦性心律频率 100～140 次/分(一般不超过 160 次/分)。
2. 窦性心动过缓：窦性心律频率＜60 次/分(一般为每分钟 40～60 次/分)。
3. 窦性心律不齐：窦性心律频率 60～100 次/分，快慢不规则。

三、期前收缩

1. 分类：房性、房室交界性、室性期前收缩。

2. 种类
   - 偶发性
   - 频发性（超过5次/min）
     - (1)二联律（每一个窦性搏动后出现一个期前收缩）。
     - (2)三联律（每2个窦性搏动后出现一个期前收缩）。
     - (3)其他：成对期前收缩、多源性期前收缩。

3. 临床表现
   - 偶发：期前收缩大多无症状，可有心悸或有心跳暂停感。
   - 频发：期前收缩使心排血量降低，引起乏力、头晕、胸闷等。脉搏检查可有脉搏不齐，有脉搏短绌。

4. 心电图主要特征（表3-5）。

表3-5　各类期前收缩心电图特征

类型	心电图特征
★**房性期前收缩**	提早P′波；P-R间期≥0.12s QRS波群形态正常 期前收缩后有不完全代偿间歇
房室交界性期前收缩	QRS波群（T波常与QRS波群的主波方向相反）提前出现，形态正常 QRS波群的前、中、后有逆行P′波 期前收缩后的代偿间歇大多完全
★**室性期前收缩**	QRS波群（T波常与QRS波群的主波方向相反）提前出现，形态宽大畸形，QRS时限＞0.12s 其前无相关的P波 期前收缩后有完全代偿间歇

5. 治疗
   - (1)频发房性、房室交界性期前收缩：维拉帕米（异搏定）、胺碘酮等。
   - (2)室性期前收缩：利多卡因、美西律（慢心律）等。
   - (3)★**洋地黄中毒引起的室性期前收缩：立即停用洋地黄，并给予钾盐和苯妥英钠治疗。**

四、阵发性心动过速（表3-6）

表3-6　阵发性心动过速类型

分类	室上性心动过速		室性心动过速
	房性心动过速	房室交界性心动过速	
病因	常见于无器质性心脏病的患者		常见于器质性心脏病的患者，冠心病最常见
临床表现	突发突止，持续数秒至数小时或数天不等 发作时有心悸、胸闷、乏力、头痛等 心脏听诊：心率快而规则，常达150～250次/分		发作持续时间长于30s，不能自行终止 可出现呼吸困难、心绞痛、血压下降和晕厥 心脏听诊：心率增快，心律可有轻度不齐，第一心音强弱不一
ECG主要特征	QRS波群形态正常 连续3次或以上快而规则的房性或房室交界性期前收缩 频率150～250次/分		QRS波群宽大畸形（T波常与QRS波群主波方向相反） 连续3次或3次以上室性期前收＞0.12s心室率100～250次/分，节律略不规则
治疗	首选兴奋迷走神经的方法，如刺激腭垂、按压眼球、按压颈动脉窦等		首选利多卡因（静脉注射） 洋地黄中毒引起的室速，不宜应用电复律

五、颤动

可分为{心房扑动(房扑)、心房颤动(房颤)。
心室扑动(室扑)、心室颤动(室颤)。

1. 心房颤动
   - ★(1)**病因:心房颤动最常见于风湿性心瓣膜病,尤其是二尖瓣狭窄。**
   - (2)临床表现:★**心脏听诊特点(三不一征):心律绝对不规则、第一心音强弱不一,脉搏快慢不均、强弱不等,发生脉搏短绌现象。**
   - (3)心电图主要特征
     - 1)为窦性P波消失,代之以大小形态及规律不一的基线波动(f波)。
     - 2)频率350~600次/分。
     - 3)QRS波群形态正常。
     - 4)R-R间隔完全不规则,心室率极不规则,通常在100~160次/分。
   - (4)治疗要点:首选电复律治疗(急性期)。
2. 心室颤动:最严重的心律失常之一
   - (1)★**病因:最常见于急性心肌梗死,洋地黄中毒、严重低血钾、心脏手术、电击伤等可引起。**
   - (2)★**临床表现:意识丧失、脉搏触不到,心音消失,呼吸停止,瞳孔散大。**
   - (3)★**心电图主要特征:QRS波群与T波消失,呈形状、频率、振幅高低各异、完全无规则的波浪状曲线。**
   - (4)治疗要点:发生心搏骤停应立即作**非同步**直流电除颤,配合胸外心脏按压、口对口人工呼吸、经静脉注射复苏和抗心律失常药物等抢救措施。

六、护理问题

1. 焦虑:与严重心律失常导致的躯体及心理不适有关。
2. 活动无耐力:与严重心律失常引起的心排血量减少有关。
3. 有受伤的危险:与严重心律失常导致的晕厥有关。
4. 潜在并发症:心力衰竭、心搏骤停。

七、护理措施

1. 休息与活动:严重心律失常者绝对卧床休息,避免左侧卧位;避免劳累,注意劳逸结合。
2. 心理护理。
3. 饮食护理:低脂、易消化、营养;不宜饱食,少吃多餐;避免吸烟、酗酒、刺激性或含咖啡因的饮料或饮食;★**心力衰竭引起的心律失常者应限钠饮食**;心动过缓者避免排便时过度屏气(原因:兴奋迷走神经加重心动过缓)。
4. 病情观察
   - (1)观察脉搏、呼吸、血压、心率、心律及神志面色的变化;注意心电图、生命体征、血氧饱和变化等。
   - (2)观察有无室性期前收缩频发(二联律、三联律)多源性及R on T现象(落在前一搏动的T波之上)及窦性停搏、阵发性室性心动过速、第二度Ⅱ型及第三度房室传导阻滞、心室颤动等。
   - (3)心源性休克。
   - (4)心搏骤停:是指心脏突然停止有效的排血、血液循环突然中断,引起全身严重缺氧。其临床表现如下
     - 1)突然意识丧失、昏迷或抽搐。
     - 2)大动脉搏动消化(颈动脉、肱动脉、股动脉)。
     - 3)心音消失,血压测不到。
     - 4)呼吸停止。
     - 5)瞳孔放大。
   - (5)阿-斯综合征。
   - (6)引起猝死危险的心律失常
     - 1)潜在的猝死危险:频发(二联律、三联律)、多源性及落在前一搏动的T波之上(R on T)现象室性期前收缩、Ⅱ度房室传导阻滞等。
     - 2)随时有猝死危险:室性阵发性心动过速、室扑、室颤、Ⅲ度房室传导阻滞(最严重心律失常)。

5. 用药护理：★利多卡因须注意静脉注射不可过快、过量；奎尼丁使用前须测血压、心率，用药期间监测血压和心电图，如出现血压明显下降、心率减慢或不规则，心电图 Q-T 间期延长，须暂停给药，并报告医生。

6. 心脏电复律护理
- (1)适应证
  - 1)非同步：室颤、持续性室性心动过速。
  - 2)同步：有 R 波存在的各种快速异位心律失常(房颤、室性心动过速)。
- (2)禁忌证：病史长、心脏明显扩大，同时伴二度Ⅱ型、三度房室传导阻滞的房颤和房扑；洋地黄中毒和低血钾患者。
- (3)处理配合
  - 1)用物准备。
  - 2)安排患者仰卧在绝缘床上；心电监护；建立静脉通路；用药(静脉注射地西泮)；★放电过程中医护人员避免直接接触铁床和患者，以防电击意外。
  - 3)病情观察

7. 心脏起搏器安置术后护理：心电监护 24h；绝对卧床 1～3d；遵医嘱，观察伤口；健康教育。

第4节　心脏瓣膜病患者的护理

一、概念

1. 指急性风湿性炎症反复发作后所遗留的心脏瓣膜病变，简称风心病。
2. 主要表现：瓣膜狭窄或关闭不全。

二、常见临床类型

二尖瓣狭窄；二尖瓣关闭不全；主动脉瓣关闭不全；主动脉瓣狭窄；联合瓣膜病。

三、病因

1. ★与 A 族乙型溶血型链球菌反复感染有关。
2. 最常受累者为二尖瓣，其次为主动脉瓣。

四、临床表现

1. 心瓣膜狭窄及关闭不全类型临床特点(表 3-7)。

表 3-7　心瓣膜狭窄及关闭不全类型临床特点

临床类型	机制	症状	★体征
二尖瓣狭窄	左房压↑→肺静脉压↑→左心衰竭→肺动脉压↑左心衰竭(右心室压力负荷↑)→右心肥厚→右心衰竭	早期：左心衰竭表现 后期：右心衰竭表现	★最重要：心尖部可闻及舒张期隆隆样杂音 ★二尖瓣面容
二尖瓣关闭不全	左心房↑→左心室↑(左室容量负荷↑)→左心衰→肺水肿→肺动脉压→右心衰竭→全心衰竭	早期：左心衰竭表现 后期：右心衰竭表现 全心衰竭表现	★最重要：心尖区全收缩期粗糙吹风样杂音

名师点评

房性心律失常与室性心律失常的心电图容易混淆，房性心律失常的心电图应关注 P 波的变化情况，室性心律失常的心电图应关注 QRS 波群的变化情况。

续表

临床类型	机制	症状	★体征
主动脉瓣关闭不全	(1)左心室↑→(左心室容量负荷↑)→左心衰竭→排出血量↓冠脉血流↓→心肌缺血→心绞痛 (2)左心室↑→左心衰竭→肺动脉压↑→右心衰竭→全心衰竭	早期:左心衰竭表现 后期:右心衰竭表现 全心衰竭表现	★最重要:第二主动脉瓣区可听到舒张早期叹气样杂音
主动脉瓣狭窄	左心室↑(左心室压力负荷↑)→左心衰竭	左心衰竭表现	★最重要:主动脉瓣区可听到响亮、粗糙的收缩期吹风样杂音

2. 联合瓣膜病:以**二尖瓣狭窄伴主动脉瓣关闭不全**较常见。

五、并发症

1. 充血性心力衰竭
   - (1)★**是本病就诊和致死的主要原因。**
   - (2)诱因:风湿活动、妊娠、感染、心律失常、洋地黄使用不当和过劳等。

2. ★**心律失常:以心房颤动最多见。**

3. 亚急性感染性心内膜炎:易发生于主动脉瓣关闭不全患者。致病菌为草绿色链球菌。

4. ★栓塞:多见于二尖瓣狭窄伴有房颤的患者,★**以脑动脉栓塞最为常见**。下肢静脉血栓脱落可导致肺栓塞。

六、治疗要点

治疗根本方法是手术,如二尖瓣交界分离术、人工心瓣膜置换术等。

七、护理问题

1. 活动无耐力:与心排血量减少、冠状动脉灌注不足、脑供血不足有关。
2. 有感染的危险:与长期肺淤血、抵抗力下降及风湿活动有关。
3. 特定知识缺乏:与缺乏用药知识、对治疗手段缺乏认识有关。
4. 潜在并发症:心力衰竭、栓塞、心律失常等。

八、护理措施

活动与休息:减轻心脏负担
- (1)★**按心功能分级安排活动量**
  - 1)目的:适当的活动可防止静脉血栓的形成、增加侧支循环、保持肌肉功能、防止便秘。
  - 2)原则
    - 心功能Ⅰ级:不限制活动,但应避免重体力活动。
    - 心功能Ⅱ级:中度限制。心功能Ⅲ级:应严格限制体力活动。
    - 心功能Ⅳ级:应绝对卧床休息。
  - 3)合并主动脉病变者应限制活动,风湿活动时卧床休息。
- (2)预防和护理风湿复发:休息、保暖、关节保健。
- (3)预防和护理心力衰竭:休息、饮食、滴速控制、吸氧等。
- (4)防止栓塞发生
  - 1)下肢活动保持肌肉张力,避免长时间盘腿或蹲坐、避免穿高弹袜裤、勤换体位、肢体保持功能位。
  - 2)合并房颤者服阿司匹林,防血栓形成。
  - 3)避免剧烈运动和突然改变体位,以免诱发附壁血栓脱落、栓塞动脉。
  - 4)★**观察栓塞发生的征兆**
    - 脑栓塞——偏瘫。
    - 四肢动脉栓塞——剧烈疼痛。
    - 肾动脉栓塞——剧烈腰痛。
    - 肺动脉栓塞——突然剧烈胸痛和呼吸困难、发绀、咯血、休克等。

九、健康教育

1. ★**积极防治链球菌感染是预防风湿性心瓣膜病的根本措施。**
2. 防止风湿复发。
3. 反复扁桃体炎者,手术切除。

第5节　冠状动脉粥样硬化性心脏病患者的护理

一、病因

★可能与下列因素有关:
1. 年龄>40岁。
2. 性别:男性高于女性。
3. 血脂异常:总胆固醇(TC)、三酰甘油(TG)、低密度脂蛋白(LDL)或极低密度脂蛋白(VLDL)增高,高密度脂蛋白(HDL)降低。
4. 血压增高。
5. 吸烟。
6. 糖尿病。
7. 肥胖、高度脑力活动、缺乏体力活动和遗传等因素。

二、临床分型

隐匿型、心绞痛型、心肌梗死型、心力衰竭和心律失常型、猝死型。

三、心绞痛

1. 病因
   - ★**(1)基本病因:冠状动脉粥样硬化。**
   - (2)冠状动脉粥样硬化→冠脉管腔狭窄和痉挛→冠状动脉供血不足→心肌短暂、急剧缺血、缺氧→心绞痛。
2. 临床表现
   - (1)症状:发作性胸痛或胸部不适。
   - ★**典型特点**
     - 1)疼痛部位:以**胸骨体中段或上段之后**常见,其次为心前区,有放射痛。
     - 2)持续时间:多在**1~5min**内,很少超过15min。
     - 3)疼痛性质:压迫性、发闷、紧缩性或烧灼感。
     - 4)诱发因素:多于体力劳动时或情绪激动、饱餐、受冷、吸烟、心动过速等。
     - 5)缓解因素:**休息或含服硝酸甘油后1~5min内缓解。**
   - (2)体征:心率增快、暂时性血压升高。
3. 辅助检查
   - (1)★**心电图检查:发作期心肌缺血性改变ST段压低,T波低平或倒置。**
   - (2)冠状动脉造影。
   - (3)运动负荷试验。
4. 治疗原则
   - (1)发作期
     - 1)即刻休息。
     - 2)硝酸酯类药物最有效:**舌下含服**硝酸甘油**0.3~0.6mg,1~2min**起效,作用持续**30min**左右;硝酸异山梨醇酯(消心痛)5~10mg舌下含化,2~5min起效,作用持续2~3h。
   - (2)缓解期:除诱因。
   - (3)其他治疗:介入治疗、经皮腔内冠状动脉成形术(PTCA)、主动脉-冠状动脉旁路移植手术。
5. 护理问题
   - (1)疼痛。
   - (2)活动无耐力。
   - (3)特定知识缺乏。

6. 护理措施
- (1)一般护理
  - 1)★**休息:发作时应立即停止活动,同时舌下含服硝酸甘油。**
  - 2)饮食。
- (2)病情观察:★**应警惕可能是急性心肌梗死的先兆表现。**
- (3)观察药物不良反应:舌下含服硝酸甘油,含药后应平卧,以防低血压的发生。
- (4)饮食护理:低热量、低脂肪、低胆固醇、少糖、少盐、少食多餐、★**不宜过饱、不饮浓茶、咖啡、避免辛辣刺激性食物**、控制体重。

7. 健康教育:避免剧烈运动等。

四、急性心肌梗死

1. 病因和发病机制
- (1)冠状动脉粥样硬化→冠脉管腔狭窄和痉挛→冠状动脉供血不足→心肌缺血达1h以上,严重持久的缺血→心肌坏死→急性心肌梗死。
- (2)心肌短暂、急剧缺血、缺氧→心绞痛。

2. 临床表现
- (1)症状
  - 1)★**先兆表现:新发生的心绞痛或原有心绞痛发作程度加重频繁的疼痛为突出特征。持续时间长、服用硝酸甘油效果不佳。**
  - 2)主要表现
    - ①★**疼痛:为最早出现、最突出的症状。**与心绞痛区别:性质相似,程度更剧烈,有恐惧及濒死感;部位相似;持续时间可长达数小时或数天;经休息口服硝酸甘油不缓解。
    - ②**心源性休克**:如收缩压<80mmHg,出现休克表现。
    - ③★**心律失常:急性心肌梗死患者死亡的主要原因;以24h内发生率最高,也最危险**;易发生快速室性心律失常:如室性心动过速等;心室颤动常是急性心肌梗死致死原因。
    - ④**心力衰竭**:左心衰竭,严重者急性肺水肿。
    - ⑤全身症状:胃肠道症状、发热:于24~48h出现,体温38℃左右。
- (2)体征:心尖部可闻舒张期奔马律,心音减低,血压下降。
- (3)并发症。

3. 辅助检查
- (1)心电图改变:★**特征性改变**
  - 1)**坏死区:宽而深的异常Q波。**
  - 2)**损伤区:ST段抬高,呈弓背向上型。**
  - 3)**缺血区:T波倒置。**
- (2)★**血心肌坏死标记增高是诊断心肌梗死的敏感指标**
  - 1)肌红蛋白:出现最早,心梗后2h即出现,特异性差。
  - 2)肌钙蛋白。
  - 3)**血清心肌酶**测定:门冬氨酸氨基转移酶、肌酸磷酸激酶、肌酸磷酸激酶同工酶乳酸脱氢酶升高,其中肌酸磷酸激酶是出现最早(心梗后4h)、恢复最早的酶。肌酸磷酸激酶同工酶(CPK-MB)为心肌所特有,具有特征性。
  - 4)其他。

4. 治疗原则
- (1)一般治疗
  - 1)急性期卧床休息12h,如无并发症,可逐步适当活动。
  - 2)急性期心电监护1周。
  - 3)吸氧。
- (2)解除疼痛:哌替啶50~100mg肌内注射,吗啡5~10mg皮下注射,罂粟碱30~90mg肌内注射。
- (3)心肌再灌注:溶栓疗法(起病12h内),使用尿激酶或链激酶静脉滴注。
- (4)心律失常处理。
- (5)控制休克。
- (6)治疗心力衰竭:★**急性心肌梗死24h以内禁止使用洋地黄制剂。**
- (7)二级预防。

5. 护理问题
- (1)急性疼痛:胸痛与心肌缺血坏死有关。
- (2)恐惧:与剧烈胸痛引起濒死感有关。
- (3)活动无耐力:与心肌供血不足有关。
- (4)有便秘的危险:与进食减少、排便习惯改变有关。
- (5)潜在并发症:心律失常、心力衰竭、心源性休克。

6. 护理措施
- (1)休息:★**急性期绝对卧床休息**。
- (2)改善活动耐力。
- (3)病情观察。
- (4)防止便秘:缓泻剂、低压灌肠,强调预防便秘的重要性。
- (5)饮食护理:"四低":低热量、低脂肪、低胆固醇、低盐、少食多餐、避免辛辣刺激性食物、控制体重。
- (6)用药护理。
- (7)经皮腔内冠脉成形术术后护理:患者卧床24h。加压包扎,压迫止血。
- (8)溶栓治疗护理。
- (9)预防并发症:心律失常、休克、心力衰竭。

7. 健康教育:按时服药、定期复查、戒烟、锻炼、减肥。

第6节　病毒性心肌炎患者的护理

一、病因和发病机制

1. 最常见的病毒:柯萨奇病毒A和B,以**B**组多见。
2. 感染途径:肠道和呼吸道多见。
3. 诱发因素:劳累、缺氧、营养不良、感染、寒冷、酗酒等。
4. 发病机制
   - (1)病毒直接侵犯心肌。
   - (2)免疫反应损害心肌:出现在晚期。

二、临床表现

1. 症状
   - (1)先兆:呼吸道或肠道感染病史(病前1～3周)。
   - (2)主要表现为心肌受累:疲乏、胸闷、心悸、心前区隐痛等。
2. 体征
   - (1)心动过速与体温不成比例。
   - (2)其他:心脏扩大;第一心音低钝;心尖区可闻及舒张期奔马律;交替脉。
3. 有关检查:血清心肌酶增高。

三、治疗要点

1. 一般治疗
   - (1)急性期卧床休息,注意营养(其中营养心肌与代谢的药物:维生素C、ATP、辅酶A极化液、复方丹参滴丸)。
   - (2)一般情况下不主张使用糖皮质激素(原因:可抑制干扰素的生成,加重心肌的损害)。
2. 对症治疗。

四、护理问题

1. 活动无耐力:与心肌受损、并发心律失常或心力衰竭有关。
2. 焦虑:与担心疾病预后、学习和前途有关。
3. 知识缺乏:缺乏配合治疗等方面的知识有关。
4. 潜在并发症:心律失常、心力衰竭。

五、护理措施

1. 一般护理：充分休息，保证丰富的营养是护理重点。
   - (1)急性期：严格卧床休息1个月（其目的是减轻心脏负荷，减少心肌耗氧量）。恢复期适当限制活动3～6个月。
   - (2)饮食：优质高蛋白质，高维生素，易消化饮食宜少量多餐，心力衰竭者限制钠盐摄入，忌烟酒和刺激性食物，如浓茶和浓咖啡。
   - (3)保持大便通畅。

2. 病情观察。

六、健康教育

1. 合理休息活动：好转出院后继续卧床休息2～3个月，半年至1年内避免重体力劳动。
2. 避免诱因。
3. 自我保健与监测。

第7节　原发性高血压患者的护理

一、概述

1. 分类：原发性、继发性。

2. 18岁以上成年人在未服降压药的情况下，★**收缩压≥140mmHg和（或）舒张压≥90mmHg**，可诊为原发性高血压。

3. 病理变化：心、脑、肾、眼底改变。

4. 血压分级（表3-8）。

表3-8　血压水平的定义和分类

类别	收缩压（mmHg）	舒张压（mmHg）	类别	收缩压（mmHg）	舒张压（mmHg）
理想血压	<120	<80	Ⅱ级高血压	160～179	100～109
正常血压	<130	<85	Ⅲ级高血压	≥180	≥110
正常高限	130～139	85～89	单纯收缩期高血压	≥140	<90
Ⅰ级高血压	140～159	90～99	亚组：临界高血压	140～149	<90
亚组：临界高血压	140～149	90～94			

二、病因

1. ★病因：遗传因素、年龄增大、脑力活动过度紧张、环境因素、食盐较多及体重超重等。
2. ★**主要危险因素：高年龄、吸烟、高胆固醇血症、糖尿病、冠心病家族史。**

三、临床表现

1. 一般表现：头晕、头痛、耳鸣、眼花、乏力、失眠等，时有心悸和心前区不适感。

2. 并发症：★**脑、心、肾、眼底血管损伤**
   - (1)脑血管意外：脑动脉血栓形成脑出血、短暂脑缺血发作。
   - (2)心力衰竭：左心衰竭。
   - (3)肾功能衰竭：最终导致肾功能衰竭（血肌酐>177mol/L）。
   - (4)视网膜改变：视网膜动脉狭窄、出血、渗出、视盘水肿。
   - (5)高血压危象：在高血压早晚期均可发生，原因：周围小动脉暂时强烈收缩，血压骤升>200/120mmHg，出现靶器官急性损害症状。
   - (6)高血压脑病：高血压重症患者多见，原因：脑细小动脉持久而严重痉挛。以脑部症状体征为主。

四、辅助检查

1. 尿常规。
2. 血生化检查。
3. 眼底检查。
4. 心电图、超声心电图。

五、治疗原则

1. 改善生活行为
   - (1)保持平衡心理,减轻精神压力。
   - (2)减轻体重。
   - (3)低钠低脂饮食。
   - (4)补充适量优质蛋白质及维生素、补钙、钾。
   - (5)戒烟、限酒。
   - (6)增加运动。

2. 药物治疗
   - (1)★**用药原则**
     - 1)药物从小剂量开始,逐步递增剂量。
     - 2)联合数种药物,以增强疗效,减少不良反应。
     - 3)坚持遵医嘱调整剂量,不得自行增减和撤换药物。
   - (2)常用降压药物(表3-9)。

表3-9 常用降压药物

药物种类	药理作用	代表药	不良反应	禁忌证
利尿剂	抑制钠水重吸收,减少血容量,降低心排血量而降压	呋塞米 20～40mg,1～2次/天	电解质紊乱和高尿酸血症	
β受体阻滞剂	减慢心率、降低心排血量,抑制肾素释放、降低外周阻力而降压	阿替洛尔 50～200mg,1～2次/天	心动过缓和支气管收缩	阻塞性支气管疾病患者禁用
钙通道阻滞剂(CCB)	阻止钙离子进入心肌细胞,从而降低心肌收缩力,扩张外周血管而降压	硝苯地平 5～20mg,3次/天		颜面潮红、头痛、胫前水肿(长期服用)
血管紧张素转换酶抑制剂(ACE-I)	抑制血管紧张素Ⅱ的生成而降血	卡托普利 12.5～25mg,2次/天	干咳、味觉异味、皮疹等	
血管紧张素Ⅱ受体阻滞剂(ARB)	阻滞组织的血管紧张素Ⅱ受体,阻断水钠潴留、血管收缩和组织的重构	氯沙坦 50～100mg,1次/天	心悸、头疼、嗜睡	

六、护理问题

1. 慢性疼痛:头痛:与血压升高有关。
2. 有受伤的危险:与头晕、视物模糊、意识障碍及直立性低血压有关。
3. 特定知识缺乏:缺乏疾病预防保健知识和高血压用药知识有关。
4. 潜在并发症:心力衰竭、脑血管意外、肾功能衰竭。

七、护理措施

1. 一般护理：休息；饮食（低盐、低脂饮食、补充适量优质蛋白质及维生素）；减轻体重（体重指数控制在BMI<25）；戒烟酒。

2. 心理护理。

3. 病情观察：血压水平及并发症等。

4. 用药护理
(1)遵医嘱服药。
(2)★**降压不宜过快过低，尤其老年人，防止意外发生，可因血压过低而影响脑部供血。**
(3)★**某些降压药物可造成直立性低血压，应指导患者在改变体位时要动作缓慢。**

★八、健康教育

1. 限制钠摄入，摄钠盐<6g/d，低脂肪饮食，忌饮酒。
2. 增加运动，减轻体重。
3. 坚持合理服药。
4. 避免诱因：寒冷、便秘、剧烈运动、刺激环境、情绪过度激动等。
5. 安全事项：避免突然改变体位；不用过热的水洗澡和蒸汽浴；禁止长时间站立。
6. 自测血压，学会观察病情。

第8节　感染性心内膜炎患者的护理

一、概述

感染性心内膜炎是心内膜表面的微生物感染，伴赘生物形成；瓣膜是最常受累部位；感染性心内膜炎根据病程可分为急性和亚急性；急性感染性心内膜炎特点是：①中毒症状明显；②病情发展迅速，数天或数周引起瓣膜损害；③迁移性感染多见；④病原体主要是**金黄色葡萄球菌**。亚急性感染性心内膜炎特点是：①中毒症状轻；②病程长，可数周至数月；③迁移性感染少见；④病原体多见**草绿色链球菌**，其次为肠球菌。

二、病因

感染性心内膜炎主要是由链球菌和葡萄球菌感染。

三、临床表现

1. 症状
(1)发热：是感染性心内膜炎最常见的症状，常伴有头痛、背痛和肌肉关节痛的症状。急性感染性心内膜炎常有急性化脓性感染，呈暴发性败血症过程，有高热、寒战。常可突发心力衰竭。
(2)非特异性症状：脾大、贫血、杵状指/趾。
(3)动脉栓塞：多发生于病程后期，赘生物引起动脉栓塞可发生在机体的任何部位，如脑、心脏、脾、肾、肠系膜及四肢，★**脑栓塞的发生率高**。如三尖瓣赘生物脱落引起肺栓塞，表现为突然咳嗽、呼吸困难、咯血或胸痛等症状。肺栓塞还可发展为肺坏死、空洞，甚至脓气胸。

2. 体征
(1)心脏杂音。
(2)周围体征。

3. 并发症
- (1)心脏并发症
  - 1)心力衰竭：是最常见的并发症，主要由瓣膜关闭不全所致，以主动脉瓣受损患者最多见。其次为二尖瓣受损的患者，均可诱发急性左心衰竭。
  - 2)心肌脓肿：常见于急性感染性心内膜炎患者。
  - 3)急性心肌梗死。
  - 4)化脓性心包炎。
  - 5)心肌炎。
- (2)细菌性动脉瘤。
- (3)迁移性脓肿。
- (4)神经系统：神经系统受累表现，约有1/3患者发生
  - 1)脑栓塞：占其中1/2，最常受累的是大脑中动脉及其分支。
  - 2)脑细菌性动脉瘤：除非破裂出血，多无症状。
  - 3)脑出血：由脑栓塞或细菌性动脉瘤破裂所致。
  - 4)中毒性脑病：可有脑膜刺激征。
  - 5)化脓性脑膜炎。
  - 6)脑脓肿。
- (5)肾脏。

四、辅助检查

1. 尿常规：显微镜下常有血尿和轻度蛋白尿。

2. 血常规：白细胞计数正常或轻度升高，分类计数轻度左移。可有“耳垂组织细胞”现象，亚急性感染性心内膜炎患者常见正常色素型正常细胞性贫血。

3. 免疫学检查：80%的患者血清出现免疫复合物，25%的患者有高丙种球蛋白血症。

4. 血培养：★**是诊断菌血症和感染性心内膜炎的最有价值的方法**。

5. X线检查：肺部多处小片状浸润阴影。CT扫描有助于脑梗死、脓肿和出血的诊断。

6. 心电图。

7. 超声心动图：对明确感染性心内膜炎诊断有重要价值。

五、治疗原则

1. **抗微生物药物治疗**
- (1)是治疗本病最重要的措施。
- (2)用药原则
  - 1)早期应用。
  - 2)充分用药，选用灭菌性抗微生物药物，大剂量和长疗程。
  - 3)静脉用药为主，保持稳定、高的血药浓度。
- (3)治疗
  - 1)病原微生物不明时，检验治疗：病原菌尚未培养出时，急性感染性心内膜炎应选用针对金黄色葡萄球菌、链球菌和革兰阴性杆菌均有效的广谱抗生素。
  - 2)培养出病原微生物时的治疗，应根据致病菌对药物的敏感程度选择抗微生物药物。

2. 外科治疗：有严重心脏并发症或抗生素治疗无效的患者，应考虑手术治疗。

六、护理问题

1. 体温过高：与微生物感染引起的心内膜炎有关。

2. 营养失调：低于机体需要量：与长期发热导致机体消耗过多有关。

3. 焦虑：与发热、病情反复、疗程长、出现并发症有关。

4. 潜在并发症：心力衰竭、动脉栓塞等。

七、护理措施

1. 一般护理：环境通风。注意防寒保暖，保持口腔、皮肤清洁，预防呼吸道、皮肤感染。

2. 饮食护理：高热量、高蛋白、高维生素、易消化的半流食或软食，注意补充蔬菜、水果补充营养。

3. 发热护理。

4. 正确采集血标本：采血方法、培养技术及应用抗生素的时间，都可影响血培养阳性率。

5. 病情观察：严密观察体温、心律、血压等生命体征的变化；观察心脏杂音的部位、强度、性质有无变化。

6. 用药护理：遵医嘱给予抗生素治疗，坚持大剂量全疗程时间长的抗生素治疗才能杀灭，要严格按时间、剂量准确地用药。注意保护患者静脉血管。

八、健康教育

1. 提高患者依从性。

2. 手术前，应预防性使用抗生素。

3. 嘱咐患者平时要注意防寒、保暖，保持口腔及皮肤清洁，不要挤压痤疮、疖、痈等感染病灶，减少病原菌侵入机会。

4. 自我观察体温变化及有无栓塞表现等方法，定期门诊随诊，有病情变化及时就诊。

第9节　心肌疾病患者的护理

一、概述

心肌病分为四型即扩张型心肌病、肥厚型心肌病、限制型心肌病和致心律失常型右室心肌病。

二、扩张型心肌病

扩张型心肌病是一种常见的心肌病，常伴有心律失常、血栓栓塞和猝死，病死率较高，★★**也是导致衰竭最常见的病因。**

1. 病因：病毒感染、环境、围生期、酒精中毒、抗癌药物、心肌能量代谢紊乱和神经激素受体异常等因素也可能与其发病有关。

2. 临床表现
   - (1)症状：常出现充血性心力衰竭的症状和体征。
   - (2)体征：心脏扩大为主要体征。

3. 辅助检查
   - (1)X线检查：心影明显增大。
   - (2)心电图：可见心房颤动、传导阻滞等各种心律失常。
   - (3)超声心动图：可有心腔轻度扩大，以左心室扩大显著。
   - (4)心脏放射性核素检查。
   - (5)心导管检查。

4. 治疗原则：治疗原则是针对充血性心力衰竭和各种心律失常，预防栓塞和猝死，提高生活质量和生存率
   - (1)病因治疗。
   - (2)症状治疗
     - 1)充血性心力衰竭治疗。
     - 2)预防栓塞：对于有血栓形成风险或是有房颤的患者，可给予口服阿司匹林 75～100ml/d。
     - 3)改善心肌代谢。
     - 4)预防猝死：室性心律失常和猝死是扩张型心肌病的常见症状，预防猝死主要是控制室性心律失常的诱发因素。
   - (3)外科治疗：内科治疗无效的病例，可考虑进行心脏移植。

三、肥厚型心肌病

肥厚型心肌病是以心室非不对称肥厚，并累及室间隔使心室腔变小为特征。本病主要死亡原因是心源性猝死。

1. 病因：本病常有明显家族史。

2. 临床表现
- (1)症状:绝大多数患者可有劳力性呼吸困难;室性心律失常等常是引起猝死的主要危险因素。
- (2)体征:心脏轻度增大,能听到第四心音,在胸骨左缘第3~4肋间听到较粗糙的喷射性收缩期杂音。

3. 辅助检查
- (1)X线检查。
- (2)心电图:最常见的表现为左心室肥大。
- (3)超声心动图:是主要诊断手段。
- (4)心导管检查。
- (5)心内膜心肌活检:心肌细胞畸形肥大,排列紊乱,有助于诊断。

4. 治疗原则:弛缓肥厚的心肌,防止心动过速,维持正常窦性心律,减轻左心室流出道狭窄,抗室性心律失常
- (1)避免诱因。
- (2)药物治疗:建议应用β受体阻滞剂、钙通道阻滞剂治疗。
- (3)介入治疗。
- (4)手术治疗。

四、护理问题

1. 活动无耐力:与心肌病变使心肌收缩力减弱,心排血量减少有关。
2. 气体交换受损:与心力衰竭有关。
3. 疼痛:胸痛与肥厚心肌耗氧量增加、冠状动脉供血相对不足有关。
4. 焦虑:与疾病呈慢性经过、治疗效果不明显、病情日益加重有关。
5. 潜在并发症:栓塞、晕厥、猝死、心力衰竭、心律失常。

五、护理措施

1. 疼痛护理
- (1)立即停止活动,卧床休息。
- (2)给予吸氧,氧流量2~4L/min。
- (3)解除紧张情绪。
- (4)遵医嘱;梗阻性肥厚型心肌病患者禁用硝酸酯类药物。
- (5)避免诱因防止诱发心绞痛,避免劳累、提取肿物、突然起立或屏气、情绪激动、饱餐、寒冷刺激等。戒烟酒。

2. 心力衰竭护理:应用洋地黄时应警惕发生中毒。严格控制输液量及滴速,防止诱发急性肺水肿。

3. 心律失常详见心律失常患者的护理章节。

4. 晕厥处理
- (1)诱因:过度疲劳、情绪激动或紧张、突然改变体位、剧痛等。
- (2)先兆表现:头晕、眼花、恶心、呕吐、出汗、抽搐、瘫痪等伴随症状;心率增快、血压下降、心音低钝或心音消失。
- (3)处理:立即平卧,将患者置于通风处,头低脚高位,松开领口,及时清除口、咽中的分泌物,以防窒息。
- (4)遵医嘱。

六、健康教育

1. 休息原则:症状明显患者应卧床休息,症状不明显的患者可参加轻体力工作,但需避免劳累。切忌剧烈活动,避免诱因。避免独自一人外出活动,以防发生意外。

2. 饮食要求:给予高蛋白、高维生素、清淡饮食,有心力衰竭的患者要低盐饮食。要注意多食用蔬菜、水果,保持大便通畅。

3. 预防感染:保持口腔、会阴部清洁干净,尽量避免去人多的场所,预防上呼吸道感染。

4. 随诊:坚持遵医嘱服药,定期随诊,症状加重或症状有变化时,要立即就诊。

第10节　心包疾病患者的护理

一、概述

心包炎按病因可分为感染性心包炎和非感染性心包炎，临床上以急性心包炎和慢性缩窄性心包炎为最常见。

(一)急性心包炎

1. 病因：原因不明、感染、自身免疫反应、肿瘤性、内分泌、代谢性疾病、物理因素。

2. 临床表现
   - (1)症状
     - 1)胸痛：心前区疼痛。
     - 2)**呼吸困难**：是心包积液时最突出的症状。
     - 3)全身症状。
     - 4)心包压塞：如积液积聚较慢，可出现亚急性或慢性心脏压塞，表现为颈静脉怒张、静脉压升高、奇脉。
   - (2)体征
     - 1)心包摩擦音：**是纤维蛋白性心包炎的典型体征。心前区听到心包摩擦音即可诊断心包炎。**
     - 2)心包积液。
     - 3)心包压塞：★**大量心包积液时出现奇脉。**
   - (3)并发症
     - 1)复发性心包炎：是急性心包炎最难处理的并发症。
     - 2)缩窄性心包炎。

3. 辅助检查
   - (1)化验检查。
   - (2)X线检查：对渗出性心包炎有一定价值，肺部无明显充血而心影显著增大为特征。
   - (3)心电图。
   - (4)超声心动图：对诊断心包积液迅速可靠。
   - (5)心包穿刺。
   - (6)心包镜及心包活检。

4. 治疗原则
   - (1)病因治疗。
   - (2)非特异性心包炎的治疗。
   - (3)复发性心包炎的治疗。
   - (4)心包积液、心脏压塞的治疗。

(二)缩窄性心包炎

1. 病因：缩窄性心包炎继发于急性心包炎，病因以**结核性心包炎**为最常见，其次为化脓或创伤性心包炎。

2. 临床表现
   - (1)症状：常见症状为劳力性呼吸困难、疲乏、食欲缺乏、上腹胀痛或疼痛。
   - (2)体征：有颈静脉怒张、肝大、腹水、下肢水肿、心率增快，心尖搏动不明显，心音减低，可见Kussmaul征。

3. 辅助检查
   - (1)X线检查。
   - (2)心电图。
   - (3)超声心动图。
   - (4)右心导管检查。

4. 治疗原则
   - (1)外科治疗：术后继续用药1年。
   - (2)内科辅助治疗。

二、护理问题

1. 疼痛:心前区疼痛:与心包纤维蛋白性炎症有关。
2. 气体交换受损:与肺淤血及肺组织受压有关。
3. 心排血量减少:与大量心包积液妨碍心室舒张充盈有关。
4. 体温过高:与感染有关。
5. 活动无耐力:与心排血量不足有关。
6. 体液过多:与体循环淤血有关。
7. 焦虑:与住院影响工作、生活及病情重有关。
8. 潜在并发症:心脏压塞。

三、护理措施

1. 体位与休息:采取**半卧位或前倾坐位**;避免受凉,防止呼吸道感染。
2. 病情观察
   (1)定时监测和记录生命体征,了解患者心前区疼痛、呼吸困难的变化情况,密切观察心脏压塞的表现。
   (2)观察患者呼吸困难的程度,观察吸氧效果。观察血压、心律、面色。
   (3)对水肿明显和应用利尿剂治疗患者,准确记录出入量,观察水肿部位的皮肤弹性、完整性。★**观察有无乏力、恶心、呕吐、腹胀、心律不齐等低血钾表现**,并定期复查血清钾,出现低血钾症时遵医嘱及时补充氯化钾。
3. 用药护理:遵医嘱给予非甾体抗炎药;观察药物反应;控制输液速度。
4. 饮食护理:高热量、高蛋白、高维生素的易消化饮食,限制钠盐。
5. 心包穿刺术的护理
   (1)设备、器械准备。
   (2)术前护理:择期操作者可禁食4～6h;患者取坐位或平卧位。
   (3)术中护理
      1)嘱患者勿剧烈咳嗽或深呼吸。
      2)抽液过程防止空气进入心包腔。
      3)抽液要缓慢,第一次抽液量不超过**200ml**,若抽出液为鲜血时,应立即停止抽液,观察有无心脏压塞征象,准备好抢救物品和药品。
      4)记录抽出液体量、性质,按要求送化验。
      5)注意观察病情。
   (4)术后处理。

四、健康教育

1. 增强抵抗力。
2. 坚持药物治疗。
3. 积极治疗。

模拟试题栏——识破命题思路,提升应试能力

一、专业实务

A₁型题

1. 下列哪些循环系统患者中最常出现呼吸困难
   A. 急性心肌梗死　B. 高血压性心脏病
   C. 急性右心衰竭　D. 心脏压塞
   E. 急性左心衰竭
2. 下列哪项是正确关于端坐呼吸的描述
   A. 常发生在体力活动时,休息可缓解
   B. 常出现在夜间,睡眠中突然憋醒
   C. 体力活动时发生,含服硝酸甘油可缓解
   D. 休息时有呼吸困难,不能平卧,被迫取坐位或半卧位

E. 睡眠中憋醒，咳嗽、咳痰，坐起后缓解

3. 关于心源性晕厥的叙述，下列哪项是错误的
   A. 为可逆性意识丧失
   B. 由暂时性广泛脑组织缺血、缺氧引起
   C. 引起心源性晕厥的心律失常均为严重缓慢性心律失常
   D. 如无脉搏，可立即叩击心前区 1～2 次
   E. 主动脉瓣狭窄可引起心源性晕厥

解析：心源性晕厥是暂时性广泛脑组织缺血、缺氧引起的短暂性、可逆性意识丧失，快速性或缓慢性心律失常引起心排血量下降、血流动力学异常等均可导致晕厥发生。

4. 引起左心室前负荷(容量负荷)过重的疾病是
   A. 心肌梗死　　B. 主动脉瓣狭窄
   C. 肺动脉高压　　D. 主动脉瓣关闭不全
   E. 高血压

解析：高血压和主动脉瓣狭窄可引起左心室后负荷增加，肺动脉高压引起右心室后负荷增加，心肌梗死引起心肌收缩力下降，主动脉瓣关闭不全时由于血液在舒张期向左心室反流，使左心室容量负荷过重。

5. 诱发和加重心力衰竭最常见因素是
   A. 劳累　　B. 情绪激动
   C. 呼吸道感染　　D. 输液过快过多
   E. 心律失常

6. 血管紧张素转换酶抑制剂降压的机制是
   A. 直接扩张血管
   B. 促进水钠排出
   C. 使交感神经兴奋性降低
   D. 抑制血管紧张素Ⅱ的生成
   E. 减少心排血量

7. 在病毒性心肌炎的病变晚期，造成心肌损伤的主要因素是
   A. 病毒直接侵犯心肌　　B. 免疫反应
   C. 变态反应　　D. 病毒复制
   E. 病毒侵犯微血管

解析：病毒可直接侵犯心肌，造成心肌细胞溶解。免疫反应同时存在，在病变的晚期，免疫反应成为造成心肌损伤的主要因素。

8. 下列哪项关于高血压的发病机制是不正确的
   A. 高级神经中枢功能失调在高血压发病中占主导地位
   B. 肾素-血管紧张素系统激活
   C. 迷走神经兴奋性增加
   D. 胰岛素抵抗
   E. 去甲肾上腺素分泌增多，引起外周小血管收缩

解析：高血压的发病机制复杂，其中与交感神经兴奋性增加有关，而不是迷走神经兴奋性增加。

9. 当原发性肺动脉高压时，属于下列哪种情况
   A. 左心室后负荷增加　　B. 左心室前负荷增加
   C. 右心室后负荷增加　　D. 右心室前负荷增加
   E. 左、右心室前负荷增加

10. 二尖瓣关闭不全时，属于下列哪种情况
   A. 左心室后负荷增加　　B. 左心室前负荷增加
   C. 右心室后负荷增加　　D. 右心室前负荷增加
   E. 左、右心室前负荷增加

11. 慢性贫血时，属于下列哪种情况
   A. 左心室后负荷增加　　B. 左心室前负荷增加
   C. 右心室后负荷增加　　D. 右心室前负荷增加
   E. 左、右心室前负荷增加

12. 高血压时，属于下列哪种情况
   A. 左心室后负荷增加　　B. 左心室前负荷增加
   C. 右心室后负荷增加　　D. 右心室前负荷增加
   E. 左、右心室前负荷增加

13. 主动脉瓣狭窄，属于下列哪种情况
   A. 左心室后负荷增加　　B. 左心室前负荷增加
   C. 右心室后负荷增加　　D. 右心室前负荷增加
   E. 左、右心室前负荷增加

14. 肺栓塞，属于下列哪种情况
   A. 左心室后负荷增加　　B. 左心室前负荷增加
   C. 右心室后负荷增加　　D. 右心室前负荷增加
   E. 左、右心室前负荷增加

15. 关于风湿性心脏病主动脉瓣狭窄引起心绞痛的发病机制，正确的是
   A. 病变累及冠状动脉造成冠脉狭窄
   B. 风湿性炎症累及心包
   C. 左心室排血量显著降低使冠状动脉血流量减少
   D. 冠状动脉易激惹发生痉挛
   E. 主动脉瓣狭窄时，冠状动脉不易形成侧支循环

16. 诊断为二度Ⅰ型房室传导阻滞的是
   A. PP 间期逐渐缩短，直至 P 波受阻，QRS 波群脱落

B. PR间期逐渐延长，直至P波受阻，QRS波群脱落
C. PR间期固定（正常或延长），间歇性QRS波群脱落
D. P波与QRS波群完全无关，PP间距和RR间距各自相等，心室率慢于心房率
E. PR间期逐渐缩短，直至P波受阻，QRS波群脱落

17. 诊断为三度房室传导阻滞的是
A. PP间期逐渐缩短，直至P波受阻，QRS波群脱落
B. PR间期逐渐延长，直至P波受阻，QRS波群脱落
C. PR间期固定（正常或延长），间歇性QRS波群脱落
D. P波与QRS波群完全无关，PP间距和RR间距各自相等，心室率慢于心房率
E. PR间期逐渐缩短，直至P波受阻，QRS波群脱落

18. 诊断冠心病最可靠的方法是
A. 选择性左心室造影 B. 冠状动脉造影
C. 主动脉造影 D. 选择性右心造影
E. 静脉心血管造影

19. 目前国际上统一的高血压诊断标准为
A. BP120/80mmHg B. BP130/85mmHg
C. BP140/90mmHg D. BP150/95mmHg
E. BP160/100mmHg

20. 不符合心源性水肿的是
A. 水肿从眼睑开始
B. 水肿呈凹陷性
C. 体循环淤血导致水肿
D. 水肿部位易发生溃疡
E. 摄入钠盐过多可加重水肿

A_2 型题

21. 患者，女性，32岁。风心病二尖瓣狭窄、房颤4年。无明显原因突然出现意识障碍，最可能的直接原因是
A. 房颤
B. 心排血量减少，脑供血不足
C. 室颤
D. 左心耳附壁血栓脱落致脑栓塞
E. 高凝状态，脑血栓形成

22. 患者，男性，50岁。有“风湿性心脏病”病史。入院时出现气促、咳嗽、咳白色泡沫样痰、乏力、出汗较多。体检：口唇发绀，两侧肺底部可闻及湿啰音。该患者出现乏力的原因是
A. 心排血量减少 B. 血容量负荷过重
C. 压力负荷过重 D. 肺循环淤血
E. 体循环淤血

23. 患者，男性，60岁，持续胸前区疼痛2h入院，心电图检查示Ⅱ、Ⅲ、aVF导联ST段抬高，为证实是否患有心肌梗死，抽血化验，下列哪项指标特异性最高
A. 血脂 B. 血糖
C. 血白细胞 D. 血肌酸磷酸激酶
E. 血沉

24. 患者，女性，56岁。既往高血压病史8年，2个月前出现疲乏症状，近日出现劳力性呼吸困难，经休息后可缓解，患者最可能出现
A. 慢性左心衰竭 B. 急性肺水肿
C. 高血压危象 D. 慢性右心衰竭
E. 急性左心衰竭

25. 患者，女性，67岁。胸痛4h，诊断为急性心肌梗死，给予急诊溶栓治疗，下列对直接诊断冠脉再通最有价值的是
A. 胸痛2h内基本消失
B. 出现心律失常
C. 心电图抬高ST段回降>50%
D. 血清心肌酶峰值提前
E. 冠脉造影示闭塞动脉再通

26. 患者，女性，60岁，急性广泛前壁心肌梗死，经治疗疼痛缓解，但患者烦躁不安，血压80/60mmHg，脉搏120次/分，尿量30ml/h，此时患者的情况属于
A. 病情好转 B. 心力衰竭
C. 肾衰竭 D. 心源性休克
E. 心律失常

27. 患者，女性，43岁。近半年来血压升高较快，伴心悸、多汗、头痛、烦躁等，上周出现耳鸣、眼花，查体：血压190/115mmHg。该患者的诊断可能是
A. 高血压Ⅰ级 B. 高血压Ⅱ级
C. 高血压Ⅲ级 D. 高血压危象
E. 高血压脑病

28. 患者，男性，60岁，因做家务突发心前区疼痛，伴胸闷憋气来院就诊，诊断为心肌梗死，收治入院，进行心电监护以防突发心律失常。急性心肌梗

死患者预示室颤发生的心律失常是
A. 心房颤动　B. 室性心动过速
C. 室上性心动过速　D. 窦性心动过速
E. 一度房室传导阻滞

29. 患者,女性,63岁。体检发现心尖部舒张期隆隆样杂音;X线胸片提示左心房、右心室增大,诊断为风心病二尖瓣狭窄。该患者属于
A. 左心房代偿期　B. 左心房失代偿期
C. 左心室代偿期　D. 肺动脉高压期
E. 右心受累期

30. 患者,男性,58岁。有高血压病史15年。最近骑车上班时感胸闷、乏力、气急、休息后缓解。该患者的心功能为
A. Ⅰ级　B. Ⅱ级
C. Ⅲ级　D. Ⅳ级
E. Ⅴ级

31. 患者,男性,50岁。风心病伴二尖瓣狭窄8年,伴房颤4年,无明显原因突然出现意识障碍,最可能的原因是
A. 发生室颤
B. 心排血量减少,脑供血不足
C. 心房血栓脱落,脑栓塞
D. 高凝状态,脑血栓形成
E. 发生房颤

32. 患者,男性,53岁,因突发心前区疼痛,疼痛难忍,并伴有胸闷憋气,来院就诊,患者既往有糖尿病史8年、胃溃疡12年。经检查医生诊断为前间壁心肌梗死,特征性心电图变化出现在
A. V_1~V_4 导联　B. V_1~V_3 导联
C. V_3~V_5 导联　D. V_6、Ⅰ、aVL 导联
E. V_1~V_6、Ⅰ、aVL 导联

33. 患者,女性,68岁,因突发心前区疼痛,疼痛难忍,并伴有胸闷憋气,来医院就诊,患者既往有糖尿病史15年,经检查医生诊断为广泛前壁心肌梗死,入院后有心律失常,预示室颤发生的心律失常是
A. 偶发室性期前收缩　B. 室性心动过速
C. 窦性心律不齐　D. 窦性心动过缓
E. Ⅰ型房室传导阻滞

34. 患者,女性,42岁,因慢性风湿性心脏瓣膜病、二尖瓣狭窄收入院。患者近年来症状严重,医生要求护士观察心律变化,及时发现心律失常的发生。风心病最常见的心律失常是
A. 心房颤动　B. 窦性心动过速
C. 窦性心动过缓　D. 室性期前收缩
E. 房室传导阻滞

35. 患者,女性,18岁,诊断为风湿热1年,医生考虑患者此病变已侵犯到心脏,心脏瓣膜病最常见的并发症是
A. 充血性心力衰竭　B. 贫血
C. 心源性休克　D. 室性心律失常
E. 下肢静脉栓塞

36. 患者,女性,53岁,因头晕、头痛就医,测血压165/105mmHg,可考虑为
A. 正常高值　B. 临界高血压
C. Ⅰ级高血压　D. Ⅱ级高血压
E. Ⅲ级高血压

37. 患者,男性,25岁,因心悸、心率快,来医院就诊,下列检查可明确诊断心律失常的是
A. 心电图　B. 心音图
C. 超声心动图　D. 放射性核素检查
E. 心脏X线

38. 患者,女性,53岁,因突发急性心肌梗死而住院治疗,住院病情不稳定,23h死亡,其主要死亡原因可能是
A. 心律失常　B. 心室壁瘤
C. 发热　D. 心源性休克
E. 心力衰竭

39. 患者,男性,63岁,因急性心肌梗死而住院治疗,住院病情不稳定,出现哪项心律失常时需警惕室颤的发生
A. 急性胰腺炎　B. 急性胆囊炎
C. 急性胃炎　D. 急性心肌梗死
E. 心肌炎

40. 患者,女性,67岁,因胸闷、咳嗽、咳痰、呼吸困难、尿少就诊,既往有风湿性心脏病二尖瓣狭窄。考虑患者出现了心力衰竭,诱发心力衰竭最常见的因素是
A. 摄入高钠食物　B. 呼吸道感染
C. 严重脱水　D. 劳累过度
E. 各种缓慢型心律失常

41. 患者,男性,64岁,因胸闷、咳嗽、咳痰、呼吸困难、尿少1个月就诊,既往有风湿性心脏病二尖瓣狭窄。考虑患者出现了心力衰竭,在饮食护理上或者低盐饮食,其原因是
A. 提高心肌收缩力　B. 减轻肾脏负担
C. 减轻肺水肿　D. 减少液体潴留
E. 避免肝脏受损

42. 患者，女性，50岁，因胸闷、咳嗽、咳痰、呼吸困难、尿少就诊，既往有风湿性心脏病二尖瓣狭窄、心力衰竭。医生考虑患者有急性左心衰竭，其咳嗽、咳痰的性质是
A. 白色浆液样痰
B. 偶尔咳嗽、咳粉红色泡沫样痰
C. 频频咳嗽、咳大量粉红色泡沫样痰
D. 偶尔咳嗽、咳白色泡沫样痰
E. 痰中带血丝

43. 患者，女性，50岁，因胸闷、咳嗽、咳痰、呼吸困难、尿少就诊，既往有风湿性心脏病二尖瓣狭窄、心力衰竭。医生考虑患者有急性左心衰竭，下列检查**不能**反映心功能状态的是
A. X线检查　B. 超声心动图
C. 胸部CT　D. 放射性核素检查
E. 有创性血流动力学检查

44. 患者，男性，60岁，因胸痛就诊，既往有心绞痛10年。鉴别急性心肌梗死与心绞痛症状的主要区别是
A. 疼痛持续时间不同　B. 疼痛表现不同
C. 疼痛部位不同　D. 疼痛性质不同
E. 引起诱因不同

45. 患者，男性，60岁，因胸痛就诊，既往有心绞痛10年。鉴别急性心肌梗死与心绞痛，心电图的主要区别是
A. ST段抬高　B. ST段压低
C. T波倒置　D. T波地平
E. 出现异常深而宽的Q波

46. 患者，男性，45岁，近日诊断为高血压，饮食护理中食盐摄入量应是
A. <1g/d　B. <3g/d
C. <6g/d　D. <8g/d
E. <10g/d

47. 患者，男性，40岁，有头痛、烦躁、眩晕、心悸、气急、恶心呕吐等症状，同时伴有尿少。既往有高血压史，平时血压没有控制，查体：血压185/115mmHg。考虑患者有高血压危象。高血压危象发生在高血压疾病的时段是
A. 早期发生　B. 晚期发生
C. 早期与晚期均可发生　D. 无靶器官损害期
E. 靶器官损害期

48. 患者，男性，59岁，患冠心病20年，某日突然神志丧失，呼吸不规则，即刻进行心肺复苏，心脏按压的频率是
A. 60次/分　B. 70次/分
C. 80次/分　D. 90次/分
E. 110次/分

49. 患者，男性，52岁，因四肢乏力12h、加重伴呼吸困难2h入院。抽血回报 K^+ 2.11mmol/L，CO_2 CP20.3mmol/L。出现呼吸、心搏骤停，可能的病因是
A. 药物中毒　B. 低钾血症
C. 冠心病　D. 贫血
E. 窒息

A_3/A_4 型题

（50～57题共用题干）

患者，男性，65岁，突然出现原因不明的上腹痛，恶心、呕吐、血压下降。

50. 应首选考虑可能发生
A. 急性胃肠炎　B. 食物中毒
C. 胃癌　D. 急性心肌梗死
E. 急性胰腺炎

解析：急性胃肠炎一般不伴有血压变化；食物中毒有进食不洁史；胃癌有胃溃疡的病史，无并发症时一般无恶心呕吐及血压下降；急性胰腺炎多有胆道疾病或暴饮暴食的病史。

51. 护理上述病例，下列哪项措施不需要
A. 监测血压　B. 监测心电图
C. 拍X线胸片　D. 抽血查心肌酶
E. 查血尿便常规

52. 护理上述病例，首要的护理措施是
A. 吸氧　B. 监测生命体征
C. 建立静脉通路　D. 绝对卧床休息
E. 心理护理

53. 此患者存在的最主要的护理问题是
A. 活动无耐力　B. 心排血量减少
C. 体液量过多　D. 潜在并发症：心律失常
E. 潜在并发症：感染

54. 对此患者第1周的护理措施正确的是
A. 高热量、高蛋白质饮食
B. 协助患者翻身、进食
C. 协助患者如厕
D. 低流量持续吸氧
E. 指导患者床上活动

55. 在监护过程中护士发现患者烦躁不安，面色苍

白，皮肤湿冷，脉细速，尿量减少，应警惕发生

A. 严重心律失常 B. 急性左心衰竭
C. 心源性休克 D. 并发感染
E. 紧张、恐惧

56. 护士收集哪项资料有利于评估病情

A. 家庭史 B. 职业
C. 吸烟史 D. 生活习惯
E. 心绞痛病史

57. 当考虑为急性心肌梗死时，护士必须迅速采取的措施不包括

A. 马上给予吸氧 B. 准备好急救药品
C. 立即肌内注射哌替啶 D. 进行心电监护
E. 使用溶栓药物

(58～61 题共用题干)

患者，女性，55 岁，突然出现胸痛伴原因不明的上腹痛，恶心、呕吐、血压下降。入院诊断为“急性心肌梗死”。

58. 考虑其病因为

A. 心肌暂时缺血
B. 冠脉血供急剧减少或中断，导致心肌坏死
C. 心肌溃疡
D. 心肌无变化
E. 心肌暂时性缺氧

59. 该患者可能发生并发症为

A. 栓塞 B. 发热
C. 心脏破裂 D. 肾功能衰竭
E. 肝功能衰竭

60. 首选的辅助检查为

A. 血压检查 B. 心电图检查
C. X线检查 D. 肝功能检查
E. 查血尿便常规

61. 护士应收集哪项资料有利于评估病情

A. 家庭史 B. 职业
C. 吸烟史 D. 生活习惯
E. 心绞痛病史

二、实践能力

A_1 型题

62. 某一心功能不全患者，入院 3d 仍不能从事任何体力活动，休息时也乏力、心悸、气急。次患者的心功能属于

A. 代偿期 B. Ⅰ级
C. Ⅱ级 D. Ⅲ级
E. Ⅳ级

63. 下列哪项是二尖瓣关闭不全最重要的体征

A. 二尖瓣面容
B. 心尖区第一心音亢进
C. 二尖瓣开放拍击音
D. 心尖部舒张期隆隆样杂音
E. 心尖部收缩期粗糙吹风样杂音

解析：二尖瓣关闭不全产生的杂音应为收缩期杂音。二尖瓣面容、心尖区第一心音亢进、二尖瓣开放拍击音、心尖部舒张期隆隆样杂音均为二尖瓣狭窄的体征。

64. 下列哪些不是高血压的脑血管并发症

A. 脑出血 B. 微小动脉瘤
C. 短暂性脑缺血发作 D. 脑疝
E. 脑动脉血栓形成

解析：长期高血压引起脑血管硬化，轻者表现为短暂性脑缺血发作、微小动脉瘤形成，重者可有脑血栓形成、脑出血，而脑疝是颅内压极度增高的结果。

65. 下列除哪项外，均为右心衰竭的表现

A. 咳嗽 B. 颈静脉怒张
C. 肝颈静脉回流征阳性 D. 水肿
E. 肝大

解析：左心衰竭时肺循环淤血，肺泡液体积聚，支气管黏膜充血，可引起咳嗽。其他选项均为右心衰竭体循环淤血所致的体征。

66. 急性心肌梗死早期最常见的死亡原因是

A. 心脏破裂 B. 室性心律失常
C. 急性心力衰竭 D. 心源性休克
E. 室壁瘤

67. 病毒性心肌炎的护理重点在于

A. 充分休息，保证丰富的营养
B. 坚持小剂量服用糖皮质激素
C. 接种流感疫苗，预防感冒
D. 增强机体抵抗力
E. 绝对卧床 3 个月，低盐饮食加强锻炼

68. 右心衰竭患者体检时出现的体征是

A. 心尖搏动向左下移位
B. 颈动脉怒张
C. 肝颈静脉回流征阳性
D. 心尖抬举性搏动
E. 心包摩擦音

69. 对急性肺水肿的处理中，下列哪项是错误的

A. 端坐位，两腿下垂

B. 高流量、30%乙醇湿化给氧
C. 口服地高辛
D. 静脉注射呋塞米
E. 静脉滴注硝普钠

解析：急性肺水肿是危重病，需紧急抢救，故应选用速效制剂如毒毛花苷K，而不应选用缓效的地高辛。

70. 缓解急性心肌梗死患者疼痛最有效的药物是
A. 硝酸甘油　B. 地西泮
C. 吗啡　D. 硝酸异山梨酯
E. 硝苯地平

解析：疼痛是急性心肌梗死最突出的症状，含服硝酸甘油无效，可用吗啡镇痛。

71. 心绞痛与急性心肌梗死的心电图主要区别是
A. ST段抬高　B. ST段压低
C. T波倒置　D. T波低平
E. 出现异常深而宽的Q波

解析：异常深而宽的Q波又称病理性Q波，反映心肌坏死，是心肌梗死的特征性表现之一。

72. 关于洋地黄中毒反应的处理，下列哪项是错误的
A. 停药　B. 纠正心律失常
C. 一律补充钾盐　D. 停用排钾利尿剂
E. 心率缓慢者可用阿托品

解析：低血钾是易导致洋地黄中毒的因素之一，但不是所有洋地黄中毒者都存在低血钾，只有低钾血症者应补充钾盐。

73. 洋地黄治疗适用于下列哪项情况
A. 风心病、心力衰竭、快速房颤
B. 梗阻性肥厚型心肌病
C. 急性心肌梗死
D. 高血压危象
E. 急性心脏压塞

解析：洋地黄尤其适用于风心病、心力衰竭、快速房颤患者，可减慢心室率，控制症状。而因洋地黄可加强心肌收缩力，加重流出道梗阻，故梗阻性肥厚型心肌病是禁用的；急性心肌梗死24h内也禁止使用；高血压危象时应尽快控制血压；急性心脏压塞时应行心包穿刺，尽快解除压迫。

74. 不需停用洋地黄类药物的情况为
A. 消化道症状
B. 室性期前收缩二联律
C. 视物模糊
D. 黄视
E. 心率70次/分

75. 减轻心脏负担的治疗措施有
A. 休息
B. 限钠盐摄入，控制在<3g/d为宜
C. 水肿明显时不限制水摄入
D. 吸氧
E. 利尿剂应用

76. 洋地黄类药物毒性反应的处理，不正确的是
A. 停洋地黄类药　B. 停用排钾利尿剂
C. 补充钾盐　D. 纠正心律失常
E. 血管扩张剂应用

77. 护理心悸患者，不正确的方法是
A. 避免紧张、焦虑
B. 忌饮浓茶、饮酒和咖啡
C. 注意监测心律、心率、血压，必要时心电图检查
D. 休息时宜采取左侧卧位
E. 少量多餐，避免过饱

78. 下列哪些是主动脉瓣关闭不全典型的体征
A. 周围血管征
B. 主动脉瓣区响亮、粗糙的收缩期吹风样杂音
C. 主动脉瓣第二听诊区响亮、粗糙的收缩期吹风样杂音
D. 主动脉瓣区舒张早期叹气样杂音
E. 主动脉瓣第二听诊区舒张早期叹气样杂音

解析：主动脉瓣第二听诊区舒张早期叹气样杂音是主动脉瓣关闭不全典型体征。

79. 急性肺水肿者应
A. 高浓度、高流量持续吸氧
B. 高浓度、高流量间断吸氧
C. 低浓度、低流量间断吸氧
D. 低浓度、低流量持续吸氧
E. 高浓度、酒精湿化吸氧

80. Ⅱ型呼吸衰竭者应
A. 高浓度、高流量持续吸氧
B. 高浓度、高流量间断吸氧
C. 低浓度、低流量间断吸氧
D. 低浓度、低流量持续吸氧
E. 高浓度、酒精湿化吸氧

81. Ⅰ型呼吸衰竭者应
A. 高浓度、高流量持续吸氧
B. 高浓度、高流量间断吸氧
C. 低浓度、低流量间断吸氧
D. 低浓度、低流量持续吸氧
E. 高浓度、酒精湿化吸氧

82. 心功能Ⅲ级的临床表现为
A. 体力活动不受限制
B. 体力活动轻度受限制,日常活动可引起气急、心悸
C. 体力活动明显受限制,稍事活动即引起气急、心悸,有轻度脏器淤血体征
D. 体力活动重度受限制,休息时亦气急、心悸,有重度脏器淤血体征
E. 加强体育锻炼

83. 急性肺水肿的临床特征为
A. 颈静脉回流征阳性　B. 劳力性呼吸困难
C. 烦躁　D. 失眠
E. 咳粉红色泡沫状痰

84. 右心衰竭的体征
A. 颈静脉回流征阳性　B. 端坐困难
C. 焦虑　D. 心悸
E. 咳泡沫状痰

85. 左心衰竭的早期表现
A. 咳嗽　B. 劳力性呼吸困难
C. 烦躁　D. 水肿
E. 颈静脉回流征阳性

A_2 型题

86. 患者,男性,73 岁。高血压,间断服用降压药物,血压控制在 120～150/70～90mmHg。今晨测血压 120/80mmHg。其健康教育的说法不正确的是
A. 适当运动
B. 血压控制理想,可暂时停药
C. 服药后卧床片刻,防止直立性低血压
D. 低盐、低脂、低胆固醇饮食
E. 避免情绪激动

解析:该高血压患者应坚持在非药物治疗的基础上,长期服用降压药物,将血压控制平稳。

87. 患者,男性,68 岁。诊断为急性心肌梗死,经治疗能缓解疼痛。今晨突然出现烦躁不安,大汗,皮肤湿冷,测血压 80/50mmHg,心率 110 次/分,尿量 15ml/小时 。应考虑为
A. 急性心力衰竭　B. 心律失常
C. 乳头肌断裂　D. 心脏破裂
E. 心源性休克

解析:出现血压下降、烦躁不安、皮肤湿冷、脉搏细速均为休克的表现,原发病为急性心肌梗死,故为心源性休克。

88. 患者,女性,55 岁。有风心病、二尖瓣狭窄、房颤病史,此次因受凉后气促不能平卧入院。此时针对该患者的健康教育不恰当的是
A. 避免受凉　B. 半卧位休息
C. 遵医嘱坚持药物治疗　D. 早期加强锻炼
E. 适当活动下肢,防止血栓形成

解析:患者有心力衰竭表现,心功能Ⅳ级,应以卧床休息为主,待心功能改善后逐渐增加活动量。

89. 患者,女性,73 岁。高血压病史 10 年,糖尿病病史 4 年,血压曾达 170/105mmHg,吸烟,不饮酒。根据以上情况,该患者的预后判断是
A. 高血压,极低危组　B. 高血压,低危组
C. 高血压,中危组　D. 高血压,高危组
E. 高血压,极高危组

解析:该患者为Ⅱ级高血压,同时存在 4 个危险因素,但不存在靶器官功能损害,属于高危患者。

90. 患者,男性,68 岁,高血压。突然出现气促,不能平卧,双肺满布湿啰音,测血压为 200/120mmHg,首选的血管扩张剂是
A. 酚妥拉明　B. 硝酸甘油
C. 硝普钠　D. 硝酸异山梨酯
E. 卡托普利

解析:该患者为高血压并发急性左心衰竭,首选药物是硝普钠,可扩张小动脉和小静脉,降低血压,减轻心脏前后负荷。

91. 患者,女性,45 岁。阵发性心悸 3 年,每次发作突然,持续数分钟至 1h 不等。本次发作时心率 195 次/分,律齐,心电图检查发现:QRS 波形态正常,P 波不易辨认。该患者可诊断为
A. 心房颤动　B. 窦性心动过速
C. 室上性心动过速　D. 室性心动过速
E. 心室颤动

92. 患者,女性,38 岁。风心病,心功能Ⅲ级。长期服用地高辛,0.25mg,1 次/天,自觉尚好,复诊时查

心电图示窦性心律,心率80次/分,PR间期0.20s,ST段呈鱼钩形下移。对该患者的处理应为

A. 停用地高辛,观察病情

B. 加大地高辛用量

C. 加服氯化钾

D. 改用利多卡因

E. 继续用原剂量维持

解析:该病例用地高辛治疗,心电图ST段呈鱼钩形下移是洋地黄作用的结果,心率不慢,无药物中毒或过量表现,说明心力衰竭症状得到控制,疗效满意。故可维持原剂量。

93. 患者,男性,68岁。发作性晕厥5次入院。心电图检查:三度房室传导阻滞,心室率40次/分。首选治疗是

A. 利多卡因临时　B. 肾上腺素

C. 胺碘酮　D. 心脏起搏

E. 心脏按压

解析:该病例为三度房室传导阻滞,心室率缓慢,且晕厥反复发作,宜安装临时心脏起搏。肾上腺素、利多卡因、胺碘酮主要用于快速性心律失常;心搏骤停时应立即心脏按压。

94. 患者,女性,58岁。突然感到心前区憋闷,有严重窒息感,伴恶心、呕吐及出冷汗,休息后含服硝酸甘油不能缓解,最可能的是

A. 急性胰腺炎　B. 急性胆囊炎

C. 急性胃炎　D. 急性心肌梗死

E. 心肌炎

95. 患者,男性,70岁。入院诊断:慢性心力衰竭,遵医嘱服用地高辛每日0.125mg,某日患者将白墙看成黄墙,提示患者出现

A. 心力衰竭好转征象　B. 心律恢复正常

C. 洋地黄药物中毒　D. 血钾过低

E. 血钠过高

96. 患者,男性,65岁。住院心电图监测时发现室性心动过速,心率162次/分,血压120/80mmHg,意识清楚,双肺呼吸音清晰,无湿啰音。首选的治疗药物是

A. 阿托品　B. 硝酸甘油

C. 利多卡因　D. 地高辛

E. 呋塞米

97. 患者,男性,60岁。高血压140/90mmHg,诊断为Ⅰ级高血压,遵医嘱予非药物治疗,下列**不正确**的是

A. 合理膳食　B. 减轻体重

C. 保持健康心态　D. 参加举重活动

E. 气功及其他行为疗法

98. 患者,男性,70岁。突然意识丧失,血压不清,颈动脉搏动消失。住院心电图监测为心室颤动,此时应采用最有效的治疗是

A. 心脏按压　B. 人工呼吸

C. 非同步直流电复律　D. 静脉注射利多卡因

E. 心腔内注射肾上腺素

99. 患者,女性,60岁,急性心肌梗死,经治疗后疼痛缓解,但出现缓慢性心律失常,可用的药物是

A. 硝酸甘油　B. 呋塞米

C. 硝酸异山梨酯　D. 美托洛尔

E. 阿托品

100. 患者,男性,67岁,突发持续性胸骨后疼痛6h,含服硝酸甘油无效。心电图示急性前壁心肌梗死,室性期前收缩8次/分,呈二联律。除立即止痛外,还可迅速给予

A. 利多卡因静脉给药　B. 普罗帕酮静脉给药

C. 普鲁卡因胺口服　D. 美西律口服

E. 维拉帕米口服

101. 患者,女性,85岁。风湿性心脏病、心力衰竭,用地高辛、氢氯噻嗪治疗过程中出现气促加重,心电图示:室性期前收缩,二联律。下列治疗**错误**的是

A. 停用地高辛　B. 补钾

C. 加用利多卡因　D. 加用呋塞米

E. 停用氢氯噻嗪

102. 患儿,2岁,因肺炎伴急性心力衰竭需立即进行抢救,首选的药物是

A. 地高辛口服

B. 洋地黄肌内注射

C. 毒毛花苷K缓慢静脉注射

D. 硝普钠静脉滴注

E. 酚妥拉明静脉滴注

103. 患者,女性,50岁,因急性心肌梗死急诊入院,接受尿激酶溶栓治疗,1d后患者出现缓慢性心律失常,可用的药物是

A. 硝酸甘油

B. 呋塞米(速尿)

C. 硝酸异山梨酯(消心痛)

D. 美托洛尔(倍他洛克)

E. 阿托品

104. 患者,女性,35岁,患有风湿热10年,常有扁桃体炎发生,经医生诊断为慢性风湿性心脏瓣膜病、二尖瓣狭窄,二尖瓣狭窄最早出现的症状是

A. 腹胀　　B. 咯血

C. 劳力性呼吸困难　　D. 肝区疼痛

E. 下肢水肿

105. 患者,女性,56岁,因头晕、头痛就医,测血压165/105mmHg,有高血压家族病史。诊断为原发性高血压。原发性高血压最严重的并发症是

A. 脑出血　　B. 充血性心力衰竭

C. 肾衰竭　　D. 冠心病

E. 糖尿病

106. 患者,女性,50岁,有风湿性心脏病二尖瓣狭窄、心力衰竭,进行强心、利尿、扩血管治疗,使用前需监测心率的药物是

A. 甲氧氯普胺　　B. 地高辛

C. 普萘洛尔　　D. 硫糖铝片

E. 肠溶阿司匹林

107. 患者,男性,65岁,间断胸闷1周,1d前于夜间被迫坐起,频繁咳嗽,严重气急,咳大量粉红色泡沫痰,既往患冠心病10年。考虑该患者发生了左心衰竭、急性肺水肿,给氧方式应采用

A. 高流量,30%～50%乙醇湿化

B. 低流量,30%～50%乙醇湿化

C. 高流量,10%～20%乙醇湿化

D. 低流量,10%～20%乙醇湿化

E. 持续低流量给氧

108. 患者,男性,62岁,突然出现心前区疼痛伴大汗3h,急诊入院,心电图示:$V_1 \sim V_5$导联出现Q波,且ST段弓背向上抬高,诊断为急性心肌梗死,应用尿激酶治疗,其作用为

A. 疏通心肌微循环　　B. 增强心肌收缩力

C. 溶解冠脉内血栓　　D. 促进心肌能量代谢

E. 减轻心脏前负荷

109. 患者,男性,62岁,诊断为急性心肌梗死收治入院,发生室性期前收缩应首选的药物是

A. 吗啡　　B. 阿托品

C. 胺碘酮　　D. 普鲁卡因胺

E. 利多卡因

110. 患者,女性,65岁,突然出现心前区疼痛伴大汗3h,急诊入院,诊断为急性心肌梗死。此患者首优的护理问题是

A. 自理缺陷　　B. 恐惧

C. 有便秘的危险　　D. 疼痛

E. 知识缺乏

111. 患者,女性,50岁,因高血压3年,血压控制不好,来医院就诊,护士给其进行健康教育时,讲解原发性高血压治疗的目的是

A. 降低颅内压

B. 预防和延缓并发症的发生

C. 明确高血压的原因

D. 减轻体重

E. 推迟动脉硬化

112. 患者,男性,55岁,高血压病史30年,不规则服药,看电视时突发头痛、烦躁,随后意识模糊,被家人送到医院,体检:浅昏迷,血压210/120mmHg双眼向右侧凝视,左足外翻,最可能的诊断是

A. 晕厥　　B. 脑出血

C. 脑血栓形成　　D. 蛛网膜下隙出血

E. 脑栓塞

113. 患者,女性,62岁,高血压1年,使用降压药时应注意

A. 从小剂量开始

B. 最好睡前服用

C. 一周测量血压1次

D. 血压正常后即可停药

E. 短期内将血液降至正常

114. 患者,女性,78岁,因间断胸闷1周,1d前于夜间被迫坐起,频繁咳嗽,严重气急,咳大量粉红色泡沫痰,既往患冠心病10年。考虑其发生左心衰竭、急性肺水肿,为减轻呼吸困难首先应采取的护理措施是

A. 高浓度吸氧　　B. 利尿,低盐饮食

C. 端坐,双腿下垂　　D. 平卧,抬高双腿

E. 皮下注射吗啡

115. 患者,女性,70岁,患有风湿性心脏病二尖瓣狭窄、慢性心力衰竭,进行强心、利尿、扩血管治疗,在使用洋地黄药物治疗时,要注意患者有无禁忌证。下列属于应用洋地黄药物禁忌证的疾病是

A. 充血性心力衰竭　　B. 三度房室传导阻滞

C. 心房颤动　　D. 室上性心动过速

E. 心房扑动

116. 患者，男性，40岁，患急性心包炎。在进行心包穿刺抽液时，患者出现面色苍白，脉搏增快，血压下降。心电图显示频发室性期前收缩。正确的处理措施是

A. 减慢抽液速度　　B. 夹闭胶管
C. 准备抢救药物　　D. 立即通知医生
E. 安慰患者

117. 患者，女性，70岁，护士巡回时发现其突然意识丧失伴抽搐、呼吸断续、瞳孔散大，在对其进行心肺复苏时，胸外按压与人工呼吸的比例是

A. 15∶1　　B. 15∶2
C. 30∶1　　D. 30∶2
E. 30∶4

118. 患者，男性，59岁，突然神志丧失，呼吸不规则，即刻进行心肺复苏，判断心脏按压是否有效的主要方法是

A. 测血压
B. 呼喊患者看其是否清醒
C. 触及桡动脉搏动
D. 触及颈动脉搏动
E. 胸部起伏

A_3/A_4 型题

(119～121题共用题干)

患者，男性，69岁。因急性心肌梗死入院。夜间突发心悸、呼吸困难、不能平卧，咳粉红色泡沫痰。体检：呼吸28次/分，血压90/60mmHg，神清，口唇发绀，心率130次/分，两肺满布湿啰音。

119. 该患者最可能发生的情况是

A. 急性肺水肿　　B. 心源性休克
C. 心脏破裂　　D. 梗死面积扩大
E. 心源性哮喘

120. 该患者目前最主要的护理问题是

A. 焦虑　　B. 知识缺乏
C. 体液过多　　D. 活动无耐力
E. 气体交换受损

121. 护士应给予患者哪种吸氧方式

A. 持续低流量给氧
B. 间断低流量给氧
C. 高流量给氧
D. 低流量乙醇湿化给氧
E. 高流量乙醇湿化给氧

解析：高流量给氧是为了减少肺泡毛细血管的渗出，乙醇湿化是为了降低泡沫的表面张力，使泡沫破裂，改善肺通气。

(122、123题共用题干)

患者，女性，27岁。2周前曾患感冒1次，近日出现心悸、气促、心前区不适、咳嗽、咳粉红色泡沫痰、端坐呼吸。体检：颈静脉怒张、两肺底湿啰音、肝大、双下肢水肿。医院急诊，诊断为急性病毒性心肌炎，全心衰竭。

122. 以下哪项护理诊断不妥

A. 心排血量减少　　B. 并发肺部感染
C. 气体交换受损　　D. 活动无耐力
E. 体液过多

123. 最主要的护理措施是

A. 高蛋白饮食
B. 加强心电监护
C. 绝对卧床至症状消失
D. 禁烟酒浓茶
E. 禁食过甜水果

(124～126题共用题干)

患者，男性，69岁，活动后突然心前区持续压榨性闷痛4h，面色苍白，测血压90/60mmHg。

124. 患者入院后，为了解病情，首选的检查是

A. 心电图　　B. B超检查
C. X线检查　　D. 心脏MRI
E. 超声心动图

125. 该患者被诊断为“急性心肌梗死”，立即转入CCU，一般应连续心电监护

A. 1～2d　　B. 3～4d
C. 4～5d　　D. 1周
E. 2周

126. 该患者数小时后突然出现烦躁不安，大汗，皮肤湿冷，测血压80/50mmHg，心率110次/分，尿量15ml/h，应考虑该患者发生了

A. 心源性休克　　B. 心律失常
C. 急性心力衰竭　　D. 心脏破裂
E. 乳头肌断裂

(127～130题共用题干)

患者，女性，58岁。5h前胸骨后压榨样疼痛发作，伴呕吐、冷汗及濒死感而入院。护理体检：神清，合作，心率117次/分，律齐，交替脉，心电图检查显示有急性广泛性前壁心肌梗死。

127. 患者存在的最主要护理问题是
A. 活动无耐力
B. 心排血量减少
C. 体液量过多
D. 潜在并发症:心律失常
E. 潜在并发症:感染

128. 对患者第1周的护理措施正确的是
A. 高热量、高蛋白饮食
B. 协助患者翻身、进食
C. 协助患者如厕
D. 低流量持续吸氧
E. 指导患者床上活动

129. 若病程中患者出现烦躁不安、面色苍白、皮肤湿冷、脉细速、尿量减少,则应警惕发生
A. 严重心律失常　B. 急性左心衰竭
C. 心源性休克　D. 并发感染
E. 紧张、恐惧

130. 给予该患者的吸氧浓度
A. 1～2L/min　B. 4～6L/min
C. 7～8L/min　D. 9～10L/min
E. 不确定

参考答案

1～5 EDCDC　6～10 DBCCB　11～15 EAACC
16～20 BDBCA　21～25 DADAE　26～30 DCBEB
31～35 CBBAA　36～40 DAABB　41～45 DCCAE
46～50 CCEBD　51～55 CDDBC　56～60 EEBAB
61～65 EEEDA　66～70 BACCC　71～75 ECAEC
76～80 EDEED　81～85 ACEAB　86～90 BEEDC
91～95 CEDDC　96～100 CDCEA　101～105 DCEAD
106～110 BACED　111～115 BBACB
116～120 DDDAE　121～125 EBCAD
126～130 ADBCB

(吴　彤)

第4章　消化系统疾病患者的护理

考点提纲栏——提炼教材精华，突显高频考点

第1节　常见症状的护理

一、恶心呕吐

1. 定义
   - (1)恶心：上腹部不适、紧迫欲吐。可伴迷走神经兴奋症状，如皮肤苍白、出汗、流涎、血压降低、心动过缓等。
   - (2)呕吐：因胃强烈收缩迫使胃或部分小肠内容物经食管、口腔排出体外的现象。

2. 病因
   - (1)消化系统疾病
     - 1)胃癌、胃炎、消化性溃疡并发幽门梗阻。
     - 2)肝、胆囊、胆管、胰腺、腹膜急性炎症。
     - 3)胃肠功能紊乱引起的功能性呕吐。
     - 4)肠梗阻。
   - (2)消化系统以外疾病
     - 1)脑部疾病：脑出血、脑炎、脑部肿瘤。
     - 2)前庭神经病变：梅尼埃病。
     - 3)代谢性疾病：甲状腺功能亢进症、尿毒症。

3. 护理评估
   - ★(1)病史评估
     - 1)恶心与呕吐发生的时间、频度、原因或诱因，与进食的关系。
     - 2)呕吐的特点及呕吐物性质、量。
     - 3)呕吐伴随症状。如有无腹痛、腹泻、发热、头痛、眩晕等。
   - (2)呕吐特点因病而异
     - 1)上消化道出血：呕吐物呈咖啡色甚至鲜红色。
     - 2)消化性溃疡并发幽门梗阻：常在餐后呕吐，量大，呕吐物含酸性发酵宿食。
     - 3)低位肠梗阻：呕吐物带粪臭味。
     - 4)急性胰腺炎：呕吐频繁剧烈，为胃内容物甚至胆汁。
     - 5)呕吐频繁且量大者：可致水、电解质紊乱，代谢性碱中毒。
     - 6)长期呕吐伴厌食者：可致营养不良。

二、腹泻

1. 定义
   - (1)腹泻：排便次数多于平时习惯的频率，粪质稀薄。
   - (2)多由肠道疾病引起。其他原因有药物、全身性疾病、过敏和心理因素等。
   - (3)发生机制为肠蠕动亢进、肠分泌增多或吸收障碍。

★2. 护理评估
   - (1)病史评估
     - 1)腹泻发生的时间、起病原因或诱因、病程长短。
     - 2)粪便的性状、次数和量、气味和颜色。
     - 3)有无腹痛及疼痛的部位，有无里急后重、恶心与呕吐、发热等伴随症状。
     - 4)有无口渴、疲乏无力等失水表现。

★2. 护理评估
(2)身体评估
1)急性严重腹泻。评估生命体征、神志、尿量、皮肤弹性等。注意观察患者有无水、电解质紊乱,酸碱失衡,血容量减少。
2)慢性腹泻。注意患者营养状况,有无消瘦、贫血。
3)有无腹胀、腹部包块、压痛、肠鸣音有无异常。
4)肛周皮肤状况。
5)小肠病变粪便特点:呈糊状或水样,可含未完全消化的食物成分。
6)大肠病变粪便特点:可含脓、血、黏液,累及直肠时可出现里急后重。

★3. 护理措施
(1)饮食
1)少渣、易消化,避免刺激性食物(如生冷、多纤维、味道浓烈)。
2)急性腹泻应酌情给予禁食、流质、半流质或软食。
(2)急性、全身症状明显者,卧床休息,腹部保暖,以减弱肠道蠕动。
(3)老年人易因腹泻致脱水,也易因输液过快致循环衰竭,故尤应注意及时补液,并注意输液速度。
(4)肛周皮肤护理,温水清洗,局部用药。

三、上消化道出血

★1. 定义
(1)上消化道出血指 Treitz 韧带以上的消化道出血,包括食管、胃、十二指肠、胰、胆道疾病引起的出血,以及胃空肠吻合术后的空肠上段出血。
(2)上消化道大出血一般指数小时内失血量超过 **1 000ml**,或循环血容量的 **20%**。

2. 常见病因
(1)消化性溃疡。
(2)食管胃底静脉曲张破裂。
(3)急性糜烂出血性胃炎。
(4)胃癌。
(5)其他:如食管病变、全身病变、上胃肠道邻近器官或组织病变等。

★3. 临床表现:取决于出血病变性质、部位、出血量、速度
(1)呕血和黑便(表 4-1,表 4-2)。

表 4-1 呕血、黑便与病变部位的关系

部位	呕血	黑便
上消化道(幽门以上)	有	有
下消化道(幽门以下)	出血量大时有	有

表 4-2 呕血、黑便的观察与判断

	颜色	性状	出血量和速度判断
呕血	红	块	量大,速度快,血液在胃内停留时间短,未经胃酸充分混合
黑便	棕褐色咖啡样	渣/液	时间长,血液+胃酸
	柏油样	黏稠,发亮	血红蛋白的铁+肠内硫化物→硫化铁
	暗红或鲜红	糊状或不成形	量大,速度快,肠道停留时间短

(2)失血性周围循环衰竭:动态观察患者心率、血压及症状体征来估计出血量
1)动态观察心率、血压:可通过改变体位测量心率、血压估计出血量。先测平卧位血压和心率,再测半卧位血压和心率,如出现心率较平卧位增加>10 次/分,血压下降幅度>15~20mmHg,并出现出汗、头晕甚至晕厥,则表明出血量大,血容量不足。
2)观察症状、体征:如患者出现烦躁不安、皮肤湿冷、面色苍白等提示微循环灌注不足。若皮肤转暖、出汗停止,则提示血液灌注好转。

★3. 临床表现：取决于出血病变性质、部位、出血量、速度
- (3)发热
  - 1)可能与失血后体温调节中枢功能紊乱和失血后贫血有关。
  - 2)24h内可有低热，一般不超过38.5℃，可持续3～5d。
- (4)氮质血症
  - 1)肠性：肠道内血液蛋白质分解吸收。
  - 2)肾前性：周围循环衰竭导致肾血流减少，肾小球滤过率降低。
  - 3)休克导致肾衰竭。
- (5)贫血和血象的变化
  - 1)出血早期，血象无变化。3～4h后，组织液渗入血管，才出现血象改变。
  - 2)贫血程度取决于：失血量、出血前有无贫血、出血后液体平衡状态。
  - 3)24h内网织红细胞即可增高，出血停止后逐渐下降。
  - 4)白细胞在出血2～5h升高，血止后2～3d恢复正常。
- (6)基础疾病的表现。

4. 实验室检查
- (1)实验室：红细胞、白细胞、血小板计数、血细胞比容、肝肾功能、大便潜血等。
- (2)内镜检查：24～48h内急诊检查。
- (3)X线钡剂检查：宜在出血停止，病情稳定后。
- (4)其他：选择性动脉造影

★5. 病情观察
- (1)出血量的估计
  - 1)大便潜血阳性提示每日出血量>**5～10ml**。
  - 2)出现黑便表明出血量在**50～70ml**。
  - 3)呕血表明胃内积血至少**250～300ml**。
  - 4)一次出血量<**400ml**，不引起全身症状。
  - 5)出血量达**400～500ml**，可出现头晕、心悸、乏力。
  - 6)出血量>**1 000ml**，出现周围循环衰竭表现，严重者引起失血性休克。
- (2)继续或再次出血的判断
  - 1)反复呕血和黑便次数增多、性状变稀、颜色变鲜红或暗红色、肠鸣音亢进。
  - 2)经快速补液输血后，周围循环衰竭仍未见明显改善，或好转后有恶化。
  - 3)红细胞计数↓、血红蛋白浓度↓、网织红细胞计数↑。
  - 4)补液尿量足够的情况下，BUN↑持续或再次升高。
  - 5)门脉高压患者原有脾大，出血后常暂时缩小。如不见脾脏恢复肿大亦提示出血未止。

第2节 慢性胃炎患者的护理

一、定义及分类

1. 慢性胃炎指不同病因引起的胃黏膜慢性炎症。

★2. 分类
- (1)浅表性胃炎(非萎缩性)：炎症仅累及胃黏膜的表层上皮，无黏膜萎缩改变，幽门螺杆菌感染是主要病因。
- (2)萎缩性胃炎：炎症累及腺体引起萎缩，常伴肠上皮化生
  - 1)多灶萎缩性胃炎：病变多发，以胃窦为主，与幽门螺杆菌感染有关。
  - 2)自身免疫性胃炎：病变以胃体为主，与自身免疫有关。
- (3)特殊类型胃炎：临床少见。

二、病因和发病机制

★1. 幽门螺杆菌感染：目前认为是**最主**要的病因
- (1)幽门螺杆菌鞭毛结构及其分泌的黏附素利于与胃黏膜上皮细胞紧密接触。
- (2)幽门螺杆菌分泌高活性尿素酶，产生NH_3，利于定植。
- (3)幽门螺杆菌分泌的高活性尿素酶、空泡毒素蛋白等直接损伤上皮细胞。
- (4)幽门螺杆菌菌体胞壁可作为抗原产生免疫反应。

2. 饮食
- (1)高盐饮食、缺乏新鲜蔬菜水果。
- (2)长期饮浓茶、酒、咖啡,食物过冷、过热、过于粗糙,反复损伤胃黏膜。

3. 自身免疫
- (1)壁细胞抗体和内因子抗体破坏壁细胞,使胃酸分泌减少。
- (2)影响维生素 B_{12} 的吸收,导致恶性贫血。

4. 物理及化学因素
- (1)不合理饮食。
- (2)酗酒、服用非甾体抗炎药物(NSAID)。
- (3)各种原因导致的十二指肠液反流。

三、临床表现

进展缓慢,反复发作,中年以上发病,随年龄增长发病率增加。

1. 浅表性胃炎:可有慢性不规则上腹隐痛、腹胀、嗳气等,尤以饮食不当时明显,部分患者可有反酸,上消化道出血。

2. 萎缩性胃炎
- (1)自身免疫性胃炎:一般消化道症状较少,可有明显厌食、体重减轻,舌炎、舌乳头萎缩,可有恶性贫血,我国此型少见。
- (2)多灶萎缩性胃炎:胃肠道症状较明显,有胆汁反流时,常有持续性上中腹部疼痛,胸骨后疼痛及烧灼感,呕吐物含胆汁,可有反复小量上消化道出血,甚至呕血。

四、辅助检查

★1. 胃镜和活组织检查
- (1)是诊断慢性胃炎的**最可靠**方法。
- (2)浅表性胃炎常以胃窦部**最为明显**。
- (3)萎缩性胃炎的黏膜多呈苍白或灰白色,病变可弥漫或主要在胃窦部,如伴有增生性改变者,活检标本应及时作病理学及幽门螺杆菌检测。

2. 血清学检测
- (1)自身免疫性萎缩性胃炎血清胃泌素常中度升高,血清抗壁细胞抗体(PCA)常呈阳性(90%以上),伴有恶性贫血时,抗内因子抗体也多为阳性。
- (2)多灶萎缩性胃炎时,血清胃泌素正常或下降,下降程度随G细胞破坏程度而定。

3. 胃液分析
- (1)慢性浅表性胃炎胃酸多正常。
- (2)广泛而严重的萎缩性胃炎胃酸降低,尤以胃体胃炎更为明显。
- (3)胃窦炎一般正常或有轻度障碍。
- (4)自身免疫性胃炎胃酸缺乏。

五、治疗要点

1. 根除幽门螺杆菌感染:可采用三联疗法。

2. 对因治疗
- (1)NSAID引起者,应停药并给予抗酸剂或硫糖铝。
- (2)十二指肠液反流者,应用可吸附胆汁药物如硫糖铝、碳酸镁或考来烯胺。
- (3)自身免疫性胃炎恶性贫血时,肌内注射维生素 B_{12}。

3. 对症治疗
- (1)疼痛发作时用解痉药,如阿托品、山莨菪碱、颠茄合剂等。
- (2)胃酸增高用抑酸或抗酸剂,如西咪替丁、雷尼替丁、氢氧化铝胺等。
- (3)胃动力学改变者用促胃肠动力药,如西沙必利和多潘立酮等。

4. 手术治疗:对于肯定的重度异型增生,宜予预防性手术治疗。

六、护理问题

1. 疼痛:腹痛:与胃黏膜炎症病变有关。

2. 营养失调:低于机体需要量:与食欲减退、消化吸收不良等有关。

七、护理措施

1. 一般护理
   - (1)休息与活动：日常生活规律，急性期卧床休息，缓解期正常活动。
   - (2)饮食护理
     - ★1)饮食原则：细嚼慢咽，少量多餐。高热量、高蛋白、高维生素、易消化饮食。避免辛辣等刺激性食物。戒烟酒。
     - ★2)食物选择：高胃酸者禁用浓缩肉汤及酸性食品，低胃酸者反之。
     - 3)定期监测体重、血红蛋白等营养指标。

2. 病情观察
   - (1)腹痛部位、性质。
   - (2)呕吐物与大便颜色、性质、量。
   - (3)用药前后症状是否改善。
   - (4)指导患者采用转移注意力、深呼吸、使用热水袋等方法缓解疼痛。

★3. 用药护理
   - (1)多潘立酮应饭前给药，栓剂排空直肠后给药。
   - (2)H_2受体阻滞剂应在餐中或餐后即刻服用。
   - (3)硫糖铝宜在进餐前1h服用，可有便秘、口干、嗜睡等不良反应。

八、健康教育

1. 疾病知识指导：避免诱发因素。
2. 生活指导：日常生活规律，劳逸结合，睡眠充足，饮食合理。
3. 用药指导：注意不良反应。

第3节 消化性溃疡病患者的护理

一、概述

★1. 消化性溃疡主要指发生于胃及十二指肠的慢性溃疡。

★2. 溃疡形成与胃酸、胃蛋白酶的消化作用有关。

★3. 临床特点为慢性过程，周期发作，中上腹节律性疼痛。

4. 十二指肠溃疡多见于青壮年，而胃溃疡多见于中老年。

5. 临床上，男性患者多于女性，十二指肠溃疡较胃溃疡多见。

二、病因和发病机制

★1. 幽门螺杆菌
   - (1)幽门螺杆菌-促胃液素-胃酸学说。
   - (2)十二指肠胃上皮化生学说。
   - (3)十二指肠碳酸氢盐分泌减少。
   - (4)胃黏膜的屏障功能削弱。

2. 非甾体抗炎药(NSAID)
   - (1)能直接作用于胃黏膜产生细胞毒损害黏膜屏障。
   - (2)能抑制环氧合酶进而减少前列腺素的合成。

名师点评

胃镜检查是急性胃炎、慢性胃炎、消化性溃疡、胃癌等疾病确诊的方法。

3. 胃酸及胃蛋白酶的侵袭作用及影响因素
- (1)胃酸及胃蛋白酶的侵袭作用在溃疡形成中占重要地位。
- (2)**胃酸是关键**。
- (3)胃蛋白酶的活性与胃液的pH有很大关系。胃液pH>4时，胃蛋白酶失去活性。

二、临床表现

1. 症状
- (1)上腹痛为主要症状。
- (2)性质：钝痛、灼痛、胀痛、剧痛或饥饿样不适，一般为持续性痛。
- (3)疼痛的部位
  - 1)胃溃疡疼痛多位于剑突下正中或偏左。
  - 2)十二指肠溃疡位于上腹正中或偏右。
- (4)★典型节律性
  - 1)胃溃疡疼痛多在餐后0.5～1h出现，规律为**进餐—疼痛—缓解**。
  - 2)十二指肠溃疡疼痛多在餐后3～4h出现，规律为**疼痛—进餐—缓解**。
  - 3)夜间痛，十二指肠溃疡多见(表4-3)。

表4-3　胃溃疡与十二指肠溃疡上腹疼痛特点的比较

		胃溃疡	十二指肠溃疡
相同点	慢性	病程长达数年至十数年或更长	
	周期性	发作—缓解周期性交替，以春、秋发作多见	
	疼痛性质	钝痛、灼痛、胀痛、剧痛或饥饿样不适，一般为轻至中度持续性痛，可耐受	
不同点	疼痛部位	中上腹或在剑突下和剑突下偏左	中上腹或在中上腹偏右
	疼痛时间	餐后即发生，1～2h缓解，下次餐前消失	两餐之间发生，持续到下次进餐后缓解。为空腹痛、饥饿痛、夜间痛
	疼痛规律	进餐—疼痛—缓解	疼痛—进餐—缓解

- (5)其他胃肠道症状及全身症状：嗳气、反酸、胸骨后烧灼感、上腹胀等。

★2. 特殊类型溃疡的临床表现
- (1)无症状性溃疡：约15%消化性溃疡患者无任何症状。以老年人多见。常因其他疾病做内镜或X线钡餐检查时发现，或出现出血、穿孔等并发症时，甚至尸检时发现。
- (2)球后溃疡：发生在十二指肠球部以下。症状与典型的十二指肠溃疡相同，但疼痛更严重而顽固，夜间痛和背部放射更多见，较易并发出血。
- (3)幽门管溃疡：幽门管溃疡症状极似十二指肠溃疡，伴有高胃酸分泌。疼痛节律性常不典型，易出现幽门梗阻，内科治疗效果差。
- (4)复合性溃疡：胃和十二指肠同时存在溃疡。幽门梗阻的发生率比单纯胃溃疡或十二指肠溃疡高。
- (5)老年人消化性溃疡：溃疡较大。临床表现不典型。疼痛常无规律。

3. 并发症
- (1)出血：**最常见**并发症。大量出血表现为呕血和(或)黑便。
- (2)穿孔：**最严重**并发症。胃或十二指肠内容物溢入腹腔，导致急性弥漫性腹膜炎。
- (3)幽门梗阻：表现为上腹饱胀感，餐后加重。常有呕吐，呕吐物为大量宿食。
- (4)癌变：癌变率在1%以下。十二指肠溃疡极少发生癌变。长期慢性胃溃疡病史、年龄在45岁以上、溃疡顽固不愈者要提高警惕，必要时定期复查。

四、辅助检查

1. 胃镜及胃黏膜活组织检查
   - ★(1)胃镜检查是确诊消化性溃疡**首选的检查方法**。
   - ★(2)胃镜检查对消化性溃疡的诊断，及良性恶性溃疡的鉴别诊断优于钡餐。
   - ★(3)胃溃疡的良恶性，必须通过活组织检查来确定。
   - (4)内镜下溃疡可分为3期
     - 1)活动期。
     - 2)愈合期。
     - 3)瘢痕期。

2. X线钡餐检查
   - ★(1)是重要检查方法之一，适用于胃镜检查有禁忌或不愿接受胃镜检查者。
   - ★(2)溃疡的X线征象有直接和间接2种
     - 1)龛影是溃疡的直接征象，对溃疡有**确诊价值**。
     - 2)龛影在胃腔轮廓**之外**。
     - 3)局部变形、激惹、痉挛性切迹及局部压痛点是间接征象，仅提示可能有溃疡。

★3. 幽门螺杆菌检测：为消化性溃疡诊断的常规检查项目，也常为根除治疗后复查的首选方法。

4. 胃液分析：胃溃疡胃酸分泌正常或偏低，部分十二指肠溃疡胃酸分泌增高。

五、治疗要点

治疗的目的是消除病因、缓解症状、促进愈合，预防复发及防治并发症。

1. 一般治疗：规律生活，避免各种刺激。

★2. 药物治疗
   - (1)抑制胃酸
     - 1)碱性抗酸剂：目前多用于止痛辅助治疗。常用药物为氢氧化铝、铝碳酸镁等及其复方制剂。
     - 2)胃酸分泌抑制剂
       - ①H_2受体拮抗剂：如西咪替丁、雷尼替丁、法莫替丁、尼莫替丁等。
       - ②质子泵抑制剂：如奥美拉唑、兰索拉唑等。
       - ③抗胆碱能药：颠茄、阿托品、山莨菪碱、溴丙胺太林等。适用于十二指肠溃疡，因其延缓胃排空可加重胃窦潴留，一般不宜用于胃溃疡。
   - (2)保护胃黏膜
     - 1)硫糖铝：餐前服可与溃疡面相接触，如用片剂，应咀嚼成糊状后用温水吞服。
     - 2)枸橼酸铋钾：餐前0.5h及睡前服用。可使大便变黑，长期服用可导致蓄积中毒。
     - 3)甘珀酸(生胃酮)：具有排钾保钠作用，可发生水肿、高血压、低钾性碱中毒及低血钾性肌病等不良反应，因此，合并有高血压、心脏病、肾病者不宜使用。
     - 4)米索前列醇：是前列腺素E_2(PGE_2)合成剂。常见的不良反应是腹泻，还可以引起子宫收缩，故孕妇忌用。
   - (3)根除幽门螺杆菌治疗
     - 1)目前**推荐**以质子泵抑制剂奥美拉唑40mg/d或胶体铋480mg/d为基础加上两种抗生素的三联治疗方案。
     - 2)如质子泵抑制剂+克拉霉素(500～1 000mg/d)+阿莫西林(2 000mg/d)或甲硝唑(800mg/d)。
     - 3)对难治性溃疡，可采用质子泵抑制剂+胶体铋+两种抗生素的四联疗法。

3. 手术治疗
   - (1)绝大多数消化性溃疡经内科治疗后可以愈合。
   - (2)手术指征
     - 1)经过严格内科治疗不愈的顽固性溃疡。
     - 2)胃溃疡疑是恶变者或有严重并发症内科治疗不能奏效者。

六、护理问题

1. 疼痛：腹痛：与胃酸刺激溃疡面引起炎症反应有关。
2. 焦虑：与疾病反复发作，病程迁延有关。
3. 营养不良：低于机体需要量：与腹痛导致摄入量减少、消化吸收障碍有关。

4. 潜在并发症:上消化道出血、穿孔、幽门梗阻、癌变。

5. 知识缺乏:缺乏相关的知识。

七、护理措施

1. 一般护理
   - (1)休息和活动:溃疡活动期,症状较重或有上消化道出血等并发症时,应卧床休息,缓解疼痛。溃疡缓解期,鼓励适当活动,劳逸结合。
   - ★(2)饮食护理
     - 1)定时定量。
     - 2)少食多餐。
     - 3)细嚼慢咽。
     - 4)避免刺激性食物。
     - 5)注意进餐环境。
     - 6)及时评估营养指标。

2. 病情观察
   - (1)观察并了解疼痛的规律和特点,按其特点指导缓解疼痛的方法。
   - (2)帮助患者认识并去除病因
     - 1)服用 NSAID 者,停药。
     - 2)避免暴饮暴食和食用刺激性食物,以免加重胃黏膜损伤。
     - 3)戒除烟酒。

★3. 用药护理
   - (1)碱性抗酸药
     - 1)应在饭后 1h 和睡前服用。不宜与酸性食物同服,避免与牛奶同服。
     - 2)氢氧化铝凝胶能阻碍磷的吸收,引起磷缺乏症,表现为食欲缺乏、软弱无力。甚至骨质疏松。长期服用可引起严重便秘。不宜长期服用。
   - (2)其他同胃炎的用药护理。

八、健康教育

1. 注意调整精神情绪,锻炼身体,增强体质。

2. 养成良好的生活饮食习惯,节制烟酒,避免暴饮暴食及刺激性药物、食物。

3. 注意生活规律,劳逸结合。

4. 避免各种诱发因素。

第 4 节　肝硬化患者的护理

★一、概述

1. 由一种或多种病因长期或反复作用引起肝脏弥漫性损害。

2. 病理特点为广泛的肝细胞变性、坏死、再生结节形成,结缔组织增生及纤维隔形成,导致肝小叶结构破坏和假小叶形成。

3. 早期因肝脏功能代偿,可无明显症状;后期以肝功能损害和门脉高压为主要表现。晚期出现严重并发症。

二、病因

★1. 病毒性肝炎
   - (1)是我国最常见的病因。
   - (2)乙型、丙型及丁型病毒性肝炎形成肝硬化。
   - (3)甲型和戊型病毒性肝炎一般不发展为肝硬化。

锦囊妙记

溃疡病痛有特点:
- 胃(痛)在饭后,球(溃疡)在前。
- 泛酸嗳气腹胀满,周期发作春秋犯。

溃疡病穿孔
- 突然剧烈腹痛,迅速蔓延全腹。
- 腹肌紧张板状硬,中毒症状步步深。

2. 慢性酒精中毒
   (1)国外最常见病因。
   (2)长期大量饮酒，酒精的中间代谢产物乙醛对肝脏直接损害。
   (3)经酒精性肝炎而发展为肝硬化是酒精性肝硬化的主要发病机制。

3. 胆汁淤积：肝内胆汁淤积或肝外胆管阻塞持续存在时，可导致肝细胞缺血、坏死、纤维组织增生而形成肝硬化。

4. 药物及化学毒物
   (1)常见药物：长期服用异烟肼、四环素、双醋酚汀、甲基多巴、辛可芬。
   (2)常见化学毒物：四氯化碳、磷、砷、氯仿等。

5. 营养不良：长期营养失调可降低肝脏对其他致病因素的抵抗力。

6. 循环障碍：慢性充血性心力衰竭、缩窄性心包炎和各种病因引起的肝静脉和(或)下腔静脉阻塞综合征。

7. 血吸虫病。

8. 免疫紊乱。

9. 代谢性疾病：如肝豆状核变性、血色病等。

10. 原因不明：隐源性肝硬化。

三、发病机制

★肝硬化的演变发展过程包括以下几个方面。

1. 广泛肝细胞变性坏死、肝小叶纤维支架塌陷。

2. 残存肝细胞不沿原支架排列再生，形成不规则结节状肝细胞团(再生结节)。

3. 弥漫性纤维结缔组织增生，假小叶形成。

由于上述病理变化，造成肝内血循环的紊乱，造成血管床缩小、闭塞或扭曲，肝内门静脉、肝静脉和肝动脉小支三者之间失去正常关系，并相互出现交通吻合支等。这些改变不仅是形成门静脉高压症的病理基础，而且更加重肝细胞的营养障碍，促进肝硬化病变的进一步发展。

四、病理

1. 肝脏病理改变
   (1)肝脏呈慢性弥漫性损害。
   (2)早期体积可稍大，晚期则因纤维化而缩小。
   (3)质地变硬、重量减轻，表面满布棕黄色或灰褐色大小不等的结节，结节周围有灰白色的结缔组织包绕。

2. 体内代谢异常
   (1)血浆白蛋白的合成减少。
   (2)胆色素的代谢障碍。
   (3)雌激素、抗利尿激素、醛固酮的灭活作用减弱。
   (4)凝血因子的生成减少。

3. 其他器官的病理改变：门静脉高压导致侧支循环开放引起食管下段、胃底部及腹壁静脉曲张、脾大、门脉高压性胃病、肝肾综合征等。

五、临床表现

临床表现：分肝功能代偿期和肝功能失代偿期两部分。

1. 肝功能代偿期
   (1)此期症状较轻，常缺乏特异性。
   (2)以疲倦乏力、食欲减退及消化不良为主。
   (3)症状多间歇出现，因劳累或伴发病而加重，经休息或适当治疗后可缓解。
   (4)脾脏呈轻度或中度肿大，肝功能检查结果可正常或轻度异常。

★2. 肝功能失代偿期：主要为肝功能减退和门静脉高压所致的两大类临床表现

(1)肝功能减退表现

1)全身症状
- ①一般情况与营养状况较差，消瘦乏力，精神不振。
- ②皮肤干枯粗糙，面色灰暗黝黑。
- ③可有不规则低热、夜盲、多发性神经炎及水肿等。

2)消化道症状
- ①食欲明显减退，进食后即感上腹不适和饱胀，恶心、呕吐，进油腻食物易引起腹泻。
- ②患者因腹水和胃肠积气而感腹胀难忍，晚期可出现中毒性鼓肠。
- ③半数以上患者有轻度黄疸，少数有中度或重度黄疸，后者提示肝细胞有进行性或广泛坏死。

3)出血倾向及贫血
- ①常有鼻出血、牙龈出血、皮肤瘀斑和胃肠黏膜糜烂出血等。出血倾向主要由于肝脏合成凝血因子功能减退。
- ②尚有不同程度贫血，多由营养缺乏、肠道吸收功能低下、脾功亢进和胃肠道失血等因素引起。

4)内分泌失调
- ①内分泌紊乱有雌激素、醛固酮及抗利尿激素增多。
- ②男性患者常有性欲减退、睾丸萎缩、毛发脱落及乳房发育等。
- ③女性患者有月经不调、闭经、不孕等。
- ④患者可在面部、颈、上胸、背部、两肩及上肢等上腔静脉引流区域出现蜘蛛痣和(或)毛细血管扩张。
- ⑤肝掌。
- ⑥尿量减少和水肿。
- ⑦肾上腺皮质功能受损时，面部和其他暴露部位出现皮肤色素沉着。

(2)门静脉高压征表现：脾大、侧支循环的建立和开放、腹水

1)脾大
- ①脾脏多为中度大，中等硬度。
- ②上消化道大出血时，脾脏可暂时缩小、甚至不能触及。
- ③晚期脾大常导致白细胞、白小板和红细胞减少，称为脾功能亢进。

2)侧支循环的建立与开放
- ①食管下段和胃底静脉曲张，破裂时导致上消化道大出血。
- ②腹壁和脐周静脉曲张，在脐周腹壁可见纡曲的静脉，血流方向脐以上向上，脐以下向下，可与下腔静脉梗阻相鉴别。
- ③痔静脉扩张，痔核形成，破裂时可引起便血。

3)腹水
- ①肝硬化失代偿**最突出**的表现。
- ②腹水形成的直接原因是水钠过量潴留。

3. 并发症

- (1)上消化道出血：为本病**最常见**的并发症。易出现休克及诱发肝性脑病，病死率较高。
- (2)肝性脑病：是本病**最严重**的并发症和**最常见**的死因。
- (3)感染：患者抵抗力低下，门腔静脉侧支循环开放等因素增加细菌入侵繁殖机会，易并发感染。如肺炎、胆道感染、大肠杆菌败血症和自发性腹膜炎等。
- (4)肝肾综合征：由于有效循环血容量不足等因素，可出现功能性肾衰竭。其特点为自发性少尿或无尿、稀释性低钠血症、低尿钠和氮质血症。
- (5)电解质和酸碱平衡紊乱：低钠血症、低钾低氯血症与代谢性碱中毒，常诱发肝性脑病。
- (6)原发性肝癌：当肝硬化患者在短期内出现肝脏进行性增大、持续性肝区疼痛、肝脏发现肿块、腹水转变为血性等，特别是甲胎蛋白增高，应警惕。
- (7)肝肺综合征：是指严重肝病、肺血管扩张和低氧血症组成的三联征。

六、辅助检查

1. 血常规:代偿期多正常,失代偿期多有程度不等的贫血,脾亢时三系均减少。

2. 尿液检查:有黄疸及腹水时,尿中尿胆原增加,也可出现胆红素。

★3. 肝功能检查
- (1)血清白蛋白降低,球蛋白增高,特别是 γ-球蛋白显著增高,白/球蛋白比率降低或倒置。
- (2)血清胆红素不同程度升高;血清胆固醇脂降低。
- (3)血清转氨酶 ALT 轻、中度增高,肝细胞严重坏死时,则 AST 活力常高于 ALT。
- (4)由于纤维组织增生,单胺氧化酶(MAO)往往增高。
- (5)凝血酶原不同程度延长,注射维生素 K 亦不能纠正。

4. 免疫学检查
- (1)病毒性肝炎患者可查出乙型肝炎及丙型肝炎的标志物。
- (2)细胞免疫检查约半数以上患者的 T 淋巴细胞降低。
- (3)体液免疫显示血清免疫球蛋白增高,以 IgG 增高最为明显。
- (4)可出现自身抗体,如抗核抗体、抗平滑肌抗体等非特异性自身抗体。

★5. 腹水检查
- (1)一般为漏出液。
- (2)如并发自发性腹膜炎时可转变为渗出液,或介于漏出及渗出液之间,应及时送细菌培养及药敏试验。
- (3)若为血性,除考虑并发结核性腹膜炎外,应高度疑有癌变,应作细胞学及甲胎蛋白测定。

6. B 超检查:肝脾大小的形态改变,门静脉及脾静脉管径有无增宽,有腹水可见液性暗区。

7. 胃镜检查
- (1)显示曲张静脉的部位与程度。
- (2)在并发上消化道出血时,在探明出血部位和病因有重大价值。

8. X 线检查
- (1)食管吞钡检查可显示食管及胃底静脉曲张。
- (2)CT 不仅有助于肝硬化的诊断,尚可发现有无癌变。

9. 肝穿刺活组织检查:对疑难病例必要时可作肝穿刺活组织检查,可确定诊断。

七、治疗要点

1. 一般治疗
- (1)休息
  - 1)肝功能代偿者,宜适当减少活动,可参加部分工作,注意劳逸结合。
  - 2)失代偿期患者应以卧床休息为主。
- ★(2)饮食
  - 1)一般以高热量、高蛋白质、维生素丰富而易于消化吸收的食物为宜。
  - 2)脂肪含量不宜过多,但不必限制过严。
  - 3)有腹水时饮食宜少盐。
  - 4)肝功损害显著或血氨偏高有发生肝性脑病倾向者应暂时限制蛋白质。
  - 5)应忌酒和避免进食粗糙食物。

2. 支持疗法
- 1)静脉滴注高渗葡萄糖补充热量,内加维生素 C、氯化钾、胰岛素等。
- 2)注意维持水、电解质和酸碱平衡,尤其注意钾盐的补充。
- 3)可酌情应用复方氨基酸、鲜血、血浆及白蛋白等。

3. 药物治疗
- (1)目前无特效药,不宜滥用药物,否则将加重肝脏负担而适得其反。
- ★(2)补充各种维生素:维生素 C、E 及 B 族维生素有改善肝细胞代谢,防止脂肪性变和保护肝细胞的作用。酌情补充维生素 K、B_{12} 和叶酸。
- (3)保护肝细胞的药物:水飞蓟宾、秋水仙碱有抗炎和抗纤维化作用,对早期肝硬化有效。其他药物也可应用如葡醛内酯、维丙胺、肝宁、肌苷等。

★4. 腹水的治疗
- (1)限制水钠的摄入
  - 1)进水量约**1 000ml/d**,如有显著低钠血症,则应限制在**500ml/d**以内。
  - 2)钠应限制在**500～800mg/d**。
  - 3)腹水消退后仍需限钠,以免复发。
- (2)增加水钠的排出
  - 1)利尿剂(使用最为广泛)
    - ①使用原则为联合、间歇、交替用药。
    - ②剂量不宜过大,利尿速度不宜过猛,以免诱发肝性昏迷及肝肾综合征等。
    - ③保钾利尿剂:螺内酯(安体舒通)和排钾利尿剂呋塞米。
    - ④注意监测电解质平衡。
  - 2)导泻:利尿剂治疗效果不佳时,可用中药或口服甘露醇,通过胃肠道排出水分。适用于并发上消化道出血、稀释性低钠血症和功能性肾衰竭的患者。
- (3)提高血浆胶体渗透压:每周定期、小量、多次静脉滴注新鲜血液、血浆或白蛋白。
- (4)腹腔穿刺放液
  - 1)易诱发电解质紊乱和肝性昏迷,且可迅速再发,通常不作为首选治疗。
  - 2)下列情况可考虑腹腔穿刺放液
    - ①高度腹水影响心肺功能。
    - ②高度腹水压迫肾静脉影响血液回流。
    - ③并发自发性腹膜炎,需进行腹腔冲洗。
- (5)腹水浓缩回输
  - 1)是治疗难治性腹水的较好方法。
  - 2)可补充蛋白质、提高血浆胶体渗透压、增加有效血容量、改善肾血液循环,从而清除潴留的水和钠,达到减轻和消除腹水的目标。
  - 3)不良反应有发热、感染、电解质紊乱等,可采取针对性处理加以防止。

5. 门脉高压征和脾亢的手术治疗:治疗目的主要为降低门静脉系的压力和消除脾功能亢进。常用的有各种分流术、断流术和脾切除术等。

6. 肝移植:是对晚期肝硬化的最佳治疗,可提高患者存活率。

7. 并发症的治疗
- (1)上消化道出血的治疗:应采取急救措施。加强监护,使患者安静、消除恐惧心理(详见本章第1节上消化道出血)。
- (2)肝性脑病的治疗:(详见本章第7节肝性脑病)。
- (3)感染的治疗
  - 1)应积极加强支持治疗和抗生素的应用。
  - 2)抗生素的使用原则为早期、足量和联合用药。
  - 3)需在明确临床诊断后立即进行,不能等待腹水或血液培养出报告后才开始治疗。
  - ★4)抗生素的选用主要针对革兰阴性杆菌并兼顾革兰阳性球菌。
  - ★5)常用抗生素有氨苄西林、头孢菌素类、青霉素等,选择2～3种联合。
- (4)肝肾综合征的治疗
  - 1)积极改善肝功能。
  - 2)停止或避免使用损害肾功能的药物,如新霉素、庆大霉素等。
  - 3)避免血容量降低,如大量利尿、大量放腹水、上消化道大出血等。
  - 4)严格控制输液量,量出为入,纠正水、电解质和酸碱失衡。
  - 5)提高循环血容量,改善肾血流。如输注右旋糖酐、血浆、白蛋白等。在扩容基础上,应用利尿剂。
  - 6)血管活性药物,如多巴胺可改善肾血流量,增加肾小球滤过率。

八、护理问题

1. 营养失调：低于机体需要量：与肝功能减退、门脉高压引起的摄食量减少、消化吸收障碍有关。
2. 活动无耐力：与肝功能减退、营养不良、大量腹水有关。
3. 体液过多：与肝功能减退、门静脉高压、低蛋白血症引起的钠水潴留有关。
4. 有皮肤完整性受损的危险：与营养不良、黄疸皮肤瘙痒、水肿及长期卧床有关。
5. 潜在并发症：上消化道出血、肝性脑病。

九、护理措施

1. 一般护理
   - (1)休息与活动
     - ★1)休息可减轻消耗，减轻肝脏负担，利于肝细胞修复，改善腹水和水肿。
     - 2)过多躺卧易引起消化不良、情绪不佳，故应视病情适量安排活动。
     - 3)代偿期可参加轻体力工作，减少活动量。
     - 4)失代偿期应多卧床休息，适量活动，以不感疲劳为度。
     - ★5)平卧位，抬高下肢。增加肝肾血流量，改善肝细胞营养，提高肾小球滤过率。
     - 6)大量腹水者取半卧位。使膈下降，利于呼吸运动，减轻呼吸困难和心悸。
   - ★(2)饮食护理
     - 1)饮食护理目的
       - ①既要保证营养，又适当限制饮食。
       - ②是改善肝功能、延缓病情进展的基本措施。
     - 2)饮食原则
       - ①高热量、高蛋白、高维生素、易消化。
       - ②**除肝性脑病外，应选用高生物效价蛋白质 1～1.5g/(kg·d)**，利于肝细胞修复。
       - ③血氨升高时应限制和禁食蛋白质。好转后再逐渐增加，以植物蛋白为主。
       - ④限制钠、水。腹水者低盐或无盐饮食，钠应限制在 **500～800mg/d**，进水量约 **1 000ml/d**。
       - ⑤注意营养状况的监测。
   - (3)皮肤护理：胆盐沉积导致皮肤瘙痒，避免抓挠导致皮肤感染。
2. 病情观察
   - (1)观察腹水和下肢水肿的消长，准确记录出入量，测量腹围、体重。
   - (2)观察放腹水及使用利尿剂后的效果，注意监测水电解质平衡，防止肝性脑病和肾衰竭。
3. 用药护理
   - (1)利尿剂最常见的副作用是水、电解质平衡紊乱。
   - (2)利尿速度不宜过快，以每日体重减轻不超过 **0.5kg** 为宜。

十、健康教育

1. 休息指导：包括代偿期和失代偿期。
2. 饮食指导：饮食护理原则。
3. 用药指导：注意疗效及药物不良反应。
4. 心理指导：包括对患者和家属的指导。
5. 家庭指导：家人对疾病的认识。

第5节　肝性脑病患者的护理

★一、定义

肝性脑病是由严重肝病引起的代谢紊乱为基础的中枢神经系统功能失调**综合征**，临床上以不同程度的**意识障碍**和**行为举止异常**为主要表现。

★二、病因和诱因

1. 病因
   - (1)乙型肝炎后肝硬化:**最常见**(70%)。
   - (2)门腔静脉分流术后。
   - (3)重症肝炎。
   - (4)中毒性肝炎。
   - (5)原发性肝癌。
   - (6)严重胆道感染。

2. 诱因
   - (1)上消化道出血。
   - (2)摄入过多的含氮物质。
   - (3)水电解质紊乱及酸碱平衡失调。
   - (4)缺氧与感染。
   - (5)低血糖。
   - (6)便秘。
   - (7)麻醉药、镇静剂及手术等。

三、发病机制

★1. 氨中毒学说
   - (1)氨代谢紊乱引起氨中毒是肝性脑病,特别是门体分流性脑病的重要发病机制。
   - (2)氨具有神经毒性,可直接损害中枢神经系统。
   - (3)血氨增高主要由于氨的生成增多和(或)代谢清除减少。
   - (4)氨对大脑的毒性作用是干扰脑的能量代谢,引起高能磷酸化合物浓度降低,使脑的能量供应不能维持正常。
   - (5)氨在大脑的去毒过程中,消耗大量的辅酶A、ATP、谷氨酸等,并产生大量的谷氨酰胺,引起脑水肿。
   - (6)谷氨酸是大脑的重要兴奋性神经递质,缺少使大脑抑制增加。

★2. 假神经递质学说
   - (1)肝衰竭时,食物中的酪氨酸、苯丙氨酸等芳香族氨基酸在肝内清除发生障碍而进入脑组织形成β-羟酪氨和苯乙醇胺。
   - (2)β-羟酪氨和苯乙醇胺的化学结构与神经递质去甲肾上腺素相似,但不能传递神经冲动或作用很弱,仅有正常神经递质的1%。故称假神经递质。
   - (3)当假性神经递质被脑细胞摄取而取代正常神经递质,兴奋冲动不能正常传至大脑皮质而产生抑制,出现意识障碍与昏迷。

★3. γ-氨基丁酸/苯二氮䓬(GABA/BZ)复合体学说
   - (1)γ-氨基丁酸(GABA)是哺乳动物大脑中主要的抑制性神经递质。
   - (2)在肝衰竭时,可绕过肝脏进入体循环。
   - (3)在实验性肝性脑病的动物模型中GABA血浆浓度增高。
   - (4)GABA受体与GABA及苯二氮䓬类、巴比妥类药物结合,导致传导抑制。

4. 色氨酸
   - (1)正常情况下色氨酸与清蛋白结合不易进入血-脑屏障。
   - (2)肝病时白蛋白合成降低,造成游离的色氨酸增多。
   - (3)游离的色氨酸可通过血-脑屏障,在大脑中代谢生成对中枢神经有抑制作用的递质5-羟色胺和5-羟吲哚乙酸,而致昏迷。

5. 锰的毒性
   - (1)正常情况下锰由肝胆道分泌至肠道,然后排出体外。
   - (2)肝病时锰不能正常排出并进入体循环,在大脑中积聚。
   - (3)锰具有神经毒性。

★★四、临床表现(表4-4)

表4-4 肝性脑病各期临床表现

分期	意识状态	神经系统改变	脑电图
一期(前驱期)	轻度性格改变和行为失常,但应答准确	可出现扑翼样震颤	正常和轻度变化
二期(昏迷前期)	意识错乱、睡眠障碍、行为异常。昼睡夜醒、理解力、定向力、计算力均减退	出现扑翼样震颤、肌张力增高、腱反射亢进、病理反射阳性	特征性异常
三期(昏睡期)	昏睡、精神错乱。能唤醒、常有意识不清、幻觉、理解力、计算力丧失	出现扑翼样震颤、肌张力增高、腱反射亢进、病理反射阳性	明显异常
四期(昏迷期)	神志完全丧失,不能唤醒	无法引出扑翼样震颤	明显异常

五、辅助检查

1. 血氨
   - (1)慢性肝性脑病尤其是门体分流性脑病多有血氨升高。
   - (2)急性肝衰竭所致的脑病一般血氨正常。

★2. 脑电图
   - (1)典型改变为节律变慢,二至三期患者出现普遍性每秒4~7次δ波或三相波。
   - (2)昏迷时出现高波幅的δ波,每秒少于4次。

3. 影像学检查(CT、MRI)
   - (1)慢性肝性脑病可发现脑萎缩。
   - (2)急性肝性脑病可发现脑水肿。

4. 心理智能测验
   - (1)对诊断早期肝性脑病最有用。特别是轻微或亚临床肝性脑病。
   - (2)检测内容包括书写、构词、简单图画、简单加减法、数字连接试验等。
   - (3)但易受年龄、受教育程度影响。

六、治疗要点

1. 消除诱因,避免诱发和加重肝性脑病。

★2. 减少肠内毒物的生成和吸收
   - (1)饮食
     - 1)发病开始禁蛋白。以糖类为主要食物,供给足够热量和维生素。
     - 2)病情改善后,可给予蛋白质,开始应限制蛋白质在20g/d之内,几天后逐渐加量至**40~60g/d**。植物蛋白含蛋氨酸和芳香氨基酸较少,含支链氨基酸较多。能增加粪氮排泄。又因含非吸收纤维,有利通便。故以植物蛋白为宜。
   - (2)灌肠或导泻清除肠内积食或积血
     - 1)可用**生理盐水或弱酸溶液(生理盐水1 000ml加食醋50ml)**灌肠。
     - 2)用50%山梨醇溶液10~20ml或25%硫酸镁溶液40~60ml导泻。
     - 3)忌用碱性液体。
   - (3)抗生素
     - 1)新霉素4g/d抑制大肠杆菌生长而减少氨的产生。
     - 2)甲硝唑0.2g,4次/d,可望收到更好效果。
     - 3)新霉素有耳毒性和肾毒性,故服用期不宜超过1个月。
   - (4)乳果糖
     - 1)属人工合成的双糖,口服后不被吸收,在结肠内分解为乳酸和醋酸,使肠内呈酸性而减少氨的形成和吸收。
     - 2)肾功能损害或听觉障碍、忌用新霉素以及需长期治疗者,此药为首选。
     - 3)常用剂量为10~20g,3次/天,或65%乳果糖糖浆每日50~200ml,分次口服。
     - 4)从小剂量开始,调节到每日排便2~3次,粪便pH5~6为宜。
     - 5)副作用有饱胀、腹痛、恶心、呕吐等。

★3. 促进有毒物质的代谢与清除，纠正氨基酸代谢的紊乱
- (1)降氨药物
  - 1)L-鸟氨酸、L-门冬氨酸：促进体内尿素循环而减低血氨。
  - 2)谷氨酸钾和谷氨酸钠：与游离氨结合形成谷氨酰胺而减低血氨。
  - 3)精氨酸：促进尿素合成而降低血氨。
- (2)纠正氨基酸代谢的紊乱：口服或静脉滴注支链氨基酸。
- (3)GABA/BZ复合受体拮抗剂
  - 1)静脉注射氟马西尼。
  - 2)通过抑制GABA/BZ受体发挥作用。
- (4)减少门体分流。
- (5)人工肝。

4. 对症治疗
- (1)纠正水电解质和酸碱平衡失调
  - ★1)每日入液总量不超过**2 500ml**为宜。
  - ★2)肝硬化腹水患者的入液量一般控制在尿量加1 000ml内，以免血液稀释，血钠过低而加重昏迷。
  - 3)及时纠正缺钾和碱中毒。
- (2)保护脑细胞功能：用冰帽降低颅内温度，保护脑细胞功能。
- (3)保护呼吸道通畅：深昏迷者，考虑作气管切开，给氧。
- (4)防治脑水肿：静脉滴注高渗葡萄糖、甘露醇等脱水剂。

七、护理问题

1. 感知改变：与血氨增高，干扰脑细胞能量代谢引起中枢神经功能紊乱有关。
2. 营养失调：低于机体需要量：与肝功能减退、消化吸收障碍、限制蛋白质摄入有关。
3. 知识缺乏：缺乏预防肝性脑病的相关知识。
4. 照顾者角色困难：与患者意识障碍、照顾者缺乏相关知识、家庭经济负担过重有关。

八、护理措施

★1. 饮食护理
- (1)限制摄入蛋白质。因食物中蛋白质在肠道分解产生氨。
- (2)发病开始数日内禁食蛋白质，热量供应以糖类为主。
- (3)昏迷者以鼻饲**25%葡萄糖**溶液，以减少体内蛋白质分解，并促使氨转变为谷氨酰胺，利于降低血氨。
- (4)神志清楚后，可逐步增加蛋白质饮食，20g/d，以后每3～5d增加10g。
- (5)但短期内不能超过**40～50g/d，以植物蛋白**为宜。
- (6)脂肪可延缓胃排空，尽量少食。
- (7)不宜用维生素B_6，因其影响多巴进入脑组织，减少正常神经递质。

★2. 病情观察
- (1)注意肝性脑病早期征象，如理解力减退、行为异常及扑翼样震颤。
- (2)判断意识障碍程度。
- (3)监测并记录生命体征。
- (4)定期复查血氨、肝肾功能、电解质。

3. 去除和避免诱发因素
- (1)避免应用催眠镇静、麻醉药等
  - 1)因其直接抑制大脑呼吸中枢，造成脑细胞缺氧，从而降低脑对氨的耐受性。
  - 2)烦躁者禁用吗啡类、巴比妥类、哌替啶等，可注射地西泮5～10mg。
- (2)避免快速大量排钾利尿和放腹水，注意纠正水、电解质和酸碱平衡失调。
- (3)防止感染
  - 1)感染加重肝脏吞噬、免疫和解毒功能的负荷。
  - 2)感染使组织代谢分解增加，增加产氨和氧耗。
  - 3)发生感染，应及时、准确应用抗生素。

3. 去除和避免诱发因素
- (4)防止大量输液引起低血钾、稀释性低血钠、脑水肿等，加重昏迷。
- (5)保持大便通畅，防止便秘。
  - 1)便秘使有毒物质与结肠接触时间延长，促进毒物吸收。
  - ★★2)可采用弱酸溶液灌肠或导泻。**忌肥皂水。**
  - 3)可口服乳果糖或乳梨醇。
- (6)及时防治上消化道出血
  - 1)出血使肠道血氨增高而诱发本病。
  - 2)出血停止后应灌肠和导泻以清除肠道积血，减少氨的吸收。
- (7)禁食或限食者，避免发生低血糖。低血糖可使脑内去氨活动停滞，氨的毒性增加。

4. 昏迷患者的护理
- (1)取仰卧位。
- (2)保持呼吸道通畅，保证氧气吸入。
- (3)做好口腔、眼睛、皮肤等生活护理。
- (4)尿潴留者留置导尿，详细记录尿量、色、气味。
- (5)帮助患者被动运动，防止静脉血栓形成及肌肉萎缩。

★5. 用药护理
- (1)用药中谷氨酸钾、谷氨酸钠比例，视血清钾、钠浓度和病情而定。
- (2)尿少时慎用钾剂，明显腹水和水肿时慎用钠剂。
- (3)谷氨酸钾、钠液均为碱性，对有代谢性碱中毒倾向者，最好先用能酸化血 pH 的药物，如静脉滴注大量维生素 C 或精氨酸液。
- (4)应用精氨酸时速度不宜过快，否则可出现流涎、呕吐、面色潮红等。
- (5)**精氨酸为酸性，不宜与碱性药物配伍。**
- (6)精氨酸适用于代谢性碱中毒的患者，在谷氨酸之后应用疗效更好。
- (7)长期服用新霉素可引起听力或肾功能损害，故服用不宜超过 1 个月。
- (8)大量输注葡萄糖，应警惕低钾血症、心力衰竭和脑水肿。

九、健康教育

1. 疾病预防知识的指导：告诉患者和家属有关肝脏病变和肝性脑病的知识，尽可能避免各种诱发因素。
2. 用药指导：按医嘱定时服药，了解相关药物的不良反应。
3. 家庭指导：了解肝性脑病的早期征兆。注意饮食(尤其是蛋白质的摄入)和心理护理。

第6节　原发性肝癌患者的护理

一、概述

1. 原发性肝癌是指肝细胞或胆管细胞发生的癌。
2. 原发性肝癌为我国常见恶性肿瘤之一。
3. 死亡率在消化系统恶性肿瘤中居第三位，仅次于胃癌和食管癌。

名师点评

肝硬化患者的饮食治疗原则：高热量、高蛋白、高维生素、易消化食物。

肝性脑病患者的饮食原则：发病开始数日内禁食蛋白质，每日供给足够热量和维生素，以糖类为主要食物。神志清楚后可逐步增加蛋白质，以植物蛋白为好。

慢性肾衰竭患者的饮食原则：优质低蛋白饮食。高生物效价的优质蛋白(动物蛋白)应占蛋白摄入量的 50%甚至 60%以上。

注意不同疾病对蛋白质的要求。

4. 约45%发生在中国,这可能与肝炎病毒感染有关。

5. 本病可发生于任何年龄,以40~49岁为多,男女之比为(2~5):1。

★二、病因和发病机制

1. 病毒性肝炎:乙型和丙型肝炎病毒均为肝癌促发因素。

2. 肝硬化
- (1)原发性肝癌合并肝硬化的发生率约为50%~90%,多为大结节性肝硬化。
- (2)乙型和丙型病毒性肝炎多发展成为大结节性肝硬化。
- (3)欧美国家肝癌多发生在酒精性肝硬化基础上。
- (4)肝细胞癌变可能在肝细胞受损后引起再生过程中发生。
- (5)一般认为血吸虫性、胆汁性和淤血性肝硬化与原发性肝癌的发生无关。

3. 黄曲霉毒素:其代谢产物黄曲霉素B_1是肝癌最强的致癌物。

4. 其他因素:亚硝胺类化学致癌物、遗传、硒缺乏、吸烟、嗜酒、烟熏和腌制食品、华支睾吸虫感染、微囊藻毒素污染等均为重要的危险因素。

三、病理

1. 大体分型
- (1)块状型:最多见,癌块直径在5cm以上,可呈单个、多个或融合成块。
- (2)结节型:有大小和数目不等的癌结节,癌块直径一般不超过5cm。
- (3)弥漫型:最少见。
- (4)小癌型:孤立的直径小于3cm的癌结节或相邻两个癌结节直径之和小于3cm。

2. 组织分型
- (1)肝细胞型:占肝癌的90%,癌细胞由肝细胞发展而来。
- (2)胆管细胞型:少见,癌细胞由胆管上皮细胞发展而来。
- (3)混合型:更少见。

★3. 转移途径
- (1)肝内转移
  - 1)**肝内转移血行转移发生最早、最常见。**
  - 2)易侵犯门静脉分支形成肝内多发性转移灶。
- (2)肝外转移
  - 1)血行转移:以肺转移率最高。其次为肾上腺、肾、脑、骨等。
  - 2)淋巴转移:局部转移至肝门淋巴结最为常见。
  - 3)种植转移:少见。

★四、临床表现

早期病例无任何症状和体征,中晚期可出现。

1. 症状
- ★(1)肝区疼痛:**最常见**,为持续性钝痛或胀痛。
- (2)消化道症状:食欲减退、腹胀。
- (3)全身症状:乏力、进行性消瘦、发热、营养不良,晚期恶病质。
- (4)转移性症状:胸痛、血性胸水等。

2. 体征
- (1)肝大
  - 1)进行性肿大、质坚硬、表面和边缘不规则。
  - 2)常有程度不等的压痛。
- (2)黄疸:晚期出现,由癌肿或肿大的淋巴结压迫胆管引起胆道梗阻所致。
- (3)肝硬化征象:脾大、静脉侧支循环形成、腹水。

★五、并发症

(1)上消化道出血:约占死亡原因的15%。

(2)肝性脑病(肝昏迷):约占死亡原因的1/3,常为肝癌终末期的表现。

(3)肝癌结节破裂出血:**最危急**,约10%的肝癌患者因癌结节破裂致死。

(4)继发感染。

六、辅助检查

1. 癌肿标记物检测
   - ★(1)甲胎蛋白(AFP)
     - 1)广泛用于肝癌普查、诊断、判断治疗效果和预测复发。
     - 2)肝癌 AFP 阳性率为 70%～90%。
     - 3)AFP 诊断肝细胞癌的标准
       - ①AFP 定量＞500μg/L,持续 4 周。
       - ②定量＞200μg/L,持续 8 周。
       - ③AFP 由低浓度逐渐升高不降。
   - (2)γ-谷氨酰转肽酶同工酶Ⅱ(GGT_2):GGT_2 对原发性和转移性肝癌的阳性率可达 90%,特异性达 97.1%。
   - (3)其他血清酶测定:α-L-岩藻糖苷酶、异常凝血酶原等。
2. 超声波检查:可测出 2cm 以上的肝癌,利于早期诊断。
3. CT 及 MRI 检查
   - (1)CT 与 MRI 能较灵敏地分辨组织密度的差异,阳性率在 90%以上。
   - (2)CT 已可检出 2cm 左右的肝癌。结合肝动脉造影可检出 1cm 以下的小肝癌。
   - (3)CT 是目前诊断**小肝癌和微小肝癌**的**最佳方法**。
   - (4)MRI 能显示肝细胞癌内部结构,对显示子瘤和癌栓有价值。
4. 肝血管造影
   - (1)阳性率达 87%。
   - (2)可作准确的定位诊断,且有鉴别诊断的价值。
   - (3)为早期诊断及指导手术的重要手段。
5. 肝穿刺活体组织及剖腹探查。

七、治疗要点

★1. 手术切除:是目前根治肝癌**最好**的方法。

2. 肝动脉化疗栓塞:是目前肝癌非手术治疗中的首选方法,可明显提高 3 年生存率。

3. 放射治疗:^{60}Co 局部照射,对肝功能较好且能耐受者,结合化疗及中医药治疗效果显著提高。

4. 化学抗癌药物治疗:常用阿霉素、顺铂、丝裂霉素、5-FU 等药物。采用肝动脉给药和(或)栓塞,并配合放疗,效果较明显。

5. 生物和免疫治疗:在上述治疗基础上应用可巩固和增强疗效。如干扰素、肿瘤坏死因子(TNF)、白细胞介素-2(IL-2)等。肝癌疫苗研究已进入临床试验阶段。

八、护理问题

1. 疼痛:肝区痛:与肿瘤增大牵拉肝包膜、肝动脉栓塞术后产生栓塞后综合征有关。
2. 营养失调:低于机体需要量:与肿瘤消耗及治疗导致的胃肠道反应有关。
3. 预感性悲哀:与疼痛及担心预后有关。
4. 潜在并发症:癌结节破裂出血、肝性脑病、上消化道出血。
5. 有感染的危险:与恶性肿瘤对机体的长期消耗、化疗、放疗所致的白细胞减少、机体抵抗力下降有关。

九、护理措施

1. 一般护理:加强口腔、皮肤、会阴、肛门护理,减少感染。
2. 饮食护理
   - (1)高蛋白、适当热量、高维生素。
   - (2)避免高脂、高热量和刺激性食物加重肝脏负担。
   - (3)疼痛剧烈暂停进食,呕吐者可服用止吐剂后少量进餐。
   - (4)肝性脑病倾向者,减少蛋白质摄入。
   - (5)晚期肝癌,可静脉补充营养。

3. 病情观察
- (1)监测患者的疼痛及感染征象,注意评估疼痛强度、性质、部位及伴随症状,及时发现和处理异常情况。
- (2)观察生命体征和血象变化,及时发现感染迹象并及时协助医师处理。
- (3) 协助患者减轻疼痛。

★ 4. 肝动脉栓塞化疗患者的护理
- (1)术前护理
  - 1)解释治疗的必要性、方法和效果。
  - 2)做好常规检查,检查股动脉和足背动脉搏动强度。
  - 3)行碘过敏试验和普鲁卡因试验。
  - 4)术前 6h 禁食禁水,术前 30min 给予镇静剂。
- (2)术中护理
  - 1)注射造影剂时,注意观察患者有无恶心、胸闷、皮疹等过敏症状。
  - 2)注射化疗药物时,注意胃肠道反应,头偏向一侧。
- (3)术后护理(栓塞后综合征的护理)
  - 1)术后禁食 2～3d,逐渐过渡到流质。少量多餐,减轻恶心、呕吐。
  - 2)穿刺部位拔管后局部压迫止血 15min 再加压包扎,沙袋压迫 6h,穿刺侧肢体保持伸直 24h,并观察穿刺点有无血肿及渗血。
  - 3)机体重吸收坏死肿瘤组织,使多数患者术后 4～8h 体温升高,持续 1 周。
  - 4)高热者应采取降温措施。
  - 5)鼓励有效排痰,必要时给氧。以提高血氧分压,利于肝细胞代谢。
  - 6)术后 1 周因肝缺血影响肝糖原储存和蛋白质合成,应适当补充蛋白和葡萄糖。

十、健康教育

1. 疾病知识指导:介绍肝癌的有关知识。积极治疗肝脏病变。教会患者和家属观察病情的方法,以便早期及时就诊。按医嘱用药,避免损肝药物。

2. 生活指导:保持生活规律,劳逸结合,合理进食。戒烟戒酒以减少对肝脏的损害。注意饮食卫生。

3. 心理指导:保持平和心态,建立积极的生活方式。可参加社会性抗癌组织活动,加强精神支持,提高机体抗癌功能。

第 7 节　急性胰腺炎患者的护理

一、定义

胰酶在胰腺内被激活引起胰腺组织**自身**消化、水肿、出血甚至坏死的**化学性炎症**。临床表现为急性上腹痛、发热、恶心、呕吐、血尿淀粉酶增高。

二、病因和发病机制

★1. 胆道系统疾病
- (1)为我国**最常见**的病因,占 50%以上。
- (2)胆管炎症、结石、寄生虫、水肿、痉挛等病变使壶腹部发生梗阻,胆管内压力高于胰管内压力,胆汁逆流入胰管,激活胰酶。
- (3)胆石、胆道感染等疾病造成 Oddi 括约肌功能不全,引起十二指肠液反流入胰管,激活胰酶。
- (4)胆道感染时细菌毒素、游离胆酸、非结合胆红素等,可通过胆胰间淋巴管交通支扩散到胰腺,激活胰酶。

2. 胰管阻塞
- (1)因蛔虫、结石、水肿、肿瘤或痉挛等原因可使胰管阻塞,胰液排泄受阻。
- (2)胰液分泌过多时,胰腺内压增高,胰泡破裂,胰酶原进入间质,被组织液激活。

3. 酗酒和暴饮暴食
   - (1)刺激胰液分泌增加。
   - (2)导致 Oddi 括约肌痉挛和乳头水肿。
   - (3)使胰液排出受阻,引发急性胰腺炎。

4. 其他:某些急性传染病、外伤、手术、某些药物,高钙血症、高脂血症。

★三、病理

1. 急性水肿型:**常见**。胰腺肿大、分叶模糊、间质水肿、充血和炎性细胞浸润。
2. 急性出血坏死型:少见。胰腺肿大变硬,腺泡及脂肪组织坏死以及出血。

★四、临床表现

1. 症状
   - (1)腹痛
     - 1)**为本病的主要表现和首发症状**。
     - 2)常于饱餐和饮酒后突然发病。
     - 3)疼痛**剧烈而持续,阵发性加剧**,呈钝痛、**刀割样**痛或绞痛。
     - 4)腹痛常位于**中上腹,向腰背部呈带状放射。弯腰抱膝位可减轻疼痛**。
     - 5)水肿型 3~5d 缓解。坏死型持续时间长,常伴有腹膜炎,疼痛弥漫全腹。
   - (2)恶心、呕吐与腹胀
     - 1)起病时有恶心、呕吐,频繁而持久,呕吐物为食物和胆汁。
     - 2)呕吐后腹痛并不减轻。
     - 3)出血坏死型伴**麻痹性肠梗阻**,则腹胀明显。
   - (3)发热
     - 1)大部分患者有中度以上发热。
     - 2)急性水肿型的发热在 3~5d 内可自退。
     - 3)出血坏死型呈高热或持续不退,多表示胰腺或腹腔有继发感染。
   - (4)水、电解质、酸碱平衡紊乱
     - 1)常出现不同程度的脱水。
     - 2)呕吐频繁者可有代谢性碱中毒。
     - 3)出血坏死型可出现代谢性酸中毒、血钾、血镁、血钙降低。
   - (5)低血压和**休克:仅见于急性出血坏死型胰腺炎**。
2. 体征
   - (1)急性水肿型:腹部体征轻,压痛往往与腹痛程度不相称。
   - (2)出血坏死型
     - 1)急性腹膜炎体征。
     - 2)腰腹皮肤呈灰紫斑(Grey-Turner 征)或脐周皮肤青紫(Cullen 征)。
     - 3)低血钙时手足搐搦,表示预后不佳。
3. 并发症:主要发生在急性出血坏死型胰腺炎。

五、辅助检查

1. 白细胞计数:多有白细胞增多,核左移。

★2. 淀粉酶测定
   - (1)血清淀粉酶一般在发病后 **6~12h** 开始升高,**48~72h** 后下降,3~5d 内恢复正常。血清淀粉酶超过正常值 3 倍即可诊断本病。一般 Somogyi 法测定,血淀粉酶>500U/L,尿淀粉酶>1 000U/L,或 Winslow 测定,血淀粉酶>256U/L,尿淀粉酶>512U/L,可确诊。
   - (2)尿淀粉酶升高较晚,常在发病后 12~14h 开始升高。

3. 血清脂肪酶测定
   - (1)常在起病后 24~72h 开始增高,可持续 1~2 周。
   - (2)对就诊较晚的病例诊断有一定的价值,且特异性较高。

4. 生化检查
   - (1)血糖升高较常见,多为暂时性,若持续升高预后不佳。
   - (2)血清胆红素、AST 可一过性升高。
   - (3)出血坏死型血钙降低,**低于 1.5mmol/L 提示预后不良**。

5. 影像学检查
   - (1)X 线平片检查可观察有无肠麻痹,并有助于排除其他急腹症。
   - (2)B 超检查及 CT 扫描观察胰腺大小和形态,并有助于发现假性囊肿。

六、治疗要点

★1. 减少胰腺分泌
- (1)**禁食及胃肠减压**
  - 1)食物及胃液进入十二指肠可刺激胰腺分泌。
  - 2)疼痛明显的患者一般需禁食1～3d。
  - 3)病情重者除延长禁食时间外，还须胃肠减压。
- (2)抗胆碱能药。
- (3)其他抑制胰液分泌的药物：生长抑素、胰高血糖素和降钙素。

2. 解痉镇痛
- (1)阿托品或山莨菪碱肌内注射：抑制腺体分泌，解除胃、胆管、胰管痉挛。
- (2)剧痛者加用哌替啶。

3. 抗感染：常选用氧氟沙星、环丙沙星、克林霉素、头孢菌素类。

4. 抑酸治疗：H_2受体拮抗剂和质子泵抑制剂，抑制胃酸分泌，间接抑制胰腺分泌。

5. 抗休克及纠正水电解质平衡紊乱
- (1)应积极补充液体及电解质，维持有效循环血容量。
- (2)对休克患者可酌情予以输全血或血浆代用品，必要时加用升压药物。

6. 抑制胰酶活性：适用于重症胰腺炎早期。

7. 内镜下Oddi括约肌切开术(EST)：可治疗和预防胆源性胰腺炎。

8. 并发症的处理。

七、护理问题

1. 疼痛：腹痛：与胰腺及周围组织炎症、水肿有关。
2. 体温过高：与胰腺炎症、坏死、继发感染有关。
3. 有体液不足的危险：与呕吐、禁食、胃肠减压有关。
4. 恐惧：与起病急、剧烈疼痛有关。
5. 潜在并发症：急性腹膜炎、休克、急性肾衰竭、DIC、急性呼吸窘迫综合征。

八、护理措施

1. 一般护理
- (1)休息与体位。
- (2)禁饮食与胃肠减压。

2. 疼痛的护理
- ★(1)解痉镇痛治疗
  - 1)阿托品或山莨菪碱：持续应用时注意有无心动过速、加重肠麻痹等。
  - 2)止痛效果不佳时，及时加用哌替啶。避免剧痛加重胰液分泌。
  - 3)注意**禁用吗啡**，以防引起Oddi括约肌痉挛，加重病情。
- (2)观察用药前后疼痛的改变。
- (3)指导患者减轻疼痛。

3. 维持水、电解质平衡
- (1)病情观察
  - 1)呕吐物及引流物的性质、量。
  - 2)患者皮肤黏膜色泽弹性。
  - 3)定期留取血尿标本监测。
- (2)维持有效循环血容量
  - 1)禁食者每日液体入量**3 000ml**以上。
  - 2)根据脱水程度、年龄和心肺功能调节输液速度。
- (3)防止低血容量性休克
  - 1)定期监测生命体征、神志、尿量，观察有无低血容量休克表现。
  - 2)备好抢救用物：静脉切开包、人工呼吸器、气管切开包等。
  - 3)迅速建立静脉通道，及时补充血容量。并注意血管活性药物的使用和观察。

九、健康教育

1. 生活指导：建立良好的生活习惯，避免暴饮暴食和刺激性食物。戒除烟酒。

2. 疾病知识指导：向患者及家属介绍本病的发病原因及诱发因素，积极治疗原发病。

第8节　溃疡性结肠炎患者的护理

一、概述

1. 溃疡性结肠炎是一种原因不明的直肠和结肠的慢性炎症。主要临床表现为腹泻、黏液脓血便、腹痛和里急后重

2. 任何年龄均可发病，但以20～40岁居多，男多于女。

二、病因与病理

1. 病因：尚未完全阐明。可能为免疫、遗传等因素与外源性刺激相互作用的结果
   - (1)感染：目前多认为是针对自身正常菌丛的异常免疫反应所致，本病可能存在对正常菌丛的免疫耐受缺失。
   - (2)自身免疫：本病是一种自身免疫性疾病。有研究认为患者的肠黏膜存在异常上皮细胞，影响肠道黏膜屏障的完整性，使一般不易通过正常肠黏膜及对人体无害菌群、食物等抗原得以进入肠黏膜，从而激发免疫反应和炎症变化。
   - (3)遗传：本病在血缘家族的发病率较高。
   - (4)精神因素：应激事件、重大精神创伤等常可诱发。

2. 病理：病变主要位于大肠的黏膜及黏膜下层，有黏膜弥漫性炎症和多发性溃疡。

★三、临床表现

起病多缓慢，常表现为发作与缓解交替，病程长。

1. 消化系统
   - (1)腹泻：为**最主要症状**。**典型者呈黏液或黏液脓血便，可伴里急后重**。
   - (2)腹痛：轻、中度隐痛，少数绞痛。排便后使腹痛暂时缓解，形成“**腹痛-便意-排便后缓解**”的规律。
   - (3)其他症状：严重者可有食欲缺乏、恶心及呕吐。

2. 全身表现
   - (1)发热：急性期或急性发作期常有低度或中度发热，重者可有高热及心动过速。
   - (2)病程发展中可出现消瘦、衰弱、贫血、水与电解质平衡失调及营养不良等表现。

3. 肠外表现：可有结节性红斑、关节炎、口腔黏膜溃疡等免疫状态异常之改变。

4. 体征：可有左下腹轻度压痛，有时可触及痉挛的乙状结肠和降结肠。重度或暴发型患者常有明显鼓肠、压痛。**若出现反跳痛、腹肌紧张、肠鸣音减弱等，要警惕肠穿孔发生。**

5. 并发症：中毒性巨结肠、直肠结肠癌变、肠大出血、肠穿孔等。

名师点评

胰腺炎应注意：①是化学性炎症；②腹痛特点；③血尿淀粉酶升高的时间。

四、辅助检查

1. 血液检查：**血沉和C反应蛋白↑是活动期标志**。活动期白细胞计数↑。

2. 粪便检查：常呈黏液脓血便。为排除感染性结肠炎可行粪便的病原学检查。

★3. 结肠镜检查：是本病检查和诊断的**重要手段**
- (1)黏膜上有多发性浅溃疡，黏膜弥漫性充血、水肿。
- (2)黏膜粗糙呈细颗粒状。
- (3)假息肉(炎性息肉)形成。

4. X线钡剂灌肠检查：重者不宜行此检查，以免加重病情
- (1)多发性浅龛影或小充盈缺损。
- (2)黏膜粗乱或有细颗粒改变。
- (3)结肠袋消失，肠管缩短、变细，呈管状。

五、治疗要点

目的/原则是控制急性发作，缓解病情，减少复发，防治并发症。

1. 一般治疗：休息、饮食和营养。急性发作时应卧床休息，保持心情平静。腹痛明显者可服用阿托品。有继发感染者应积极抗菌治疗。

2. 药物治疗
- (1)氨基水杨酸制剂：柳氮磺吡啶(SASP)**常为首选药物**。用于轻型、中型或重型经糖皮质激素治疗已有缓解者。发作期4～6g/d，分4次口服。病情缓解后改为2g/d，疗程1～2年。
- (2)糖皮质激素：对急性发作期有较好疗效。常用氢化可的松200～300mg/d或地塞米松10mg/d静脉滴注。病情稳定后可改为泼尼松60mg/d口服，剂量可随病情好转逐渐减量。病变局限在直肠、乙状结肠患者作保留灌肠。
- (3)免疫抑制剂：用于激素治疗效果不佳者，如硫唑嘌呤。
- (4)手术治疗：并发大出血、肠穿孔、重型患者特别是合并中毒性结肠扩张经积极内科治疗无效且伴严重毒血症者。

六、护理问题

1. 疼痛：与肠道炎症、溃疡有关。

2. 腹泻：与炎症导致肠蠕动增加，肠内水、钠吸收障碍有关。

3. 营养失调：低于机体需要量：与长期腹泻及吸收障碍有关。

七、护理措施

1. 一般护理
- (1)休息与活动：日常生活规律，急性期卧床休息，给患者提供安静、舒适的环境。
- (2)饮食护理
  - 1)病变程度：重者禁食，予以完全胃肠外营养。轻、中度者予以流质饮食。
  - 2)食物选择：予以高热量、高营养、少纤维、易消化食物。禁食生冷、含纤维素多的食物，不吃牛乳及乳制品。

2. 病情观察
- (1)生命体征及皮肤弹性的观察。
- (2)腹痛部位、性质；腹泻情况及肠鸣音。
- (3)并发症的观察。

★3. 用药护理：清楚告知患者药物的用法、用量及副作用。如柳氮磺吡啶(SASP)**饭后服用**，注意有无恶心、呕吐、皮疹、白细胞减少等。灌肠液配置时注意配置时间、温度等。

4. 腹泻护理：协助患者做好肛门及肛周皮肤护理，并注意观察排便次数、粪便的量、性状、颜色、气味等。

八、健康教育

1. 疾病知识指导：正确对待疾病，保持稳定情绪。

2. 生活指导：日常生活规律，劳逸结合，睡眠充足，饮食合理。

3. 用药指导：注意副作用。

第9节 慢性便秘患者的护理

一、概念

便秘是某些原因引起粪便在肠腔内停留过久，所含水分被过分吸收造成**粪便干燥，排便困难，大便次数减少**的一组症状。严重时影响生活质量。

二、病因

1. 常见病因：肠道病变、全身性疾病、神经性系统疾病。其中**肠易激综合征为引起便秘的常见原因**。
2. 某些药物：长期服用如止痛剂、麻醉剂、肌肉松弛剂、抗抑郁剂、抗胆碱能药物、抗帕金森病药物等。

三、临床表现

1. 排便次数减少：**<3次/周**。严重者2～4周排便1次。
2. 排便困难：排便不畅、每次排便时间可长达30min以上。可每日排便多次，但排出困难。
3. 粪便性状：粪便硬结如羊粪状，数量少。
4. 部分患者可出现食欲缺乏、口苦、精神委靡、头晕乏力、全身酸痛等症状。

四、治疗要点

1. 养成良好的排便习惯：定时排便可防止粪便堆积。对有粪便嵌塞者尤其重要。如鼓励患者早晨起床后排便，或早餐后排便等。

2. 饮食治疗
   - (1)进食富含膳食纤维的食物可以改变粪便的性质和排便习惯。这类食物有麦麸、蔬菜、燕麦、水果、大豆、玉米等。
   - (2)对以便秘为主的肠易激综合征应注意逐渐增加膳食纤维的含量，以免加重腹痛、腹胀。
   - (3)对有肠梗阻、巨结肠、巨直肠以及神经性便秘的患者，如用进食膳食纤维的方法则不能达到通便的目的，应减少肠内容物，并定期排便。

3. 药物治疗
   - (1)容积性泻剂：可使液体摄取增加，起到膳食纤维的作用，促进排便。
   - (2)高渗性泻剂：可增加粪便的渗透性和酸性。如乳果糖、山梨醇。
   - (3)润滑性泻剂：可软化粪便，有利排便。如液状石蜡口服或灌肠。**以餐间服用为宜，不宜睡前服用。**
   - (4)刺激性泻剂：可刺激肠蠕动，促进肠动力，以利排便。如蓖麻油、酚酞、蒽醌类药物等。
   - (5)盐类泻剂：由于盐类渗透压的作用，可使肠腔内保留足够的水分，促进肠蠕动，达到排便。

4. 手术治疗：对于先天性巨结肠病，手术治疗可取得较好的疗效。

五、护理问题

1. 焦虑：与便秘治疗效果不佳有关。
2. 便秘：与肠蠕动减慢导致排便不畅有关。

名师点评

可出现里急后重的临床表现的常见疾病有溃疡性结肠炎、盆腔脓肿、细菌性痢疾、直肠癌等。

六、护理措施

1. 一般护理
   - (1)休息与活动：日常生活规律，可根据身体情况进行活动与锻炼，以增强体质和促进肠蠕动。也可进行适当的腹部顺时针按摩。
   - (2)饮食护理
     - ★1)多饮水：早起可饮温开水一杯。日间也要注意补充水分。
     - ★2)食物选择：多食富含膳食纤维的食物，如白菜、豆角等。避免辛辣等刺激性食物。戒除烟酒。

2. 排便护理
   - (1)排便环境：提供隐蔽环境，保护隐私。
   - (2)排便习惯：养成定时排便习惯，即使无便意也要坚持去蹲坐 10～20min。
   - (3)排便姿势：协助患者采取最佳排便姿势以科学使用腹内压和重力，促进排便。

★3. 用药护理
   - (1)指导患者正确使用简易通便法。如开塞露的使用。
   - (2)指导患者正确使用缓泻剂。并告知如长期使用时会使肠道失去自行排便的功能，甚至对药物产生依赖。
   - (3)必要时予以灌肠。

七、健康教育

1. 疾病知识指导：积极治疗原发病。
2. 生活指导：日常生活规律，劳逸结合，睡眠充足，适当加强锻炼身体。饮食合理。
3. 用药指导：注意正确使用药物。

模拟试题栏——攻破命题思路，提升应试能力

一、专业实务

A_1 型题

1. 胃壁细胞可分泌
   A. 胃蛋白酶原　B. 胃液　C. 胃蛋白酶　D. 盐酸和内因子　E. 促胃液素
2. 十二指肠溃疡的好发部位是
   A. 十二指肠降部　B. 十二指肠壶腹部　C. 十二指肠水平部　D. 十二指肠升部　E. 十二指肠与空肠连接部
3. 慢性浅表性胃炎最常见的病因是
   A. 幽门螺杆菌感染　B. 胆汁反流　C. NSAID　D. 吸烟　E. 饮酒
4. 肝肾综合征的主要发病机制是
   A. 肾小管坏死　B. 肾小球坏死　C. 肾皮质血流量减少　D. 肾单位纤维化　E. 胆红素在肾脏中沉积

解析：由于有效循环血容量不足等因素，可出现功能性肾衰竭。

5. 消化性溃疡的主要病因是
   A. 非甾体抗炎药　B. 胃蛋白酶　C. 胃动力异常　D. 幽门螺杆菌　E. 应激与心理因素
6. 胃蛋白酶失去活性的最低 pH 是
   A. 2　B. 3　C. 4　D. 5　E. 6
7. 关于原发性肝癌哪项不正确
   A. 自肝细胞发生的癌肿
   B. 自肝内胆管细胞发生的癌肿
   C. 乙型肝炎病毒为肝癌的直接病因
   D. 胆汁性肝硬化与肝癌的发生无关
   E. 黄曲霉素可能与肝癌发病有关
8. 有关肝癌的分型哪项是错误的
   A. 块状型指直径 5cm 以下的单发癌肿
   B. 结节型常伴肝硬化
   C. 弥漫型最少见
   D. 小癌型直径小于 3cm
   E. 肝细胞型约占肝癌的 90%

9. 原发性肝癌肝外血行转移最常见的部位是
A. 脑　B. 肺
C. 肾上腺　D. 骨
E. 肾

10. 关于肝性脑病的论述哪项不正确
A. 乙酰胆碱是兴奋性神经递质
B. γ-氨基丁酸是抑制性神经递质
C. 5-羟色胺为假神经递质
D. 硫醇与肝臭有关
E. 氨可干扰脑的能量代谢

解析:肝病时白蛋白合成降低,造成游离的色氨酸增多。游离的色氨酸可通过血-脑屏障,在大脑中代谢生成对中枢神经有抑制作用的递质5-羟色胺,而致昏迷。

11. 清除血氨的主要途径如下,但除外
A. 肝内尿素合成
B. 肝、脑、肾组织利用和消耗氨
C. 肾是排泄氨的主要场所
D. 低钾性碱中毒血氨过高时可从肺部呼出少量
E. 随粪便排除

12. 肝硬化患者在失代偿期时,肝功能减退的表现有
A. 腹水　B. 食管和胃底静脉曲张
C. 脾大　D. 肝掌及蜘蛛痣
E. 腹壁静脉曲张

解析:内分泌失调是肝功能减退的临床表现之一;脾大、侧支循环的建立和开放、腹水是门脉高压症表现。

13. 在肝硬化门脉高压导致的侧支循环中,最重要的是
A. 腹壁和脐周静脉曲张
B. 食管和胃底静脉曲张
C. 肠系膜血管交通支
D. 痔静脉扩张
E. 腹壁静脉曲张

14. 西咪替丁治疗消化性溃疡的机制是
A. 质子泵阻滞剂　B. H_2受体拮抗剂
C. 制酸剂　D. 加速胃排空
E. 延缓胃排空

15. 肝硬化患者感染后易诱发肝性脑病的原因是
A. 肝脏负荷加重
B. 电解质失衡
C. 中性粒细胞功能下降
D. 脑缺血缺氧
E. 抑制大脑功能

解析:机体感染,增加了肝脏吞噬、免疫及解毒功能负荷,并引起代谢率增加,耗氧增加。

16. 下列哪项是确诊肝硬化最可靠的证据
A. 食管钡餐检查发现静脉曲张
B. 腹壁有水母头状静脉怒张
C. 肝穿刺活检示假小叶形成
D. 血浆白蛋白/球蛋白比例倒置
E. 血清单胺氧化酶活性增高

17. 肝性脑病患者给予肠道消毒剂最主要的目的是
A. 清除致病菌的毒素
B. 减少霉菌的繁殖
C. 预防原发性腹膜炎
D. 抑制肠道细菌,减少氨的形成
E. 防止继发性肠道感染

18. 消化性溃疡的X线检查的特点是
A. 局部激惹　B. 局部压痛
C. 局部变形　D. 龛影在胃腔轮廓之外
E. 龛影在胃腔轮廓之内

19. 胃溃疡好发于
A. 胃大弯　B. 胃体部
C. 胃底部　D. 胃角
E. 贲门

A_2型题

20. 患者,男性,45岁。有"慢性胃炎"病史10余年。2h前因上消化道出血而入院。请问:上消化道出血最常见的病因是
A. 急性胃黏膜损害
B. 胃癌
C. 食管胃底静脉曲张破裂
D. 消化性溃疡
E. 食管贲门黏膜撕裂综合征

21. 患者,男性,50岁。有慢性肝病史10余年。2d前因上呼吸道感染后出现意识改变来院就诊,确诊肝性脑病而入院。本病的发病机制较复杂。其中氨中毒引起肝性脑病的主要机制是
A. 氨使蛋白质代谢障碍
B. 氨干扰大脑的供能代谢
C. 氨取代正常神经递质
D. 氨引起神经传导异常
E. 氮促使氨基酸代谢不平衡

22. 患者，女性，40岁。间断性上腹不适，饱胀感3年余，同时伴嗳气。1周前加重来院就诊。经胃镜检查示：胃窦部黏膜呈灰白色，胃腺体萎缩、消失，胃黏膜层变薄，黏膜皱襞平坦或消失。属于
A. 慢性浅表性胃炎　B. 急性糜烂出血性胃炎
C. 多灶萎缩性胃炎　D. 胃溃疡
E. 十二指肠溃疡

23. 患者，女性，30岁。间断性上腹不适，饱胀感1年余，时有嗳气。10d前加重来院就诊要求行胃镜检查。结果显示胃镜检查：胃黏膜层的炎性浸润以淋巴细胞和浆细胞为主，胃腺体完整无损。属于
A. 慢性浅表性胃炎　B. 急性糜烂出血性胃炎
C. 多灶萎缩性胃炎　D. 胃溃疡
E. 十二指肠溃疡

24. 患者，男性，42岁。因确诊消化性溃疡来院取药。因病历注明有用H_2受体拮抗剂。该患者请教你：以下哪一种药物属于H_2受体拮抗剂
A. 哌仑西平　B. 法莫替丁
C. 丙谷胺　D. 奥美拉唑
E. 胶体铋

25. 患者，男性，35岁。以木匠为生，长年游走在外，饮食不规律。2周前天天饮酒，每天2顿，每顿均500～800ml白酒。1h前因突感上腹部不适，继而呕血约300ml而急诊入院。医嘱中有予以质子泵抑制剂治疗。请问以下哪种药物属于质子泵抑制剂
A. 硫糖铝　B. 法莫替丁
C. 丙谷胺　D. 奥美拉唑
E. 氢氧化铝

26. 患者，男性，40岁。因6h前大量饮酒后感上腹部疼痛伴恶心、呕吐前来医院急诊。体检：痛苦面容，全腹平软，无明显压痛及反跳痛。白细胞18×10^9/L，血清淀粉酶256U(温氏)。诊断：急性胰腺炎。本病的解剖基础是
A. 存在副胰管
B. 存在Oddi括约肌
C. 胰管与胆总管有共同通道及开口
D. 胰管与胆总管有相关的血液供应
E. 胰管与胆总管同属迷走神经支配

27. 患者，女性，40岁。患十二指肠溃疡多年。除有空腹痛进食后缓解的现象之外，还会突然发生呕吐，且呕吐物为宿食。导致的原因为
A. 幽门梗阻　B. 食管炎
C. 慢性胃炎　D. 肠梗阻
E. 胆结石

28. 患者，男性，45岁。上腹部间歇性规律性疼痛3年余。疼痛呈烧灼样，多于饥饿时发生，进食后可缓解。情绪紧张及劳累后易发作。为确诊，应首选的检查方法是
A. 胃镜检查　B. X线钡餐检查
C. 大便隐血试验　D. 幽门螺杆菌检测
E. 胃液分析

29. 患者，女性，42岁。间断性下腹部疼痛伴腹泻近2年半。排便4～5次/d，粪质稀，有黏液，有时伴里急后重感。排便后使腹痛暂时缓解。以下与本病无关的检查是
A. 粪便检查　B. 血液检查
C. B超检查　D. X线钡剂灌肠检查
E. 结肠镜检查

30. 患者，男性，42岁。有慢性肝病史10余年。体检示，巩膜轻度黄染，肝肋下3cm，脾肋下3cm。颈部有蜘蛛痣。出现蜘蛛痣可能的原因是
A. 黄疸　B. 并发感染
C. 脾功能亢进　D. 肝肾综合征
E. 内分泌紊乱

31. 患者，男性，46岁。有慢性肝病史20余年。近1个月自觉腹胀，尤以近1周明显加重。同时伴气促，心慌，平卧更甚。体检示，巩膜黄染，腹膨隆，移动性浊音(+)，B超示大量腹水。腹水发生的主要原因是
A. 饮水过多
B. 高钠饮食
C. 门脉高压和血浆蛋白降低
D. 肾衰竭
E. 黄疸

32. 患者，女性，50岁。有肝硬化病史6年。3d前因大量腹水导致腹胀明显而入院治疗。昨日因大量利尿放腹水后出现肝性脑病。该患者出现肝性脑病的原因是
A. 使用降氨药物　B. 大量放腹水
C. 高蛋白饮食　D. 感染
E. 便秘

33. 患者，男性，有“胃病”病史8年。今日赴宴饱餐酒饭后突然出现上腹部刀割样剧烈疼痛，继而蔓延全腹，急诊入院。入院检：全腹压痛反跳痛明

显，腹肌紧张。应首先考虑发生

A. 急性胃穿孔　B. 急性胆囊炎

C. 幽门梗阻　D. 急性胃炎

E. 胃癌

34. 患者，男性，30岁。今日因大量饮酒后出现上腹部剧烈疼痛，伴恶心、呕吐而急诊入院。入院检：体温38.2℃，脉搏96次/分，痛苦面容，辗转不安。巩膜轻度黄染，实验室检查血、尿淀粉酶均明显升高。入院诊断为急性胰腺炎。本病最常见的原因是

A. 大量饮酒　B. 暴饮暴食

C. 胰管梗阻　D. 高脂血症

E. 胆道疾病

35. 患者，男性，26岁。2h前因暴饮暴食后出现上腹部剧烈疼痛而急诊入院。疼痛呈绞痛样，并向腰背部呈带状放射，伴恶心、呕吐。入院疑诊为急性胰腺炎。此时最具有诊断意义的实验室检查为

A. 血钙测定　B. 尿淀粉酶测定

C. 血糖测定　D. 血脂测定

E. 血淀粉酶测定

36. 患者，男性，75岁。有肝硬化病史20余年。曾多次入院治疗。本次因腹水加重再次入院。入院检：巩膜皮肤轻度黄染，可见肝掌及蜘蛛痣，腹部膨隆，移动性浊音(+)。两下肢轻度凹陷性水肿。根据其病史，可能有的实验室检查结果是

A. 转氨酶降低　B. 凝血时间延长

C. 血钾增高　D. 白细胞升高

E. 血氨降低

37. 患者，男性，65岁。有肝硬化病史10余年。曾多次入院治疗。本病最常见的原因是

A. 病毒性肝炎　B. 慢性酒精中毒

C. 药物或化学中毒　D. 胆汁淤滞

E. 营养失调

38. 患者，女性，30岁。间断性上腹疼痛不适，饱胀感1年余，时有嗳气。10d前加重来院就诊。行胃镜检查结果显示消化性溃疡。导致本病主要的原因是

A. 胃十二指肠运动异常

B. 吸烟

C. 遗传因素

D. 应激所致

E. 幽门螺杆菌感染

39. 患者，男性，42岁，反复上腹痛4年，伴反酸。查体：血压120/80mmHg，腹部无明显压痛。内镜诊断为十二指肠壶腹部溃疡(活动期)，应进一步作哪种检查

A. X线钡餐透视　B. 胃液分析

C. 血清促胃液素检测　D. 粪便潜血

E. 幽门螺杆菌检测

40. 患者，女性，32岁。近1年来常感左上腹痛，多为进食后疼痛。行胃肠钡餐检查未见明显异常。体检仅上腹轻压痛。该患者可能为

A. 十二指肠溃疡　B. 胃溃疡

C. 慢性胃炎　D. 肠梗阻

E. 食管炎

A_3/A_4 型题

(41～43题共用题干)

患者，女性，65岁。肝硬化病史5年，因饮食不当出现呕血、黑便1d入院。呕吐暗红色液体3次，量约800ml，解黑便2次，量约500g。查体：体温37.8℃，脉搏120次/分，呼吸22次/分，血压85/60mmHg，神志委靡，面色苍白，四肢湿冷，医嘱予以输血800ml。

41. 该患者出血最可能的原因为

A. 胃溃疡

B. 十二指肠壶腹部溃疡

C. 急性糜烂出血性胃炎

D. 食管胃底静脉曲张破裂出血

E. 胃癌

42. 该患者目前最主要的护理问题是

A. 体液不足

B. 营养失调：低于机体需要量

C. 体温升高

D. 焦虑

E. 活动无耐力

43. 最有可能出现的并发症为

A. 肝肾综合征　B. 肝肺综合征

C. 肝性脑病　D. 上消化道出血

E. 水电解质酸碱平衡紊乱

(44～46题共用题干)

患者，女性，35岁。近几年来时有慢性不规则上腹隐痛、腹胀、嗳气等，尤以饮食不当时明显，可伴反酸。来院就诊，初步诊断为慢性浅表性胃炎。

44. 本病最主要的病因为

A. 高盐饮食　B. 缺乏新鲜蔬菜水果

C. 幽门螺杆菌感染　　D. 长期饮浓茶
E. 食物过冷、过热

45. 慢性浅表性胃炎常以胃的哪个部位最为明显
A. 胃窦部　　B. 胃体
C. 胃大弯　　D. 胃小弯
E. 贲门

46. 要想确诊本病应行哪种检查
A. 血液常规检查　　B. 胃镜和活组织检查
C. 胃液分析　　D. X线检查
E. 血清学检测

(47～51题共用题干)

患者，男性，63岁。慢性间断性右上腹疼痛2年余。疼痛呈隐痛、胀痛、钝痛，同时感乏力、食欲减退、腹胀等，自觉消瘦明显。有肝硬化病史10年左右。来院就诊，初步诊断为原发性肝癌。

47. 本病最主要的病因为
A. 亚硝胺类化学致癌物
B. 病毒性肝炎
C. 嗜酒
D. 遗传
E. 吸烟

48. 病理的大体分型最多见的是
A. 块状型　　B. 结节型
C. 弥漫型　　D. 小癌型
E. 混合型

49. 组织分型最多见的是
A. 胆管细胞型　　B. 肝细胞型
C. 小癌型　　D. 混合型
E. 弥漫型

50. 发生最早、最常见转移途径是
A. 淋巴转移　　B. 种植转移
C. 胆汁转移　　D. 肝内血行转移
E. 自身转移

51. 最有助于本病诊断的实验室检查指标是
A. γ-GT　　B. AFP
C. CEA　　D. 腹腔镜检查
E. MRI

解析：原发性肝癌早期缺乏典型症状，AFP是早期诊断的重要指标。

(52～55题共用题干)

患者，男性，35岁，反复上腹部疼痛6年，常于每年秋季发生，疼痛多出现于餐前，进餐后可缓解，近2d疼痛再发，伴反酸。体检发现剑突下压痛，血红蛋白10g/L，粪便潜血(+++)。

52. 该患者首先应考虑的诊断是
A. 消化性溃疡
B. 急性胃黏膜损害
C. 食管贲门黏膜撕裂综合征
D. 胃癌
E. 胃黏膜脱垂

53. 进一步应先作哪项检查
A. 胃肠钡餐透视　　B. 胃液分析
C. 内镜　　D. 腹部B超
E. 幽门螺杆菌检测

54. 应首先采取哪项治疗
A. 紧急输血
B. 6-氨基己酸静脉滴注
C. 质子泵抑制静脉滴注
D. 生长抑素静脉滴注
E. 血管升压素静脉滴注

55. 若经检查幽门螺杆菌为阳性，应采用哪种治疗
A. 质子泵抑制剂+克拉霉素
B. 阿莫西林+克拉霉素+甲硝唑
C. 质子泵抑制剂+阿莫西林+克拉霉素
D. 胶体铋+阿莫西林
E. 胶体铋+质子泵抑制剂+甲硝唑

(56～58题共用题干)

患者，男性，45岁。3h前赴宴饮酒后出现中上腹部刀割样疼痛，并向腰背部呈带状放射。疼痛阵发性加重。伴恶心呕吐，呕吐物为胃内容物及胆汁，呕吐后腹痛未减轻。入院诊断为急性胰腺炎。

56. 本病在我国最常见的病因是
A. 大量饮酒和暴饮、暴食
B. 胆道疾病
C. 高钙血症
D. 手术创伤
E. 并发于流行性腮腺炎

57. 就本患者而言，此次发病的诱因是
A. 大量饮酒和暴饮、暴食
B. 胆道疾病
C. 高钙血症
D. 手术创伤
E. 血脂异常

58. 假设该患者病情较平稳，病理显示胰腺肿大、分叶模糊、间质水肿、充血和炎性细胞浸润，则其病

理分型应该为
A. 急性水肿型　B. 急性出血坏死型
C. 大结节型　D. 小结节型
E. 急性出血水肿型

(59～62题共用题干)

患者，男性，68岁。患肝硬化10年，呕血、黑便3d。在急诊输血、补液治疗，无意识障碍。患者既往多次发生肝性脑病。

59. 为预防肝性脑病的发生，首先应采取哪项措施
A. 输血、补液治疗　B. 灌肠导泻，清除积血
C. 预防应用抗生素　D. 预防应用精氨酸
E. 给予保肝药

60. 诊断亚临床肝性脑病最有价值的方法是
A. 血氨测定　B. 脑电图检查
C. 诱发电位　D. 心理智能测验
E. 临床表现

61. 此患者如果发生了肝性脑病，最可能的机制是
A. 水电解质紊乱
B. 失血性休克
C. 解毒功能减退使氨的清除受阻
D. 肠道积血分解使产氨过多
E. 镇静药物使用不当

62. 如果发生肝性脑病，行以下哪一项检查最有意义
A. 血氨　B. 血脂
C. 血糖　D. 血钙
E. 血镁

二、实践能力

A_1 型题

63. 肝硬化患者出现血性腹水，应首先考虑可能合并
A. 结核性腹膜炎　B. 原发性腹膜炎
C. 肝肾综合征　D. 门静脉血栓形成
E. 肝硬化癌变

64. 出现黑便，其出血量至少应是
A. 5ml　B. 30ml
C. 60ml　D. 100ml
E. 400ml

65. 出现呕血时，胃内至少已有多少血液
A. 50ml　B. 100ml
C. 150ml　D. 200ml
E. 250ml

66. 关于上消化道出血哪项不正确
A. 指 Treitz 韧带以上的消化道出血
B. 最常见的病因是消化性溃疡
C. 呕血均呈棕褐色
D. 多数患者可出现低热
E. 血中尿素氮浓度可增高

67. 急性胰腺炎的首发症状是
A. 腹痛　B. 水、电解质紊乱
C. 心律失常　D. 发热
E. 恶心

68. 颅内高压所致的呕吐特点是
A. 喷射样呕吐　B. 吐后无明显轻松感
C. 常吐出隔夜宿食　D. 无明显恶心先兆
E. 常伴神经系统疾病其他征象

69. 消化系统疾病的护理中，下列不妥的是
A. 呕吐后应漱口
B. 便秘时多吃菜、水果
C. 原因不明的腹痛禁用止痛剂
D. 腹泻时宜摄入高蛋白、高脂饮食
E. 生活应有规律

70. 幽门梗阻所致呕吐的特点是
A. 量多且有宿食　B. 呕吐后并不感到舒适
C. 呕吐物呈咖啡色　D. 呕吐常与情绪有关
E. 呕吐酸水

71. 目前根治原发性肝癌最好的办法仍是
A. 手术切除　B. 肝动脉化疗栓塞治疗
C. 放射治疗　D. 化学治疗
E. 生物和免疫治疗

72. 肝性脑病患者在昏迷期不可能出现的表现是
A. 脑电图异常　B. 扑翼样震颤
C. 意识丧失　D. 腱反射消失
E. 肌张力下降

73. 肝性脑病患者暂停蛋白质饮食是为了
A. 减少氨的形成　B. 减少氨的吸收
C. 促使氨的转化　D. 降低血尿素氮
E. 降低肠道内 pH

74. 肝性脑病患者以轻微的性格改变和行为异常表现为主时属于
A. 前驱期　B. 昏睡期
C. 昏迷前期　D. 昏迷期
E. 临终

75. 判断肝硬化失代偿期患者消化道仍在继续出血，下列哪项是错误的
A. 脾脏由开始时缩小现增大
B. 肠鸣音亢进
C. 红细胞计数持续下降

D. 皮肤苍白
E. 黑便次数增多

76. 对频繁呕吐患者的护理措施错误的是
A. 取头低足高仰卧位,防止吸入性肺炎
B. 呕吐停止助其漱口
C. 及时清理被污染的衣服、床褥
D. 观察电解质变化
E. 止吐剂应用后需卧床休息

77. 与上消化道继续出血或再次出血不符的是
A. 肠鸣音亢进　B. 黑便次数增加
C. 尿素氮持续升高　D. 网织红细胞计数减少
E. 呕出的血液转为暗红色

78. 水肿型胰腺炎与出血坏死型胰腺炎的主要鉴别点是有无
A. 休克　B. 电解质紊乱
C. 恶心、呕吐　D. 剧烈腹痛
E. 发热

79. 提示急性胰腺炎患者重症与预后不良的表现为
A. 低钾血症　B. 低镁血症
C. 高血糖　D. 代谢性碱中毒
E. 低钙血症

80. 急性胰腺炎患者为减轻腹痛可采取
A. 仰卧位　B. 半卧位
C. 屈膝侧卧位　D. 俯卧位
E. 坐位

81. 慢性胃炎患者的健康指导,说法不妥的是
A. 戒烟、戒酒
B. 养成细嚼慢咽的习惯
C. 避免过冷过热的食物
D. 腹痛时口服阿司匹林
E. 定期门诊复查

82. 胃溃疡节律性疼痛的特点是
A. 空腹痛　B. 餐时痛
C. 夜间痛　D. 餐后 0.5～1h 痛
E. 餐后 3～4h 痛

83. 十二指肠溃疡的疼痛特点是
A. 疼痛—进食—疼痛　B. 疼痛—进食—缓解
C. 进食—疼痛—疼痛　D. 进食—疼痛—缓解
E. 疼痛无规律性

84. 消化性溃疡最常见的并发症为
A. 出血　B. 穿孔
C. 癌变　D. 幽门梗阻
E. 急性腹膜炎

85. 幽门梗阻患者的突出表现是
A. 餐后腹痛　B. 频繁呕吐宿食
C. 失水、失钠　D. 呕血、黑便
E. 胃酸缺乏

86. 消化性溃疡患者服用抗酸药的适宜时间为
A. 餐前 0.5h　B. 餐前 1h
C. 餐中　D. 餐后 0.5h
E. 餐后 1h

87. 下列消化系统疾病的护理哪项不妥
A. 呕吐后应漱口
B. 便秘时可多吃蔬菜水果
C. 腹泻时可多吃高蛋白、高脂饮食
D. 腹胀时可用肛管排气
E. 消化道出血后不宜立即灌肠

解析:腹泻患者应在饮食上给予少渣、低脂、易消化、低纤维素的流食、半流食,避免生冷、刺激性食物。高脂饮食会加重腹泻。

88. 上消化道出血的特征性表现是
A. 氮质血症
B. 发热
C. 失血性周围循环衰竭
D. 呕血与黑便
E. 意识模糊

解析:呕血与黑便是上消化道出血的特征性表现。其余几项均为其临床表现,但非特征性的表现。

89. 上消化道出血伴休克时首要的护理措施为
A. 准备急救用品和药物
B. 迅速配血备用
C. 去枕平卧,头偏向一侧
D. 遵医嘱应用止血药
E. 开放静脉

解析:出现休克需立即补充血容量。因此首要护理措施是开放静脉以便尽快输液。

90. 腹泻患者的饮食宜给予
A 高热量、高蛋白、高脂肪
B. 低脂肪、易消化、少纤维
C. 低脂肪、高维生素、多纤维
D. 低热量、低脂肪、低盐
E. 禁食

91. 原发性肝癌时肝区疼痛常是
A. 阵发性疼痛　B. 持续性胀痛
C. 间歇性隐痛　D. 剧痛
E. 灼痛

A_2 型题

92. 患者，男性，62岁。因肝硬化合并食管静脉曲张大出血伴休克而急诊入院。入院后立即予以紧急抢救。在治疗上应首选
A. 静脉滴注低分子右旋糖酐
B. 静脉滴注垂体后叶素
C. 输血
D. 双气囊三腔管压迫
E. 血管活性药物

93. 患者，男性，58岁。有肝硬化病史10余年。今日因进食粗糙食团后出现急性上消化道大出血而急诊入院。入院时已伴休克。护士予以去枕平卧体位。此体位主要目的是
A. 防止窒息　B. 减少出血
C. 改善脑血供　D. 降低脑耗氧
E. 有利于止血

94. 患者，男性，65岁。有肝硬化病史近10年。今因疲乏、腹胀、食欲减退、下肢水肿前来就诊。体检可见相关的体征。肝硬化伴门静脉高压的特征性临床表现是
A. 腹水、脾大、颈静脉怒张
B. 高血压、腹水、脾大
C. 肝大、脾不大，侧支循环开放
D. 腹水、脾大，侧支循环开放
E. 黄疸、腹水、肝大

95. 患者，男性，60岁。因进食高蛋白饮食而出现意识障碍，被家人送入院治疗。入院考虑为肝性脑病。本病最早出现的表现是
A. 书写障碍　B. 性格和行为的改变
C. 定向力障碍　D. 腱反射亢进
E. 昼睡夜醒

96. 患者，男性，65岁。有肝硬化病史7年。近日出现昼睡夜醒，扑翼样震颤(+)，肌张力增高，脑电图异常。目前本患者最主要的护理问题是
A. 有受伤的危险
B. 活动无耐力
C. 营养失调：低于机体需要量
D. 恐惧
E. 焦虑

97. 患者，男性，32岁，上腹痛4年，多出现于餐后3h，进食后可缓解伴反酸。近半个月反复呕吐，吐物为隔宿食。其最可能的诊断是
A. 十二指肠溃疡活动期
B. 胃溃疡伴幽门梗阻
C. 胃癌
D. 十二指肠溃疡伴幽门梗阻
E. 复合性溃疡

98. 患者，男性，65岁。因肝硬化12余年、腹胀、下肢水肿而入院。入院检，慢性面容，消瘦。颈部可见2粒蜘蛛痣，双手肝掌(+)，有乳房发育。患者出现上述体征产生的原因是
A. 门脉高压症　B. 肝功能不全
C. 低蛋白血症　D. 继发性醛固酮增多
E. 垂体性腺功能紊乱

解析：肝掌、蜘蛛痣是由于肝脏功能减退对雌激素灭活能力减退，体内雌激素增多引起。

99. 老年男性患者，有肝硬化病史。入院检，患者有内分泌失调的表现。请问：以下哪一项为内分泌失调的表现
A. 营养不良　B. 出血倾向
C. 皮肤色素沉着　D. 贫血
E. 舌炎

100. 肝硬化患者，曾反复住院治疗。此次因大量腹水、下肢水肿、食欲缺乏、恶心而再次入院。患者因高度腹胀，曾多次提出要将腹水放掉。护士向他解释，不宜大量放腹水的原因是因可导致
A. 肝性脑病　B. 脱水
C. 上消化道出血　D. 电解质紊乱
E. 蛋白质丢失

101. 某患者，因误服硫酸后来院急诊。该患者的胃黏膜颜色应该表现为
A. 灰色痂　B. 棕色痂
C. 黑色痂　D. 白色痂
E. 黄绿色痂

102. 患者，男性，64岁。肝硬化病史多年。此次因食欲减退、牙龈出血、鼻出血而入院。入院后予以相应的实验室检查。其中血液检查的结果显示有全血细胞减少。请问导致此结果的主要原因是
A. 出血倾向　B. 并发感染

C. 脾功能亢进　D. 内分泌功能异常
E. 合并肝肾综合征

103. 患者，男性，55岁。因"上消化道出血伴休克"入院。医嘱予以补液、止血治疗。下列表现中提示输血、输液速度可适当减慢的是
A. 脉搏＞120次/分　B. 收缩压＞100mmHg
C. 血红蛋白≤80g/L　D. 尿量＜20ml/h
E. 呕吐物为暗红色

104. 患者，男性，42岁。平日常有上腹部隐痛、反酸、嗳气等。今日饮酒后突然感上腹部不适，随即呕出咖啡渣样物质，伴排黑便约100g。急来门诊急诊。上消化道出血最常见的原因是
A. 胃癌　B. 食管静脉曲张
C. 贲门黏膜撕裂　D. 消化性溃疡
E. 胆道出血

105. 患者，男性，常出现夜间上腹部烧灼样疼痛，进少量面食可缓解。2d来排柏油样便3次，最可能是
A. 胃溃疡
B. 十二指肠溃疡合并上消化道出血
C. 胃癌
D. 十二指肠溃疡
E. 肝硬化合并上消化道出血

106. 患者，男性，68岁。患肝硬化10年。有腹水。因呕血、黑便3d。在急诊输血、补液治疗，无意识障碍。本病此期最突出的临床表现是
A. 腹水　B. 黄疸
C. 蜘蛛痣及肝掌　D. 脾功能亢进
E. 出血倾向

A_3/A_4 型题

（107～109题共用题干）

患者，男性，64岁。有肝硬化病史7年。今晨护理查房时，护士发现其口齿不清，情绪较入院时明显低沉，神志恍惚。

107. 应考虑患者出现
A. 脑出血　B. 脑血栓形成
C. 肺性脑病　D. 肾性脑病
E. 肝性脑病

108. 该患者已有2d未排大便。目前应首先采取的护理措施是
A. 口服番泻叶　B. 生理盐水灌肠
C. 使用开塞露　D. 肥皂水灌肠
E. 水合氯醛灌肠

109. 经积极治疗后，患者病情好转，神志清醒。此时其适宜的饮食是
A. 高蛋白高糖饮食　B. 流质饮食
C. 植物蛋白饮食　D. 低钠饮食
E. 高维生素饮食

（110～113题共用题干）

患者，男性，因肝硬化导致的食管下端、胃底静脉曲张破裂而大出血急诊入院。入院后行紧急抢救措施。其中有一项是用三腔气囊管压迫止血。在使用过程中需定时放气。

110. 放气一般间隔时间是
A. 每8h　B. 每12h
C. 每24h　D. 每36h
E. 每48h

解析：放置三腔气囊管24h后应放气数分钟后再注气加压，以免食管胃底黏膜受压过久而致坏死。

111. 使用三腔气囊管压迫止血适应于
A. 胃底静脉曲张破裂出血
B. 急性出血糜烂性胃炎
C. 胃癌引起的上消化道出血
D. 消化性溃疡并发出血
E. 食管癌溃烂所致出血

112. 因病情需要，须行纤维胃镜检查。在行此项检查术时，患者宜取的体位是
A. 左侧卧位头稍后仰　B. 右侧卧位头稍后仰
C. 头低脚高位　D. 头高脚低位
E. 颈后仰卧位

113. 有关纤维胃镜的护理，错误的是
A. 术前向患者介绍检查方法，从而更好配合
B. 检查前禁食、禁药、禁烟12h
C. 检查前10～15min，用2%利多卡因麻醉咽部
D. 当胃镜通过咽部后嘱患者做吞咽动作
E. 术后禁食禁饮2h，继而可进温凉流食或半流食

解析：应该在胃镜送到咽喉部时，嘱患者做吞咽动作，以助镜头通过咽部进入食管，而不是在已经通过咽部之后。

（114、115题共用题干）

患者，男性，62岁。患肝硬化6年。平时均有少量腹水。近2d腹胀明显，伴腹痛、发热。白细胞计数为11.9×10^9/L，腹水量多且浑浊，腹水白细胞增多。

114. 该患者可能并发了
A. 原发性肝癌　B. 胆道感染

C. 结核性腹膜炎　D. 自发性腹膜炎
E. 急性阑尾炎

115. 入院后病情进展，并加重。出现肝性脑病。本病诱因不正确的是
A. 低蛋白饮食　B. 快速利尿
C. 上消化道出血　D. 感染
E. 大量放腹水

(116、117 题共用题干)

患者，男性，46 岁。不规则发热 3 个月，右季肋部胀痛，颈部可见 3 个蜘蛛痣，肝肋下 2cm，质硬，轻压痛，肝区可闻及吹风样杂音，脾肋下 1cm。血液实验室检查：白细胞 6.0×10^9/L，中性粒细胞 0.65，血清 γ-谷氨酰转肽酶同工酶Ⅱ(GGT_2)阳性，AFP 500μg/L。

116. 该患者最可能诊断为
A. 慢性肝炎　B. 肝硬化
C. 原发性肝癌　D. 肝脓肿
E. 慢性胆囊炎

117. 护理措施应该首选
A. 放疗配合
B. 化疗配合
C. 肝动脉化疗栓塞术配合
D. 生物免疫治疗配合
E. 中医治疗配合

(118、119 题共用题干)

患者，男性，62 岁。肝硬化病史 5 年。此次因呕血 2d 入院。查体：面色苍白，精神委靡。体温 37.8℃，血压 118 次/分，脉搏 22 次/分，血压 90/60mmHg。

118. 该患者目前存在的首选护理问题是
A. 体温升高　B. 生命体征改变
C. 活动无耐力　D. 体液不足
E. 有受伤的危险

119. 最主要的护理措施是
A. 物理降温，尽量不使用退热药
B. 加床栏，避免发生坠床
C. 适当增加床边活动
D. 休克卧位，头偏向一侧，迅速补充血容量
E. 给予高热量、高蛋白、易消化流质饮食

(120、121 题共用题干)

患者，男性，40 岁，腹部持续性隐痛，发热 2 周，腹胀 4d。12 年前有“肝炎”史，近 4 年来乏力、食欲缺乏、面色晦暗，伴有齿龈出血。体查腹膨隆，下腹轻度压痛，肝未触及，脾左肋下 3cm，移动性浊音阳性。腹水检查：黄色、稍浑浊，比重 1.017，蛋白 28g/L，白细胞 9.6×10^9/L，中性粒细胞 0.54、淋巴细胞 0.40、间皮细胞 0.06。

120. 可能的诊断是
A. 肝硬化伴腹水
B. 肝硬化伴自发性腹膜炎
C. 肝肾综合征
D. 缩窄性心包炎
E. 结核性腹膜炎

121. 鉴于上述诊断，下列哪项护理措施是错误的
A. 应积极加强支持治疗
B. 抗生素的选用主要针对革兰阴性杆菌
C. 常用抗生素有氨苄西林、头孢菌素类、青霉素等
D. 抗生素联合使用
E. 等待腹水或血液培养报告后立即开始抗生素治疗

(122～125 题共用题干)

患者，男性，62 岁。乙型肝炎病史 10 年，近日出现呕血、柏油样便，继之神志恍惚来诊。检查：血压 80/50mmHg，巩膜黄染，言语不清，定向力丧失，计算能力下降，幻觉出现，睡眠时间倒错，有扑翼震颤，肌张力增高，脑电图异常，血红蛋白 60g/L，血 pH7.48，血清钾 2.8mmol/L，血氨升高。

122. 属肝性脑病哪期
A. 0 期　B. 一期
C. 二期　D. 三期
E. 四期

123. 首先应采取以下哪一项治疗
A. 紧急输血　B. 降氨药物
C. 生长抑素　D. 酸化肠道
E. 补钾

124. 为进一步明确出血原因应首选哪项检查
A. X 线钡餐　B. 内镜
C. 选择性动脉造影　D. 放射性核素
E. 腹部超声

125. 假设患者出现狂躁不安可给予
A. 吗啡　B. 水合氯醛
C. 哌替啶　D. 副醛
E. 异丙嗪

(126～130 题共用题干)

患者，男性，65 岁。因肝硬化伴食管下端胃底静脉曲张、腹水而入院治疗。入院 3d 后因饮食不当突

然大量呕血，伴神志恍惚，四肢湿冷，脉搏细速，血压下降。立即予以输新鲜血、补液。

126. 予以患者输新鲜血的目的是为防止出现
A. 呼吸衰竭　B. 肝性脑病
C. 肺性脑病　D. 心力衰竭
E. 酸碱平衡紊乱

127. 患者病情进一步恶化，出现意识错乱、睡眠障碍、行为异常。昼睡夜醒，理解力、定向力、计算力均减退。扑翼样震颤(+)，脑电图异常。考虑出现肝性脑病。请问，目前患者处于肝性脑病的哪一期
A. 前驱期　B. 昏迷前期
C. 昏睡期　D. 浅昏迷期
E. 深昏迷期

128. 目前应为患者安排何种饮食为宜
A. 保证总热量和糖类摄入
B. 低蛋白饮食
C. 高维生素饮食
D. 高膳食纤维饮食
E. 高钾饮食

129. 以下哪一项护理措施是错误的
A. 暂停蛋白质的摄入 B. 用酸性液体灌肠
C. 清除肠道内积血 D. 低热量饮食
E. 防治感染

130. 假设患者发生昏迷，应选择以下哪一项护理措施为妥当
A. 患者取仰卧位
B. 取仰卧位头略偏向一侧
C. 俯卧位
D. 为防止肠道感染应长期使用新霉素
E. 眼睑闭合不全者用纱布覆盖眼部

(131～133 题共用题干)

患者，女性，40 岁。上腹部不适 4 年，近 1 个月来进食后饱胀感，有时嗳气。血清学检查：抗壁细胞抗体阴性；胃镜检查：黏膜呈颗粒状，血管网显露。

131. 该患者最可能的诊断是
A. 多灶性萎缩性胃炎 B. 慢性浅表性胃炎
C. 自身免疫性胃炎　D. 胃癌
E. 胃溃疡

132. 该患者行胃液分析时最可能的结果是
A. 胃酸分泌正常　B. 胃酸分泌降低
C. 胃酸分泌过高　D. 胃酸缺乏
E. 胃酸分泌轻度障碍

133. 假设该患者的胃液分析结果确实是胃酸分泌降低，则在饮食护理上，该患者宜选用以下哪一类饮食
A. 稀释肉汤、肉汁　B. 牛奶
C. 浓缩肉汤、肉汁　D. 菜泥
E. 面包

(134～138 题共用题干)

患者，男性，45 岁。3h 前赴宴饮酒后出现中上腹部刀割样疼痛，并向腰背部呈带状放射。疼痛阵发性加重。伴恶心、呕吐，呕吐物为胃内容物及胆汁，呕吐后腹痛未减轻。入院诊断为急性胰腺炎。

134. 对应该患者，紧急处理措施中应该首选
A. 解痉止痛　B. 观察病情
C. 心理护理　D. 胃肠减压
E. 使用抗生素

135. 目前护士应协助该患者取何种体位
A. 坐位　B. 弯腰屈膝侧卧位
C. 仰卧位　D. 俯卧位
E. 半卧位

136. 目前患者最主要的护理问题是
A. 焦虑恐惧　B. 体液不足
C. 知识的缺乏　D. 疼痛
E. 活动无耐力

137. 医嘱予以禁食。禁食在治疗急性胰腺炎中的最主要作用是
A. 减轻患者呕吐　B. 减轻患者腹胀
C. 减轻患者腹痛　D. 减少胃酸分泌
E. 减少胰腺分泌

解析：食物及胃液进入十二指肠可刺激胰腺分泌。

138. 假设患者突然出现休克、显著脱水，伴血钾、血镁、血钙降低，可能发生
A. 出血坏死性胰腺炎
B. 合并感染
C. 消化道出血
D. 急性胃肠炎
E. 胃肠减压导致的水电解质酸碱平衡紊乱

(139～142 题共用题干)

患者，男性，48 岁。因大量饮酒后突然发生中上腹持续性胀痛，伴反复恶心、呕吐，呕吐物为胃内容物，来院急诊。查体：体温 37.8℃，脉搏 90 次/分，呼吸 18 次/分，血压 105/80mmHg，查血淀粉酶明显升高。

139. 该患者最可能的诊断为
A. 急性胆囊炎、胆石症

B. 胃溃疡穿孔
C. 十二指肠壶腹部溃疡
D. 急性胰腺炎
E. 肝癌结节破裂

140. 下列有关急性胰腺炎引发的腹痛叙述正确的是
A. 可向腰背部放射 B. 为间断性的疼痛
C. 进食后缓解 D. 弯腰时加重
E. 为持续性的疼痛

解析:进食后急性胰腺炎疼痛会加重,弯腰时减轻,为持续性疼痛,可向腰背部呈带状放射。

141. 目前首要的护理措施是
A. 监测生命体征 B. 遵医嘱补液输血
C. 禁食、胃肠减压 D. 应用抗生素
E. 解痉镇痛

142. 假设患者发生出血坏死型胰腺炎,下列哪项最能提示
A. 剧烈呕吐 B. 黄疸
C. 上腹压痛及反跳痛 D. 高热
E. 两侧腹部出现皮下出血

(143~145 题共用题干)

患者,男性,因患消化性溃疡多年,近来因饮食不当、劳累等因素突然出现呕血约 150ml,同时排出柏油样大便约 100g。考虑为上消化道出血。

143. 以下哪一项是及时评估上消化道出血量的可靠指标
A. 血红蛋白量下降 B. 胃液分析
C. 呕血与黑便的性状 D. 患者的自我感觉
E. 血压有无下降

解析:血红蛋白量开始下降往往出现于出血后 3~4d 后;患者的自我感觉也无法作为出血量判断的可靠指标。

144. 此患者目前的首要护理问题是
A. 知识的缺乏 B. 活动无耐力
C. 体液不足 D. 血尿素氮降低
E. 网织红细胞计数下降

145. 目前患者应立即采取的最重要的护理措施是
A. 补充血容量
B. 抗生素的应用
C. 缩血管药物的应用
D. 促进胃动力药物的应用
E. 心理护理

参考答案

1~5 DBACD 6~10 CCABC 11~15 EDBBA
16~20 CDDDD 21~25 BCABD 26~30 CAACE
31~35 CBAEE 36~40 BAEEC 41~45 DACCA
46~50 BBABD 51~55 BACCC 56~60 BAABD
61~65 DAEAE 66~70 CAADA 71~75 ABAAA
76~80 ADAEC 81~85 DDBAB 86~90 ECDEB
91~95 BCCDB 96~100 ADBCA 101~105 CCBDB
106~110 AEBCC 111~115 AADDA
116~120 CCDDB 121~125 ECABE
126~130 BBADB 131~135 DEADA
136~140 CECCA 141~145 CECCA

(徐 亮)

第5章 泌尿系统疾病患者的护理

考点提纲栏——提炼教材精华，突显高频考点

第1节 常见症状的护理

一、常见症状

★1. 肾性水肿：由肾小球疾病所致。可分为肾炎性水肿和肾病性水肿

(1)肾炎性水肿

1)肾小球滤过率下降，肾小管重吸收功能基本正常，引起"球-管失衡"，毛细血管静水压增高出现水肿。

2)多见于急、慢性肾炎。

3)多从颜面部开始，重者可波及全身，指压凹陷不明显。因水钠潴留，血容量扩张，血压常可升高。

(2)肾病性水肿：多从下肢部位开始，常为全身性、体位性和凹陷性。

1)长期、大量蛋白尿造成低蛋白血症，血浆胶体渗透压降低，导致液体从血管内渗入组织间隙，产生水肿。

2)常见于肾病综合征。

2. 肾性高血压

(1)定义：由肾脏疾病引起的血压增高。肾脏疾病几乎均可引起高血压，肾性高血压是继发性高血压的常见原因之一。

(2)分类：容量依赖型、肾素依赖型

1)容量依赖型

①各种因素使水钠潴留，导致血容量增加引起。

②见于急慢性肾炎、尿毒症早期等。

③限制水钠摄入或增加水钠排泄可改善高血压。

④肾实质性高血压中，80%以上为容量依赖型高血压。

2)肾素依赖型高血压

①肾实质缺血，肾素-血管紧张素-醛固酮系统激活或体内扩张血管物质活性降低等引起。

②限制水钠或使用利尿剂后反而可使病情加重，可应用血管紧张素转换酶抑制剂、血管紧张素Ⅱ受体拮抗剂和钙通道阻滞剂降压。

③多见于肾血管疾病和少数慢性肾衰竭晚期患者。

★3. 尿量异常：包括少尿、无尿、多尿和夜尿增多

(1)少尿：指每天尿量少于400ml。少尿可因肾前性(如血容量不足或肾血管痉挛等)、肾性(急、慢性肾衰竭等)以及肾后性(如尿路梗阻等)因素引起。

(2)无尿：指每天尿量少于100ml。

(3)多尿：指每天尿量超过2 500ml。主要因肾小管浓缩功能受损。见于慢性肾小球肾炎、糖尿病肾病及急性肾衰竭多尿期。

(4)夜尿增多：指夜间尿量超过白天尿量或夜间尿量超过750ml。持续的夜尿增多，且尿比重低，常低于1.018，提示肾小管浓缩功能减退。

此处要注意本系统常见症状、体征的特点及相应的护理措施。

★4. 蛋白尿
- (1)定义：尿蛋白量持续超过150mg/d称为蛋白尿。若尿蛋白量持续超过3.5g/d，称大量蛋白尿。
- (2)发生机制
  - 1)肾小球性蛋白尿：最常见。系肾小球滤过膜通透性增加或所带负电荷改变，导致原尿中蛋白量超过肾小管重吸收能力而引起。常见于各种肾小球疾病。
  - 2)肾小管性蛋白尿：系肾小管重吸收能力下降所致。一般尿蛋白量＜2g/d，多见于肾小管病变以及其他引起肾间质损害的病变。
  - 3)混合性蛋白尿：为肾脏病变同时累及肾小球及肾小管时产生的蛋白尿，见于各种肾小球疾病的后期。
  - 4)溢出性蛋白尿：多见于急性溶血性疾病、多发性骨髓瘤、巨球蛋白血症等。
  - 5)组织性蛋白尿：此类蛋白尿一般与肾小球性、肾小管性蛋白尿同时发生。
  - 6)功能性蛋白尿：为一过性蛋白尿，常因剧烈运动、高热、急性疾病、充血性心力衰竭或直立体位所致。蛋白尿程度较轻，一般＜1g/d。

5. 血尿：可分为镜下血尿和肉眼血尿
- (1)★定义
  - 1)镜下血尿：新鲜尿离心沉渣后每高倍镜视野红细胞＞3个，或尿沉渣Addis计数12h排泄的红细胞＞50万，均可诊断为镜下血尿。
  - 2)肉眼血尿：尿液外观为洗肉水样、血样或有血凝块时，称为肉眼血尿。1L尿含1ml血液即呈现肉眼血尿。
- (2) 病因
  - 1)各种泌尿系统疾病引起：如肾小球肾炎、肾盂肾炎、结石、肿瘤、结核、肾对药物的过敏或毒性反应等。
  - 2)全身性疾病引起：如过敏性紫癜、风湿病、心血管病等。
  - 3)剧烈运动后可发生功能性血尿。

★6. 尿路刺激征：尿频、尿急、尿痛称为尿路刺激征
- (1)尿频：尿意频繁而尿量不多称之为尿频。
- (2)尿急：一有尿意就急不可待要排尿称之为尿急。
- (3)尿痛：排尿时会阴、下腹、尿道感到挛缩样疼痛或烧灼感称之为尿痛。
- (4)常为膀胱三角区及膀胱颈受刺激所致，多见于尿路感染、结石等。

7. 肾区疼痛及肾绞痛
- (1)肾区疼痛：急、慢性肾脏疾病，常表现为单侧或双侧肾区持续或间歇性隐痛或钝痛，多由于肾盂、输尿管内张力增高或肾包膜牵拉所致。
- (2)肾绞痛：输尿管结石可表现为病侧发作性绞痛；疼痛常突然发作，并向下腹、大腿内侧、会阴放射痛，多伴血尿，疼痛剧烈甚至引起休克。

二、护理问题

1. 肾性水肿
- (1)体液过多：与肾小球滤过功能下降致水钠潴留、大量蛋白尿致血浆清蛋白浓度下降有关。
- (2)有皮肤完整性受损的危险：与皮肤水肿、营养不良有关。

2. 尿路刺激征：排尿障碍：尿频、尿急、尿痛与尿路感染所致的膀胱刺激状态有关。

三、护理措施

★1. 肾性水肿
- (1)休息
  - 1) 严重水肿时应绝对卧床休息。
  - 2)下肢明显水肿者，卧床时可抬高下肢，以增加静脉回流，减轻水肿。
  - 3) 阴囊水肿者可用吊带托起。
- (2)饮食护理
  - 1)限制水、钠和蛋白质摄入
    - ① 水钠摄入
      - a)轻度水肿尿量＞1 000ml/d，不用过分限水，钠盐限制在3g/d以内。
      - b)若每天尿量＜500ml或有严重水肿者需限制水的摄入，每天液体入量不应超过前一天24h尿量加上约500ml，并给予无盐饮食（含钠量≤700mg/d）。

- ★1. 肾性水肿
  - (2)饮食护理
    - 1) 限制水、钠和蛋白质摄入
      - ②蛋白质摄入
        - a)低蛋白血症所致水肿者,若无氮质潴留,可给予1.0g/(kg·d)的优质蛋白质。
        - b)有氮质血症的水肿患者,应限制蛋白质的摄入,一般给予0.6～0.8g/(kg·d)的优质蛋白。
        - c)慢性肾衰竭患者需根据肾小球滤过率(GFR)来调节蛋白质摄入量,GFR<50ml/min时应限制蛋白摄入量。
    - 2)热量:补充足够的热量以免引起负氮平衡,尤其低蛋白饮食的患者,每天摄入的热量不应低于126kJ/(kg·d),即30kcal/(kg·d)。
    - 3)其他:注意补充各种维生素。
  - (3)病情观察
    - 1)记录24h出入液量,监测尿量变化。
    - 2)定期测量体重,观察水肿部位及程度变化。观察有无胸腔、腹腔和心包积液,有腹水要测腹围。
    - 3)监测生命体征,尤其是血压。
  - (4)用药的护理
    - 1) 长期使用利尿剂应观察有无低钾血症、低钠血症。
    - 2)低钾血症表现为肌无力,腹胀、恶心、呕吐以及心律失常。低钠血症可出现无力、恶心、肌痛性痉挛、嗜睡和意识淡漠。
    - 3)如使用大剂量呋塞米可导致有效血容量不足,出现恶心、直立性眩晕、口干、心悸等症状。
  - (5)保持皮肤、黏膜清洁,防止水肿皮肤破损
    - 1)温水擦浴或淋浴,患者应穿宽大柔软棉织品衣裤,保持床铺平整干燥。
    - 2)卧位或坐位患者要协助经常变换体位,避免骨隆起部位受压,引起皮肤破损。
    - 3)肌内及静脉注射要严格无菌操作。应将皮下水肿液推向一侧再进针,穿刺后用无菌干棉球按压至不渗液。
  - (6)病因指导:向患者及家属讲解造成水肿的原因,使之与医护配合。
- 2. 尿路刺激征
  - (1)★ 休息与饮食:急性期或发作期要卧床休息,多饮水,每天饮水量>2 000ml。
  - (2)尿痛不适的护理:多饮水,使尿量增多以冲刷尿路,减少炎症对膀胱刺激。做松弛术或与患者谈话,可使排尿次数减少。
  - (3)高热护理:体温>39℃时,应进行物理降温,必要时可按医嘱给予药物降温。
  - (4)疼痛护理:指导患者进行膀胱区热敷或按摩,以缓解疼痛。
  - (5)药物护理:按医嘱给予抗生素,注意了解观察药物不良反应。口服碳酸氢钠可碱化尿液,减轻尿路刺激征。

第2节　慢性肾小球肾炎患者的护理

一、定义

★1. 以蛋白尿、血尿、高血压、水肿为基本临床表现。

2. 起病方式各有不同,病情迁延,病变缓慢进展。

3. 可有不同程度的肾功能减退,最终将发展为慢性肾衰竭。

二、病因

- 病因
  - (1)大多病因不清,仅少数是急性肾炎发展所致。
  - (2)大多起病即属慢性,与急性肾炎无关。

三、发病机制

1. 原发病的免疫介导性炎症导致持续进行性的肾实质受损。
2. 高血压引起肾小动脉硬化性损伤。
3. 健存肾单位代偿性肾小球毛细血管高灌注、高压力和高滤过，促使肾小球硬化。
4. 长期大量蛋白尿导致肾小球及肾小管慢性损伤。
5. 脂质代谢异常引起肾小血管和肾小球硬化。

★四、临床表现

1. 以青、中年男性居多，多数起病隐匿。
2. 轻、中等量尿蛋白是慢性肾炎必有的表现，尿蛋白量常在1～3g/d。
3. 血尿多为镜下血尿，也可出现肉眼血尿及管型尿。
4. 轻、中度水肿：早期水肿时有时无，且多为眼睑和(或)下肢的轻中度水肿。
5. 高血压：可为轻度或持续的中度以上的高血压。
6. 肾功能呈进行性损害，可因感染、劳累、血压升高或肾毒性药物而使肾功能急剧恶化。

★五、辅助检查

1. 尿液检查：蛋白尿，有肉眼血尿或镜下血尿及管型尿。
2. 血常规检查：早期血常规检查多正常或轻度贫血。晚期红细胞计数和血红蛋白明显下降。
3. 肾功能检查：晚期血肌酐和血尿素氮增高，内生肌酐清除率明显下降。
4. B超检查示晚期双肾缩小，皮质变薄。

六、治疗要点

★1. 饮食调整：根据肾功能情况给予优质低蛋白(每日0.6～0.8g/kg)及低磷饮食。有明显水肿和高血压时需限盐(＜3g/d)。

2. 降压治疗
   - (1)★尿蛋白＞1g/d者，血压最好控制在125/75mmHg以下。尿蛋白＜1g/d者，最好控制在130/80mmHg以下。
   - (2)使用血管紧张素转换酶抑制剂(ACEI)、血管紧张素Ⅱ受体阻滞剂(ARB)、钙通道阻滞剂及利尿剂
     - 1)ACEI：常用药物有卡托普利；ARB常用药物有氯沙坦。两药可降低肾小球毛细血管内压，缓解肾小球高灌注、高滤过状态，减少尿蛋白，保护肾功能。
     - 2)钙通道阻滞剂：常用药物有硝苯地平。
     - 3)利尿药：如氢氯噻嗪、呋塞米。

3. 血小板解聚药：大剂量双嘧达莫或小剂量阿司匹林对系膜毛细血管性肾小球肾炎有一定疗效。

七、护理问题

1. 体液过多：与肾小球滤过率下降导致水钠潴留等因素有关。
2. 营养失调：低于机体需要量：与低蛋白饮食，长期蛋白尿致蛋白丢失过多有关。
3. 有感染的危险：与机体抵抗力下降、应用激素和(或)免疫抑制剂有关。
4. 有皮肤完整性受损的危险：与水肿、营养不良有关。
5. 潜在并发症：慢性肾功能衰竭。

八、护理措施

1. 一般护理
   - (1)休息可减轻肾脏负担，减少蛋白尿及水肿。
   - (2)★饮食指导
     - 1)蛋白质的摄入量0.6～0.8g/(kg·d)，其中60%以上为高生物效价蛋白质。
     - 2)饱和脂肪酸和非饱和脂肪酸比为1∶1，其余热量由糖类供给。
     - 3)盐的摄入量为每天1～3g，同时补充多种维生素。

1. 一般护理
   - (3)控制及预防感染
     - 1)保持口腔及皮肤的清洁，注意个人卫生。
     - 2)注意保暖，预防上呼吸道感染。
     - 3)严格无菌操作，预防穿刺部位皮肤感染。

2. 病情观察
   - (1)观察水肿、高血压及贫血的程度。
   - (2)观察尿液改变和肾功能减退程度。
   - (3)★观察各种征象
     - 1)注意有无尿毒症早期征象，如头痛、嗜睡、食欲减退、恶心、呕吐、尿少和出血倾向等。
     - 2)注意有无心脏损害的征象，如心悸、脉率增快、交替脉、心律失常，严重时可出现呼吸困难，夜间不能平卧、烦躁不安等心力衰竭表现。
     - 3)注意有无高血压脑病征象，如剧烈头痛、呕吐、黑矇和抽搐等，需定时测血压。

3. 用药指导
   - (1)指导患者遵照医嘱坚持长期用药，定期复查。
   - (2)使用降压药时注意预防直立性低血压；ACEI类药物可致血钾升高，部分患者还可引起刺激性干咳。
   - (3)避免使用肾毒性的药物。

九、健康教育

1. 指导患者预防感染，避免复发。
2. 按医嘱坚持用药，定期复查。
3. ★避免应用对肾脏有损害药物，如链霉素、庆大霉素和卡那霉素等。
4. 女性患者不宜妊娠。
5. 用药指导：介绍各类降压药不良反应及使用时的注意事项。
6. 病情自我监测：监测肾功能、血压、水肿等的变化。

第3节　原发性肾病综合征患者的护理

★一、定义

1. 由各种肾脏疾病所致。
2. 大量蛋白尿(尿蛋白>3.5g/24h)。
3. 低蛋白血症(人血白蛋白<30g/L)。
4. 高度水肿。
5. 高脂血症。

二、病因

1. 原发性肾病综合征
   - (1)指原发于肾脏本身的肾小球疾病。
   - (2)急性肾炎、急进性肾炎、慢性肾炎均可发生。
2. 继发性肾病综合征
   - (1)指继发于全身性或其他系统的疾病。
   - (2)系统性红斑狼疮、糖尿病、过敏性紫癜、肾淀粉样变性、多发性骨髓瘤等均可发生。

三、发病机制

该病为免疫介导性炎症所致的肾脏损害。

★★四、临床表现

1. 大量蛋白尿
   - (1)尿蛋白>3.5g/24h，是肾病综合征的标志。
   - (2)由于肾小球滤过膜通透性增加，大量血浆蛋白漏出，远远超过近曲小管回吸收能力，形成大量蛋白尿。
   - (3)高血压、高灌注、高滤过因素会加重蛋白尿。

2. 低蛋白血症
   - (1)人血白蛋白<30g/L，是肾病综合征第二个必备的特征。
   - (2)主要为大量白蛋白自尿中丢失所致。

3. 水肿
   - (1)肾病综合征最突出的体征。
   - (2)发生主要与低蛋白血症所致血浆胶体渗透压明显下降有关。
   - (3)逐渐发展。最早以组织疏松及体位较低部位明显，如眼睑、颜面、踝部，晚期则有胸水、腹水、阴囊水肿。

4. 高脂血症：与低白蛋白血症刺激肝脏代偿性地增加脂蛋白合成以及脂蛋白分解减少有关。

5. 并发症
   - (1)感染
     - 1)与蛋白质营养不良、免疫功能紊乱及应用肾上腺皮质激素治疗有关。
     - 2)感染部位以呼吸道、泌尿道、皮肤感染最多见。
     - 3)感染是导致复发及疗效不佳的主要原因。
   - (2)血栓、栓塞
     - 1)多数患者血液呈高凝状态，常可自发形成血栓。
     - 2)其中以肾静脉血栓最为多见。
     - 3)肾静脉血栓形成可明显加重病情。
   - (3)急性肾衰竭
     - 1)因水肿导致有效循环血容量减少，肾血流量下降，可诱发肾前性氮质血症。
     - 2)经扩容、利尿治疗后多可恢复。
     - 3)少数可发展为肾实质性急性肾衰竭，表现为无明显诱因出现少尿、无尿，经扩容、利尿无效。
   - (4)蛋白质和脂肪代谢紊乱：常有心绞痛、心肌梗死、动脉硬化等冠心病表现。

五、辅助检查

★1. 尿液检查：尿蛋白定性一般为+++～++++，尿蛋白>3.5g/24h。尿中可有红细胞、颗粒管型等。

★2. 血液检查：人血白蛋白低于30g/L。血中胆固醇、三酰甘油、极低密度脂蛋白均可增高，血IgG可降低。

3. 肾功能检查：内生肌酐清除率正常或降低，血肌酐、尿素氮可正常或升高。

4. 肾B超检查：双肾正常或缩小。

5. 肾活组织病理检查：明确病理类型。

六、治疗要点

1. 一般治疗
   - (1)休息
     - 1)严重水肿、体腔积液时需卧床休息。
     - 2)适当床上运动，防止血栓发生。
   - (2)★饮食
     - 1)低盐（<3g/d)。
     - 2)蛋白质：肾功能正常时，可为优质蛋白饮食[1g/(kg·d)]。
     - 3)低脂饮食。

2. 对症治疗
   - (1)利尿消肿
     - 1)常用利尿剂包括噻嗪类、保钾利尿药、袢利尿药
       - ①噻嗪类：常用药物有氢氯噻嗪。
       - ②保钾利尿药：常用药物有氨苯蝶啶。
       - ③袢利尿药：常用药物有呋塞米。
     - 2)渗透性利尿剂：提高血浆胶体渗透压，常用药物有低分子右旋糖酐。
   - (2)减少尿蛋白：应用ACEI抑制剂和其他降压药。
   - (3)降脂治疗：常用药物有洛伐他汀。

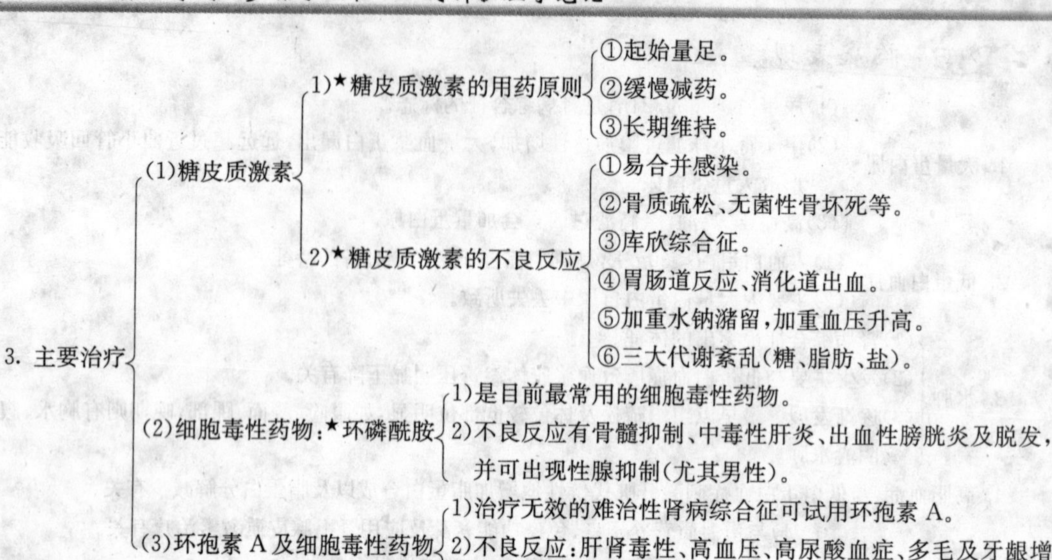

- 3. 主要治疗
  - (1)糖皮质激素
    - 1)★糖皮质激素的用药原则
      - ①起始量足。
      - ②缓慢减药。
      - ③长期维持。
    - 2)★糖皮质激素的不良反应
      - ①易合并感染。
      - ②骨质疏松、无菌性骨坏死等。
      - ③库欣综合征。
      - ④胃肠道反应、消化道出血。
      - ⑤加重水钠潴留,加重血压升高。
      - ⑥三大代谢紊乱(糖、脂肪、盐)。
  - (2)细胞毒性药物:★环磷酰胺
    - 1)是目前最常用的细胞毒性药物。
    - 2)不良反应有骨髓抑制、中毒性肝炎、出血性膀胱炎及脱发,并可出现性腺抑制(尤其男性)。
  - (3)环孢素A及细胞毒性药物
    - 1)治疗无效的难治性肾病综合征可试用环孢素A。
    - 2)不良反应:肝肾毒性、高血压、高尿酸血症、多毛及牙龈增生等,停药后易于复发。

- 4. 并发症防治
  - (1)感染:应选择敏感、强效及无肾毒性的抗生素进行治疗。
  - (2)血栓及栓塞:当血液出现高凝状态时应给予抗凝剂,如肝素,并辅以血小板解聚药,如双嘧达莫。
  - (3)急性肾衰竭:利尿无效且达到透析指征时,应进行透析治疗。

七、护理问题

1. 体液过多:与低蛋白血症致血浆胶体渗透压下降等有关。
2. 营养失调:低于机体需要量:与大量蛋白尿、摄入减少及吸收障碍有关。
3. 有感染的危险:与机体抵抗力下降、应用激素和(或)免疫抑制剂有关。
4. 有皮肤完整性受损的危险:与水肿、营养不良有关。
5. 潜在并发症:血栓形成、急性肾功能衰竭、心脑血管并发症。

八、护理措施

- 1. 一般护理
  - (1)休息:严重水肿、体腔积液时需卧床休息,注意防止血栓发生。
  - (2)★饮食
    - 1)低盐($<3g/d$)。
    - 2)蛋白质:肾功能正常时,正常量优质蛋白饮食[$1g/(kg\cdot d)$]。
    - 3)低脂饮食。
  - (3)★皮肤护理
    - 1)保持皮肤清洁、干燥。
    - 2)避免皮肤长时间受压,经常更换体位。
    - 3)并有适当支托,预防水肿的皮肤受摩擦或损伤。
    - 4)避免医源性皮肤损伤。
  - (4)★预防感染
    - 1)避免到公共场所和预防感染。
    - 2)保持环境清洁。
    - 3)加强全身皮肤、口腔黏膜和会阴部护理。
- ★2. 用药护理
  - (1)糖皮质激素药物的护理
    - 1)服药期间应给予低盐,含钾、钙丰富的食物,补充钙剂和维生素D。
    - 2)定期测血压、血糖、尿糖,及早发现药物性糖尿病及医源性高血压。
    - 3)做好皮肤和口腔黏膜的护理。
    - 4)按医嘱服药,不能自行停药或减量过快,以免引起病情反弹。

★2. 用药护理
- (2)免疫抑制剂的护理
  - 1)鼓励患者多饮水,观察尿液颜色,及早发现膀胱出血情况。
  - 2)育龄女性服药期间应避孕。
  - 3)有脱发者,鼓励患者戴假发,以增强自尊,做好心理护理。
- (3)环孢素A药物的护理:服药期间应注意监测血药浓度,观察有无不良反应。
- (4)利尿药物的护理
  - 1)观察利尿药的治疗效果及有无出现不良反应,如低钾、低钠、低氯血症性碱中毒等。
  - 2)使用大剂量呋塞米时,应注意观察有无恶心、直立性眩晕、口干、心悸等。
  - 3)注意初始利尿不能过猛,以免血容量不足,诱发血栓形成和损伤肾功能。

九、健康教育

1. 休息与运动:注意休息,避免劳累,同时应适当活动,以免发生肢体血栓等并发症。

★2. 饮食指导:告诉患者优质蛋白、高热量、低脂、高膳食纤维和低盐饮食的重要性。指导患者根据病情选择合适的食物,并合理安排每天饮食。

3. 预防感染,避免受凉、感冒,注意个人卫生。

★4. 用药指导:告诉患者不可擅自减量或停用激素,介绍各类药物的使用方法、使用时注意事项以及可能的不良反应。

5. 自我病情监测与随访的指导:监测水肿、尿蛋白和肾功能的变化。注意随访。

第4节 肾盂肾炎患者的护理

★一、定义

肾盂肾炎主要是由细菌引起的肾盂、肾盏和肾实质的感染性炎症。肾盂肾炎一般都伴有下尿路感染。肾盂肾炎临床上分为急性和慢性,多发于女性。

★二、病因

1. 病菌主要为细菌,最常见为革兰阴性杆菌。
2. 其中大肠埃希菌最为多见,占70%以上。其次为副大肠埃希菌、变形杆菌、克雷白杆菌等。
3. 铜绿假单胞菌、金黄色葡萄球菌多见于复杂性尿路感染。

三、发病机制

1. 感染途径
   - (1)★尿路上行感染:最常见的途径。细菌可沿尿路上行引起感染。
   - (2)血行感染:较少见,多为体内感染灶的细菌侵入血液循环,到达肾脏,引起肾盂肾炎。
   - (3)直接感染:偶见外伤或肾周围器官发生感染时。该处细菌直接侵入肾脏引起感染。

★2. 正常尿路的自我防御能力
   - (1)尿路通畅时,尿液可以冲刷大部分细菌。
   - (2)男性前列腺液有杀菌作用。
   - (3)尿路黏膜分泌有机酸、IgA、IgG有杀菌能力。
   - (4)酸性尿抑制细菌生长。
   - (5)尿液中高浓度尿素起到抑菌作用。

★3. 易感因素(内因)
   - (1)女性。
   - (2)尿路梗阻(肿瘤、结石、异物)。
   - (3)尿路畸形或功能缺陷。
   - (4)尿道口附近存在感染灶。
   - (5)尿路器械检查、导尿与尿管留置。
   - (6)全身免疫力下降(慢性病、激素、化疗等)。
   - (7)其他:少喝水、憋尿、妊娠、不洁性生活、个人卫生习惯不良。

4. 细菌致病力增强(外因)。

★四、临床表现

1. 急性肾盂肾炎
   - (1)全身表现:如寒战、发热、头痛、恶心、呕吐。
   - (2)★泌尿系统表现
     - 1)症状:尿路刺激征+腰痛,一般无高血压、氮质血症。
     - 2)体征:肋脊角压痛或叩痛,肾区叩击痛。

2. 慢性肾盂肾炎
   - (1)大多数因急性肾盂肾炎治疗不彻底发展而来。
   - (2)临床表现多不典型,病程长,迁延不愈,反复发作。
   - (3)急性发作时可有全身及尿路刺激症状,与急性肾盂肾炎相似。
   - (4)有部分患者以高血压、轻度水肿为首发表现。
   - (5)慢性肾盂肾炎后期有肾功能减退症状。

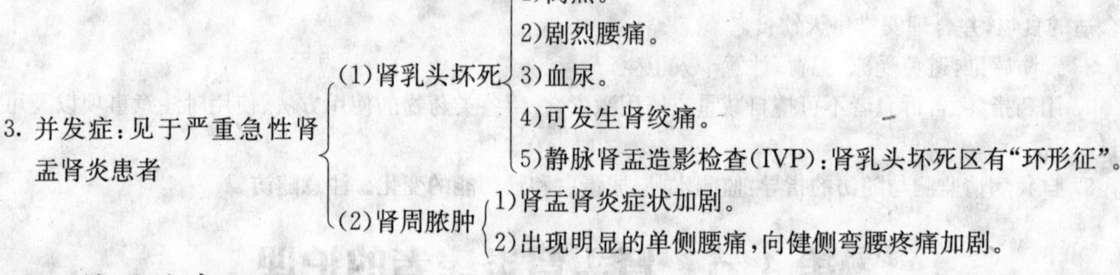

3. 并发症:见于严重急性肾盂肾炎患者
   - (1)肾乳头坏死
     - 1)高热。
     - 2)剧烈腰痛。
     - 3)血尿。
     - 4)可发生肾绞痛。
     - 5)静脉肾盂造影检查(IVP):肾乳头坏死区有“环形征”。
   - (2)肾周脓肿
     - 1)肾盂肾炎症状加剧。
     - 2)出现明显的单侧腰痛,向健侧弯腰疼痛加剧。

五、辅助检查

1. 尿常规
   - (1)★白细胞管型(肾盂肾炎的征象,对肾盂肾炎有诊断价值)。
   - (2)★白细胞明显增加(WBC≥5 个/HP)。
   - (3)血尿(RBC≥3 个/HP)。

★2. 尿细菌学检查:是诊断尿路感染的关键
   - (1)尿涂片和染色检查(定性):尿涂片镜检,≥1 个/HP 为阳性。
   - (2)清洁中段尿培养检查(定量)
     - 1)标本采集要求
       - ①检查前不用抗生素或停药大于 5d。
       - ②晨尿(6~8h)。
       - ③留尿时不可加入任何防腐或消毒剂。
       - ④充分清洁尿道外口,避免阴道分泌物污染。
       - ⑤留尿时尿流不能中断。
       - ⑥新鲜标本 1h 内立即送检,否则应保存于 4℃的冰箱内。
     - 2)清洁中段尿培养是确诊的依据
       - ①菌落计数≥ 10^5/ml 为感染。
       - ②菌落计数 10^4~10^5/ml 为可疑。
       - ③菌落计数<10^4/ml 为污染。

3. 影像学检查:静脉肾盂造影检查(IVP)、腹部平片、B 超、CT、MRI 等,以确定有无结石、梗阻、泌尿系统先天性畸形和膀胱-输尿管反流等。

六、治疗要点

1. 基础治疗
   - (1)★多饮水:每日饮水量要大于 2 000ml。
   - (2)★勤排尿:每 2~3h 排尿 1 次,每天尿量不少于 1 500ml。
   - (3)讲究个人卫生、家庭卫生(尤其配偶)。
   - (4)劳逸结合。

2. 抗生素治疗

- (1)急性膀胱炎
  - 1)初诊用药
    - ①单剂疗法：复方磺胺甲噁唑6片、氧氟沙星0.6g，每日1次。
    - ②3d疗法：复方磺胺甲噁唑2片，每日2次，或氧氟沙星0.2g，每日2次。
  - 2)复诊时处理
    - ①停药7d和一个月复查尿常规，行中段尿培养。
    - ②若无症状、无白细胞尿及菌尿，提示膀胱炎治愈。
    - ③如复诊时仍有尿急、尿频、尿痛，仍有菌尿且有白细胞尿，则可诊为肾盂肾炎。
    - ④已无菌尿，但患者仍有白细胞尿，查支原体阳性，可拟诊为感染性尿道综合征。
    - ⑤患者没有菌尿，也没有白细胞尿，但仍有尿频和排尿不适，则很可能为非感染性尿道综合征。
- (2)急性肾盂肾炎
  - 1)抗生素治疗
    - ①轻型肾盂肾炎宜口服有效抗菌药物14d，可选用磺胺类和氟喹酮类。
    - ②严重肾盂肾炎有明显毒血症状者需肌内注射或静脉用药，可选用氨基糖苷类、青霉素类、头孢类等药物。
    - ③获得尿培养结果后应根据药敏结果选药，必要时联合用药。
  - 2)碱化尿液：口服碳酸氢钠片，可增强上述抗菌药物的疗效，减轻尿路刺激症状。
- (3)再发性尿路感染的处理：再发可分为复发和重新感染
  - 1)复发：经治疗症状消失，尿菌转阴6周内再次出现菌尿，菌种与上次相同，常见于慢性肾盂肾炎
    - ①消除易感因素(关键)。
    - ②选用有效的强力杀菌性抗生素，在允许的范围内用最大剂量，治疗6周，如不成功，可延长疗程或改为注射用药。
  - 2)重新感染：经治疗症状消失，尿菌转阴6周内再次出现菌尿，菌种与上次不同，常由于尿路抵抗力差
    - ①短程治疗性用药。
    - ②长程低剂量抑菌疗法：每晚临睡前排尿后口服复方新诺明半片，疗程半年或1～2年。

七、护理问题

1. 体温过高：与急性肾盂肾炎有关。
2. 排尿障碍：尿频、尿急、尿痛与泌尿系统感染有关。
3. 潜在并发症：肾乳头坏死、肾周脓肿等。
4. 知识缺乏：缺乏预防尿路感染的知识。

★八、护理措施

1. 养成良好的个人卫生和生活习惯
   - (1)坚持每天多饮水，每2～3h排尿1次。
   - (2)注意阴部的清洁，要勤洗澡，且不要用池浴或盆浴。要勤换内裤，在新婚、月经、妊娠和产褥期，尤应注意。女婴要勤换尿布。
   - (3)加强锻炼，提高机体免疫力。
2. 治疗配合
   - (1)按时、按量、按疗程用药。
   - (2)尿菌转阴，于停药一周和一个月分别复查一次，如无菌尿则提示治愈。

3. 避免易感因素
(1)去除慢性感染因素:积极治疗慢性结肠炎、慢性妇科疾病、糖尿病、慢性肾脏病等易发生尿路感染的疾病,是预防复发的重要措施。
(2)尽量避免使用尿路器械和插管。
(3)性生活后即排尿。
(4)纠正各种畸形或尿路异常。

九、健康教育

1. 疾病知识指导
(1)保持规律生活,避免劳累,坚持体育运动,增加机体免疫力。
(2)预防尿路感染最简便而有效的措施是多饮水、勤排尿,每天应摄入足够水分,保证每天尿量不少于1 500ml。
(3)注意个人卫生,尤其是会阴部及肛周皮肤的清洁,特别是月经期、妊娠期、产褥期。教会患者正确清洁外阴部的方法。
(4)与性生活有关的反复发作者,应注意性生活后立即排尿,并服抗菌药物预防。

2. 治疗配合
(1)嘱患者按时、按量、按疗程服药,勿随意停药,并按医嘱定期随访。
(2)教会患者识别尿路感染的临床表现,一旦发生尽快诊治。

第5节 急性肾功能衰竭患者的护理

一、定义

急性肾衰竭是由于各种病因引起的短时间内(数小时或数天)肾功能突然下降而出现的临床综合征。主要表现为血肌酐(Cr)和尿素氮(BUN)升高,水、电解质和酸碱平衡失调及全身各系统并发症。常伴有少尿(<400ml/24h),但也可以无少尿表现。

二、病因

1. 肾前性:主要病因包括有效循环血容量减少和肾内血流动力学改变(包括肾前小动脉收缩或肾后小动脉扩张)等。

2. 肾后性:由于各种原因的急性尿路梗阻所致,梗阻可发生在尿路从肾盂到尿道的任一水平。

3. 肾性:由于肾实质损伤所致,常见的肾性因素有以下几个方面
(1)急性肾小管坏死(ATN):为最常见的急性肾衰竭类型,约占75%~80%,多数可逆。
(2)急性肾间质病变。
(3)肾小球和肾小血管病变。

三、发病机制

1. 肾血流动力学改变:主要表现为肾皮质血流量减少,肾髓质充血等。造成上述血流动力学障碍的原因主要的机制是血管收缩因子(内皮素)产生过多,舒张因子(一氧化氮)产生相对过少。

2. 肾小管上皮细胞代谢障碍:缺血引起缺氧,影响到上皮细胞的代谢。

3. 肾小管上皮脱落,管腔中管型形成:肾小管管腔堵塞造成压力过高,加剧了已有的组织水肿,进一步降低了肾小球滤过及肾小管间质缺血性障碍。

四、临床表现

典型病程可分为3期:起始期、维持期、恢复期。

1. 起始期:此期急性肾衰竭是可以预防的,有严重肾缺血,但尚未发生明显的肾实质损伤,但随着肾小管上皮损伤的进一步加重,GFR下降,临床表现开始明显,进入维持期。

2. 维持期：又称少尿期。典型的为7～14d，也可短至几天，有时可长至4～6周。肾小球滤过率保持在低水平，许多患者可出现少尿（<400ml/d）。但有些患者可没有少尿，尿量在400ml/d以上，称非少尿型急性肾衰竭，其病情大多较轻，预后较好。然而不论尿量是否减少，随着肾功能减退，临床上均可出现一系列尿毒症表现

(1)急性肾衰竭的全身并发症

1)消化系统症状：为最早出现的系统症状，可有食欲减退、恶心、呕吐、腹胀、腹泻等，严重者可发生消化道出血。

2)呼吸系统症状：除肺部感染的症状外，因容量负荷过度，可出现呼吸困难、咳嗽、憋气、胸痛等症状。

3)循环系统症状：多因尿少和未控制饮水，以致体液过多而出现高血压、心力衰竭和肺水肿表现；因毒素滞留、电解质紊乱、贫血及酸中毒，可引起各种心律失常及心肌病变。

4)神经系统症状：可出现意识障碍、躁动、谵妄、抽搐、昏迷等尿毒症脑病症状。

5)血液系统症状：可有出血倾向和轻度贫血现象。

6)其他：常伴有感染，其发生与进食少、营养不良、免疫力低下等因素有关，感染是急性肾衰竭的主要死亡原因之一。此外，在急性肾衰竭同时或在疾病发展过程中还可合并多脏器功能衰竭，患者死亡率可高达70%以上。

(2)水、电解质和酸碱平衡失调：其中高钾血症、代谢性酸中毒最为常见

1)代谢性酸中毒：由于肾小球滤过功能降低，使酸性代谢产物排出减少，同时又因急性肾衰竭常合并高分解代谢状态，使酸性产物明显增多。表现为恶心、呕吐、疲乏、嗜睡和呼吸深长。

2)高钾血症：少尿期钾排泄减少使血钾升高；若并发感染、热量摄入不足及组织大量破坏均可使钾从细胞内释放到细胞外液，引起高钾血症；此外，酸中毒也可引起血钾升高。高钾血症是少尿期的重要死因。患者可出现恶心、呕吐、四肢麻木、烦躁、胸闷等症状，并可发生心率减慢、心律不齐，甚至室颤、心搏骤停。

3)低钠血症：主要是由于水钠潴留引起稀释性低钠血症。

4)其他：可有低钙、高磷、低氯血症等，但远不如慢性肾衰竭时明显。

3. 恢复期：此期肾小管细胞再生、修复，肾小管完整性恢复。肾小球滤过率逐渐恢复至正常或接近正常范围。少尿型患者开始出现利尿，可有多尿表现，每天尿量可达3 000～5 000ml，甚至更多。通常持续约1～3周，继而再恢复正常。少数患者可遗留不同程度的肾结构和功能缺陷。

五、辅助检查

1. 血常规：轻至中度贫血，白细胞增多，血小板减少；血肌酐和尿素氮升高，血清钾升高，血清钙降低，血清磷升高；血pH低于7.35。

2. 尿液检查

(1)尿量：每日尿量在400ml以下。

(2)尿常规：外观多浑浊，尿色深，有时呈酱油色；尿比重降低且固定，多在1.015以下；尿呈酸性；尿蛋白定性+～++；尿沉渣镜检可见肾小管上皮细胞、上皮细胞管型、颗粒管型、少许红细胞和白细胞等。

六、治疗要点

1. 起始期的治疗：治疗重点是纠正可逆的病因，预防额外的损伤。

2. 维持期的治疗：治疗的重点为调节水、电解质和酸碱平衡、控制氮质血症、供给足够的营养和治疗原发病

(1)高钾血症的处理：当血钾超过6.5mol/L，心电图表现异常变化时，应予以紧急处理

1)予10%葡萄糖酸钙溶液10～20ml，稀释后缓慢静脉注射(不少于5min)。

2)5% $NaHCO_3$ 溶液或11.2%乳酸钠溶液100～200ml静脉滴注，纠正酸中毒并同时促使钾离子向细胞内移动。

3) 50%葡萄糖溶液50ml加胰岛素10U缓解静脉注射。

4) 钠型离子交换树脂15～30g口服，3次/天。

5) 以上措施无效时，透析治疗是最有效的治疗。

(2)透析疗法：明显尿毒症综合征，包括心包炎、严重脑病、高钾血症、严重代谢性酸中毒、容量负荷过重且对利尿药治疗无效者，均是透析治疗的指征。对非高分解型、尿量不少的患者可施行内科保守治疗。重症患者则倾向于早期进行透析治疗。

(3)其他：纠正水、电解质和酸碱平衡紊乱，控制心力衰竭，预防和治疗感染。

3. 多尿期：此期治疗重点仍为维持水、电解质和酸碱平衡，控制氮质潴留、防治各种并发症。

4. 恢复期：一般无需特殊处理，定期随访肾功能，避免肾毒性药物的使用。

七、护理问题

1. 体液过多：与急性肾衰竭所致肾小球滤过功能受损、水分控制不严等因素有关。
2. 营养失调：低于机体需要量：与患者食欲减退、限制蛋白质摄入、透析和原发疾病等因素有关。
3. 有感染的危险：与限制蛋白质饮食、透析、机体抵抗力降低等有关。
4. 潜在并发症：高血压脑病、急性左心衰竭、心律失常、心包炎、DIC、多脏器功能衰竭等。

八、护理措施

1. 一般护理：少尿期应绝对卧床休息以减轻肾脏负担，注意活动下肢，防止静脉血栓形成；床铺、衣裤干燥整洁，防止皮肤破损。

2. 饮食护理

(1)蛋白质：限制蛋白质摄入，降低血尿素氮，减轻尿毒症症状，可给予高生物效价优质蛋白饮食，摄入量应限制为0.8g/(kg·d)，并适量补充必需氨基酸。透析的患者给予高蛋白质饮食。

(2)保证热量的供给：急性肾衰竭患者每天所需热量为147kJ/kg(35kcal/kg)。主要由糖类和脂肪供给，为摄入足够的热量，可食用植物油和食糖，并注意供给富含维生素C、维生素B族和叶酸的食物，必要时静脉补充营养物质。

(3)维持水平衡：少尿期应严格计算24h的出入量，按照“量出为入”的原则补入液量，24h的补液量应为显性失液量及不显性失液量之和减去内生水量。显性失液量即前一天的尿量、粪、呕吐、出汗、引流液、透析超滤量等。不显性失液量是指从皮肤蒸发丢失的水分(约300～400ml)和从呼气中丢失的水分(约400～500ml)。同时将出入量的记录方法、内容告诉患者，以便得到患者的充分配合。

(4)减少钾的摄入：尽量避免食用含钾丰富的食物，如坚果类食物、海产品、香蕉、橘子、白菜、萝卜、梨、桃、葡萄、西瓜等。

3. 病情观察
(1)严格记录患者24h的液体出入量。
(2)定期测量患者的生命体征、意识变化。
(3)观察水肿的情况，包括水肿的分布、部位、特点、程度及消长等，定期测量患者的体重、腹围、观察患者有无出现胸腔积液、腹腔积液等全身严重水肿的征象。
(4)配合医生做好肾功能各项指标和血钠、血钾、血钙、血磷、血pH等变化的观察，并进行心电监护以及密切观察有无高钾血症的征象，如脉率不齐、肌无力、心电图改变等。
(5)观察患者有无出现呼吸道、泌尿道、皮肤、胆道、血液等部位感染的征象。
(6)监测重要器官的功能情况，如有无上消化道出血、心力衰竭、肺梗死、高血压脑病等表现。

九、健康指导

1. 预防疾病指导慎用氨基糖苷类等肾毒性抗生素。尽量避免需用大剂量造影剂的X线检查，尤其是老年人及肾血流灌注不良者(如脱水、失血、休克)。加强劳动防护，避免接触重金属、工业毒物等。误服或误食毒物时，应立即进行洗胃或导泻，并采用有效解毒剂。

2. 指导恢复期患者应加强营养，注意合理膳食，如限制钠盐及避免食含钾高的食物；增强体质，适当锻炼；注意个人清洁卫生，注意保暖，防止受凉；避免妊娠、手术、外伤等。强调监测肾功能、尿量的重要性，叮嘱患者定期随访，并教会其测量和记录尿量的方法。

第6节　慢性肾功能衰竭患者的护理

★一、概述

1. 慢性肾功能衰竭是一种常见的临床综合征。
2. 它发生在各种慢性肾脏疾病(包括原发性和继发性)的基础上。
3. 缓慢出现肾功能进行性减退。
4. 最终以代谢产物潴留、水、电解质和酸碱平衡紊乱为主要表现。
★5. 分期：根据其肾损害程度分4期，即肾储备能力下降期、氮质血症期、肾衰竭期、尿毒症期。见表5-1。

表5-1　慢性肾功能衰竭分期

分期	肾储备能力下降期	氮质血症期	肾衰竭期	尿毒症期
GFR(占正常的%)	50%～80%	25%～50%	10%～25%	10%以下
内生肌酐清除率(ml/min)	80～50	50～25	25～10	<10
血肌酐(μmol/L)	正常	高于正常<450	450～707	>707
临床症状	无症状	肾衰竭早期。通常无明显症状，可有轻度贫血、多尿和夜尿	贫血较明显，夜尿增多，水、电解质紊乱，并有轻度胃肠道、心血管和中枢神经系统症状	肾衰竭晚期。肾衰竭的临床表现和血生化异常十分显著

二、病因

1. 任何泌尿系统疾病能破坏肾的正常结构和功能者，均可引起肾衰竭。
2. 国外常见的病因依次是：糖尿病肾病、高血压肾病、肾小球肾炎、多囊肾等。
3.★我国则为：肾小球肾炎、糖尿病肾病、高血压肾病、多囊肾、梗阻性肾病等。

三、发病机制

1. 慢性肾衰竭进行性恶化的发生机制
   - (1)健存肾单位学说。
   - (2)矫枉失衡学说。
   - (3)肾小球高压力、高灌注和高滤过学说。
   - (4)肾小管高代谢学说。
   - (5)其他:慢性肾衰竭的发生与脂类代谢紊乱、肾内凝血异常、细胞因子和多肽生长因子等亦有密切关系。

2. 尿毒症的发病机制:尿毒症各种症状的发生与水、电解质、酸碱平衡失调,尿毒症毒素,肾的内分泌功能障碍等有关。

★四、尿毒症的临床表现

1. 水、电解质和酸碱平衡失调
   - (1)水、钠平衡失调
     - 1)肾衰竭时常有轻度水、钠潴留,如果摄入过量的水和钠,易引起体液过多而发生水肿、高血压和心力衰竭。
     - 2)水肿时常有低钠血症,是由于摄入水过多(稀释性低钠血症)所致,透析患者也常有轻度低钠血症。
   - (2)钾的平衡失调
     - 1)肾衰竭时,残余的每个肾单位远端小管排钾都增加,肠道也增加钾的排泄,因调节机制较强,故患者的血钾多正常。
     - 2)高钾血症:如尿量>500ml,一般不会发生。
     - 3)主要见于以下几方面
       - ①应用抑制排钾的药物:如螺内酯、氨苯蝶啶、ACEI等。
       - ②摄入钾增加(包括含钾的药物)或输库存血。
       - ③代谢性酸中毒。
       - ④高钾血症可导致严重心律失常,有些患者可无症状而突然出现心搏骤停,部分患者有肌无力或麻痹。
   - (3)代谢性酸中毒
     - 1)肾衰竭时代谢产物如磷酸、硫酸等酸性物质因肾的排泄障碍而潴留。
     - 2)肾小管分泌 H^+ 的功能缺陷和肾小管制造 NH_4^+ 的能力差,因而造成血阴离子间隙增加,血 HCO_3^- 浓度下降。
     - 3)表现为食欲缺乏、呕吐、虚弱无力、呼吸深长。严重者可昏迷、心力衰竭和(或)血压下降。
   - (4)磷和钙的失平衡
     - 1)血磷浓度高会抑制近端小管产生骨化三醇,使肾衰竭时产生骨化三醇不足的情况更加严重。
     - 2)血磷的升高而形成磷酸钙沉积于软组织,进一步导致血钙的下降。
     - 3)骨化三醇是维持血钙正常的主要因素,其不足会令血钙浓度降低。低钙是使甲状旁腺分泌甲状旁腺激素(PTH)增加的主要因素,是造成继发性甲状旁腺功能亢进的主要原因。
     - 4)高磷血症、低钙血症只在肾衰竭的中、晚期(GFR<20ml/min)时才能检验出来,且通常不会引起临床症状。
   - (5)高镁血症
     - 1)当GFR<20ml/min时由于肾排镁减少,常有轻度高镁血症。
     - 2)患者常无任何症状。

2. 系统症状、体征

- (1)胃肠道
  - 1)食欲减退和晨起恶心、呕吐是常见的早期表现。
  - 2)唾液中的尿素被分解成为氨,呼出的气体有尿味。
  - 3)胃黏膜糜烂或消化性溃疡而发生胃肠道出血。
- (2)心血管系统
  - 1)高血压和左心室肥大
    - ①由于钠水潴留、也与肾素活性增高有关。
    - ②可引起左心室扩大、心力衰竭、动脉硬化并加重肾损害。
    - ③贫血和血液透析(简称血透)用的内瘘,会引起心高每搏输出量状态,加重左心室负荷。
  - 2)心力衰竭
    - ①是慢性肾衰竭患者常见的死亡原因。
    - ②与钠、水潴留及高血压有关,但亦有部分病例可能与尿毒症心肌病有关。
    - ③在尿毒症时常有心肌病表现,如心脏扩大、持续性心动过速、奔马律、心律失常等。
  - 3)心包炎
    - ①可分为尿毒症性或透析相关性心包炎。前者已少见,后者可见于透析不充分者。
    - ②心包积液多为血性。当有可疑的心脏压塞征时,应急做超声心动图,它能准确反映心包积液量及心脏舒缩功能。
  - 4)动脉粥样硬化
    - ①主要是由高脂血症和高血压所致,可能与血 PTH 增高也有关。
    - ②伴有肾病综合征的肾衰竭患者,前者的高脂血症和高凝状态更易发生闭塞性血管病。
- (3)血液系统表现
  - 1)贫血
    - ①是尿毒症患者必有的临床表现。
    - ②是正细胞正常色素性贫血。
    - ③原因
      - a)主要是肾产生的红细胞生成素(EPO)减少。
      - b)铁的摄入减少。
      - c)血液透析过程失血或频繁抽血化验。
      - d)肾衰竭时红细胞生存时间缩短。
      - e)叶酸缺乏。
      - f)体内缺乏蛋白质。
      - g)尿毒症毒素对骨髓的抑制等。
  - 2)出血
    - ①表现为皮肤瘀斑、鼻出血、月经过多、外伤后严重出血、消化道出血等。
    - ②是由于出血时间延长,血小板第Ⅲ因子的活力下降,血小板聚集和黏附能力异常。
    - ③凝血酶消耗过程的障碍等引起凝血障碍所致。
    - ④其病因可能是可以透析出的某些尿毒症毒素引起的,因透析常能迅速纠正出血倾向。
  - 3)白细胞异常:部分病例可减少。
- (4)呼吸系统症状
  - 1)酸中毒时呼吸深而长。
  - 2)体液过多可引起肺水肿。
  - 3)尿毒症毒素可引起"尿毒症肺炎"。这是一种肺充血,由于肺泡毛细血管渗透性增加,肺部X线检查出现"蝴蝶翼"征。

2. 系统症状、体征
- (5)神经、肌肉系统症状
  - 1)疲乏、失眠、注意力不集中是肾衰竭的早期症状之一。
  - 2)尿毒症时常有精神异常。对外界反应淡漠、谵妄、惊厥、幻觉、昏迷等。
  - 3)常有周围神经病变,感觉神经较运动神经显著,尤以下肢远端为甚,最常见的是肢端袜套样分布的感觉丧失。
  - 4)长期血透患者有些会发生透析性痴呆,与透析用水铝含量过多而致铝中毒有关。
- (6)皮肤症状
  - 1)皮肤瘙痒是常见症状。与贫血、继发性甲状旁腺功能亢进症、尿素的沉积有关。
  - 2)尿毒症患者面部肤色常较深且萎黄,有轻度水肿感,称为尿毒症面容。是由于贫血、尿色素沉着于皮肤、面部水肿而形成。
- (7)肾性骨营养不良症(简称肾性骨病)
  - 1)可出现纤维性骨炎、尿毒症骨软化症、骨质疏松症和骨硬化症。
  - 2)发生与活性维生素 D_3 不足、继发性甲状腺旁腺功能亢进症等有关。
- (8)内分泌失调:如空腹血胰岛素、肾素、泌乳素及促胃液素水平升高,促甲状腺素、睾酮及皮质醇偏低,甲状腺和性腺功能低下,生长发育障碍。女患者的雌激素水平降低,性欲差,肾衰竭晚期可闭经、不孕。
- (9)感染
  - 1)为主要死因之一。
  - 2)其发生与机体免疫功能低下、白细胞功能异常等有关。
  - 3)最常见的感染为肺部感染和尿路感染。
- (10)代谢失调:可有体温过低、糖类代谢异常、高尿酸血症和脂代谢异常等。

五、实验室及其他检查

★1. 血常规检查:红细胞计数下降,血红蛋白浓度降低,白细胞计数可升高或降低。

★2. 尿液检查:夜尿增多,尿渗透压下降。尿沉渣检查中可见红细胞、白细胞、颗粒管型和蜡样管型。

★3. 肾功能检查:内生肌酐清除率降低,血肌酐、血尿素氮水平增高。

4. 血生化检查:人血白蛋白降低,血钙降低,血磷增高,血钾和血钠可增高或降低,可有代谢性酸中毒等。

5. B超或X线平片检查:示双肾缩小。

六、治疗要点

1. 治疗基础疾病和使慢性肾衰竭恶化的因素
   - (1)有些引起肾衰竭的基础疾病在治疗后有可逆性。
   - (2)狼疮肾炎的尿毒症。若肾活检示病变中度慢性化而活动性指数高者,经治疗后肾功能会有所改善。
   - (3)纠正某些使肾衰竭加重的可逆因素,亦可使肾功能获得改善。
   - (4)停止肾毒性药物的使用等。
2. 延缓慢性肾衰竭的发展
   - (1)★饮食治疗
     - 1)限制蛋白质饮食
       - ①减少摄入蛋白质能使血尿素氮(BUN)水平下降。
       - ②蛋白质的摄入量应根据肾小球滤过率(GFR)做调整。
       - ③限制植物蛋白摄入,可部分采用小麦淀粉做主食。
       - ④给予低蛋白饮食时应考虑个体化,并密切监测营养指标。

2. 延缓慢性肾衰竭的发展

(1)★饮食治疗

2)高热量摄入：摄入足量的糖类和脂肪，可多食用植物油和食糖。

3)其他

①钠的摄入：除有水肿、高血压和少尿者要限制食盐外，一般不宜加以严格限制。

②钾的摄入：只要尿量每日超过 1 000ml，一般无需限制饮食中的钾。

③给予低磷饮食，每日不超过 600mg。

④饮水：有尿少、水肿、心力衰竭者，应严格控制进水量。

(2)必需氨基酸的应用

1)如果 GFR≤10ml/min，使用必需氨基酸(EAA)或必需氨基酸及其 α-酮酸混合制剂，才可使尿毒症患者维持较好的营养状态。

2)酮酸在体内与氨结合成相应的 EAA，EAA 在合成蛋白过程中，可以利用一部分尿素，故可减少血中的尿素氮水平，改善尿毒症症状。

3)控制高血压和(或)肾小球内高压力：首选药物为血管紧张素Ⅱ抑制药，包括 ACEI 和血管紧张素Ⅱ受体拮抗剂(ARB，如氯沙坦)。

4)其他高脂血症的治疗：与一般高血脂者相同，应积极治疗。

5)中医药疗法。

3. 并发症的治疗

(1)水、电解质和酸碱平衡失调

1)钠、水平衡失调

①水肿者应限制盐和水的摄入，使用呋塞米(速尿)。

②如水肿伴有稀释性低钠血症，则需严格限制水的摄入，每日水的摄入量宜为前一日的尿量再加水 500ml，已透析者应加强超滤和限制钠、水的摄入。

2)高钾血症

①如血钾仅中度升高，应首先治疗引起高血钾的原因和限制从饮食中摄入钾。

②如果高钾血症＞6.5mmol/L，出现心电图高钾表现甚至肌无力，必须紧急处理。

3)代谢性酸中毒：可通过口服碳酸氢钠纠正，严重者静脉补碱。若经过积极补碱仍不能纠正，应及时透析治疗。

4)磷钙平衡失调和肾性骨营养不良症

①对继发性甲状旁腺功能亢进症和肾性骨病，最好的防治方法是肾衰竭早期便防治高磷血症。

②应积极限磷饮食和使用肠道磷结合药。

③血磷正常、血钙过低，可口服葡萄糖酸钙。继发性甲状旁腺功能亢进症明显者，给予骨化三醇口服，有助于纠正低钙血症。

(2)心血管和肺并发症

1)高血压

①多数是容量依赖性。清除水钠潴留后，多数血压可恢复正常。患者宜减少水和钠盐的摄入，如尿量仍较多，可慎重地使用利尿药，用较大剂量的呋塞米。

②降压药物首选 ACEI，但应注意其可引起高钾血症。

2)尿毒症性心包炎：透析可改善心包炎的症状，当出现心脏压塞时，应紧急心包切开引流。

3)心力衰竭

①特别应注意的是强调清除水钠潴留，使用较大剂量呋塞米，有需要时做透析超滤。

②可使用洋地黄类药物，宜选用洋地黄毒苷，但疗效常不佳。

3. 并发症的治疗
- (3)血液系统并发症：常用重组人类红细胞生成素(EPO)，注意同时补充造血原料如铁、叶酸等，也可小量多次输血。
- (4)感染：通过细菌培养和药物敏感试验，合理选择对肾无毒性或毒性低的抗菌药物治疗，一般常选用青霉素类、头孢类等，不用或少用氨基糖苷类抗生素。
- (5)精神神经和肌肉系统症状
  - 1)充分地透析可改善精神神经和肌肉系统症状。
  - 2)肾移植后，周围神经病变可显著改善。
  - 3)骨化三醇和加强补充营养，可改善部分患者肌病的症状。
  - 4)使用 EPO 可能对肌病亦有效。
- (6)其他
  - 1)糖尿病肾衰竭患者随着 GFR 不断下降，应逐渐减少胰岛素用量。
  - 2)皮肤瘙痒者可外用乳化油剂涂抹，此外，口服抗组胺药。
  - 3)控制磷的摄入及强化透析对部分患者有效。
  - 4)甲状旁腺次全切除术有时对顽固性皮肤瘙痒症有效。

★4. 替代治疗
- (1)透析疗法可替代肾的排泄功能，但不能代替内分泌和代谢功能。
- (2)血液透析(简称血透)和腹膜透析(简称腹透)疗效相近，但各有其优缺点，在临床应用上可互为补充。
- (3)当血肌酐>707μmol/L，且患者开始出现尿毒症临床表现、经治疗不能缓解时，应做透析治疗。

七、护理问题

1. 营养失调：低于机体需要量：与长期限制蛋白质摄入、消化吸收功能紊乱、水电解质紊乱、贫血等因素有关。
2. 体液过多：与肾小球滤过率下降导致水钠潴留，多饮水或补液不当等因素有关。
3. 活动无耐力：与心血管并发症、贫血、水、电解质和酸碱平衡紊乱有关。
4. 有皮肤完整性受损的危险：与体液过多致皮肤水肿、瘙痒、凝血机制异常、机体抵抗力下降有关。
5. 有感染的危险：与机体免疫功能低下、白细胞功能异常、透析等有关。
6. 潜在并发症：水、电解质、酸碱平衡失调。

八、护理措施

1. 一般护理
- (1)休息与活动
  - 1)病情较重或心力衰竭者，应绝对卧床休息。
  - 2)患者的病情允许时，鼓励其适当活动，但应避免劳累和受凉。
  - 3)长期卧床患者应指导或帮助其进行适当的床上活动，避免发生压疮、静脉血栓或肌肉萎缩。
- (2)★皮肤护理
  - 1)以温和的沐浴液进行皮肤清洁，以避免皮肤瘙痒。
  - 2)指导患者修剪指甲，以防皮肤瘙痒时抓破皮肤，造成感染。
- (3)★饮食护理
  - 1)蛋白质：应根据患者的肾小球滤过率(GFR)来调整蛋白质的摄入量。当 GFR < 50ml/min 时，应限制蛋白质的摄入
    - ①GFR<5ml/min 时，蛋白质摄入量不应超过 20g/d 或 0.3g/(kg·d)，并应用 EAA 疗法。
    - ②GFR 为 5～10ml/min 时，蛋白质摄入量为 25g/d 或 0.4g/(kg·d)。
    - ③GFR 为 10～20ml/min 时，蛋白质摄入量为 35g/d 或 0.6g/(kg·d)。
    - ④GFR>20ml/min 时，蛋白质摄入量为 40g/d 或 0.7g/(kg·d)。
    - ⑤摄入的蛋白质必须是富含必需氨基酸的优质蛋白，如鸡蛋、鱼、瘦肉、牛奶；少摄入植物蛋白，如花生、豆制品，因其含非必需氨基酸多。

- 1. 一般护理
  - (3)★饮食护理
    - 2)热量：供给患者足够的热量，以减少体内蛋白质的消耗
      - ①每天供应的热量为126kJ/kg(30kcal/kg)，并主要由糖类和脂肪供给。
      - ②可给予较多的植物油和糖。同时应注意供给富含维生素C和B族维生素的食物。
      - ③低蛋白摄入可引起饥饿感，可食芋头、马铃薯等补充糖类。
    - 3)必需氨基酸疗法的护理
      - ①适用于低蛋白饮食的肾衰竭患者和蛋白质营养不良问题难以解决的患者。
      - ②有口服制剂和静脉滴注制剂，成人用量为0.1～0.2g/kg，能口服者以口服为宜。静脉输入必需氨基酸时应注意输液速度。
    - 4)给予低磷饮食：磷的摄入＜600mg/d
    - 5)监测肾功能和营养状况：定期监测患者的体重变化、血尿素氮、血肌酐、人血白蛋白和血红蛋白水平等。
- ★2. 病情观察
  - (1)观察症状、体征
    - 1)意识改变，如嗜睡、谵妄、昏迷。
    - 2)有无恶心、呕吐、顽固性呃逆与消化道出血。
    - 3)注意血压、心率与心律，有无心力衰竭及心包摩擦音。
    - 4)了解贫血的进展及有无出血倾向。
    - 5)有无电解质紊乱表现，如低血钾可致肌无力、肠胀气、期前收缩等快速性心律失常；高血钾可致心率缓慢传导阻滞，严重时可引起心脏停搏。
  - (2)观察体重、尿量变化以及液体出入量情况，并正确进行记录。
- 3. 症状护理
  - (1)胃肠道症状：注意口腔护理和饮食调节，对顽固性呃逆者可用耳针、针灸或肌内注射哌甲酯。
  - (2)神经系统症状：应安置患者于光线较暗的病室，注意安全，适量使用镇静剂。
  - (3)心血管系统症状
    - 1)高血压脑病患者需迅速按医嘱快速降压、控制抽搐和降低颅内压，并观察降压药物不良反应，及时记录。
    - 2)出现急性肺水肿或严重心律失常时，应积极配合抢救。
  - (4)造血系统症状：有出血倾向者应避免应用抑制凝血药物，出血严重者除局部止血外，应防止局部黏膜受刺激，必要时可输鲜血。
  - (5)少尿、高钾血症
    - 1)观察血钾检验报告和心电图情况，及时与医师取得联系。
    - 2)采集血钾标本时针筒要干燥，采血部位结扎勿过紧；血取出后沿试管壁注入，以防溶血，影响检验结果。
    - 3)忌进含钾量高的食物和药物(包括钾盐青霉素、螺内酯等)。
    - 4)忌输库血，因库血含钾量较高。
- 4. 用药护理
  - (1)积极纠正患者的贫血，遵医嘱用红细胞生成素。观察用药后反应，如头痛、高血压、癫痫发作等，定期查血红蛋白和血细胞比容等。
  - (2)使用骨化三醇要随时监测血钙、磷的浓度。
  - (3)遵医嘱使用降压、强心、降脂等药物时注意观察不良反应。
- 5. 预防感染
  - (1)病室定期通风并作空气消毒。
  - (2)各项检查治疗严格无菌操作，避免不必要检查，特别注意有无留置静脉导管和留置尿管等部位的感染。
  - (3)加强生活护理，尤其是口腔及会阴部皮肤的卫生。
  - (4)卧床患者应定期翻身，指导有效咳痰。
  - (5)尽量避免去公共场所。
  - (6)接受血液透析的患者，应进行乙肝疫苗的接种，并尽量减少输注血液制品。

九、健康教育

1. 疾病知识指导：向患者及家属讲解慢性肾衰竭的基础知识，消除或避免加重病情的各种因素。

2. 合理饮食，维持营养：强调合理饮食对治疗本病的重要性，指导患者严格遵从慢性肾衰竭的饮食原则。

3. 维持出入液量平衡，准确记录24h尿量和体重，监测血压，血压以控制在150/90mmHg以下为宜。若血压升高、水肿和少尿时，则应严格限制水、钠摄入。

4. 预防感染：根据病情可进行适当的活动，增强机体的抵抗力；避免去公共场所。监测体温变化，发现感染征象及时就诊。

5. 遵医嘱用药，避免使用肾毒性药物，不要自行用药。

6. 保护前臂、肘等部位的大静脉，利于进行血透治疗。应指导血液透析者保护好动静脉瘘管，腹膜透析者保护好腹膜透析管道。

7. 定期复查肾功能、血清电解质等。

模拟试题栏——识破命题思路，提升应试能力

一、专业实务

A_1型题

1. 反映肾小球滤过功能最可靠的指标是
   A. 内生肌酐清除率　B. 血肌酐
   C. 血尿素氮　D. 血尿酸
   E. 尿肌酐

解析：血肌酐、血尿素氮、内生肌酐清除率均可反映肾小球滤过功能，其中内生肌酐清除率最为可靠和灵敏，可作为肾功能受损的早期诊断指标。血尿酸反映嘌呤代谢，尿肌酐反映尿中肌酐排出情况。

2. 肾病综合征患者发生感染的机制不包括
   A. 组织水肿使局部抵抗力下降
   B. 大量免疫球蛋白从尿中丢失
   C. 血浆白蛋白低下使抗体形成减少
   D. 大量使用免疫抑制剂
   E. 电解质紊乱

解析：感染是肾病综合征的主要并发症，与多种因素有关，但电解质紊乱不是其诱因和发病机制。

3. 慢性肾衰竭时发生继发性甲状旁腺功能亢进症的机制是
   A. 健存肾单位学说
   B. 肾小球高滤过学说
   C. 矫枉失衡学说
   D. 内分泌功能障碍
   E. 代偿机制学说

解析：当慢性肾衰竭出现血磷增高时，机体为了矫正磷的潴留，甲状旁腺功能亢进，以促进肾排磷，这时血磷有所下降，但甲状旁腺功能亢进症却引起新的损害，如纤维性骨炎。

4. 最常见的蛋白尿类型是
   A. 肾小球性蛋白尿
   B. 肾小管性蛋白尿
   C. 分泌性蛋白尿
   D. 溢出性蛋白尿
   E. 生理性蛋白尿

解析：肾小球性蛋白尿是由于肾小球滤过膜通透性增加，原尿中蛋白质超过肾小管重吸收能力所致，是临床上最常见的一种蛋白尿。

5. 慢性肾炎患者24h尿蛋白常为
   A. ＜1g/d　B. ＞150mg/d
   C. ＜2g/d　D. 1～2g/d
   E. 1～3g/d

6. 慢性肾功能不全代偿期化验特点
   A. 血肌酐升高　B. 血尿素氮升高
   C. 血尿酸升高　D. 血胆固醇升高
   E. 内生肌酐清除率下降

7. 原发肾病综合征常可自发形成血栓原因是
   A. 血小板增多　B. 血管内皮易受损
   C. 组织因子易释放　D. 血液多高凝状态
   E. 红细胞增多

8. 关于肾盂肾炎患者清洁中段尿培养菌落计数，有意义的是

A. $>10^3$/ml B. $>10^4$/ml
C. 10^4/ml～10^5/ml D. $\geqslant 10^5$/ml
E. 10^5/ml～10^6/ml

解析：清洁中段尿培养菌落计数$\geqslant 10^5$/ml为有意义，10^4/ml～10^5/ml为可疑阳性，$< 10^4$/ml则可能是污染。

A_2型题

9. 患者，女性，38岁。因“急性肾盂肾炎”入院。其腰痛、肾区叩击痛的原因是
A. 炎症累及肾包膜
B. 肾盂炎症刺激神经末梢
C. 肾实质坏死
D. 肾盂内张力增高或肾包膜牵拉所致
E. 炎症向输尿管扩散

10. 患者，男性，68岁。因“慢性肾小球肾炎”入院，其发病机制是
A. 急性肾炎迁延 B. 免疫介导炎症
C. 高血压 D. 矫枉失衡
E. 肾小球高灌注、高滤过

11. 患者，女性，30岁。因“急性肾盂肾炎”入院。尿沉渣检查中对肾盂肾炎的诊断最有价值的是
A. 红细胞管型 B. 白细胞管型
C. 透明管型 D. 蜡样管型
E. 颗粒管型

12. 患者，男性，40岁。因“慢性肾功能衰竭”入院，尿沉渣检查对慢性肾功能衰竭的诊断最有价值的是
A. 红细胞管型 B. 白细胞管型
C. 透明管型 D. 蜡样管型
E. 颗粒管型

13. 患者，女性，40岁，患慢性肾小球肾炎10年，近来精神委靡、食欲差，24h尿量80ml，下腹部空虚，无胀痛，请评估该患者的排尿形态为
A. 尿潴留 B. 尿失禁
C. 少尿 D. 无尿
E. 排尿正常

14. 患者，男性，60岁。慢性肾衰竭尿毒症期患者，查各项化验指标异常，下列情况需首先处理的是
A. Hb55g/L B. BUN40mmol/L
C. 血钾7.2mmol/L D. Cr445μmol/L
E. CO_2CP 18mmol/L

15. 患者，男性，16岁，上感后出现水肿、泡沫尿，血压105/60mmHg，尿常规：尿蛋白（＋＋＋＋）、大量尿蛋白尿是指24h蛋白定量大于
A. 3.5g B. 3.0g
C. 4.0g D. 10g
E. 1g

16. 患者，男性，48岁，诊断慢性肾功能衰竭，遵医嘱每日输液治疗，输液原则是每日应考虑非显性失液量。非显性失液量是指
A. 尿量
B. 呕吐物液量
C. 粪便液量
D. 呼吸、皮肤蒸发的水分
E. 人体代谢所需水分

17. 患者，男性，22岁，因尿蛋白（＋＋＋），下肢水肿入院，查血胆固醇升高，血白蛋白23g/L，初步诊断为肾病综合征，其水肿的原因是
A. 肾小球滤过膜通透性增高
B. 肾小管内皮细胞通透性增高
C. 肾小管受刺激后产生的蛋白尿
D. 肾小管代谢产生的蛋白质渗入尿液
E. 肾小管对蛋白质重吸收能力未变

18. 患者，女性，20岁，2d前感冒后，出现尿频、尿急和排尿痛，体温39℃，给予抗生素等治疗，2周后患者康复，请问急除肾盂肾炎临床治愈的标准为
A. 症状消失
B. 症状消失＋尿常规转阴
C. 症状消失＋尿培养1次转阴
D. 6周后尿培养阴性
E. 症状消失＋每周复查1次尿常规及培养，共2～3次连续转阴

19. 患者，女性，49岁，慢性肾功能不全3年，查尿蛋白（＋＋），血肌酐408mmol/L，尿比重固定在1.010，其中最能反映肾浓缩功能的指标是
A. 大量蛋白尿
B. 尿中红细胞增多
C. 尿中颗粒管型增多
D. 尿比重
E. 白细胞管型增多

20. 患者，男性，38岁，诊断慢性肾功能衰竭并发肾性骨病，肾性骨病的发生机制主要是
A. 原发性甲状旁腺功能亢进症
B. 酸碱平衡失调
C. 继发性甲状旁腺功能亢进症

D. 维生素D过量
E. 甲状旁腺功能减退症

21. 患者，男性，40岁，诊断为慢性肾炎3年，最近体检肾功能显示为代偿期，请问代偿期的血肌酐应
A. <100μmol/L B. <170μmol/L
C. 178μmol/L D. <178μmol/L
E. >178μmol/L

22. 患者，女性，23岁，因尿频、尿急、尿痛、发热入院，查体：T38.9℃，尿红细胞5～10/HP，白细胞满视野。诊断为尿路感染，尿路感染是指
A. 肾盂、肾小管、输尿管、膀胱的炎症
B. 肾盂、输尿管、膀胱、尿道的炎症
C. 肾盂、肾盏、输尿管、膀胱、尿道的炎症
D. 肾盂、肾盏、肾小管、输尿管的炎症
E. 肾盂、肾盏、肾小管、膀胱的炎症

23. 患者，女性，40岁，诊断为急性肾衰竭。急性肾衰竭病因中哪项是最常见类型
A. 肾小球疾病
B. 肾血管性疾病
C. 尿路梗阻
D. 急性肾小管坏死
E. 急性肾间质病变

A_3/A_4 型题

(24～25题共用题干)

患者，女性，35岁，患慢性肾炎5年，近2周出现明显水肿入院。体检血压173/105mmHg，眼睑、双下肢明显水肿，尿蛋白(++)，红细胞加25/HP，GFR50ml/min，血尿素氮12mmol/L，血肌酐256μmol/L。

24. 判断其肾功能的情况为
A. 肾功能正常
B. 肾功能不全代偿期
C. 肾功能不全失代偿期
D. 肾功能衰竭期
E 尿毒症期

25. 导致高血压的主要因素是
A. 醛固酮分泌增加
B. 钠水潴留
C. 肾血管狭窄
D. 肾血流量下降
E. 低蛋白血症

(26～29题共用题干)

患者，女性，24岁，发热、腰痛、尿痛、尿急、尿频1d来院就诊。尿液检查：尿红细胞5～10/HP，白细胞2～3/HP，有白细胞管型，以往无类似发作史，肾区有叩击痛。

26. 该患者初步诊断为
A. 急性肾盂肾炎 B. 急性肾小球肾炎
C. 慢性肾小球肾炎 D. 肾病综合征
E. 急进性肾小球肾炎

27. 该病的致病菌最多见的是
A. 大肠杆菌 B. 变形杆菌
C. 葡萄球菌 D. 粪链杆菌
E. 克雷白杆菌

28. 该病的感染途径为
A. 上行感染 B. 血行感染
C. 直接感染 D. 下行感染
E. 急性感染

29. 患者需要做哪项检查以明确诊断
A. B超 B. X线
C. 血常规 D. 中段尿培养
E. 肾功能

二、实践能力

A_1 型题

30. 下列关于糖皮质激素治疗肾病综合征的用药原则的叙述，错误的是
A. 小剂量开始
B. 减少药物用量要慢
C. 撤换药物要慢
D. 维持用药要久
E. 服用半年至1年或更久

解析：糖皮质激素是通过抑制免疫和炎症，抑制醛固酮和血管升压素分泌而达到减少蛋白尿和利尿消肿的作用，用药原则是起始剂量要足，减、撤药物要慢，维持用药要久。

31. 环磷酰胺的不良反应不包括
A. 骨髓抑制 B. 中毒性肝炎
C. 出血性膀胱炎 D. 脱发
E. 电解质紊乱

解析：环磷酰胺的不良反应包括骨髓抑制、中毒性肝炎、出血性膀胱炎、脱发、性腺抑制等，而电解质紊乱是利尿剂的常见不良反应。

32. 慢性肾小球肾炎的治疗原则为
A. 以消除蛋白尿及血尿为目标
B. 使用激素治疗为主

C. 早期透析治疗
D. 防止和延缓肾功能减退，改善症状
E. 休息、饮食治疗为主

33. 肾素依赖性高血压患者首选的降压药物是
A. 利尿剂
B. 血管紧张素转换酶抑制剂
C. β受体阻滞剂
D. 血管扩张剂
E. 钙离子拮抗剂

34. 关于肾盂肾炎患者的治疗，叙述正确的是
A. 限制饮水
B. 首选对革兰阴性杆菌有效的药物
C. 急性肾盂肾炎疗程为症状完全消失即可
D. 不可用碳酸氢钠
E. 慢性肾盂肾炎总疗程为2～3周

35. 原发性肾病综合征的常见并发症是
A. 心力衰竭　B. 高血压脑病
C. 肾功能不全　D. 高钾血症
E. 感染

解析：原发性肾病综合征的常见并发症有：①感染：肾病患儿极易患各种感染，常见为呼吸道、皮肤、泌尿道感染和原发性腹膜炎等；②电解质紊乱和低血容量；③血栓形成；④急性肾衰竭；⑤肾小管功能障碍。故本题应选E。

36. 急性肾衰竭患者电解质失调，以下哪项危害最为严重
A. 低血钠　B. 高血钾
C. 低血钙　D. 高血磷
E. 高血镁

解析：高钾血症患者可出现周身无力、肌张力低下、手足感觉异常、神志恍惚、烦躁、嗜睡等一系列神经系统症状，检查时可发现腱反射减退或消失、心跳缓慢等，影响心脏功能时可出现心律失常，甚至心搏骤停。因此，高钾血症需紧急处理，故本题选择B。

37. 典型少尿型急性肾衰竭临床表现可分为三期，各期的持续时间哪项是错误的
A. 少尿期一般持续7～14d
B. 多尿期持续多为1～2周
C. 多尿期多为1～3周或更长
D. 恢复期完全恢复需一年以上
E. 以上都不是

38. 肾盂肾炎患者的护理诊断，下列哪项不正确
A. 排尿异常　B. 体温过高
C. 知识缺乏　D. 潜在的慢性肾衰竭
E. 体液过多

39. 慢性肾盂肾炎患者服用碳酸氢钠有何好处
A. 帮助消化　B. 增加水钠潴留
C. 中和胃酸止腰痛　D. 缓解尿路刺激症状
E. 增进食欲

A_2 型题

40. 患者，男性，20岁，上呼吸道感染后2周出现少尿，水肿入院。体检：血压173/105mmHg，眼睑水肿明显，给予利尿、降压处理后，未见好转。现两肺底可闻及细小湿啰音。尿蛋白(++)，红细胞加25/HP，血Cr720μmol/L，CO_2CP18mmol/L，血钾6.5mmol/L。此时最佳的排钾措施是
A. 血液透析　B. 使用碱剂
C. 使用利尿剂　D. 使用钙盐
E. 腹膜透析

41. 患者，男性，20岁，诊断为急性肾功能衰竭，紧急治疗高血钾时的措施不包括
A. 静脉注射10%葡萄糖酸钙溶液
B. 静脉注射5%碳酸氢钠溶液
C. 静脉注射50%葡萄糖溶液+胰岛素
D. 血透或腹透
E. 静脉注射甘露醇

42. 患者，女性，32岁，因反复出现蛋白尿(+～++)、镜下血尿、轻度水肿入院，查血压180/100mmHg、肾功能检查血肌酐持续升高。可能的诊断是
A. 急性肾小球肾炎　B. 急进性肾小球肾炎
C. 慢性肾小球肾炎　D. 肾病综合征
E. 急性肾盂肾炎

43. 患者，男性，19岁，因双下肢中度水肿，尿蛋白(+++)入院，查血清蛋白20g/L，诊断肾病综合征，下列哪项是首选的治疗药物
A. 环胞素A　B. 泼尼松
C. 长春新碱　D. 安西他滨
E. 阿霉素

44. 患者，女性，55岁，因尿毒症收入院，查Hb60g/L，可能与肾脏内分泌功能障碍有关的临床表现是
A. 胃肠道症状　B. 代谢性酸中毒
C. 氮质血症　D. 神经症状

E. 贫血

45. 患者,女性,28岁,反复血尿、蛋白尿3年,5d前感冒后出现乏力、食欲减退,查眼睑、颜面水肿,蛋白尿(++),尿红细胞5/HP,血压149/90mmHg,Hb90g/L,夜尿增多,该患者应采取的治疗措施为
A. 使用庆大霉素抗感染
B. 使用ACEI类药物降压
C. 给予高钙饮食
D. 血液透析
E. 腹膜透析

46. 患者,女性,28岁,反复血尿、蛋白尿3年,5d前感冒后出现乏力、食欲减退,查眼睑、颜面水肿,蛋自尿(++),尿红细胞5/HP,血压149/90mmHg,Hb90g/L,夜尿增多,该患者应采取的护理措施为
A. 遵医嘱记录24h尿量
B. 给予高蛋白饮食
C. 每日运动1h
D. 使用庆大霉素抗感染
E. 住单人房间

47. 患者,女性,28岁,反复血尿、蛋白尿3年,5d前感冒后出现乏力、食欲减退,查眼睑、颜面水肿,蛋白尿(++),尿红细胞5/HP,血压149/90mmHg,Hb90g/L,夜尿增多,对患者应采取的健康教育是
A. 嘱患者预防感冒　B. 嘱患者可以妊娠
C. 饮食无特殊要求　D. 保持卫生,每日洗澡
E. 每周测量血压1次

48. 患者,女性,30岁,7d前受凉后,出现乏力、恶心,颜面水肿,测血压180/105mmHg,可见肉眼血尿,应采取的治疗原则主要是
A. 休息和对症治疗　B. 激素治疗
C. 免疫抑制剂治疗　D. 鼓励患者多饮水
E. 饮食治疗

49. 患者,女性,30岁,7d前受凉后,出现乏力、恶心,颜面水肿,测血压180/105mmHg,可见肉眼血尿,3d后,尿量减少至600ml/d,查血钾5.5mmol/L,血肌酐308μmol/L,呼吸22次/分,双下肢中度水肿。应采取的措施是
A. 严格控制钠、水的入量,维持水、电解质平衡
B. 给予高蛋白饮食
C. 用强利尿剂
D. 用速效强心剂
E. 鼓励多饮水

50. 患者,女性,30岁,7d前受凉后,出现乏力、恶心,颜面水肿,测血压180/105mmHg,可见肉眼血尿,3d后,尿量减少至100ml/d,查血钾5.5mmol/L,血肌酐308μmol/L,呼吸22次/分,双下肢中度水肿。针对尿量变化,护理措施中最重要的是
A. 卧床休息　B. 控制水的摄入
C. 保证饮食总热量　D. 限制蛋白质摄入
E. 预防感染

51. 患者,女性,20岁,一周前因感冒吃偏方鱼胆后,出现颜面及双下肢水肿,尿量减少,血压180/106mmHg,查血肌酐380μmol/L,尿素氮120mmol/L,尿蛋白(++),尿沉渣可见颗粒管型,护士应着重强调的教育内容是
A. 防止受凉,预防感冒
B. 遵医嘱服药,避免对肾脏有害的因素
C. 给予高蛋白饮食
D. 鼓励多饮水
E. 可以吃鱼肉罐头

52. 患者,女性,20岁,一周前因感冒吃中药偏方后,出现颜面及双下肢水肿,尿量800ml/d,血压140/90mmHg,查血肌酐380μmol/L,尿素氮120mmol/L,尿蛋白(++),尿沉渣可见颗粒管型,血钾6.5mmol/L,当前护士应重点观察的内容是
A. 水、电解质平衡　B. 血压的变化
C. 心律的变化　D. 有无恶心、呕吐
E. 有无剧烈头痛

53. 患者,男性,42岁,肾功能不全2年,近日因受凉出现病情加重,血肌酐390mmol/L,血WBC 11×10^9/L,血钾3.8mmol/L,呼吸深慢,pH7.30,患者出现的酸碱平衡紊乱为
A. 呼吸性酸中毒　B. 呼吸性碱中毒
C. 代谢性酸中毒　D. 代谢性碱中毒
E. 混合性酸中毒

A_3/A_4型题

(54、55题共用题干)

患者,男性,54岁。患慢性肾小球肾炎2年,近因感冒发热,出现恶心,腹部不适,血压173/105mmHg。GFR50ml/L,SCr360μmol/L。尿蛋白(+),尿沉渣有红细胞、"白细胞"管型。诊断为慢性肾衰竭收住院。

54. 护士应为患者提供的饮食是
A. 优质高蛋白饮食 B. 优质低蛋白饮食
C. 富含铁质 D. 丰富的含钾食物
E. 补充水分
55. 向患者做的健康宣教内容是
A. 介绍准备透析的基础知识
B. 介绍饮食治疗的意义
C. 绝对卧床休息
D. 为恢复体力,每天运动1h
E. 为预防感染,病房每日紫外线消毒
(56～58题共用题干)
患者,女性,39岁。间歇性水肿10余年,伴恶心、呕吐1周。查体:血红蛋白80g/L,血压156/105mmHg,尿蛋白(++),颗粒管型2～3/HP,尿比重1.010～1.012。
56. 该患者最有可能的诊断是
A. 原发性高血压 B. 慢性肾盂肾炎
C. 慢性肝炎肝硬化 D. 肾病综合征
E. 慢性肾衰竭
57. 该患者应立即做的检查是
A. 血肌酐、尿素氮 B. 24h尿蛋白定量
C. 乙肝 D. 肝功能
E. 血胆固醇
58. 纠正尿毒症性贫血最有效的措施是
A. 输新鲜血 B. 输库存血
C. 输血浆 D. 注射红细胞生成素
E. 输血浆代用品
(59、60题共用题干)
患者,男性,14岁,上感后出现水肿、泡沫尿,血压105/60mmHg,尿常规:尿蛋白(++++)、RBC(—),24h尿蛋白8g,血浆白蛋白25g/L,肾功能正常,无皮疹、关节痛。
59. 该患者初步可诊断为
A. 急性肾炎 B. IgA肾病
C. 肾病综合征 D. 急进性肾炎
E. 慢性肾炎
60. 最合理的治疗方案为
A. 利尿、抗凝、ACEI
B. 输血浆、抗凝、利尿、激素
C. 抗凝、利尿、激素、免疫抑制剂
D. 激素、抗凝、利尿、饮食调整
E. 抗凝、利尿、输血浆、ACEI

参考答案

1～5 AECAE 6～10 EDDAB 11～15 BDDCA
16～20 DAEDC 21～25 DCDCB 26～30 AAADA
31～35 EDBBE 36～40 BBEDA 41～45 ECBEB
46～50 AAAAB 51～55 BACBB 56～60 EADCD

(张蔚蔚)

第6章　血液及造血系统疾病患者的护理

考点提纲栏——提炼教材精华，突显高频考点

第1节　常见症状的护理

一、分类

1. 造血系统：由骨髓、肝、脾、淋巴结等造血器官构成，骨髓为人体主要造血器官。

2. 血液病的分类：按国际疾病法(ICD)命名血液病系统疾病，将血液病分为三大类
   - (1)红细胞疾病：缺铁性贫血、营养性巨幼细胞性贫血、溶血性贫血、再生障碍性贫血等。
   - (2)白细胞疾病：白细胞减少症、骨髓增生异常综合征、白血病、恶性淋巴瘤等。
   - (3)出血性疾病：特发性血小板减少性紫癜、过敏性紫癜、血友病等。

二、血液病常见症状和护理

1. 常见症状
   - ★(1)贫血：**是血液病中最常见的症状**。我国血红蛋白测定值成年男性＜120g/L、成年女性＜110g/L，可诊断为贫血
     - ★1)常见原因
       - ①红细胞生成减少：如缺铁性贫血、再生障碍性贫血等。
       - ②红细胞破坏过多：如各种溶血性贫血。
       - ③红细胞丢失过多：如各种急慢性失血。
     - 2)**贫血的表现**
       - ★**①最突出、最早的症状是疲乏和无力；最突出的体征是皮肤黏膜苍白**，以观察甲床、口唇黏膜、睑结膜较为可靠。
       - ②呼吸、循环、胃肠道、肾脏及神经系统等均可出现缺氧表现，神经系统对缺氧最敏感。
       - ★③症状的轻重：**与贫血发生的急缓、程度以及人体对缺氧的耐受性等有关。**
       - ★④贫血的分度：**按血红蛋白(Hb)的浓度，贫血程度分为轻度：Hb＞90g/L；中度：Hb60～90g/L；重度：Hb 30～59g/L；极重度：Hb＜30g/L。**
   - ★(2)**继发感染：以发热为主要表现**
     - 1)常见原因：正常成熟白细胞数量减少和质量变化，特别是中性粒细胞减少，使机体防御能力降低。
     - 2)感染部位：以皮肤、呼吸系统、泌尿系统多见，急性白血病易发生肛周感染或脓肿。

- 1. 常见症状
  - (3)出血倾向：止血和凝血功能障碍
    - 1)常见原因可分为三种
      - ①血小板数量减少或功能异常：如特发性血小板减少性紫癜、再生障碍性贫血。
      - ②血管壁异常：如过敏性紫癜。
      - ③凝血因子减少或缺乏：常见各型血友病、维生素K缺乏症等。
    - 2)出血部位：皮肤黏膜(口腔、鼻腔、牙龈等)、关节腔、内脏出血(咯血、呕血、便血、血尿及阴道出血)；颅内出血，多危及生命。
- 2. 护理措施
  - (1)贫血的护理
    - 1)休息：轻度贫血，不必严格限制日常活动；中度贫血，增加卧床时间，活动量以不加重症状为度；重度贫血，卧床休息，减少氧耗，预防心力衰竭。
    - 2)饮食：给予高蛋白、高维生素饮食。
  - (2)出血倾向的护理
    - ★1)病情观察：**突然出现剧烈头痛、呕吐、眼底出血者，要警惕颅内出血。**
    - ★2)防止出血加重：血小板＜$(30\sim40)\times10^9$/L者，要多卧床休息，保持心情平静。**血小板＜20×10^9/L时，应警惕脑出血，便秘时要用泻药或开塞露，剧咳者可用镇咳药，以免发生脑出血。**
    - 3)饮食：高热量、高蛋白、高维生素、少渣软食，避免口腔黏膜擦伤。餐前后可用冷的苏打水含漱。
    - ★4)皮肤出血的护理：**肢体皮肤或深层组织出血可抬高肢体，以减少出血；避免搔抓皮肤；尽量少用注射药物，必须使用时在注射后用消毒棉球充分压迫局部直至止血。**
    - ★5)鼻出血的护理：**少量出血可用干棉球或1‰肾上腺素棉球塞鼻腔压迫止血，并局部冷敷；若出血不止，用油纱条作后鼻孔填塞，压迫出血部位。不要用手挖鼻痂，可用液状石蜡滴鼻，防止黏膜干裂出血。**
    - ★6)口腔、牙龈出血的护理：**不要用牙刷、牙签清理牙齿，可用棉签蘸漱口液擦洗牙齿。牙龈渗血时，可用1‰肾上腺素棉球或明胶海绵片贴敷牙龈。**
  - ★(3)继发感染：发热
    - 1)病情观察：注意体温变化。
    - 2)保持病室清洁：室内空气要新鲜，每天用紫外线消毒，以防交叉感染。白细胞＜1×10^9/L时，应实行保护性隔离。
    - 3)保持皮肤、口腔卫生：真菌感染者漱口液选用5%碳酸氢钠溶液；便后用1∶5 000高锰酸钾溶液坐浴。
    - 4)寒战与大量出汗的护理：寒战时全身保暖，并饮用温热开水。
    - ★5)降温护理：体温38.5℃以上应行降温。**血液病患者不宜用乙醇擦浴，以免造成皮下出血；药物降温药量不宜过大，以免引起大量出汗、血压下降、甚至虚脱。**

第2节　贫血患者的护理

一、贫血分类

- 1. 按病因和发病机制分类：分三类
  - (1)红细胞生成减少
    - 1)造血物质缺乏：如缺铁性贫血、叶酸和(或)维生素B_{12}缺乏所致巨幼细胞性贫血。
    - 2)骨髓造血功能障碍：如再生障碍性贫血。
  - (2)红细胞破坏过多：见于各种溶血性贫血。
  - (3)红细胞丢失过多：急慢性失血引起的贫血。

★2. 按红细胞形态学分类可分为三类
- (1)**大细胞性贫血:如巨幼细胞性贫血。**
- (2)**正常细胞性贫血:如再生障碍性贫血,急性失血性贫血等。**
- (3)**小细胞低色素性贫血:如缺铁性贫血等。**

二、缺铁性贫血患者的护理

★1. 概述:**缺铁性贫血是由于体内储存铁缺乏,血红蛋白合成不足,红细胞生成受到障碍引起的一种小细胞低色素性贫血。是最常见的一种贫血。**

2. 病因和发病机制
- (1)铁储存不足:孕母患缺铁性贫血等。
- ★(2)铁摄入不足:**婴幼儿、青少年,哺乳期、妊娠期和育龄期妇女易发生缺铁性贫血。**
- (3)生长发育快:对铁的需求量增多。
- (4)铁吸收及利用障碍:胃大部切除或胃空肠吻合术后导致铁吸收障碍、慢性腹泻及不合理的饮食搭配等。
- ★(5)铁丢失过多:**溃疡病出血、痔出血等慢性失血是成人最常见、最重要的原因。**

3. 铁的代谢
- (1)铁的来源和吸收
  - 1)铁的来源:内源性:来源于体内衰老红细胞破坏释放的铁;外源性:来源于食物(植物和肉类食物)。需要量:1～1.5mg/d;孕、乳妇:2～4mg/d。
  - ★含铁丰富的食物有:**肝、瘦肉、蛋黄、豆类、海带、木耳、香菇等;乳类如牛奶含量最低。**
  - 2)铁的吸收。
- (2)铁的转运。
- (3)铁的储存形式:铁蛋白、含铁血黄素;部位:肝、脾、骨髓等器官的单核-吞噬细胞系统内。

4. 临床表现
- (1)一般贫血表现:皮肤黏膜苍白,以口唇、甲床最明显。此外,可有疲乏、头晕等。
- ★(2)组织缺铁的表现:**舌炎、口角炎及舌乳头萎缩;少数患者有异食癖;严重者出现“反甲”。**

★5. 有关血象检查:**小细胞低色素性贫血**,血红蛋白降低,白细胞、血小板均正常。

★6. 治疗要点:**病因治疗是关键,补足储铁**
- ★(1)用药:**口服铁剂为佳,硫酸亚铁(首选)、富马酸亚铁,同服维生素C促进铁吸收。慎用注射铁剂**,可用右旋糖酐铁肌内注射。
- ★(2)观察疗效:**铁剂治疗48h后,患者自觉症状开始好转;数天后血中网织红细胞开始升高**,5～10d达到高峰;2周左右血红蛋白开始上升,约2个月达正常。

7. 护理问题
- (1)活动无耐力:与贫血导致缺氧有关。
- (2)营养失调:低于机体需要量:与铁摄入不足、吸收不良、需要增加或丢失过多有关。
- (3)有感染的危险:与机体免疫功能低下有关。
- (4)知识缺乏:缺乏本病的防治知识。

8. 护理措施
- (1)饮食:高蛋白、高维生素、含铁丰富及含维生素C高的食物。
- ★(2)补充铁剂护理
  - 1)**口服铁剂易引起胃肠道反应,宜在饭后或餐中服用,从小剂量开始。**
  - 2)**口服液体铁剂时,患者要使用吸管,避免染黑牙齿。**
  - 3)**避免与茶、牛奶、咖啡等同时服用(茶中鞣酸与铁结合成不易吸收的物质,牛奶含磷较高,均可影响铁的吸收)。**
  - 4)服铁剂期间大便会变成黑色(铁与肠内硫化氢作用而生成黑色的硫化铁所致)。

8. 护理措施 ★(2)补充铁剂护理
- 5)注射铁剂时注意
  - ①深部肌内注射,可促进吸收、减轻疼痛。
  - ②不在皮肤暴露部位注射。
  - ③更换针头注射。
  - ④采用"Z"形注射法或留空气注射法。
  - ⑤不良反应:局部疼痛;面部潮红,恶心呕吐,头痛等。严重者可出现过敏性休克,应备好肾上腺素。
- 6)铁剂治疗至血红蛋白正常后,患者仍需继续服用铁剂3~6个月,目的是补足体内储存铁。

三、营养性巨幼细胞贫血患者的护理

★1. 概述:**由于缺乏维生素B_{12}和(或)叶酸所引起的一种大细胞性贫血。多见于2岁以下婴幼儿。**

2. 病因
- (1)摄入不足:因乳类中维生素B_{12}和叶酸含量少,婴幼儿如未及时添加辅食可引起。
- (2)需要量增加:生长发育迅速使需要量增加。
- (3)吸收、转运障碍:慢性腹泻、严重营养不良等可造成吸收障碍。
- (4)其他:药物影响。

3. 临床表现:★以6个月至2岁多见,起病缓慢。**患儿多虚胖,毛发稀疏细黄,面色苍黄或蜡黄,口唇、指甲等处苍白,常伴肝脾肿大。**患儿烦躁、易怒。维生素B_{12}缺乏者表情呆滞、目光发直、少哭不笑、反应迟钝、嗜睡,智力及动作发育落后,常有倒退现象。

4. 辅助检查
- (1)血常规:红细胞减少较血红蛋白减少明显。血小板一般减低。
- (2)骨髓象:增生活跃,以红细胞系统增生为主,各期幼红细胞巨幼变。
- (3)维生素:B_{12}<100ng/L(正常200~800ng/L)、叶酸<3μg/L(正常5~6μg/L)。

5. 治疗原则:★**祛除病因、补充维生素B_{12}和(或)叶酸是治疗的关键。**

6. 护理问题
- (1) 活动无耐力:与贫血致组织缺氧有关
- (2) 营养失调:低于机体需要量:与维生素B_{12}和(或)叶酸摄入不足,吸收不良等有关。
- (3) 生长发育改变:与营养不足、贫血及维生素B_{12}缺乏影响生长发育有关。

7. 护理措施
- (1)根据患儿的活动耐受情况安排其休息与活动。严重贫血者适当限制活动。烦躁、震颤、抽搐者遵医嘱用镇静剂,防止外伤。
- (2)指导喂养,加强营养:改善哺乳母亲营养,及时添加富含维生素B_{12}和叶酸的辅食。
- (3)监测生育发育:评估患儿的体格、智力、运动发育情况,对发育落后者加强训练和教育。

8. 健康教育
- (1)介绍本病知识。
- (2)避免诱因,强调预防的重要性。
- (3)按医嘱合理用药。

四、再生障碍性贫血患者的护理

1. 概述:再生障碍性贫血(简称再障)是由各种原因引起骨髓造血功能衰竭的一类贫血。

『锦囊妙记』

缺铁性贫血

失多进少是病因,慢性失血是主因;反甲乏力面苍白,低色素性小细胞。
病因治疗是关键,补铁治疗效果好;补铁最好饭后用,多吃鲜橙黑食品。
补铁忌服奶和茶,补铁出现黑大便;症状好转不停药,继续补铁3~6个月。

2. 病因和发病机制：多数病因不明
   - ★(1)药物及化学因素：**氯霉素最常见，其次是苯等。**
   - (2)生物因素：EB病毒、流感病毒、肝炎病毒等。
   - (3)物理因素：X射线等。

★3. 临床表现：**主要表现为贫血、出血、感染，多无肝、脾、淋巴结肿大。**列表区别急慢性再障临床表现(表6-1)。

表6-1　急慢性再障临床表现

	急性(重型)再障	慢性(非重型)再障
起病	急，快	缓，慢
年龄	青少年多见	成人多见
贫血	贫血进行性加重	贫血为首起和主要表现
出血	早，严重，广泛，常有内脏出血	轻，皮肤黏膜多见
感染	早，严重，常有混合感染	轻，以呼吸道为主
预后	不良，多于半年内死亡	较好

4. 辅助检查
   - (1)血象：全血细胞减少，**呈正细胞正色素性贫血**；网织红细胞绝对值显著减少；出血时间延长。
   - ★(2)骨髓象：增生低下或极度低下，急、慢性共同点是巨核细胞减少。

5. 治疗要点
   - ★(1)慢性再障：雄激素为首选药物，常用丙酸睾酮衍生物，该药不良反应，如男性化等。雄激素作用缓慢，用药剂量要大，持续时间要长，疗程不应少于4～6个月。
   - (2)急性再障：免疫抑制剂；骨髓移植。

6. 护理问题
   - (1)活动无耐力：与贫血所致机体组织缺氧有关。
   - (2)组织完整性受损：与血小板减少有关。
   - (3)自我形象紊乱：与丙酸睾酮的不良反应有关。
   - (4)焦虑：与再障久治不愈有关。
   - (5)有感染的危险：与粒细胞减少有关。
   - (6)潜在并发症：脑出血：与血小板减少有关。

7. 护理措施
   - (1)出血等对症护理见本章第1节
   - ★(2)药物护理：**丙酸睾酮为油剂，需深部缓慢分层肌内注射，经常更换部位。**

8. 健康教育
   - (1)介绍本病相关知识。
   - (2)做好自我防护，避免受凉感冒。
   - (3)按医嘱用药。
   - (4)定期复查，不适随诊。

第3节　特发性血小板减少性紫癜患者的护理

★一、概述

特发性血小板减少性紫癜(简称ITP)是由于外周血的血小板免疫性破坏过多及其寿命缩短，造成血小板减少性出血性疾病。**临床主要表现为皮肤、黏膜、内脏出血等。**

二、病因和发病机制

1. 免疫因素：体内有血小板抗体，约80%在发病前3周左右有病毒感染史。
2. 脾脏因素。
3. 其他因素。

三、临床表现

★**以皮肤、黏膜出血最常见**。列表区别急慢性 ITP 临床表现(表 6-2)。

表 6-2　急慢性 ITP 临床表现

	急性型	慢性型
年龄	儿童多见	青年女性多见
出血	全身皮肤、黏膜广泛性出血;消化道、泌尿道、颅内出血	反复发作皮肤黏膜瘀点、瘀斑;女性表现月经过多
贫血	可有不同程度的贫血,与出血程度相一致	反复发作或病期较长者可有贫血

四、辅助检查

1. 血象:红细胞减少,血小板明显减少,白细胞多无变化。
2. 骨髓象:巨核细胞增多或正常。

五、治疗要点

★1. **糖皮质激素:为首选药物**,不能根治,停药后易复发。待血小板接近正常后,可逐渐减量,维持 3～6 个月。
2. 脾切除。
3. 免疫抑制剂。
4. 输血和输血小板:适用于危重出血者、血小板<20×10^9/L 者。

六、护理问题

1. 组织完整性受损:与血小板减少有关。
2. 自我形象紊乱:与激素不良反应有关。
3. 焦虑:与再障久治不愈、有出血的危险有关。
4. 潜在并发症:脑出血:与血小板减少有关。

七、护理措施

1. 一般及对症护理:见本章第 1 节出血倾向护理。
2. 病情观察:监测血小板计数,注意观察皮肤、黏膜有无损伤。
3. 用药护理:向患者说明并加以注意长期应用糖皮质激素的不良反应。
4. 避免使用引起血小板过低的药物,如保泰松、阿司匹林、右旋糖酐等。

八、健康教育

1. 介绍疾病相关知识。
2. 避免诱发或加重出血。
3. 按医嘱用药。
4. 定期复查,不适随诊。

第 4 节　白血病患者的护理

★一、概述

白血病特点是白血病细胞在骨髓及其他造血组织中弥漫性恶性增生,浸润破坏人体内脏器官和组织,并进入外周血液中,外周血液中出现幼稚细胞。

二、病因和分类

1. 病因
   - (1)病毒。
   - (2)**放射:电离辐射可致白血病已被肯定。**
   - (3)化学因素。
   - (4)遗传因素。
2. 分类
   - (1)根据白血病细胞成熟程度和自然病程:分为急性和慢性两类
     - ★1)急性白血病:**起病急,进展快,自然病程一般不超过6个月。**
     - ★2)慢性白血病:**起病缓慢,自然病程一般超过1年。**
   - (2)根据主要受累细胞系列,急性白血病和慢性白血病又可再分类
     - 1)急性白血病(FAB分类)
       - ①淋巴细胞型:第一型(L1);第二型(L2);第三型(L3)。
       - ②非淋巴细胞型:髓细胞白血病未分化型(M_0);粒细胞白血病未分化型(M_1);粒细胞白血病部分分化型(M_2);早幼粒细胞白血病(M_3);粒-单细胞白血病(M_4);单核细胞白血病(M_5);红白血病(M_6);巨核细胞白血病(M_7)。
     - 2)慢性白血病
       - ①淋巴细胞白血病。
       - ②粒细胞白血病。
       - ③单核细胞白血病。

★我国急性白血病比慢性白血病多见,**成年以急性粒细胞白血病最多见,儿童以急性淋巴细胞白血病多见。**

三、急性白血病患者的护理

1. 临床表现:急性白血病四大表现
   - ★(1)**发热(感染):感染常为致死原因**
     - 1)发热主要原因:感染,其次是代谢亢进。
     - 2)感染主要原因:成熟粒细胞减少,机体免疫力减退。
     - 3)感染常见部位:口腔炎最多见,牙龈炎、咽峡炎、肺部感染、肛周脓肿等。
     - 4)最常见的致病菌:革兰阴性杆菌。
   - ★(2)**出血:最主要原因是血小板减少及功能障碍。**以皮肤瘀点或瘀斑,鼻、牙龈出血,月经过多为多见,**颅内出血常为致死原因。**
   - ★(3)**贫血:常为首起症状,贫血原因主要是正常红细胞生成减少和出血,**其次是出血和溶血。
   - (4)白血病细胞浸润
     - ★1)**肝脾淋巴结肿大:以急淋白血病多见。**
     - ★2)**骨骼及关节浸润:常有胸骨下段压痛。**
     - ★3)**中枢神经系统白血病(CNS-L):以急淋白血病最多见**
       - ①原因:化疗药物不易通过血-脑屏障,隐藏在中枢神经系统的白血病细胞不能被有效杀伤,导致中枢神经系统白血病。
       - ★②**发作时间:多在缓解期。**
       - ★③**表现:头痛、呕吐、颈强直,重者抽搐、昏迷,不发热;脑脊液压力增高。**
     - 4)皮肤黏膜浸润:牙龈增生、肿胀,皮下结节、多形红斑,多见于急性单核细胞白血病。

2. 辅助检查
- ★(1)血象：多数患者白细胞计数增高，$>100\times10^9/L$，分类检查约30%～90%以原始和(或)早幼细胞为主；患者有不同程度的正常细胞性贫血。
- ★(2)骨髓象：**确诊白血病及其类型的重要依据**。骨髓象多为明显活跃或极度活跃，主要为白血病性原始细胞。急性白血病原始细胞多>30%，慢性原始细胞<10%。

3. 治疗要点：加强支持治疗，恰当选择化疗和骨髓移植，防治髓外白血病及其他并发症，提高缓解率，延长生存期，争取治愈。

★**完全缓解标准：急性白血病的症状、体征消失，血象和骨髓象基本正常**
- (1)支持治疗：加强消毒隔离，选用有效抗生素防治感染；有严重贫血和出血时可输新鲜全血或血小板悬液及红细胞悬液。
- ★(2)化学药物治疗：是目前治疗的主要措施。**原则：早期、联合、充分、间歇，分为诱导缓解和缓解后治疗两个阶段**
  - 1)儿童急淋白血病化疗首选VP方案，即长春新碱和泼尼松。
  - 2)成人急淋白血病化疗首选VLDP方案，即长春新碱、门冬酰胺酶、柔红霉素和泼尼松。
  - 3)急非淋白血病化疗常选DA方案，即柔红霉素和阿糖胞苷。

4. 护理问题
- (1)组织完整性受损：与血小板减少、白血病细胞浸润有关。
- (2)活动无耐力：与贫血、化疗不良反应等有关。
- (3)有感染的危险：与粒细胞减少有关。
- (4)恐惧：与急性白血病治疗效果差、死亡率高有关。
- (5)自我形象紊乱：与化疗不良反应有关。
- (6)潜在并发症：脑出血：与血小板减少有关。

5. 护理措施
- (1)一般和对症护理：同本章第1节出血和感染护理。
- ★(2)**化疗不良反应的护理**
  - 1)**静脉炎及组织坏死的预防和护理**
    - ①**合理选用静脉：注射部位从远端开始，每次更换注射部位，避免穿透血管；可用中心静脉或深静脉留置导管。**
    - ②**避免药物外渗：注射前先用生理盐水冲洗，输注完毕后再冲洗，轻压血管数分钟。**
    - ③**化疗药物外渗的处理：疑有或发生外渗时，立即停止注入，不宜立即拔针，抽取3～5ml血液；局部冷敷后硫酸镁湿敷，普鲁卡因局部封闭。**
  - 2)**骨髓抑制：定期查血象、骨髓象。**
  - ★3)化疗药物的常见不良反应处理
    - ①**长春新碱能引起末梢神经炎、手足麻木**，停药后可逐渐消失。
    - ②**柔红霉素、三尖杉碱类药物可引起心肌及心脏传导损害**，宜缓慢静脉滴注。
    - ③**甲氨蝶呤可引起口腔黏膜溃疡**，可用0.5%普鲁卡因溶液含漱，减轻疼痛。
    - ④**环磷酰胺可引起脱发及出血性膀胱炎**，嘱患者多饮水，有血尿必须停药。

急性白血病

感染发热贫出血，肝脾肿大胸骨痛；白球增高红板低，原始细胞超30%。
时刻警惕脑出血，缓解关注脑转移；联合化疗主治疗，静脉用药重护理。

6. 健康教育
   - (1)介绍疾病相关知识,指导患者合理饮食和休息。
   - (2)防止感染和出血。
   - (3)按医嘱用药。
   - (4)学会自测体温,不适随诊。

四、慢性粒细胞白血病患者的护理

1. 临床表现:慢性粒细胞白血病自然病程可分为慢性期、加速期及急性变期
   - ★(1)慢性期:可出现低热、乏力、多汗或盗汗、消瘦等代谢亢进的表现,**脾脏肿大是最突出的体征**。慢性期可持续1～4年。
   - (2)加速期:表现不明原因的高热、体重下降、虚弱、脾脏迅速肿大,骨、关节痛以及逐渐出现的贫血。
   - (3)急变期:表现与急性白血病相似。
2. 辅助检查
   - (1)血象:白细胞数明显增高。晚期可达$100\times10^9/L$以上,中性粒细胞显著增多。
   - (2)骨髓象:骨髓增生明显至极度活跃。其中以中幼粒、晚幼粒、杆状核粒细胞明显增多,慢性期原粒细胞<10%。
3. 治疗要点:**化疗药物中首选白消安**,其次为羟基脲。
4. 护理问题
   - (1)有感染的危险:与粒细胞减少有关。
   - (2)活动无耐力:与贫血有关。
   - (3)营养失调:低于机体需要量:与机体代谢亢进有关。
   - (4)知识缺乏:缺乏疾病相关知识。
5. 护理措施
   - (1)病情观察:有无脾破裂征象。
   - ★(2)脾大显著,易引起左上腹不适,**可采取左侧卧位,尽量避免弯腰和碰撞腹部,避免脾破裂。**
   - (3)药物护理:遵医嘱给患者服用白消安(或羟基脲)期间,定期复查血象。
6. 健康教育
   - (1)介绍疾病相关知识,指导患者合理饮食和休息。
   - (2)防止感染和出血。
   - (3)按医嘱用药。
   - (4)学会自测体温,不适随诊。

第5节　血友病患者的护理

一、概述

★**血友病是最常见的因遗传性凝血因子缺乏而引起的一组出血性疾病。**临床主要表现为自发性关节和组织出血,以及出血引致的畸形。根据患者所缺乏凝血因子的种类,区分为血友病A(Ⅷ因子缺乏)、血友病B(Ⅸ因子缺乏),以血友病A最为常见。

二、病因和发病机制

血友病为遗传性疾病,绝大多数情况下只有男性患病,女性作为缺陷基因携带。病理机制为凝血因子基因缺陷导致其水平和功能低下,而使血液不能正常地凝固。

慢性白血病

低热乏力食欲差,淋巴结大肝也大;特征表现脾肿大,急变表现似急白;
化疗首选白消安,护理注意保护脾。

三、临床表现

★**出血是血友病患者最主要的临床表现，出血程度主要是取决于血友病类型及相关凝血因子缺乏程度，且缺乏程度与出血轻重呈正相关。血友病A出血较重，血友病B出血较轻。**

★1. 出血
- (1)出生即有，伴随终身。
- (2)**常表现为软组织或深部肌肉内血肿。**
- (3)**负重关节(如膝、踝关节等)反复出血甚为突出，最终可致关节疼痛、肿胀、僵硬、畸形**，可伴骨质疏松、关节骨化及相应肌肉萎缩(称血友病关节)。
- (4)重型患者可发生呕血、咯血、甚至颅内出血。

2. 血肿压迫的表现：血肿压迫周围神经可致局部疼痛、麻木及肌肉萎缩；喉部及颈部出血及血肿形成可致呼吸困难甚至窒息。

四、辅助检查

1. 外周血象及血小板功能。

2. 筛查试验：凝血时间和激活部分凝血活酶时间延长，凝血酶原消耗(PCT)不良及简易凝血酶生成试验(STGT)异常。

3. 确诊试验：凝血活酶生成试验及纠正试验有助于诊断。

五、治疗要点

★血友病目前尚无根治方法且需终生治疗，**最有效的治疗方法仍是替代治疗，最好的治疗方式是预防性治疗**。替代治疗的目的是将患者缺乏的凝血因子提高到止血水平，以预防或治疗出血。其原则是尽早、足量和维持足够时间。

六、护理问题

1. 组织完整性受损：与凝血因子缺乏有关。
2. 疼痛：肌肉、关节疼痛：与深部组织血肿或关节腔积血有关。
3. 有失用综合征的危险：与反复多次关节腔出血有关。
4. 焦虑：与终身出血倾向、丧失劳动能力有关。

七、护理措施

1. **出血的护理**
- ★(1)**防止外伤，预防出血。**不要过度负重或做剧烈的接触性运动(拳击、穿硬底鞋或赤脚走路)；当使用刀、剪、锯等工具时应戴防护性手套；尽量避免手术治疗，必须手术时，应根据手术大小补足凝血因子。
- (2)尽量采用口服用药，不用或少用穿刺或注射，必须时拔针后至少按压局部5min，不使用静脉留置套管针，以免针刺点出血。
- (3)注意口腔卫生，预防龋齿，避免拔牙；不食带骨、刺的食物，避免刺伤消化道黏膜。

2. **关节的护理**：急性期为避免出血加重，促进关节腔内血液的吸收，应予局部制动并保持肢体功能位。关节腔出血控制后，帮助患者进行主动或被动关节活动。与患者一起制定活动计划，使其主动配合。

3. 病情观察：定期监测生命体征。注意观察有无肌肉及关节血肿的表现，有无呕血、咯血等内脏出血的征象；有无颅内出血的表现，如头痛、呕吐、瞳孔不对称，甚至昏迷等，一旦发现，及时报告医生，并配合处理。

4. 用药护理：输注凝血因子，应在凝血因子取回后立即输注；使用冷沉淀物时，应在37℃温水中10min内融化，并尽快输入；输注过程中注意观察有无输血反应。遵医嘱用药，禁忌使用阿托品、双嘧达莫等抑制血小板聚集或使血小板减少的药物，以防加重出血。

5. 心理护理：向患者及家属解释本病的发生、发展及预后，鼓励患者树立战胜疾病的信心。动员家属及其他社会力量给予患者适当的心理支持。

八、健康教育

1. 介绍疾病相关知识，避免剧烈的接触性运动，以减少外伤和出血的危险。

2. 指导患者注意口腔卫生，防止因拔牙等而引起出血。

3. 出血的应急措施：教给患者及家属出血的急救处理方法，出血及时就医。患者外出远行时，应携带写明血友病的病历卡，以备意外时可及时处理。

4. 按医嘱用药。

5. 自我监测病情，不适随诊。

第6节　弥散性血管内凝血患者的护理

一、概述

弥散性血管内凝血（DIC）是由多种致病因素激活机体的凝血系统，导致机体弥漫性微血栓形成，凝血因子大量消耗并继发纤溶亢进，引起全身出血及微循环障碍甚至多器官功能衰竭的临床综合征。**微血栓形成是DIC的基本和特异性病理变化**。其发生部位广泛，多见于肺、肾、脑、肝、心、肾上腺、胃肠道及皮肤、黏膜等部位。主要为纤维蛋白血栓及纤维蛋白-血小板血栓。

二、病因

1. **感染性疾病：最多见**，常见的有败血症、斑疹伤寒、流行性出血热、内毒素血症、重症肝炎、麻疹和脑型疟疾等。

2. 恶性肿瘤：次之，常见的有急性白血病、淋巴瘤、前列腺癌、胰腺癌、肝癌、绒毛膜上皮癌、肾癌、肺癌及脑肿瘤等。

3. 病理产科：如胎盘早剥、羊水栓塞、感染性流产、死胎滞留、重症妊娠高血压综合征等。

4. 手术及创伤：少见，如大面积烧伤、严重创伤、毒蛇咬伤、广泛性手术（如脑、前列腺、胰腺、子宫及胎盘等富含组织因子器官的手术）。

5. 其他：除以上病因外，几乎涉及各系统疾病，如恶性高血压、肺心病、巨大血管瘤、ARDS、急性胰腺炎、肝衰竭、溶血性贫血、血型不合输血、急进性肾炎、糖尿病酮症酸中毒、系统性红斑狼疮、中暑、脂肪栓塞、GVHD（移植物抗宿主病）等。

三、临床表现

DIC按起病急缓、病情轻重分为急性型、亚急性型、慢性型3型。**按发展过程分为高凝血期、消耗性低凝血期、继发性纤溶亢进期3期**。DIC的临床表现可因原发病、DIC类型、分期不同而有较大差异。

1. 出血：**是DIC最常见的症状之一。多突然发生，为广泛、多发的皮肤黏膜自发性、持续性出血。重者可发生颅内出血而致死。**

2. 低血压、休克或微循环衰竭：为一过性或持续性血压下降，早期即出现肾、肺、脑等器官功能不全，表现为肢体湿冷、少尿、呼吸困难、发绀及神志改变等。

3. 栓塞
   - （1）浅层栓塞：表现为皮肤发绀，进而发生坏死、脱落，多见于眼睑、四肢、胸背及会阴部，黏膜损伤易发生于口腔、消化道、肛门等部位，呈灶性或斑块状坏死或溃疡形成。
   - （2）深部器官栓塞：多见于肾、肺、脑等脏器，可表现为急性肾衰竭、呼吸衰竭、意识障碍、颅内高压综合征等。

4. 溶血：表现为进行性贫血，贫血程度与出血量不成比例，偶见皮肤、巩膜黄染。

四、辅助检查

1. 消耗性凝血障碍方面的检测：血小板减少、凝血酶原时间延长。

2. 继发性纤溶亢进方面的检测：D-二聚体水平升高或阳性、3P试验阳性等。

3. 其他。

五、治疗要点

1. 治疗原发病，去除诱因：如抗感染、治疗肿瘤；纠正缺氧、缺血及酸中毒等。

2. 抗凝治疗：**原则上使用肝素抗凝**。急性期，通常给肝素每日80～240mg，用量每6h不超过40mg，静脉滴注，根据病情连用3～5d。目前临床趋向使用低分子肝素治疗。一旦病因消除，DIC被控制，应及早停用肝素。

3. 补充所减少的血浆凝血因子及血小板，低分子右旋糖酐及抗纤溶药等。

六、护理问题

1. 组织灌注量改变：弥散性血管内凝血所致。

2. 潜在并发症：出血、多器官功能衰竭。

七、护理措施

1. 休息与体位：卧床休息，根据病情采取合适的体位。

2. 保持呼吸道通畅，给氧，以改善组织缺氧状况及避免脑出血发生。

3. 病情观察：监测患者生命体征，注意神志、尿量的变化，观察皮肤颜色、温度，有无各器官栓塞的症状和体征，如肺栓塞表现为突然胸痛、呼吸困难、咯血；脑栓塞引起头痛、抽搐、昏迷等；肾栓塞会出现腰痛、血尿、少尿或无尿，甚至发生急性肾衰竭；胃肠黏膜栓塞有消化道出血；皮肤栓塞出现干性坏死、手指、足趾、鼻、颈、耳部发绀。

4. 用药护理：熟悉DIC救治的常用药物的名称、主要不良反应及处理。按医嘱准确给药，尤其是抗凝药的应用。使用时注意观察出血减轻或加重情况，定期测凝血时间以指导用药，在肝素抗凝过程中，补充新鲜凝血因子，并注意观察输血反应。

5. 加强心理护理，减轻患者紧张、焦虑状态。

八、健康教育

1. 介绍疾病相关知识，让患者及家属配合治疗。

2. 保证充足的休息和睡眠。

3. 饮食营养，循序渐进地增加运动，促进身体康复。

模拟试题栏——识破命题思路，提升应试能力

一、专业实务

A_1型题

1. 引起缺铁性贫血的主要原因是

A. 青少年生长发育

B. 妇女妊娠或哺乳

C. 慢性失血

D. 胃大部切除术后

E. 食物中供铁不足

解析：慢性失血如溃疡病、痔疮、女性月经过多常使体内储存铁耗竭，是缺铁性贫血的主要病因。

2. 小细胞低色素性贫血不可能见于

A. 异常血红蛋白

B. 缺铁性贫血

C. 海洋性贫血

D. 缺乏B_{12}或叶酸所导致的贫血

E. 铁粒幼细胞性贫血

3. 引起DIC最常见的原因是

A. 严重感染　　B. 严重创伤

C. 恶性肿瘤　　D. 休克

E. 高血压

4. 出血性疾病引起出血的原因不正确的是

A. 毛细血管脆性增强

B. 毛细血管通透性增强

C. 血小板数量减少

D. 凝血因子的缺乏

E. 血管破裂

5. 营养性缺铁性贫血血象的特点是

A. 红细胞减少比血红蛋白减少明显
B. 红细胞中央淡染区扩大
C. 红细胞以大细胞为主
D. 白细胞核右移
E. 血小板减少

6. 下列哪种食物或饮料有利铁剂的吸收
A. 咖啡　　B. 茶
C. 皮蛋　　D. 橘子
E. 奶类

7. 关于贫血的描述中错误的是
A. 急性贫血的症状常较显著
B. 贫血症状的严重程度与贫血发生的速度和程度有关
C. 老年人或伴心肺疾病者对贫血已经耐受，症状相对较轻
D. 慢性贫血，由于机体对缺氧已适应，故即使贫血很重，症状也可以较轻
E. 贫血是一种症状，而不是一种疾病

8. 不符合慢性淋巴细胞白血病骨髓象描述的是
A. 淋巴细胞显著增多
B. 骨髓增生极度活跃
C. 疾病早期，骨髓中各类造血细胞都可见到
D. 原始淋巴细胞和幼稚淋巴细胞多见
E. 疾病后期，骨髓中几乎全为淋巴细胞

A_2 型题

9. 患者，女性，30岁。诊断为再生障碍性贫血，检查发现唇及口腔黏膜有散在瘀点，轻触出血，护士为其行口腔护理应特别注意
A. 先取下义齿　　B. 夹紧棉球
C. 擦洗动作轻柔　　D. 禁忌漱口
E. 患处涂冰硼散

10. 患者，女性，15岁，诊断为缺铁性贫血，在进行铁剂治疗后能最早反映其治疗效果的血液指标是
A. 红细胞计数升高
B. 血红蛋白增多
C. 网织红细胞数增加
D. 血清铁增加
E. 面色红润

11. 患者，男性，50岁。胃大部分切除术后出现头晕，乏力，查Hb70g/L。其贫血的原因是
A. 饮食中含铁不足
B. 铁损失过多
C. 体内铁代谢障碍
D. 铁吸收不良
E. 铁需要量增加

12. 患者，男性，50岁，诊断为特发性血小板减少症，患者出现牙龈出血，正确的护理措施有
A. 去甲肾上腺素棉球贴敷牙龈
B. 5%过氧化氢液体漱口
C. 用牙签清理牙齿
D. 用液状石蜡涂抹口唇
E. 用牙刷刷牙

解析：血小板减少症患者出现牙龈出血时，可用0.1‰肾上腺素棉球或明胶海绵片贴敷牙龈；牙龈出血时易引起口臭，可用1%过氧化氢液体漱口；不用牙签、牙刷清理牙齿，可用棉签蘸漱口液擦洗牙齿；用液状石蜡涂抹口唇，以防干裂。

13. 患者，女性，35岁。患溃疡病4年，反复多次呕血；现经常感觉头晕、耳鸣、疲乏无力，经医院检验Hb90g/L，RBC3.8×10^{12}/L，确诊为缺铁性贫血。治疗缺铁性贫血，选用硫酸亚铁，护理措施正确的是
A. 餐前服用　　B. 与浓茶同服
C. 与牛奶同服　　D. 与橙汁同服
E. 与磷酸盐同服

14. 患者，女性，28岁。下肢有紫癜，无其他部位出血。血常规检查：血小板减少。应首选的检查项目是
A. 抗核抗体　　B. 出血时间
C. 骨髓穿刺　　D. 凝血时间
E. 血清肌酐

15. 患者，女性，5岁，急性白血病，出血的主要原因是
A. 弥散性血管内凝血
B. 血小板减少
C. 血小板功能异常
D. 凝血因子减少
E. 血管损伤

16. 患者，男性，70岁，间断腹泻1年，有轻度贫血，需做粪便潜血试验。目前患者正在服用硫酸亚铁和硝苯地平等药，刷牙时偶有出血。留取标本时错误方法是
A. 晚餐不要进食动物肝、血
B. 牙龈出血时唾液不要咽下
C. 停用以前所用的药物

D. 保持盛粪便的容器干燥
E. 留一小块粪便即可

17. 患儿，8个月。单纯母乳喂养。诊断为营养性巨幼红细胞性贫血，主要病因是
A. 铁摄入不足
B. 锌摄入不足
C. 食物中缺少维生素C
D. 维生素B_{12}及叶酸供给不足
E. 葡萄糖-6-磷酸脱氢酶缺乏

18. 患者，男性，6岁，白血病，化疗过程中因口腔溃疡需做咽拭子培养，采集标本部位应选
A. 口腔溃疡面　　B. 两侧腭弓
C. 舌根部　　D. 扁桃体
E. 咽部

19. 患儿，7岁，患特发性血小板减少性紫癜入院，口腔、鼻腔、双下肢等有多处黏膜出血，今晨呕吐一次。通常血小板测定指标多少时应警惕有出血可能
A. 5×10^9/L以下　　B. 10×10^9/L以下
C. 15×10^9/L以下　　D. 20×10^9/L以下
E. 25×10^9/L以下

20. 一再障住院患者，血常规：红细胞3.0×10^{12}/L，血红蛋白70g/L，白细胞2.8×10^9/L，血小板80×10^9/L。若你拒绝患者请假外出，理由主要是
A. 避免加重皮肤出血
B. 避免诱发颅内出血
C. 避免发生感染
D. 避免影响休息
E. 避免发生意外

21. 患者，女性，32岁，患急性再生障碍性贫血入院，给予丙酸睾酮治疗，应定期检查
A. 肝功能　　B. 血压
C. 尿常规　　D. 肾功能
E. X线摄片

22. 患者，女性，32岁，患急性再生障碍性贫血入院，给予丙酸睾酮治疗，该药的正确使用方法是
A. 该药吸收快，可浅部肌内注射
B. 用药1个月，即可停药
C. 该药作用快，用药剂量不要大
D. 注射时速度要快
E. 需经常更换注射部位，防止注射处发生肿块

解析：丙酸睾酮治疗4～6个月，网织红细胞可升高；此药不易吸收，须作深部肌内分层注射，注射时速度要慢；雄激素作用缓慢，用药剂量要大；需经常更换注射部位，防止注射处发生肿块。

A_3/A_4型题

（23、24题共用题干）

患者，男性，56岁，主诉疲倦无力2个月余，伴心悸、头晕、失眠，诊断缺铁性贫血，给予铁剂治疗。

23. 护士在发给铁剂时应指导患者
A. 避免与牙齿接触
B. 研碎后服下
C. 多饮水
D. 避免与酸性药物接触
E. 少饮水

24. 在保证药效的同时应禁忌
A. 空腹服　　B. 服用稀盐酸
C. 饮茶　　D. 饮水
E. 饮食

（25、26题共用题干）

患者，男性，患血友病，在输血过程中出现头部胀痛、四肢麻木、腰背部剧痛、黄疸、血压下降等症状。

25. 患者尿液中可含有
A. 大量上皮细胞　　B. 血红蛋白
C. 胆红素　　D. 红细胞
E. 大量白细胞

26. 此患者因输血发生了
A. 发热反应
B. 过敏反应
C. 溶血反应
D. 枸橼酸钠中毒反应
E. 急性肺水肿

（27～31题共用题干）

患者，男性，40岁。因长期疲乏无力、头晕、眼花而就诊。检查：Hb80g/L，RBC3.28×10^{12}/L，心肺正常，以贫血待查入院。入院后检查：血清铁，血清铁蛋白，骨髓含铁血黄素、铁粒幼细胞均低于正常，但总铁结合力高于正常。

27. 最可能的诊断是
A. 再生障碍性贫血
B. 慢性白血病
C. 缺铁性贫血
D. 巨细胞贫血

E. 溶血性贫血

28. 引起本病的常见原因是
A. 营养不足　B. 慢性失血
C. 免疫障碍　D. 缺乏胃酸
E. 肠蛔虫病

29. 补充铁剂治疗贫血的最佳给药途径是
A. 静脉注射　B. 肌内注射
C. 皮下注射　D. 皮内注射
E. 口服

解析：补充铁剂包括含铁丰富的食物及药物，药物首选口服铁剂；口服铁剂不能耐受，或病情要求迅速纠正贫血等情况才可使用注射铁。

30. 护士指导患者应采取的服药方法是
A. 每间隔 8h 服药 1 次
B. 三餐饭前服用
C. 三餐饭后服用
D. 早晨 10 时，下午 3 时
E. 睡前服药

解析：口服铁剂易引起胃肠道反应，宜在饭后或餐中服用，从小剂量开始。

31. 应用铁剂治疗时，下列说法不正确的是
A. 铁剂要做深部肌内注射
B. 铁剂可能引起过敏反应
C. 指导患者空腹口服铁剂
D. 注射铁剂的同时最好备有肾上腺素 1 支
E. 使用铁剂时量要正确

二、实践能力

A_1 型题

32. 慢性失血性贫血患者，当失血至少达到全身有效血容量的多少可有贫血表现
A. 10%　B. 20%
C. 25%　D. 30%
E. 35%

解析：失血性贫血的危害，慢性失血到达全身血容量的 20% 时就会有贫血的表现，因为此时人体已经不能及时代偿，特别是红细胞生成速度虽有加快，但仍弥补不了损失的数量。

33. 弥散性血管内凝血(DIC)早期高凝状态的表现是
A. 出血
B. 抽血时血液不易抽出
C. 皮肤有出血点，出血斑
D. 出血时间延长
E. 凝血时间延长

34. 重型再生障碍性贫血早期最突出的表现是
A. 呕吐　B. 进行性贫血
C. 黄疸　D. 肝、脾、淋巴结大
E. 出血和感染

35. 诊断贫血最为重要的依据是
A. 皮肤黏膜苍白　B. 红细胞计数减少
C. 头晕　D. 血红蛋白浓度下降
E. 疲乏无力

36. 再障的临床表现不包括
A. 进行性贫血　B. 肝脾肿大
C. 感染　D. 内脏出血
E. 乏力

37. 关于缺铁性贫血患者的表现，下列哪项不正确
A. 感染发生率较低
B. 口角炎、舌炎、舌乳头萎缩较常见
C. 胃酸缺乏及胃肠功能障碍
D. 毛发无光泽、易断、易脱
E. 指甲扁平，甚至反甲

解析：缺铁性贫血的临床表现。缺铁性贫血的临床表现主要有：①一般症状：面色苍白、乏力、气促、烦躁、头痛、抵抗力低下，感染机会增加等；②上皮细胞异常症状。如舌痛、舌炎、口角炎、毛发干燥、指甲变薄、变脆、可有反甲、胃酸分泌减少等。

38. 贫血最突出的体征是
A. 头晕　B. 记忆力减退
C. 皮肤黏膜苍白　D. 心悸
E. 耳鸣

解析：皮肤黏膜苍白是贫血最突出的体征，贫血可出现头晕、记忆力减退、心悸和耳鸣的症状。

39. 再生障碍性贫血与白血病不共同的临床表现是
A. 贫血　B. 出血
C. 感染　D. 肝、脾、淋巴结肿大
E. 脑出血

解析：再生障碍性贫血与白血病的共同临床表现是贫血、出血(脑出血)和易发生感染；再生障碍性贫血多无肝、脾、淋巴结肿大，而白血病多有。

40. 慢性粒细胞白血病患者慢性期最突出的体征是
A. 乏力　B. 消瘦
C. 低热　D. 盗汗

E. 脾大

A_2 型题

41. 患者，女性，13岁。因经常感觉头晕、耳鸣、疲乏无力来就诊，经医院检验 Hb90g/L，RBC3.8×10^{12}/L，该患者治疗的首要原则是
A. 及时补充造血物质
B. 反复多次输血
C. 卧床休息
D. 积极寻找和去除病因
E. 休息和吸氧

42. 患儿，18个月，面色苍黄，毛发稀疏，诊断为"营养性巨幼红细胞性贫血"。下列治疗措施正确的是
A. 口服铁剂　B. 口服维生素
C. 肌内注射铁剂 C　D. 肌内注射叶酸
E. 肌内注射维生素 B_{12}

43. 患者，女性，23岁。因月经过多，皮肤瘀点、瘀斑，被确诊为：特发性血小板减少性紫癜(ITP)，入院治疗。首选的治疗药物应是
A. 肾上腺皮质激素　B. 脾切除
C. 免疫抑制剂　D. 输血小板
E. 丙酸睾酮

解析：ITP治疗首选是肾上腺皮质激素；脾切除适应证是糖皮质激素治疗无效或维持量过大者；免疫抑制剂用于糖皮质激素治疗无效、疗效差和不能切脾者；输血适用危重出血、血小板<20×10^9/L，脾切除前准备或其他手术及严重并发症者；丙酸睾酮是刺激骨髓造血。

44. 某患者因特发性血小板减少性紫癜而入院，且长期应用糖皮质激素治疗，当患者询问护士此药常见不良反应时，回答不应包括下列哪一项
A. 感染　B. 糖尿病
C. 多毛症　D. 高血压
E. 末梢神经炎

45. 当再生障碍性贫血患者血小板<20×10^9/L时，患者出现剧烈头痛、呕吐，应警惕的并发症是
A. 眼底出血　B. 鼻出血
C. 脑出血　D. 关节出血
E. 消化道大出血

解析：当患者血小板<20×10^9/L时，患者出现剧烈头痛、呕吐等是颅内出血的先兆，应警惕的并发症是脑出血。

46. 患者，女性，45岁。患白血病需使用阿霉素进行化疗，关于预防和处理静脉炎不正确的是
A. 静脉注射时速度要慢
B. 静脉注射后生理盐水冲洗
C. 血管要轮流使用
D. 发生静脉炎时可用普鲁卡因局部封闭
E. 发生静脉炎时可热敷

47. 患者，女性，20岁。因皮肤紫癜1个月，高热、口腔黏膜血泡，牙龈出血不止2d住院。肝、脾、淋巴结不大、胸骨无压痛。化验：Hb40g/L，WBC2.0×10^9/L，PLT15×10^9/L。骨髓增生极度减低，全片未见巨核细胞。诊断首先考虑
A. 急性再生障碍性贫血
B. 慢性再生障碍性贫血
C. 急性白血病
D. 血小板减少性紫癜
E. 过敏性紫癜

48. 患者，女性，61岁，再生障碍性贫血，四肢皮肤散在性瘀点，右颊部可见一约1.5cm×0.5cm的口腔溃疡，为有效预防感染，目前对其采取的首要护理措施是
A. 加强营养　B. 定期洗浴
C. 保持皮肤干燥　D. 加强口腔护理
E. 避免到人群聚集的地方

49. 对特发性血小板减少性紫癜患者的健康教育，错误的是
A. 认识本病与自身免疫有关
B. 坚持服药，注意药物不良反应
C. 坚持运动，增强体质
D. 定期复查血压，血小板
E. 不要使用阿司匹林

50. 某女青年反复出现皮肤瘀点，并有鼻出血、月经过多，近来出现贫血、脾大，血小板30×10^9/L，错误的护理措施是
A. 适当限制活动
B. 预防各种创伤
C. 尽量减少肌内注射
D. 鼻腔内血痂应剥去
E. 高蛋白、高维生素低渣饮食

A_3/A_4 型题

(51、52题共用题干)

患者，男性，25岁。近几日出现发热，体温38.8℃，皮肤瘀点、瘀斑，鼻出血，皮肤苍白，乏力，颈部淋巴结肿大及胸骨下端压痛。

51. 此患者最可能的诊断是
   A. 再生障碍性贫血　B. 慢性白血病
   C. 缺铁性贫血　D. 急性白血病
   E. 特发性血小板减少性紫癜

解析：急性白血病起病急，进展快，临床四大综合征：发热、出血、贫血和白血病细胞浸润，胸骨下段压痛是白血病细胞浸润的表现，为其特征性表现。

52. 已进行多次化疗，处于诱导缓解期，突然出现头痛、恶心、呕吐。查体：颈项强直，该患者最可能发生了
   A. 脑梗死　B. 脑出血
   C. 中枢神经系统白血病　D. 脑膜炎
   E. 败血症

(53～55 题共用题干)

患者，男性，40 岁。因大面积烧伤 10d，伴有感染性休克，护士在观察病情时发现患者神志模糊，脉细速，呼吸急促，血压 75/55mmHg，皮肤有瘀点、瘀斑。检查：血小板 40×10^9/L，纤维蛋白原 1.0g/L，凝血酶原时间延长，3P 试验阳性。

53. 最可能发生的情况是
   A. 弥散性血管内凝血　B. 血管损伤
   C. 血小板减少　D. 血小板减少性紫癜
   E. 纤维蛋白合成障碍
54. 最主要的护理问题是
   A. 组织灌注量改变　B. 组织完整性受损
   C. 排尿异常　D. 有窒息的危险
   E. 营养失调
55. 为了控制病情，可使用
   A. 糖皮质激素　B. 肝素
   C. 维生素 K　D. 氨甲苯酸
   E. 巴曲酶(立止血)

(56～58 题共用题干)

患者，女性，38 岁。因反复皮下紫癜伴月经量明显增多 3 个月余，拟以"ITP"收住入院治疗。血常规：红细胞 3.2×10^{12}/L，血红蛋白 80g/L，白细胞 4.5×10^9/L，血小板 18×10^9/L。

56. 目前患者最大的危险是易于发生
   A. 贫血性心脏病　B. 全心衰竭
   C. 颅内出血　D. 失血性休克
   E. 继发感染
57. 下列除了哪一项，均为护理上必须注意的事项
   A. 避免患者的情绪波动
   B. 保持患者的二便通畅
   C. 严格控制补液速度
   D. 保证患者充足的睡眠
   E. 避免外出活动
58. 若患者突发头痛，下列措施哪项是错误的
   A. 立即通知主管或值班医生
   B. 去枕平卧
   C. 耐心安慰直至患者情绪稳定
   D. 迅速建立静脉通道
   E. 必要时保留尿管

(59、60 题共用题干)

患儿，女性，1 岁。人工喂养长大，10 个月添加辅食。其母发现患儿近期表情淡漠，站立不稳来诊。查体：T36.2℃。皮肤黄，口唇，甲床苍白，舌及唇时有震颤。实验室检查：RBC3.0×10^{12}/L，Hb102g/L，RBC 大小不等，以大细胞为主，中央淡染区不明显，WBC 计数减少，细胞体积增大，PC 减少，可见巨大 PC。

59. 该患儿最可能的诊断是
   A. 营养性缺铁性贫血
   B. 营养性巨幼红细胞性贫血
   C. 再生障碍性贫血
   D. 生理性贫血
   E. 感染性贫血
60. 该病的主要护理措施是
   A. 给予叶酸、维生素 B_{12}
   B. 给予硫酸亚铁及维生素 C
   C. 给予肾上腺皮质激素
   D. 严格限制活动
   E. 积极控制感染

参考答案

1～5 CDAEB　6～10 DCDCC　11～15 DDDCB
16～20 CDADC　21～25 AEACB　26～30 CCBEC
31～35 CBBED　36～40 BACDE　41～45 DEAEC
46～50 DADCD　51～55 DCAAB　56～60 CCCBA

(李　春)

第7章　内分泌与代谢性疾病患者的护理

考点提纲栏——提炼教材精华，突显高频考点

第1节　常见症状的护理

一、概述

内分泌系统由内分泌腺(如下丘脑、垂体、甲状腺、甲状旁腺、胰岛、肾上腺、性腺)和分布于全身各组织中的激素分泌细胞以及其分泌的激素组成。其主要功能是在神经支配和物质代谢反馈调节的基础上，合成、分泌各种激素，调节人体的新陈代谢、生长发育、思维、运动等，保持机体内环境相对平衡，以适应体内外的变化。内分泌疾病按内分泌腺的功能可分成功能亢进和减退两类，其引起的常见症状主要有色素沉着、身材矮小、肥胖、消瘦等。

二、内分泌代谢疾病常见症状体征的护理

1. 色素沉着：指皮肤或黏膜色素量增加或色素颜色加深。见于慢性肾上腺皮质功能减退症、Cushing病和异位ACTH综合征等所致的ACTH增高，可表现为全身皮肤呈弥漫性棕褐色，以皮肤受压处、皮肤皱褶、瘢痕及受摩擦部位、肢体伸侧面明显。

★2. 身材矮小：指身高低于同种族、同性别、同年龄均值以下3个标准差者。见于
- ①生长激素及生长激素释放激素缺乏，如垂体性侏儒症，主要临床表现为最终身高小于130cm，上下部量比例适当，骨龄落后；面容幼稚、皮肤细腻、第二性征缺如，智力正常。
- ②婴幼儿时期甲状腺激素分泌不足导致的呆小病，临床表现为生长发育迟缓、上下部量比例失调，上部量大于下部量；骨龄落后、性发育迟滞，智力低下等。

★3. 消瘦：体重低于标准体重的10%以上者称为消瘦。可由于营养物质分解代谢增强或胃肠功能紊乱所致。

★4. 肥胖：体重超过标准体重的20%者称为肥胖。营养物质摄入过多而消耗过少是主要原因；甲状腺功能低下、肾上腺皮质增生、垂体功能不全者也可出现肥胖。轻度肥胖者可无自觉症状，中重度肥胖者可在活动后自觉疲劳、气促，还易并发冠心病、高血压、糖尿病。

三、护理(以“消瘦”、“肥胖”为例)

★1. 消瘦
- (1)提供合理饮食。如甲状腺功能亢进症者给予高蛋白、高热量、高维生素饮食；糖尿病者应予低脂、低糖、高蛋白、高纤维素饮食，总热量根据理想体重、劳动强度等决定。宜少食多餐、循序渐进。不能经口进食者给予管饲，极度消瘦者遵医嘱给予肠外营养、要素饮食或输液。
- (2)嘱患者多卧床休息，必要时提供生活照顾，加强皮肤、口腔护理，防止感染、压疮发生。
- (3)提供心理支持。
- (4)配合治疗和护理原发病。

★2. 肥胖
- (1)提供低脂、低糖、低盐、高纤维素、适量蛋白质、富含维生素饮食。根据具体情况计算总热量。有饥饿感时给予低热量的蔬菜,限制糖类摄入。
- (2)运动疗法:尤其对糖尿病患者单纯饮食疗法、药物控制不理想时,应鼓励患者积极参加运动,有氧运动为主,循序渐进、持之以恒。
- (3)指导患者正确选择和合理使用减肥药物,注意药物的不良反应。
- (4)注意患者是否有自卑、焦虑、抑郁等负性情绪,及时给予心理疏导。
- (5)配合治疗和护理原发病。

第2节　单纯性甲状腺肿患者的护理

一、概述

单纯性甲状腺肿是多种原因引起的非炎症性或非肿瘤性甲状腺肿大,不伴有甲状腺功能异常。当人群患病率超过10%时,称为地方性甲状腺肿。女性多于男性。

★二、病因

1. 碘缺乏:地方性甲状腺肿最主要原因。饮食中碘含量不足导致甲状腺激素(TH)合成减少。

2. 散发性甲状腺肿的原因有
   - (1)摄碘过多使甲状腺中碘的有机化障碍,抑制TH的合成和释放导致甲状腺肿。
   - (2)某些食物或药物阻碍TH合成引起甲状腺肿;食物如卷心菜、萝卜、菠菜、核桃;药物如硫脲类药物、硫氰酸盐、保泰松等。
   - (3)某些酶的缺陷影响TH的合成或分泌,从而引起甲状腺肿。

3. 青春发育期、妊娠、哺乳期,机体对TH需要量增加,导致生理性甲状腺肿。

★三、临床表现

早期甲状腺呈轻度或中度弥漫性肿大,表面光滑、质地较软、无压痛。随病情缓慢发展,甲状腺进一步肿大常形成多发性结节。显著肿大者引起压迫症状,如压迫气管出现呼吸困难,压迫食管引起吞咽困难,压迫喉返神经引起声音嘶哑。胸骨后甲状腺肿可引起上腔静脉回流受阻,出现面部青紫、肿胀、颈胸部浅静脉扩张等。当甲状腺内形成的结节有自主TH分泌功能,可出现自主性功能亢进。严重缺碘的地方性甲状腺肿流行地区,可出现地方性呆小病。

四、辅助检查

1. 血清 T_4 正常或偏低,T_3、TSH正常或偏高。

2. 甲状腺摄 ^{131}I 率及 T_3 抑制试验:摄 ^{131}I 率增高但无高峰前移,可被 T_3 抑制。当甲状腺结节有自主功能时,不被 T_3 抑制。

3. 甲状腺扫描:均匀分布的弥漫性甲状腺肿。

五、治疗要点

1. 地方性甲状腺肿流行区的居民,采用碘化食盐防治,WHO推荐成年人每日摄碘量为150μg。

2. 无明显原因单纯性甲状腺肿者可补充内源性TH的不足,抑制TSH的分泌。一般采用左甲状腺素($L\text{-}T_4$)或甲状腺干粉片口服。

3. 出现压迫症状、药物治疗无好转或疑有甲状腺结节癌变时应手术治疗,术后TH替代治疗。

六、护理问题

1. 身体意像紊乱:与甲状腺肿大致颈部增粗有关。

2. 潜在并发症:甲状腺功能亢进症等。

3. 知识缺乏:缺乏正确使用药物的知识及饮食方法等。

七、护理措施

1. 病情观察:观察患者甲状腺肿大的程度、质地,有无结节及压痛,颈部增粗的进展情况。结节在短期内迅速增大,应警惕恶变。

2. 用药护理:观察甲状腺药物治疗的效果和不良反应。如患者出现心动过速、呼吸急促、食欲亢进、怕热多汗、腹泻等甲状腺功能亢进症表现,应及时汇报医师处理。结节性甲状腺肿患者避免大剂量使用碘治疗,以免诱发碘甲状腺功能亢进症。

★八、健康指导

1. 饮食指导:患者多进食含碘丰富的食物,如海带、紫菜等海产类食品,食用碘盐,以预防缺碘。避免摄入阻碍 TH 合成的食物,如卷心菜、花生、菠菜、萝卜等。

2. 按医嘱服药,使用甲状腺制剂时应坚持长期服药,以免停药后复发。如有心动过速、呼吸急促、食欲亢进、怕热多汗、腹泻等甲状腺功能亢进症表现,应及时就诊。避免服用硫氰酸盐、保泰松、碳酸锂等阻碍 TH 合成的药物。如为妊娠、哺乳、青春发育期者,应增加碘摄入,以预防本病。

第3节　甲状腺功能亢进症患者的护理

★一、概述

甲状腺功能亢进症(甲亢)是指各种原因导致甲状腺功能增强,从而分泌过多甲状腺激素(TH)的临床综合征。多种原因可引起甲亢,其中以甲状腺性甲亢中的弥漫性甲状腺肿伴甲亢(Graves 病)最多见。

二、病因和发病机制

不完全清楚,在遗传基础上因感染、创伤、精神刺激等应激因素破坏机体免疫稳定性,使有遗传性免疫监护和调节功能缺陷者发病。

三、临床表现

★1. TH 分泌过多综合征

(1)高代谢综合征:TH 增多,促进三大物质代谢使产热与散热均明显增加,患者出现疲乏无力、怕热多汗、皮肤温暖潮湿、低热、体重下降等。

(2)精神、神经系统:神经系统兴奋性增强,患者神经过敏,多言多动,易激动、烦躁、紧张焦虑、失眠。腱反射亢进,伸舌和双手向前平伸时有细震颤。

(3)心血管系统:心悸、胸闷、气短,窦性心动过速,收缩压增高、舒张压下降,脉压增大。房性心律失常常见。重者可发生甲亢性心脏病,甚至发生心力衰竭。

(4)消化系统:食欲亢进,多食消瘦。排便次数增多,呈糊状并含不消化食物,营养状况下降,重者可有肝大及肝功能异常。

(5)运动系统:部分患者可有急慢性甲亢性肌病、肌无力、周期性瘫痪、骨质疏松等。

(6)血液系统:白细胞总数偏低,血小板寿命缩短,可出现紫癜,轻度贫血。

(7)生殖系统:女性月经稀少及闭经,男性阳痿。

★2. 甲状腺肿大:是甲亢重要体征。呈双侧弥漫性肿大,随吞咽上下移动,质软,有震颤及血管杂音,程度与甲亢无明显关系。

★3. 眼征

(1)单纯性(良性)突眼:眼球突出小于 18mm,仅有眼征而无眼部症状,眼征有:眼裂增宽、少瞬目,上睑后缩,下视时上睑不能随眼球下移,辐辏反射减弱,双眼聚合不良等。

(2)浸润性突眼(良性突眼):突眼度大于 18mm;患者怕光、复视、视力减退,可合并眼肌麻痹;由于眼球高度突出致角膜外露,易受外界刺激,引起水肿、充血、感染,重则失明。

4. 胫骨前黏液性水肿:少见,与自身免疫有关。多呈对称性,严重时呈象皮腿。

5. 老年性甲亢:也叫淡漠型甲亢,起病隐袭,表现为神志淡漠,嗜睡乏力、反应迟钝、心动过缓,症状多不典型,有时只有厌食、腹泻等消化道表现;或以慢性肌病、甲亢性心脏病表现为主。

★6. 甲状腺危象:系病情恶化时的严重症状,可危及生命。其发生原因可能与交感神经兴奋,垂体-肾上腺皮质轴反应减弱,大量 T_3、T_4 释放血有关
- (1)诱因:应激、感染、^{131}I 治疗反应、手术准备不充分等。
- (2)临床表现
  - ①T≥39℃。
  - ②心率≥140 次/分。
  - ③恶心、畏食、呕吐、腹泻、大汗、休克。
  - ④神情焦虑、烦躁、嗜睡或谵妄、昏迷。
  - ⑤可合并心力衰竭、肺水肿等。

四、辅助检查

★1. 激素测定:血清总 T_3、T_4 增高,其中游离 T_3、T_4(FT_3 FT_4)是具有生理活性的甲状腺激素,敏感性和特异性高于总 T_3、T_4。

★2. 甲状腺摄 ^{131}I 及 T_3 抑制试验:甲亢时摄 ^{131}I 率增高、高峰前移,且不被 T_3 抑制(抑制率<50%)。

3. 基础代谢率(BMR)增高:常用 BMR 简易计算公式:BMR%=脉压+脉率-111。

4. TRH 兴奋实验:无 TSH 升高反应。

五、治疗要点

★1. 抗甲状腺药物:常用硫脲类(甲硫氧嘧啶、丙硫氧嘧啶)和咪唑类,可抑制甲状腺素合成。主要适应证有:轻症患者、甲状腺较小者;年龄小于 20 岁、妊娠、年老体弱不宜手术者;术前准备;术后复发的辅助治疗。一般用药 4 周左右才开始有效,症状控制后需要维持治疗 1.5~2 年,主要副作用是粒细胞减少,多在初治 2~3 个月内或复治 1~2 周发生,在初治期每周检查一次白细胞及分类,以后每 2~4 周一次,3×10^9/L 或中性粒细胞<1.5×10^9/L,应立即停药。

★2. 放射性 ^{131}I 治疗:适用于 30 岁以上、不能用药物或手术治疗或复发者,禁用于妊娠哺乳妇女、肝肾功能差、活动性结合者。放射性 ^{131}I 可破坏甲状腺腺泡上皮,从而减少甲状腺素的合成与释放。主要并发症有甲状腺功能减退症,并可诱发甲亢危象。禁用于妊娠哺乳妇女、肝肾功能差、活动性结核等。

3. 手术治疗:适用于甲状腺较大、结节性甲状腺肿、怀疑恶变者。

★4. 甲状腺危象的治疗
- (1)去除诱因。
- (2)抑制甲状腺素的合成:首选丙硫氧嘧啶。
- (3)抑制组织 T_4 转换为 T_3 和(或)抑制 T_3 与细胞受体结合:可选择复方碘液。
- (4)肾上腺素能阻滞剂降低周围组织对甲状腺激素的反应;肾上腺糖皮质激素拮抗应激。
- (5)及时吸氧、抗感染、降温处理(禁用阿司匹林降温,该药可与甲状腺结合球蛋白结合而释放游离甲状腺激素,使病情加重)。

★★六、护理问题

1. 营养失调:低于机体需要量:与代谢率增高导致代谢需求大于摄入有关。

2. 活动无耐力:与蛋白质分解增加、甲亢性心脏病、肌无力等有关。

3. 应对无效:与性格及情绪改变有关。

4. 有组织完整性受损的危险:与浸润性突眼有关。

5. 潜在并发症:甲状腺危象。

★七、护理措施

1. 一般护理
(1)创造安静舒适环境,避免强光和噪声等刺激,重者或有心律失常者应绝对卧床休息。
(2)予高热量、高蛋白、高维生素饮食,提供足够营养和热量,适当补充富含钾钙的食物,**限制高纤维素饮食**,少食含碘丰富的食物(如紫菜、海带)和辛辣刺激的食物,避免饮用浓茶、咖啡、酒等兴奋性饮料。每日饮水2 000～3 000ml。
(3)突眼者,眼睛勿向上凝视,以免加剧眼球突出和诱发斜视。高枕、低盐饮食以减轻眼球后软组织水肿。常点眼药,外出时应戴眼镜,睡前涂眼膏和戴眼罩。

2. 用药护理:一般用药4周左右才开始有效,不得擅自中断或改变剂量,注意观察药物疗效和副作用。

3. 严密观察病情,及时发现和配合处理甲亢危象:密切观察生命体征,避免一切不良刺激及导致甲亢危象的诱因。一旦发生甲亢危象,遵医嘱给予镇静剂、碘剂等药物;持续低流量吸氧;补充足够液体;高热者可予物理降温或药物降温,但禁用阿司匹林。必要时人工冬眠降温。

4. 心理护理:评估患者的心理状态,及时给予心理疏导。告知突眼、甲状腺肿大等外貌改变将随病情控制得到改善,以消除患者的顾虑。

八、健康教育

1. 知识指导:教导患者有关甲亢的疾病知识和眼睛的保护方法,教会自我护理。指导患者注意加强自我保护,上衣领宜宽松,避免压迫甲状腺,严禁用手挤压甲状腺以免TH分泌过多,加重病情。对有生育需要的女性患者,应告知其妊娠可加重甲亢,宜治愈后再妊娠。鼓励患者保持身心愉快,避免精神刺激或过度劳累,建立和谐的人际关系和良好的社会支持系统。

2. 用药指导:指导患者坚持遵医嘱按剂量、按疗程服药,不可随意减量和停药。服用抗甲状腺药物的开始3个月,每周查血象1次,每隔1～2个月做甲状腺功能测定,每天清晨卧床时自测脉搏,定期测量体重,脉搏减慢、体重增加是治疗有效的标志。若出现高热、恶心、呕吐、不明原因腹泻、突眼加重等,警惕甲状腺危象可能,应及时就诊。对妊娠期甲亢患者,应指导其避免各种对母亲及胎儿造成影响的因素,宜选用抗甲状腺药物治疗,禁用^{131}I治疗,慎用普萘洛尔。产后如需继续服药,则不宜哺乳。

第4节　甲状腺功能减退症患者的护理

一、概述

甲状腺功能减退症简称甲减,由各种原因导致的低甲状腺激素血症或甲状腺激素抵抗而引起的全身性低代谢综合征。多见于中年女性。

★二、病因

原发性甲状腺功能减退症是甲状腺本身疾病所致,约占90%～95%以上。主要病因包括自身免疫损伤(最常见)、因**甲状腺手术切除、放射性^{131}I治疗导致的甲状腺破坏、碘缺乏导致TH合成减少,和使用锂盐、硫脲类抗甲状腺药物抑制TH合成等**。继发性甲减是垂体或下丘脑疾病导致TSH不足而继发甲状腺功能减退。TH在外周组织发挥作用缺陷也可引起甲减。

★三、临床表现

1. 一般表现:易疲劳、怕冷、体重增加、记忆力减退、智力低下、反应迟钝、嗜睡、精神抑郁等。体检可见表情淡漠,面色苍白,皮肤干燥发凉、粗糙脱屑,颜面、眼睑和手部皮肤水肿,声音嘶哑,毛发稀疏、眉毛外1/3脱落。重症者呈痴呆、幻觉、木僵、昏睡或惊厥。由于高胡萝卜素血症,手足皮肤呈姜黄色。

2. 各系统表现
(1)心血管系统：心动过缓、心脏增大。久病者易并发冠心病。
(2)消化系统：畏食、腹胀、便秘等，严重者可出现麻痹性肠梗阻或黏液水肿性巨结肠。由于胃酸缺乏或维生素 B_{12} 吸收不良，可导致缺铁性贫血或恶性贫血。
(3)内分泌生殖系统性欲减退，女性患者常有月经过多或闭经。部分患者由于血清催乳素(PRL)水平增高，发生溢乳。男性患者可出现勃起功能障碍。
(4)肌肉与关节：肌肉软弱乏力，暂时性肌强直、痉挛、疼痛等，偶见重症肌无力。嚼肌、胸锁乳突肌、股四头肌及手部肌肉出现进行性肌萎缩。部分患者可伴有关节病变，偶有关节腔积液。

3. 黏液性水肿昏迷：见于病情严重者，常在冬季寒冷时发病。其诱发因素有寒冷、感染、手术、严重躯体疾病、中断 TH 替代治疗和使用麻醉、镇静剂等。临床表现：嗜睡，低体温(体温＜35℃)，呼吸减慢，心动过缓，血压下降，四肢肌肉松弛，反射减弱或消失，甚至昏迷、休克，心肾功能不全而危及患者生命。

四、辅助检查

1. 血常规及生化检查：为轻、中度正常细胞性正常色素性贫血；血胆固醇、三酰甘油增高。

2. 甲状腺功能检查：血清 TSH 增高、FT_4 降低是诊断本病的必备指标；血清 TT_4 降低；血清 TT_3 和 FT_3 可以在正常范围内，但严重病例中降低。亚临床甲减仅有血清 TSH 升高，血清 TT_4 或 FT_4 正常。甲状腺摄 ^{131}I 率降低。

★五、治疗要点

1. 首选左甲状腺素(L-T_4)口服替代治疗，永久性甲减者需终身服用。贫血者补充铁剂、维生素 B_{12}、叶酸等。胃酸低者补充稀盐酸。

2. 治疗黏液性水肿昏迷。

★六、护理问题

1. 活动无耐力：与甲状腺激素合成分泌不足有关。

2. 体温过低：与机体基础代谢率降低有关。

3. 有皮肤完整性受损的危险：与皮肤组织营养障碍有关。

4. 便秘：与代谢率降低及体力活动减少引起的肠蠕动减慢有关。

5. 社交障碍：与甲状腺激素合成分泌不足导致精神情绪改变有关。

6. 潜在并发症：黏液性水肿昏迷。

七、护理措施

★1. 予高蛋白、高维生素、低钠、低脂肪饮食，细嚼慢咽，少量多餐。进食粗纤维食物，如蔬菜、水果或全麦制品，促进胃肠蠕动。每天摄入水分 2 000～3 000ml，保证大便通畅。桥本甲状腺炎所致甲状腺功能减退症者应避免摄取含碘食物和药物，以免诱发严重黏液性水肿。

★2. 保暖：定时监测生命体征，观察患者有无寒战、皮肤苍白等体温过低及心律不齐、心动过缓等现象。调节室温在 22～23℃之间，避免病床靠近门窗，以免患者受凉。以适当的方法使体温缓慢升高，如添加衣服、包裹毛毯、睡眠时加盖棉被或用热水袋保暖等。冬天外出应戴手套、穿棉鞋，避免四肢暴露在冷空气中。

3. 防治便秘：每天观察患者大便次数、性质、量，及时发现便秘、腹胀、腹痛等表现。指导患者每天定时排便，为卧床患者创造良好的排便环境。鼓励患者每天按摩腹部或散步、慢跑等，以促进胃肠蠕动和引起便意。必要时根据医嘱给予轻泻剂。

4. 加强用药护理和病情观察。

★5. 黏液性水肿昏迷的防护
- (1)避免诱因：避免寒冷、感染、手术、使用麻醉剂、镇静剂等诱发因素。
- (2)病情监测：观察神志、生命体征的变化及全身黏液性水肿情况，每天记录患者体重。患者若出现体温低于35℃、呼吸浅慢、心动过缓、血压降低、嗜睡等表现，或出现口唇发绀、呼吸深长、喉头水肿等症状，立即通知医师处理。
- (3)一旦发生昏迷，应
  - ①建立静脉通道，配合休克、昏迷的抢救。
  - ②保持呼吸道通畅，吸氧，必要时配合气管插管或气管切开。
  - ③监测生命体征和动脉血气分析，记24h出入量。
  - ④注意保暖，避免局部热敷，以免烫伤或加重循环障碍。

八、健康指导

1. 防治病因、避免诱因：告知患者发病原因及注意事项，注意个人卫生，冬季保暖，少出入公共场所，预防感染和创伤。慎用催眠、镇静、止痛、麻醉等药。

2. 不可随意停药或变更剂量，患者应学会自我监测病情。替代治疗效果最佳的指标为血TSH恒定在正常范围内，长期替代者宜每6～12个月检测1次，尤其有心脏病、高血压、肾炎者，应注意调整剂量，不可随意减量和增量。如出现多食消瘦、脉搏＞100次/分、心律失常、体重减轻、发热、大汗、情绪激动或有现低血压、心动过缓、体温＜35℃情况时，及时就诊。

第5节　Cushing综合征患者的护理

一、概述

各种病因引起肾上腺皮质分泌过量糖皮质激素（主要是皮质醇）所致病症的总称，以垂体促肾上腺皮质激素（ACTH）分泌亢进所引起者最多见。女性多于男性，20～40岁居多，约占2/3。

★二、病因

1. 依赖ACTH的Cushing综合征
   - (1)**垂体ACTH分泌过多导致双侧肾上腺增生，分泌大量皮质醇。最常见，约占Cushing综合征的70%。**
   - (2)垂体以外的恶性肿瘤分泌大量ACTH，刺激肾上腺皮质增生，分泌过量的皮质醇。肺癌最常见，其次是胸腺癌、胰腺癌等。

2. 不依赖ACTH的Cushing综合征：如肾上腺皮质腺瘤、肾上腺皮质癌、不依赖ACTH的双侧肾上腺小结节或大结节性增生等。

3. 长期或大量使用ACTH或糖皮质激素等导致医源性皮质醇增多症。

★三、临床表现

1. 三大营养物质代谢紊乱：皮质醇可促进脂肪分解和合成，脂肪转移重新分布，形成向心性肥胖，表现为：满月脸、水牛背、腹大隆起似球形、四肢相对瘦小的特征性表现；促进蛋白质分解，抑制蛋白质合成，导致皮肤菲薄，紫纹形成，以臀部外侧、下腹两侧、大腿内外侧等处多见，毛细血管脆性增加，轻微损伤即可引起瘀斑；严重者蛋白质过度消耗，机体处于负氮平衡；大量皮质醇促进肝糖原异生，减少外周组织对葡萄糖的利用，拮抗胰岛素，使血糖升高，葡萄糖耐量减低，部分患者继发性糖尿病。

2. 电解质紊乱：大量皮质醇有潴钠、排钾作用。低血钾使患者乏力加重，肾浓缩功能障碍，潴钠可致水肿。皮质醇有排钙作用，病程长者可出现骨质疏松，脊椎压缩畸形，身材变矮，有时呈佝偻、骨折。

3. 多器官、系统功能障碍
(1)心血管病变:高血压常见,可并发左心室肥大、心力衰竭和脑卒中。
(2)造血系统及血液改变:红细胞计数和血红蛋白含量偏高(多血质),白细胞计数及中性粒细胞增多。
(3)性功能异常:女性患者出现月经减少、不规则或停经,多伴不孕、痤疮等,男性患者可有性欲减退、阴茎缩小、睾丸变软、男性性征改变等。
(4)神经、精神障碍:患者常有不同程度的精神、情绪变化,如情绪不稳定、烦躁、失眠,严重者精神变态,个别可发生偏执狂。
(5)皮肤色素沉着。

4. 感染。

★四、辅助检查

1. 血浆皮质醇水平增高且昼夜节律消失,早晨血浆皮质醇浓度高于正常,晚上不明显低于早晨。24h尿17-羟皮质类固醇、血游离皮质醇升高。

2. 小剂量地塞米松抑制试验:尿17-羟皮质类固醇不能被抑制到对照值的50%以下。大剂量地塞米松抑制试验:能被抑制到对照值的50%以下者病变大多为垂体性;不能被抑制者可能为原发性肾上腺皮质肿瘤或异位ACTH综合征。

3. ACTH兴奋试验:垂体性Cushing病和异位ACTH综合征者常有反应,原发性肾上腺皮质肿瘤者多数无反应。

4. 影像学检查:包括肾上腺超声检查、蝶鞍区断层摄片、CT、MRI。

五、治疗要点

本病治疗有手术、放射、药物3种方法。如不能根治,需用肾上腺皮质激素合成阻滞药,如双氯苯二氯乙烷、美替拉酮、氨鲁米特等。

★六、护理问题

1. 身体意像紊乱:与Cushing综合征引起身体外观改变有关。
2. 体液过多:与皮质醇增多引起水钠潴留有关。
3. 有感染的危险:与皮质醇增多导致机体免疫力下降有关。
4. 有受伤的危险:与代谢异常引起钙吸收障碍,导致骨质疏松有关。
5. 活动无耐力:与蛋白质代谢障碍引起肌肉萎缩有关。
6. 无效性性生活型态:与体内激素水平变化有关。
7. 焦虑:与ACTH增加引起患者情绪不稳定、烦躁有关。
8. 有皮肤完整性受损的危险:与皮肤干燥、菲薄、水肿有关。
9. 潜在并发症:心力衰竭、脑卒中、类固醇性糖尿病。

★七、护理措施

1. 一般护理
(1)提供安全、舒适的环境,避免剧烈运动,变换体位时动作宜轻柔,移除环境中不必要的摆设、家具,浴室铺上防滑脚垫,防止因跌倒或碰撞引起骨折。保证睡眠,平卧时适当抬高双下肢,有利于静脉回流。
(2)**进高钾、高蛋白、高钙、低钠、低糖、低热量饮食,含钾高的食物有柑橘类、枇杷、香蕉、南瓜等。**

2. 预防感染
(1)保持病室环境清洁,避免患者暴露在污染的环境中,减少感染机会。保持室内适宜的温度、湿度。
(2)严格执行无菌操作技术,避免交叉感染。尽量减少侵入性治疗措施。
(3)注意保暖,减少或避免到公共场所。
(4)加强皮肤、外阴、口腔护理,避免感染、压疮。

3. 病情观察:注意观察血压、心率、心律的变化,及时发现高血压、心室肥大、心力衰竭等情况;观察体温变

化，定期检查血常规，注意有无感染征象；每天测量体重的变化，记录24h液体出入量，监测电解质浓度和心电图变化，注意有无恶心、呕吐、腹胀、乏力、心律失常等低血钾表现。

4. 用药护理：肾上腺皮质激素合成阻滞药可导致食欲缺乏、恶心呕吐、嗜睡、共济失调等不良反应，应注意观察疗效及不良反应。

八、健康指导

1. 告知患者有关疾病的基本知识和治疗方法，指导患者正确用药并掌握药物疗效和不良反应的观察，了解激素替代治疗的有关注意事项。

2. 教会患者自我护理措施，适当从事力所能及的活动，以增强患者的自信心和自尊感。

3. 避免感染、不适当的活动方式等各种可能导致病情加重或并发症发生的因素。

第6节　糖尿病患者的护理

一、概述

由多种原因引起胰岛素分泌或作用缺陷、或二者同时存在而引起的以慢性高血糖为特征的内分泌代谢疾病，伴有脂肪、蛋白质代谢紊乱，久病可引起多系统损害。

二、病因和发病机制

尚未完全阐明，不同类型糖尿病之间病因不尽相同。与遗传因素、自身免疫及环境因素有关。

★1. 1型糖尿病：与遗传、自身免疫、环境因素有关。胰岛素分泌绝对不足，病毒感染是最重要的启动胰岛B细胞的自身免疫反应的环境因素之一。主要见于年轻人，易发生酮症酸中毒，需用胰岛素治疗。

★2. 2型糖尿病：有更明显的遗传基础，有家族性发病倾向，与环境因素有关，如人口老龄化、都市化程度、营养因素、肥胖等。40岁以上多见，对胰岛素抵抗，应激情况下可发生酮症，必要时也需用胰岛素控制血糖。

3. 其他特殊类型糖尿病。

4. 妊娠期糖尿病。

三、临床表现

★1. 代谢紊乱综合征：多尿、烦渴、多饮；易饥多食、体重减轻；皮肤干燥、瘙痒，女性外阴瘙痒；部分患者可有四肢酸痛、腰痛、性欲减退、阳痿不育、月经失调、便秘等。

★2. 急性并发症

- ★(1) **糖尿病酮症酸中毒：最常见**，多见于1型糖尿病者，2型糖尿病者在某些诱因下也可发生。代谢紊乱加重使脂肪动员和分解加速，大量脂肪在肝经氧化产生大量乙酰乙酸、β-羟丁酸和丙酮。三者统称为酮体。这些酮体均为较强的有机酸，导致代谢性酸中毒
  - 1) **诱因：感染、胰岛素或口服降糖药治疗中断或不适当减量、饮食不当、创伤、手术、妊娠和分娩。**
  - 2) 临床表现：早期仅有多尿、多饮、疲乏，继之出现畏食、恶心、呕吐、头痛、嗜睡呼吸深大、呼气中有烂苹果味（丙酮所致）；后期出现尿少、皮肤干燥、血压下降、休克、昏迷以致死亡。
  - 3) 实验室检查：尿糖、尿酮体强阳性，血糖16.65～33.3mmol/L(300～600mg/dl)，血酮升高，CO_2结合力降低。
- ★(2) 高渗性非酮症糖尿病昏迷
  - 1) 诱因：感染、急性胃肠炎、胰腺炎、不合理限制水分、使用免疫抑制剂等。
  - 2) 临床表现：先有多尿多饮，失水随着病程进展逐渐加重，出现神经精神症状：嗜睡、幻觉、定向障碍、偏瘫、偏盲等，最后陷入昏迷。
  - 3) 实验室检查：尿糖强阳性，血糖高达33.3mmol/L(600mg/dl)以上，无或有轻的酮症。

★3. 慢性并发症

(1)血管病变:大、中、小血管及微血管均可受累,可导致高血压、冠心病、脑血管意外、肾衰竭、下肢坏疽等。**其中,冠心病、脑血管意外是糖尿病患者的主要死亡原因。**

(2)神经病变:**以周围神经病变最常见**,自主神经病变也较常见。

(3)眼部病变:**糖尿病性视网膜病变是糖尿病患者失明的主要原因之一。**

(4)感染:可引起全身各部位各种感染,以皮肤、泌尿系统多见。

(5)糖尿病足:下肢远端神经异常和不同程度的周围血管病变致足部感染、溃疡和(或)深部组织破坏。是截肢和致残的重要原因。

★四、辅助检查

1. 尿糖:是诊断糖尿病的主要线索。可行每天4次尿糖定性检查和24h尿糖定量检查。

2. 血糖:是诊断糖尿病的主要依据。空腹血糖和餐后2h血糖升高。

3. 口服葡萄糖耐量试验(OGTT):用于可疑患者进一步诊断。

症状+随机血糖≥11.1mmol/L(200mg/dl),或空腹血糖≥7.0mmol/L(126mg/dl),或OGTT中2h血糖≥11.1mmol/L(200mg/dl)可确诊本病。

4. 糖化血红蛋白(GHb)测定:可用于反映近8~12周血糖水平,用于病情监测。

5. 血、尿酮体测定:及时发现酮症。

五、治疗要点

1. 口服降糖药

★(1)磺脲类:促进胰岛素释放,改善胰岛素受体和(或)受体后缺陷,增强靶细胞对胰岛素的敏感性。适用于轻、中度糖尿病,尤其胰岛素水平较低或分泌延迟者。饭前0.5h口服,主要不良反应为低血糖、胃肠道反应、肝损害等。

★(2)双胍类:促进外周组织摄取和利用葡萄糖。最适合超重的2型糖尿病,与其他类降糖药联合应用于较重或磺脲类继发失效的2型糖尿病,也可与胰岛素联合用于1型糖尿病。进餐时或进餐后服,主要不良反应是胃肠道反应,最严重反应是乳酸性酸中毒。

(3)葡萄糖苷酶抑制剂:延缓葡萄糖吸收,降低餐后血糖。与餐同服,不良反应有腹胀、腹痛、腹泻或便秘。

★2. 胰岛素

(1)适应证:1型糖尿病;2型糖尿病急性并发症;对口服降糖药无效的2型糖尿病;糖尿病合并应激,如手术、妊娠、分娩、感染、心脑血管急症、肝肾疾病或功能不全。

(2)制剂类型:速效(普通)、中效、长(慢)效。速效制剂可以皮下或静脉注射,中、长效制剂均为皮下注射。注射部位在上臂三角肌、臀大肌、大腿前外侧、腹部等。

(3)使用原则和剂量调节:胰岛素使用强调个体化。在一般治疗和饮食治疗的基础上,一般开始使用时,先用速效胰岛素制剂,小剂量开始,逐渐增量,血糖维持稳定水平后,可继续使用速效制剂维持治疗,或改为中、长效制剂。

(4)胰岛素使用注意事项

①未开封的胰岛素放于冰箱4~8℃保存,已开封者放在室温20℃以下。应避免过冷、过热、太阳直照。

②准时给药,抽吸药量必须准确。胰岛素(速/短效)于饭前0.5h给药,鱼精蛋白锌胰岛素(慢/长效)在早餐前1h给药。采用1ml注射器吸药。

③吸药顺序:两种胰岛素混合使用时,先抽吸短效胰岛素,再抽吸长效胰岛素。

④胰岛素不良反应:低血糖反应,最主要,与剂量过大或(和)饮食失调有关。多发生在注射后作用最强的时间或注射后未及时进食者。表现为疲乏、肌肉颤抖、饥饿感、出冷汗、心悸、恶心、呕吐。重者可出现抽搐、昏迷甚至死亡。一旦发生低血糖,应及时检测血糖,立即进食糖类食物、含糖饮料或静脉注射50%葡萄糖溶液20~40ml。胰岛素过敏:表现为注射部位瘙痒、荨麻疹样皮疹,严重过敏反应罕见。注射部位皮下脂肪萎缩或增生,故在使用胰岛素时,应经常更换和交替选择注射部位,如在同一区域注射,必须与上次注射部位相距2cm以上。

★3. 糖尿病酮症酸中毒的治疗
(1)大量补液加小剂量胰岛素静脉滴注是关键措施，持续静脉滴注速效胰岛素，4～6U/h，每2h根据血糖调整胰岛素剂量。输液宜先快后慢(前4h给总量1/3，前8h加至总量的1/2，其余1/2在24h内输入)。
(2)纠正电解质和酸碱平衡失调。
(3)处理诱因和防治各种并发症。

★六、护理问题

1. 营养失调：低于机体需要量或高于机体需要量：与胰岛素分泌或作用缺陷引起糖、蛋白质、脂肪代谢紊乱有关。

2. 活动无耐力：与严重代谢紊乱、蛋白质分解增加有关。

3. 潜在并发症：糖尿病足、低血糖、酮症酸中毒、高渗性昏迷。

4. 自理缺陷：与视力障碍有关。

5. 焦虑：与糖尿病慢性并发症、长期治疗导致经济负担加重有关。

6. 知识缺乏：缺乏糖尿病的预防和自我护理知识。

★七、护理措施

★1. 饮食护理：是最基本的治疗措施。目的：维持理想体重、保证未成年人生长发育，减轻胰岛负担，降低血糖。热量计算：按照理想体重计算每日总热量。理想体重(kg)＝身高(cm)－105，±10%均属于理想体重。以理想体重结合患者年龄、性别、体力消耗计算总热量，成人休息状态下每日105～125.5kJ(25～30kcal)/kg，轻体力劳动125.5～146.4kJ(30～35kcal)/kg，中等体力劳动146.4～167.4kJ(35～40kcal)/kg，重体力劳动167.4kJ(40 kcal)/kg以上。三大营养素比例：糖50%～60%、脂肪30%，蛋白质15%。三餐或多餐分配：1/5、2/5、2/5或各1/3，也可分为四餐1/7、2/7、2/7、2/7。

除了遵循上述饮食治疗原则外，还应注意
(1)生活要有规律，饮食应定时，尤其是用胰岛素治疗者，防止发生低血糖。
(2)患者应自觉遵守饮食规定，避免随意增减食物。
(3)低脂、低盐饮食，控制总热量，如有低血糖，立即饮用糖水、果汁或吃少量果糖。
(4)每周测量体重，如体重改变超过2kg，要告知医生。

★2. 运动疗法护理：糖尿病患者运动疗法的**意义**在于增加胰岛素的敏感性，利于控制血糖；促进脂肪代谢，消耗热量和脂肪，纠正脂代谢紊乱；促进全身新陈代谢、改善心肺功能，从而稳定血压，防治糖尿病并发症的发生。**原则**：循序渐进、定时、适量、因人而异、持之以恒。种类：散步、慢跑、做广播操、打太极拳等有氧运动。时间及强度：每天0.5～1h。**注意事项**：
(1)运动时间宜在餐后1h，勿在空腹时运动。
(2)随身携带糖果，当出现饥饿、心慌、出冷汗、头晕、乏力等不适时，应立即进食。
(3)运动时血压上升，增加玻璃体、视网膜出血的可能，所以在运动中若有胸闷、胸痛、视物模糊等，应立即停止运动，并及时处理。
(4)避免恶劣天气进行运动。
(5)运动时带备糖尿病卡以备不测。运动量计算：脉率(次/分)＝170－年龄。

★3. 加强足部护理，及时发现糖尿病足。经常检查足部皮肤颜色、温度，若有局部水肿、发红、皮肤破损以及足部皮肤感觉异常等，应及时报告医生，协助处理。选择舒适的鞋子和袜子，小心修剪趾甲，勿过短或损伤皮肤，勿赤足走路。每天按摩足部、温水沐足。

4. 预防感染：加强皮肤、口腔护理，注意观察有无肺部、泌尿生殖道感染征象，女性应保持会阴部皮肤清洁，注意有无外阴部皮肤瘙痒(白色念珠菌感染)。

5. 治疗护理：应用降糖药及胰岛素的护理。

6. 病情观察：定期检测血糖、尿糖、血压、血脂、糖化血红蛋白、眼底、体重等，了解病情的控制情况；重症者注意有无食欲减退、恶心、呕吐、嗜睡、呼吸加深加快有烂苹果味，甚至出现严重脱水、尿少、血压下降、昏迷等酮症酸中毒和高渗性糖尿病昏迷的表现，一旦出现，应立即报告医生，并协助抢救。

★7. 酮症酸中毒、高渗性糖尿病昏迷的护理
- (1)绝对卧床休息。
- (2)建立静脉通道，遵医嘱大量补液加小剂量胰岛素静脉滴注(同医疗部分)。
- (3)持续低流量吸氧。
- (4)病情观察：监测生命体征、神志的变化，尤其注意血压、呼吸、体温的变化；记录24h出入量；严密监测血、尿糖，血、尿酮体，电解质、酸碱平衡情况。
- (5)昏迷者按昏迷患者护理。

8. 加强心理护理。

八、健康教育

1. 增加对疾病的认识，提高患者对治疗的依从性。

2. 掌握自我监测的方法和自我护理能力
- (1)患者应学习和掌握监测血糖、血压、体重指数的方法，如微量血糖仪的使用、血压的测量方法、体重指数的计算等。
- (2)了解糖尿病的控制目标。
- (3)使用胰岛素的患者，患者或其家属要掌握正确的注射方法。指导患者饮食治疗与运动疗法的具体实施及调整的原则和方法。
- (4)生活规律，戒烟酒，注意个人卫生。树立起战胜疾病的信心。
- (5)患者及家属应熟悉糖尿病常见急、慢性并发症，如低血糖反应、酮症酸中毒、高渗性昏迷等的主要临床表现、观察方法及处理措施，糖尿病足的预防和护理知识。

3. 定期复诊：一般每2～3个月复检GHbA1c，如原有血脂异常，每1～2个月监测1次，如原无异常每6～12个月监测1次即可。体重每1～3个月测1次，以了解病情控制情况，及时调整用药剂量。每3～6个月门诊定期复查，每年全身检查1次，以便尽早防治慢性并发症。

4. 预防意外发生：教导患者外出时随身携带识别卡，以便发生紧急情况时及时处理。

第7节　痛风患者的护理

一、概述

痛风是慢性嘌呤代谢障碍所致的、以高尿酸血症、反复发作的痛风性关节炎、痛风石、间质性肾炎为临床特点的一组异质性疾病。严重者呈关节畸形及功能障碍，常伴有尿酸性尿路结石。分原发性和继发性两类，以原发性占绝大多数。

★二、病因及发病机制

原发性者属遗传性疾病，且与肥胖、原发性高血压、血脂异常、糖尿病、胰岛素抵抗关系密切。继发性者可由肾病、血液病、药物及高嘌呤食物等多种原因引起。

1. 高尿酸血症：是痛风的生化标志。原因
- (1)当嘌呤核苷酸代谢酶缺陷和(或)功能异常时，引起嘌呤合成增加导致尿酸水平升高。
- (2)肾小球尿酸滤过减少、肾小管对尿酸的分泌下降和(或)重吸收增加，以及尿酸盐结晶在泌尿系统沉积。以肾小管对尿酸分泌减少最重要。大多数原发性痛风患者有阳性家族史，属多基因遗传缺陷，原因未明。

2. 痛风：只有10%～20%高尿酸血症者发生痛风。痛风的急性发作是尿酸在关节周围组织以结晶形式沉积引起的急性炎症反应和(或)痛风石疾病。

★三、临床表现

多见于中老年男性、绝经期后妇女，部分患者有家族史。

1. 无症状期：仅有血尿酸持续性或波动性增高。亦可终身不出现症状。随着年龄增长，出现痛风的比率增加。

2. 急性关节炎期：**痛风首发症状。多于春秋发病。酗酒、过度疲劳、关节受伤、关节疲劳、手术、感染、寒冷、摄入高蛋白和高嘌呤食物等为常见的发病诱因。**因尿酸盐结晶沉积引起的炎症反应。表现为突然发作的单个、偶尔双侧或多关节红肿热痛，功能障碍，关节腔积液，伴发热、白细胞增多等。夜间发作多见，患者因疼痛惊醒，**最易受累关节是跖关节**，依次为踝、膝、腕、指、肘等。初次发作常经 1～2d 或数周自然缓解，缓解时局部偶可出现脱屑和瘙痒。

3. 痛风石及慢性关节炎期：**痛风石是痛风的特征性损害**，因尿酸盐沉积于关节、肌腱和关节周围软组织所致，导致骨、软骨的破坏及周围组织的纤维化和变性。以关节内及关节附近、耳郭常见。常多关节受累，表现为以骨质缺损为中心的关节肿胀、僵硬及畸形，形状不定且不对称。呈黄白色大小不一的隆起，小如芝麻，大如鸡蛋，初起质软，随着纤维增多逐渐变硬如石。严重时痛风石处皮肤发亮、菲薄、容易经皮破溃排出白色尿酸盐结晶，瘘管不易愈合。

4. 痛风性肾病：**是痛风特征性病理变化之一。**尿酸盐结晶沉积引起。可出现蛋白尿、夜尿增多、血尿和等渗尿，进而发生高血压、氮质血症等，最终可因肾衰竭或并发心血管病而死亡。也可有尿酸性尿路结石，易并发感染，加速结石增长和肾实质的损害。

5. 高尿酸血症与代谢综合征：高尿酸血症常伴有肥胖、原发性高血压、高脂血症、2 型糖尿病、高凝血症、高胰岛素血症为特征的代谢综合征。

四、辅助检查

1. 血尿酸男性＞420μmol/L（7.0mg/dl），女性＞350μmol/L（6.0mg/dl）则可确定为高尿酸血症。限制嘌呤饮食 5d 后，每天尿酸排出量＞3.57mmol/L（600mg/dl），提示尿酸生成增多。

2. 急性关节炎期行关节腔穿刺，抽取滑囊液，在旋光显微镜下，可见白细胞内有双折光现象的针形尿酸盐结晶。

3. X 线检查、关节镜等有助于发现骨、关节的相关病变或尿酸性尿路结石影。

五、治疗要点

1. 调节饮食，控制总热量摄入；限制嘌呤食物，严禁饮酒；适当运动，防止超重和肥胖；多饮水；避免使用抑制尿酸排泄的药物；避免各种诱发因素和积极治疗相关疾病等。

2. **痛风性关节炎急性发作期首选秋水仙碱**，越早应用效果越好。此外，吲哚美辛、双氯芬酸、布洛芬、美洛昔康、赛来昔布、罗非昔布等非甾体抗炎药也可选用，但效果不如秋水仙碱。上述两类药无效或有禁忌时可用糖皮质激素。发作间歇期和慢性期可用丙磺舒、磺吡酮、苯溴马隆等促进尿酸排泄，别嘌醇抑制尿酸合成，用药期间多饮水，每天服碳酸氢钠。注意保护肾功能、剔出较大痛风石。

六、护理问题

1. 疼痛：关节痛：与尿酸盐结晶、沉积在关节引起炎症反应有关。

2. 躯体活动障碍：与关节受累、关节畸形有关。

3. 知识缺乏：缺乏与痛风有关的饮食知识。

七、护理措施

★1. 一般护理

(1)急性期绝对卧床休息，抬高患肢，避免受累关节负重。也可在病床上安放支架支托盖被。待关节痛缓解 72h 后，可恢复活动。手、腕或肘关节受累时，可用夹板固定制动，或局部冰敷、25％硫酸镁湿敷。局部皮肤溃疡者应注意避免发生感染。

(2)饮食上，热量应限制在 5 020～6 276kJ/d（1 200～1 500kcal/d）。蛋白质 1g/(kg・d)，糖类占总热量的 50％～60％。避免进食高嘌呤食物，如动物内脏、鱼虾类、蛤蟹、肉类、菠菜、蘑菇、黄豆、扁豆、豌豆、浓茶等。饮食宜清淡、易消化，忌辛辣和刺激性食物。严禁饮酒，多进食碱性食物，如牛奶、鸡蛋、马铃薯、各类蔬菜、柑橘类水果，使尿液的 pH 在 7.0 或以上，减少尿酸盐结晶的沉积。

(3)加强心理护理。

2. 病情观察
(1)观察关节疼痛的部位、性质、间隔时间。
(2)受累关节有无红、肿、热和功能障碍。
(3)有无过度疲劳、寒冷、潮湿、紧张、饮酒、饱餐、脚扭伤等诱发因素。
(4)有无痛风石的体征,了解结石的部位及有无症状。
(5)观察患者的体温变化,血、尿酸改变等。

★3. 用药护理
(1)秋水仙碱有胃肠道反应。若患者口服后出现恶心、呕吐、水样腹泻等胃肠道反应,可静脉用药。但静脉用药可产生肝损害、骨髓抑制、DIC、脱发、肾衰竭、癫痫样发作甚至死亡。应用时需慎重,严密观察。一旦出现不良反应,应及时停药。有骨髓抑制、肝肾功能不全、白细胞减少者禁用;孕妇及哺乳期间不可使用。此外,静脉使用秋水仙碱时,切勿外漏。
(2)丙磺舒、磺吡酮、苯溴马隆者,可有皮疹、发热、胃肠道反应等不良反应。使用期间,嘱患者多饮水、口服碳酸氢钠等碱性药。
(3)应用NSAID时,注意诱发消化性溃疡或消化道出血。
(4)使用别嘌醇者除有皮疹、发热、胃肠道反应外,还有肝损害、骨髓抑制等,在肾功能不全者,宜减半量应用。
(5)使用糖皮质激素,应观察其疗效,停用后密切注意“反跳”现象。

★八、健康指导

1. 向患者和家属说明本病是一种终身性疾病,但经积极有效治疗,患者可维持正常生活和工作。嘱其保持心情愉快;生活要有规律;肥胖者应减轻体重;防止受凉、劳累、感染、外伤等。

2. 避免进食高蛋白和高嘌呤的食物,忌饮酒,每天至少饮水2 000ml。

★3. 适度运动与保护关节
(1)运动后疼痛超过1～2h,应暂时停止此项运动。
(2)使用大肌群,如能用肩部负重者不用手提,能用手臂者不要用手指。
(3)交替完成轻、重不同的工作,不要长时间持续进行重的(体力)工作。
(4)经常改变姿势,保持受累关节舒适,若有局部温热和肿胀,尽可能避免其活动。

4. 自我观察病情、定期门诊随访。

模拟试题栏——识破命题思路,提升应试能力

一、专业实务

A_1型题

1. 消瘦的判断标准是实际体重低于标准体重
A. 5%以内　B. 10%以上
C. 15%以上　D. 20%以上
E. 25%以上

2. 肥胖的判断标准是实际体重超过标准体重的
A. 5%　B. 10%
C. 15%　D. 20%
E. 25%

3. 垂体性侏儒症与下列哪个原因有关
A. 生长激素及生长激素释放激素缺乏
B. 甲状腺素分泌不足
C. 性激素分泌不足
D. 促甲状腺素分泌过多
E. 糖皮质激素分泌过多

4. 下列哪个不是人体的内分泌腺体
A. 垂体　B. 下丘脑
C. 胰腺　D. 肾上腺
E. 甲状旁腺

5. 复方碘液的药理作用是
A. 降低周围组织对甲状腺激素的反应
B. 抑制组织T_4转换为T_3和(或)抑制T_3与细胞受体结合
C. 抑制甲状腺素合成
D. 抑制甲状腺素释放
E. 破坏甲状腺腺泡上皮

6. 放射性^{131}I的主要作用是
A. 抑制甲状腺素合成
B. 抑制组织T_4转换为T_3和(或)抑制T_3与细胞

受体结合

C. 降低周围组织对甲状腺激素的反应

D. 抑制甲状腺素释放

E. 破坏甲状腺腺泡上皮

7. 呆小病是由于婴幼儿时期何种激素分泌不足所致

A. 生长激素释放激素

B. 甲状腺激素

C. 胰岛素

D. 肾上腺素

E. 盐皮质激素

A_2 型题

8. 患者，女性，45岁。拟诊为甲状腺功能亢进症，现使用甲硫氧嘧啶口服治疗，其药理作用是

A. 抑制甲状腺素合成

B. 抑制组织 T_4 转换为 T_3

C. 降低周围组织对甲状腺激素的反应

D. 促进肾上腺素释放

E. 破坏甲状腺腺泡上皮

A_3/A_4 型题

（9～11题共用题干）

患者，女性，49岁，近3个月因多饮、多尿、多食，体重下降3.6kg，怀疑糖尿病。

9. 下列哪项指标可协助确诊糖尿病

A. 症状＋随机血糖≥7.0mmol/L

B. 症状＋空腹血糖≥5.0mmol/L

C. 1h血糖≥11.1mmol/L

D. 症状＋随机血糖≥7.0mmol/L和空腹血糖≥5.0mmol/L

E. 症状＋口服葡萄糖耐量试验(OGTT)2h血糖≥11.1mmol/L

10. 用于监测病情、反映近8～12周血糖水平的检查是

A. 24h尿糖定量检查

B. 空腹血糖测定

C. 糖化血红蛋白(GHb)测定

D. 尿酮体测定

E. 口服葡萄糖耐量试验(OGTT)

11. 用于诊断糖耐量是否异常的检查是

A. 餐后2h血糖测定

B. 24h尿糖定量检查

C. 糖化血红蛋白(GHb)测定

D. 口服葡萄糖耐量试验(OGTT)

E. 血酮体测定

二、实践能力

A_1 型题

12. 地方性甲状腺肿的主要原因是

A. 摄碘过多

B. 碘缺乏

C. 服用硫脲类药物

D. 服用碳酸锂药物

E. 先天性甲状腺素合成不足

13. 每个糖尿病患者必需的基础治疗是

A. 饮食治疗

B. 胰岛素治疗

C. 口服降糖药治疗

D. 胰岛素＋降糖药治疗

E. 手术治疗

14. 使用胰岛素最常见的不良反应是

A. 胰岛素过敏反应

B. 低血糖反应

C. 注射部位感染

D. 脂肪营养不良

E. 胃肠道反应

15. 糖尿病酮症酸中毒昏迷治疗的主要措施是

A. 大量补液加小剂量胰岛素静脉滴注

B. 迅速补碱

C. 补钾

D. 抗休克

E. 控制高热

16. 以下**除外**哪项因素均可诱发甲亢危象

A. 严重精神创伤　B. 感染

C. ^{131}I治疗　D. 手术

E. 饱餐

17. 关于肥胖的护理，**不妥的是**

A. 宣传肥胖的危害性

B. 改进进食行为

C. 必须长期严格控制每日总热量

D. 指导患者体育锻炼

E. 遵医嘱给予减肥药

18. 甲状腺功能亢进症患者最具特征性的表现是

A. 甲状腺肿大　B. 烦躁易怒

C. 突眼　D. 紧张焦虑

E. 腱反射活跃

19. 关于甲状腺功能亢进症的临床表现**错误的是**

A. 食欲亢进　B. 脉压减小

C. 突眼征　D. 甲状腺肿大

E. 心率增快

20. 糖尿病患者最常见的神经病变是
A. 交感神经炎　B. 迷走神经炎
C. 周围神经炎　D. 脑卒中
E. 内脏感觉神经炎

21. 甲状腺功能亢进症患者**不宜**饮用下列哪种饮料
A. 蜂蜜　B. 咖啡
C. 豆浆　D. 果汁
E. 牛奶

22. 下列哪项**不符合**甲状腺功能亢进症所致甲状腺肿大的特征
A. 弥漫性对称性肿大
B. 局部触及震颤
C. 质地硬，可触及结节
D. 可随吞咽上下移动
E. 可听到血管杂音

23. 甲状腺功能亢进症患者代谢率增高的表现**不包括**
A. 疲乏无力　B. 怕热
C. 多汗　D. 心动过速
E. 神志淡漠

24. 甲亢危象的常见诱因**不包括**
A. 精神刺激　B. 感染
C. 饥饿　D. 手术
E. 过度劳累

25. 甲亢突眼患者的护理**不宜**
A. 外出时戴墨镜保护眼睛
B. 睡前点滴眼药水
C. 睡眠时采用头低脚高卧位
D. 低盐饮食
E. 眼睑不能闭合者，覆盖纱布或戴眼罩保护眼睛

26. 关于1型糖尿病的说法，**错误的**是
A. 与遗传、自身免疫和环境因素有关
B. 易发生酮症酸中毒
C. 多见于40岁以上的成年人
D. 可产生胰岛素抗体
E. 依赖胰岛素治疗

27. 食盐中加碘可以预防
A. 甲状腺功能亢进症
B. 单纯性甲状腺肿
C. 甲状腺囊肿
D. 甲状舌骨囊肿
E. 甲状腺腺瘤

28. 属于功能亢进的内分泌疾病是
A. 单纯性甲状腺肿大
B. 糖尿病
C. Cushing 综合征
D. 呆小症
E. 侏儒症

A_2 型题

29. 患者，女性，18岁，诊断为1型糖尿病，给予该患者饮食控制的主要目的是
A. 减轻胰岛B细胞负担
B. 减轻体重，防止肥胖
C. 减少胰液的分泌
D. 延缓消化吸收
E. 减慢肠蠕动

30. 患者，女性，22岁。近2个月来怕热、多汗、易激动、心悸，有甲亢家族史，为确诊是否患甲亢，最好做下列哪项检查
A. 血清总 T_3、T_4　B. 血清游离 T_3、T_4
C. 甲状腺摄^{131}I　D. 基础代谢率(BMR)
E. TRH 兴奋试验

31. 患者，女性，诊断为甲亢，现需服用抗甲状腺药物治疗，其总疗程一般需要多长时间
A. 3～6个月　B. 6～9个月
C. 9～12个月　D. 12～15个月
E. 1.5～2年

32. 患者，女性，42岁，诊断为2型糖尿病。在计算患者饮食总热量时，可不考虑患者的
A. 工作性质　B. 临床类型
C. 病情轻重　D. 标准体重
E. 营养状况

33. 患者，男性，68岁，诊断为2型糖尿病。现为患者进行运动疗法的健康教育，其主要依据**不包括**
A. 有利于减轻体重
B. 降低对胰岛素的敏感性
C. 改善血糖代谢紊乱
D. 改善脂代谢紊乱
E. 缓解患者压力和精神紧张

34. 患者，女性，33岁，拟诊为甲状腺功能亢进症，下列哪项体征**不可能**出现
A. 甲状腺肿大　B. 心动过缓
C. 消瘦　D. 低热
E. 腱反射活跃

35. 患者，女性，41岁，患甲亢2年，在进行患者饮食指导时应指导其限制

A. 高热量　B. 高蛋白

C. 高维生素　D. 高纤维素

E. 富含钾、钙

36. 患者，男性，18岁，诊断1型糖尿病3年。2d前因感冒诱发糖尿病酮症酸中毒。其特征性表现是

A. 食欲减退　B. 恶心、呕吐

C. 呼吸深快　D. 呼气有烂苹果味

E. 眼球下陷

37. 患者，女性，72岁，确诊1型糖尿病5年。下列对患者运动疗法的指导哪项**不正确**

A. 可选择不同的运动方式

B. 要限制活动强度

C. 每周运动3次以上

D. 餐前1h锻炼50～60min

E. 有并发症者不宜进行锻炼

38. 某糖尿病患者，口服格列本脲治疗，护士应指导患者服用的时间在

A. 餐后0.5h　B. 餐前0.5h

C. 餐后20min　D. 餐前20min

E. 餐前1小时

39. 患者，男性，19岁，诊断1型糖尿病3年，每天使用胰岛素38U，控制血糖满意，近1周因胰岛素用完而停用。近2d出现进行性加重乏力、食欲减退、恶心，曾呕吐3次，均为胃内容物，逐渐出现意识障碍、昏迷。以下处理**不正确**的是

A. 迅速建立静脉通道

B. 立即大剂量持续静脉滴注速效胰岛素

C. 立即测血糖、血酮

D. 立即测尿糖、尿酮

E. 记录24h出入量

40. 患者，女性，41岁，因甲状腺肿大就诊，查甲状腺Ⅱ度肿大，无结节，TSH在正常范围，甲状腺功能正常，其诊断首先考虑

A. 甲亢　B. 单纯性甲状腺肿

C. 慢性甲状腺炎　D. 甲减

E. 亚急性甲状腺炎

41. 患者，女性，30岁，因向心性肥胖伴高血压、大腿内侧见皮肤紫纹就诊。为了进一步确诊，最主要的检查是

A. 24h尿17-羟皮质类固醇

B. 24h尿17-酮皮质类固醇

C. 血浆皮质醇

D. 血浆ACTH

E. 小剂量地塞米松抑制试验

42. 患者，女性，50岁，因视力障碍入院，入院后查空腹血糖为10mmol/L，餐后2h血糖为18mmol/L，该患者最可能是

A. 老花眼

B. 糖尿病视网膜病变

C. 动脉硬化

D. 黄斑变性

E. 角膜溃疡

43. 患儿，男性，10岁，近1年来多饮、多尿、多食，体重下降3.2kg，被诊断为1型糖尿病，其治疗的关键是

A. 饮食治疗　B. 控制体重

C. 运动治疗　D. 胰岛素治疗

E. 口服降糖药

44. 患者，男性，58岁，患2型糖尿病5年。晨练时出现疲乏、强烈饥饿感、出汗、脉速、恶心、呕吐，随即陷入昏迷。旁人见状后呼“120”急救。该患者可能出现了

A. 低血糖反应

B. 酮症酸中毒

C. 非酮症性高渗性昏迷

D. 糖尿病肾病

E. 急性心力衰竭

45. 患者，男性，50岁。下班后与朋友聚餐。午夜突然左脚第一跖趾关节剧痛，约3h后局部出现的红、肿、热、痛和活动困难，急诊入院。体查血尿酸为500mmol/L；X线提示：可见非特征性软组织肿。患者可能的诊断是

A. 痛风

B. 假性痛风

C. 风湿性关节炎

D. 类风湿关节炎

E. 化脓性关节炎

46. 患者，女性，60岁，患糖尿病5年，平常不规则服药，血糖波动在8.5～10.8mmol/L，尿糖++～+++，今日感尿频、尿痛，昨日起突然出现神志不清，查血糖28mmol/L，尿素氮7.8mmol/L，血钠148mmol/L，尿糖+++，酮体++，应考虑

A. 低血糖昏迷

B. 糖尿病酮症酸中毒
C. 乳酸性酸中毒
D. 高渗性非酮症糖尿病昏迷
E. 脑出血

47. 患者，女性，45 岁，确诊为 Cushing 综合征。下列关于饮食护理的指导**错误**的是
A. 高蛋白　B. 低糖
C. 低钾　D. 高钙
E. 低能量

48. 患者，女性，39 岁，既往体健，近 1 个月出现记忆力减退、反应迟钝、乏力、畏寒，住院检查：体温 35.6℃，心率 56 次/分，黏液水肿，血 TSH 升高，血 FT_4 降低，考虑最可能的诊断是
A. 甲状腺功能亢进症
B. 甲状腺功能减退症
C. 呆小症
D. 痴呆
E. 幼年型甲减

49. 患者，男性，26 岁，甲状腺功能亢进症，入院体查：甲状腺肿大，血压 140/70mmHg，脉搏 100 次/分。该患者的基础代谢率为
A. 19%　B. 29%
C. 39%　D. 49%
E. 59%

50. 患者，男性，66 岁，因患 2 型糖尿病 9 年，近半年出现双下肢感觉麻木。在对患者进行足部的护理措施中，下列哪项是**错误**的
A. 加强足部观察与检查
B. 选取质地柔软、宽松合适、穿着舒适的鞋袜
C. 小心剪趾甲
D. 寒冷季节，静坐时宜盘腿而坐，以利局部肢体保暖
E. 保持足部清洁、干燥

51. Cushing 综合征患者的常见护理诊断一般**不包括**
A. 有感染的危险
B. 有受伤的危险
C. 自我形象紊乱
D. 体液过多
E. 潜在并发症：肾衰竭

52. 患者，女性，32 岁，患 2 型糖尿病 2 年。现使用胰岛素治疗，其不良反应一般**不包括**
A. 低血糖反应
B. 荨麻疹
C. 注射部位皮下脂肪萎缩
D. 注射局部出现瘙痒
E. 粒细胞减少

53. 患者，男性，45 岁，诊断为皮质醇增多症，以下哪项临床表现**不可能**出现
A. 向心性肥胖　B. 多血质
C. 糖耐量降低　D. 低血钠、高血钾
E. 高血压

54. 患者，女性，25 岁，因诊断肾病综合征使用糖皮质激素治疗 3 年。体查示：患者面部及双下肢水肿，背部明显增厚、四肢相对瘦小，皮肤菲薄，体毛增多，下腹两侧、大腿内外侧等处紫纹形成。目前患者最主要的护理诊断/问题是
A. 身体意像紊乱：与 Cushing 综合征引起身体外观改变有关
B. 体液过多：与皮质醇增多引起水钠潴留有关
C. 有感染的危险：与机体免疫力下降有关
D. 有受伤的危险：与代谢异常引起钙吸收障碍，导致骨质疏松有关
E. 活动无耐力：与蛋白质代谢障碍引起肌肉萎缩有关

55. 内分泌科的刘护士正在对一糖尿病患者的饮食进行指导，以下哪项是**错误**的
A. 关键在于控制总热量
B. 严格定时进食
C. 少食含纤维素的食物
D. 每周定期测体重 1 次
E. 严格限制甜食

A_3/A_4 型题

（56～58 题共用题干）

患者，男性，45 岁，身高 162cm，体重 86kg，临床证实患 2 型糖尿病 2 年余。

56. 在饮食指导中，其饮食中糖类占总热量的比例为
A. 10%～20%　B. 30%～40%
C. 50%～60%　D. 70%～80%
E. 80%～90%

57. 在饮食控制、口服降糖药后，病情控制并不理想，宜建议患者
A. 减少主食量　B. 接受运动疗法
C. 测血酮和尿酮　D. 静脉滴注胰岛素
E. 迅速补液

58. 如患者采用胰岛素治疗，下列哪项措施不妥
A. 已经开封正在使用的胰岛素，宜放在室温（不

超过28℃)下保存

B. 注射部位应经常更换

C. 速效和长效胰岛素合用时应先抽吸长效胰岛素,后抽吸速效胰岛素

D. 经常监测血糖变化,如持续高血糖或血糖波动大,应及时通知医生

E. 剂量必须准确

(59、60题共用题干)

患者,女性,28岁,近1周出现畏寒、乏力、少言、动作缓慢、食欲减退及记忆减退、反应迟钝。

59. 患者应考虑为

A. 甲状腺功能亢进症

B. 单纯性甲状腺肿

C. 慢性甲状腺炎

D. 甲状腺功能减退症

E. 亚急性甲状腺炎

60. 诊断为上述疾病后,可使用下列哪种激素替代治疗

A. 性激素　　B. 甲状腺素

C. 肾上腺皮质激素　　D. 促甲状腺素

E. 升压激素

(61、62题共用题干)

患者,女性,23岁,心慌、多食、多汗、怕热、手抖4个月,确诊为甲亢,目前使用抗甲状腺药物治疗。

61. 护士为其进行饮食指导,其原则为

A. 高热量、高维生素、高蛋白饮食

B. 高热量、高维生素、低优质蛋白饮食

C. 低热量、高蛋白、高维生素饮食

D. 高热量、高钙、低脂肪饮食

E. 高热量、低磷、高脂肪饮食

62. 护士应特别注意观察药物哪种不良反应

A. 肾功能损害　　B. 肝功能损害

C. 胃肠道反应　　D. 粒细胞减少

E. 药疹

(63、64题共用题干)

患者,女性,45岁,有糖尿病史8年,昨日因高热、咳嗽后突然感到极度口渴、厌食、恶心、呕吐2次,均为胃内容物,呼吸深快,晚上出现脉细速、血压下降,随即意识不清。

63. 患者可能合并了

A. 低血糖　　B. 急性胃肠炎

C. 急性脑炎　　D. 酮症酸中毒昏迷

E. 高渗性非酮症中毒

64. 此时应立即给予

A. 静脉滴注碱性液体

B. 静脉滴注葡萄糖

C. 静脉滴注胰岛素

D. 静脉应用呼吸兴奋剂

E. 加大口服降糖药

(65~68题共用题干)

患者,女性,27岁,心慌、多汗,饭量增加却消瘦1个月来院就诊。查体:突眼,甲状腺Ⅱ度肿大,右上极可闻及血管杂音。

65. 在询问病史及体检时,下列哪项是最**不可能**出现的

A. 手颤　　B. 水冲脉

C. 多汗　　D. 月经过多

E. 易怒

66. 初诊时检查最好是

A. TT_3、TT_4、TSH测定

B. T_3抑制试验

C. IBH兴奋试验

D. FT_3、FT_4、TSH的测定

E. TT_3、TT_4、rT_3的测定

67. 如患者被诊断为甲状腺功能亢进症,则最**不可能**出现

A. TSH↓　　B. TSH↑

C. TRAb阳性　　D. ^{131}I吸碘率正常

E. TGA↑

68. 在给患者采取的护理措施中,**不正确**的是

A. 睡眠时头部稍低

B. 外出时戴墨镜

C. 限制水盐的摄入

D. 睡前涂以抗生素眼膏

E. 避免长时间用眼过度

(69~71题共用题干)

患者,18岁,患甲亢2年,一直服用丙硫氧嘧啶治疗。最近由于高考失败,突然出现烦躁不安,四肢无力,心慌气短,多汗。入院体查:T 40.2℃,HR 150次/分,嗜睡。

69. 该患者可能出现了

A. 低血糖反应　　B. 甲状腺危象

C. 急性心力衰竭　　D. 酮症酸中毒

E. 急性肺水肿

70. 患者目前首要处理的护理问题是

A. 营养失调:低于机体需要量:与代谢率增高导

致代谢需求大于摄入有关

B. 活动无耐力：与蛋白质分解增加、甲亢性心脏病、肌无力等有关

C. 应对无效：与性格及情绪改变有关

D. 有组织完整性受损的危险：与浸润性突眼有关

E. 体温过高：与机体代谢率增高有关

71. 下列采取的护理措施中**错误**的是

A. 将患者安置在安静低温的环境中

B. 使用阿司匹林降温

C. 监测生命体征

D. 持续低流量给氧

E. 避免精神刺激

参考答案

1～5 BDACB　6～10 EBAEC　11～15 DBABA　16～20 ECCBC　21～25 BCECC　26～30 CBCAB　31～35 EBBBD　36～40 DDBBB　41～45 CBDAA　46～50 BCBED　51～55 EEDAC　56～60 CBCDB　61～65 ADDCD　66～71 DBABEB

（梅碧琪）

名师点评

内分泌与代谢性疾病是临床常见病和多发病。要学好内分泌与代谢性疾病患者的护理，必须明确人体主要的内分泌腺及其分泌的激素、不同激素的生理作用；弄清楚具体不同的内分泌疾病到底是由于哪种激素的缺乏(或)分泌过多所致，这样，对掌握不同内分泌代谢性疾病有很大的帮助。一般地，内分泌疾病的临床表现复杂多样，可涉及多个器官和系统，这是由激素的作用特点决定的。

第8章 风湿性疾病患者的护理

考点提纲栏——提炼教材精华，突显高频考点

第1节 常见症状的护理

一、概述

1. 定义：泛指影响骨、关节及周围软组织，如肌腱、滑囊、筋膜等一组疾病。

★2. 临床特点：特点因病而异，共同特点主要有以下几方面
- (1)多起病缓慢(痛风除外)，病程较长，甚至终身。
- (2)病程中发作与缓解交替出现。
- (3)同一疾病的临床表现个体差异较大。
- (4)有较复杂的生物化学及免疫学变化。
- (5)对糖皮质激素的治疗有一定的反应，对治疗的效果个体差异较大。

二、关节疼痛、肿胀及功能障碍

关节及周围肌肉、软组织、神经的疼痛是风湿性疾病的主要症状，以关节痛最常见。列表区别风湿性疾病关节疼痛、肿胀及功能障碍主要表现(表8-1)。

表8-1 风湿性疾病关节疼痛、肿胀及功能障碍主要表现

疾病名称	累及关节部位	特点	关节演变
类风湿关节炎	腕、掌指、近端指间关节等小关节	对称分布	关节损伤、畸形
风湿热关节痛	膝、踝关节等大关节多见	多为游走性	关节红肿热，无关节破坏和畸形
痛风	单侧拇指和第一趾关节多见	固定、不对称	关节损伤、畸形
系统性红斑狼疮	近端指间关节腕、足、膝、踝多见	对称分布	较少引起畸形，有多脏器损害

三、多器官系统损害症状

风湿性疾病可累及皮肤、肺、胃肠道、肾、心脏、神经、血液等各器官系统。

第2节 风湿热患者的护理

一、概述

★风湿热是由于A组乙型溶血性链球菌感染后发生的一种全身结缔组织病。多发于冬春阴雨潮湿季节。7～16岁学龄儿童较多见。

二、病因

★链球菌感染是诱发风湿热的病因。

三、临床表现

(一) 前驱症状

发病前2～5周,常有咽喉炎或扁桃体炎等上呼吸道链球菌感染的临床表现,如发热、咽喉痛、颌下淋巴结肿大、咳嗽等症状。

(二) 典型的临床表现

1. 发热:约50%～70%的患者可有发热,热型不规则。

2. 关节炎:**典型的关节炎呈游走性、多发性**,同时侵犯数个大关节,以膝、踝、肘、腕、肩关节较常见。急性发作时受累关节表现为红肿、灼热、疼痛和压痛,活动受限制。

3. 心脏炎:典型的心脏炎患者常主诉心悸、气短、心前区不适。

4. 环形红斑:**为淡红色、环形、中央苍白,多分布在躯干、肢体的近端**,时隐时现,大小不一,压之褪色,不痒。

5. 皮下结节:常在心脏炎时出现。多发现于关节伸侧的皮下组织,尤其在肘、膝、腕、枕或胸腰椎棘突处,与皮肤无粘连,无红肿炎症,稍硬、无痛的小结节。

6. 舞蹈病:在风湿热的后期出现,多发生在儿童。为一种无目的、不自主的躯干或肢体的动作。

四、辅助检查

(一) 急性炎症测定

1. 白细胞总数轻、中度增高,中性粒细胞稍增高。

2. 红细胞沉降率加速。

3. C反应蛋白阳性。

4. 血清糖蛋白或黏蛋白增高,此项指标是反映急性期修复或慢性增殖期的炎症指标。

(二) 链球菌感染的检查

1. 咽拭子培养。

2. 抗链球菌溶血素O试验:高于500单位为异常。

3. 抗去氧核糖核酸酶试验:高于250单位为异常。高峰维持时间较长,发病后4～6周达高峰,可维持数月之久。对于迁延患者或舞蹈病患者意义较大。

4. 抗链激酶试验:高于80单位为异常。

5. 抗透明质酸酶试验:高于128单位为异常。

(三) 免疫学检查

1. 免疫球蛋白增高,IgG和IgM变化较明显。

2. 补体C3、C4、C3c增高。

3. 循环免疫复合物增高,其阳性率为60%以上。对无并发症的风湿热有活动性诊断的意义。

4. 心肌抗体测定,在风湿热时心肌抗体>1∶20时,有心脏受累的定位诊断意义。

5. 心肌抗体吸附试验,阳性率为60%～70%,具有特异性。

6. 应用单克隆抗体分析T淋巴细胞及其亚群,可有CD4/CD8增高,提示本病有免疫调节的异常。

7. 外周血淋巴细胞促凝血活性试验,是较敏感和特异的细胞免疫方法,阳性率为80%。

(四) 二维超声心动图检查

风湿热心脏炎时,此检查可提示心脏增大、心包积液、心瓣膜增厚水肿及二尖瓣脱垂的超声心动图改变。

五、治疗要点

(一) 一般治疗

应注意保暖,避免潮湿、受寒。急性关节炎患者早期应卧床休息,待血沉、体温正常后开始活动。

(二) 抗生素治疗

青霉素是最有效的杀菌剂,常用剂量为80万~160万单位/日,分两次肌内注射,疗程为10~14d。对于慢性或迁延型风湿热,可采用
①苄星青霉素120万单位/每1~3周,待上呼吸道感染控制后,再维持1个月间隔的预防性治疗。
②口服抗生素,如红霉素、林可霉素等。

(三) 抗风湿治疗

首选药物为非甾体类抗炎药,常用阿司匹林。

对心脏炎一般采用糖皮质激素治疗,常用泼尼松口服治疗。病情严重者可静脉滴注地塞米松,待病情稳定后,改为口服激素治疗。

六、护理问题

1. 疼痛:与关节炎症有关。

2. 自理能力受限:与发热、关节炎症有关。

3. 潜在的并发症:心脏病变、激素副作用。

七、护理措施

1. 休息:绝对卧床休息,血沉接近正常时方可逐渐下床活动,活动量应根据心率、呼吸、有无疲劳情况而调节。

2. 饮食护理:给予易消化、高蛋白、富维生素食品,有心力衰竭者适当地限制盐和水,少量多餐,记录出入水量,并保持大便通畅。

3. 对症护理
(1)关节炎的护理:关节痛时,可令患者保持舒适的体位,避免痛肢受压,移动肢体时动作轻柔。做好皮肤护理。
(2)心脏炎的护理:注意心率、心律及心音,有无面色苍白、多汗、气急、烦躁不安等心力衰竭表现。详细记录,及时处理。有心力衰竭者加用洋地黄制剂,同时配合吸氧、利尿、维持水电解质、酸碱平衡等治疗。

4. 病情观察。

5. **用药护理**:服药期间应注意副作用。**阿司匹林可引起胃肠道反应、肝功能损害和出血。饭后服用减少对胃的刺激**。加用维生素K防止出血。阿司匹林引起多汗时应及时更衣防受凉。泼尼松可引起肥胖、满月脸、消化道溃疡、精神症状、血压增高、电解质紊乱、免疫力下降等。应密切观察,避免交叉感染及骨折。心力衰竭需用洋地黄治疗,心肌炎时对洋地黄敏感且易出现中毒,注意有无恶心呕吐、心律不齐、心动过缓等副作用,并应注意补钾。

6. 心理护理:关心爱护患者,增强患者战胜疾病的信心。

八、健康教育

1. 介绍疾病相关知识,防治呼吸道感染。

2. 要加强体育锻炼,提高抗病能力。

3. 按医嘱用药,预防风湿热复发,首选卡星青霉素120万单位/月,肌内注射。如有青霉素过敏可用红霉素或磺胺嘧啶,但需要注意血象,防止白细胞减少症发生。

4. 局部病灶处理:对慢性扁桃体炎或咽喉炎应积极处理。

第3节 系统性红斑狼疮患者的护理

一、概述

★系统性红斑狼疮(SLE)是一种累及全身多系统的**自身免疫性疾病**。**以年轻女性好发,典型症状是面部蝶形红斑,**并伴有多脏器的受累。

二、病因和发病机制

病因尚不清,目前认为病毒、性激素、环境因素(阳光中紫外线照射)、药物等诱因作用于易感机体产生多种自身抗体(**其中以抗核抗体为重**),引起自身组织发生免疫损伤所致。

三、临床表现

1. 发热:无一定热型,以低、中度热为常见。

★2. 皮肤黏膜损害:**常见于暴露部位出现对称的皮疹,典型者在双面颊和鼻梁部有紫红色蝶形红斑。活动期患者有脱发、口腔溃疡。**

★3. 关节与肌肉疼痛:**关节肿痛常为首发症状**,出现在指、腕、膝关节,**较少出现关节畸形**,肌痛见于50%患者,有时出现肌炎,但很少引起肌肉萎缩。

4. 脏器损害
   - ★(1)肾损害:**几乎所有SLE患者均有肾损害,最终发展至尿毒症为死亡主要原因。**
   - ★(2)部分患者有心、肺、消化、血液、神经系统受累,**中枢神经出现损害常预示病变活动和病情危重。**

四、辅助检查

1. 血液检查:血沉增快,部分患者有轻、中度贫血及血小板和白细胞减少。

2. 免疫学检查
   - (1)抗核抗体(ANA):阳性率高但特异性不高。
   - ★(2)**抗Sm抗体:SLE的标志抗体。**
   - ★(3)**抗双链DNA抗体:对确诊SLE和判断狼疮的活动性参考价值大。**
   - (4)补体CH50(总补体)C3、C4:降低提示狼疮活动。

五、治疗要点

1. 一般治疗(见护理)。

2. 药物治疗
   - ★(1)**糖皮质激素:是目前治疗SLE的首选药**,一般选用泼尼松、泼尼松龙。
   - ★(2)**非甾体抗炎药:常用的有阿司匹林**、吲哚美辛、布洛芬等。
   - (3)免疫抑制剂:一般不单独使用。加用免疫抑制剂有利于更好地控制SLE活动,减少SLE暴发以及减少激素的剂量。常用的有环磷酰胺、硫唑嘌呤。
   - ★(4)抗疟药:**主要治疗盘状狼疮,常用磷酸氯喹。**

六、护理问题

1. 皮肤完整性受损:与疾病所致的血管炎性反应等因素有关。
2. 疼痛:与自身免疫反应有关。
3. 有感染的危险:与免疫功能紊乱、应用激素和免疫抑制剂有关。
4. 焦虑:与病情反复发作、面容毁损及多脏器功能损害有关。
5. 知识缺乏:缺乏相关疾病的自我护理知识。
6. 潜在并发症:慢性肾衰竭等。

七、护理措施

★1. 饮食护理:高糖、高蛋白和高维生素、易消化的饮食。**忌食:芹菜、香菜、无花果、烟熏食品、蘑菇和辛辣食物。戒烟和禁饮咖啡。**

★2. 缓解关节肌肉疼痛:急性期及疾病**活动期卧床休息**,采取舒适体位,**使关节处于功能位,不要把膝部支起**;适当热敷或理疗,使用床上支架支起盖被,避免下肢受压。指导患者掌握放松技巧。

★3. 皮肤护理:**避免阳光和紫外线照射,禁忌日光浴**;皮损处用清水冲洗,红斑处用30℃左右**温水湿敷**3次/日、每次30min,**忌用碱性肥皂;避免用化妆品及化学药品。避免染发、卷发及用发胶;脱发患者减少洗头次数,每周用温水洗头2次,边洗边按摩。**

4. 保持口腔清洁,预防感染:口腔黏膜破损时,在漱口后用中药冰硼散或锡类散涂敷溃疡部;细菌性感染用1∶5 000呋喃西林液漱口,真菌感染用1%～4%碳酸氢钠液漱口。

5. 药物护理:激素类药物,勿擅自停药或减量,以免造成疾病治疗"反跳";**非甾体抗炎药宜饭后服**;抗疟药可引起视网膜退行性病变,应定期查眼底;**避免使用诱发SLE的药物,如普鲁卡因胺、青霉胺和异烟肼等。**

6. 心理护理。

八、健康教育

1. 介绍本病相关知识,帮助患者树立信心。

2. 指导患者避免诱因。

3. 指导按医嘱用药。

4. 定期复查,不适随诊。

第4节　类风湿关节炎患者的护理

一、概述

★类风湿关节炎(RA)是一种以**累及周围多关节为主**的多系统、慢性炎症的**自身免疫性疾病。女性多见。**

二、病因和发病机制

1. 尚未完全明确。

2. 是一个与环境、细菌、病毒、遗传、性激素及神经精神状态等因素密切相关的多基因疾病。

★3. **基本病理改变为滑膜炎和血管炎。**

三、临床表现

1. 全身表现:起病缓慢,在明显的关节症状前出现乏力,全身不适,发热,食欲缺乏,手足发冷等全身症状。

★2. 关节症状:**慢性、多发性、对称性、反复发作的四肢小关节炎**

★(1)**晨僵**:病变的关节在静止不动后可出现0.5h甚至更长时间的僵硬,活动受限,适度活动后逐渐减轻,尤以晨起时最明显,称为晨僵。**晨僵的程度和持续时间可作为判断病情活动度的指标。**

★(2)关节疼痛和肿胀:**最早出现的关节症状**。最常出现在腕、掌指、近端指间关节等小关节;**多呈对称性、持续性。**

★(3)**关节畸形及功能障碍**:多见于较晚期患者。**急性发作期出现梭状指。病变后期形成特异性的尺侧偏向、天鹅颈样畸形等**,关节活动障碍。

SLE

免疫损害多器官,发热皮损蝶形斑;不能化妆暴日光,关节肿痛肾损伤。

激素首选泼尼松,芹菜香菜食不中;皮损护理碱忌用,清水冲洗温水敷。

3. 关节外表现
- ★(1)**类风湿结节**:**是本病较特异的皮肤表现**,无压痛,呈对称分布。**其存在表示本病的活动。**
- (2)肺、心、胃肠、肾及神经系统等均可出现受损表现。

四、辅助检查

★1. 血液检查:轻、中度贫血;**血沉增快是活动性指标**。

★2. 免疫学检查:类风湿因子(RF)在80%患者中呈阳性,**其滴度与本病活动性和严重性成正比**。

★3. X线检查:**以手指和腕关节的X线片最有价值**。

五、治疗要点

★1. **非甾体抗炎药:可改善症状,但不能控制病情**。常用有阿司匹林(乙酰水杨酸)、吲哚美辛、布洛芬。

★2. **慢作用抗风湿药:可改善症状,阻止关节结构破坏**。常用有甲氨蝶呤(MTX)、雷公藤、青霉胺、硫唑嘌呤、环磷酰胺等。

★3. **糖皮质激素**:常用泼尼松,**适用于有关节外症状者**。

六、护理问题

1. 疼痛:与关节炎性反应有关。
2. 自理缺陷:与关节疼痛、功能障碍有关。
3. 预感性悲哀:与关节功能丧失影响生活质量等有关。
4. 个人应对无效:与自理缺陷、疾病迁延等有关。

七、护理措施

★1. 休息与体位:**急性活动期,卧床休息,但不宜绝对卧床。限制受累关节活动,保持功能位**,如膝下放一平枕,使膝关节保持伸直位;足下放护足板,避免垂足。

2. 关节功能锻炼
- ★(1)**症状基本控制后,鼓励患者及早下床活动**,必要时提供辅助工具协助患者行走,预防跌倒和骨折。
- (2)活动强度应以患者能耐受为度,可作肢体屈伸、散步、手部抓握或日常活动训练等。

3. 疼痛的护理
- ★(1)**关节肿胀、疼痛剧烈时,遵医嘱给予消炎止痛剂。**
- ★(2)**每日清晨起床时可进行15min温水浴或用热水泡手。**

4. 病情观察:主要观察关节疼痛的部位、性质,关节肿胀和活动受限的程度,晨僵的持续时间及其发作前驱症状和伴随症状。

5. 药物护理:用药时间长,药物不良反应多,应指导患者按照医嘱服药,不可随意加、减药量,或者停药。

6. 心理护理。

八、健康教育

1. 介绍疾病相关知识,提高患者自理能力。
2. 避免诱因。
3. 按医嘱用药。
4. 病情变化,及时就诊。

类风湿关节炎

指指关节梭状形,关节畸形尺侧偏;晨僵结节较特异,疼痛卧床不绝对。

模拟试题程——洞破命题思路，提升应试能力

一、专业实务

A1型题

1. 系统性红斑狼疮属于
   A. 感染性疾病
   B. 组织炎症性疾病
   C. 自身免疫性疾病
   D. 遗传性疾病
   E. 药物诱导产生的疾病
2. 引起风湿热的常见细菌为
   A. 肺炎双球菌
   B. 白色念珠菌
   C. 流感嗜血杆菌
   D. 葡萄球菌
   E. A组乙型溶血性链球菌
3. 对类风湿关节炎关节病变分期最重要的辅助检查是
   A. 关节X线检查　B. 免疫学检查
   C. 关节滑液检查　D. 血液检查
   E. B超检查
4. 系统性红斑狼疮(SLE)患者会产生多种自身抗体,其中尤为重要的是
   A. 抗单链DNA抗体　B. 抗双链DNA抗体
   C. 抗双链RNA抗体　D. 抗Sm抗体
   E. 抗核抗体(ANA)

解析:SLE患者体内会产生多种自身抗体,其中尤以抗核抗体(ANA)最为重要。

5. 系统性红斑狼疮的标志性抗体是
   A. 抗核抗体(ANA)　B. 抗Sm抗体
   C. 抗双链DNA抗体　D. 补体CH30
   E. 补体C3
6. 系统性红斑狼疮皮肤红斑主要是什么原因造成的
   A. 日晒过多　B. 皮肤过敏
   C. 免疫复合物沉积　D. 青春痤疮
   E. 长期使用免疫抑制剂
7. 类风湿关节炎滑膜炎症的活动性指标是
   A. 血沉增快　B. C反应蛋白增高
   C. 类风湿因子阳性　D. 外周血白细胞增多
   E. 抗Sm抗体阳性

解析:血沉增快是滑膜炎症的活动性指标;C反应蛋白是炎症的急性期蛋白,增高说明类风湿关节炎的活动性;80%类风湿关节炎患者类风湿因子呈阳性;类风湿关节炎患者白细胞一般正常;抗Sm抗体是系统性红斑狼疮的标志抗体。

8. 类风湿关节炎应用非甾体消炎止痛药的机制是
   A. 抑制体内前列腺素的合成
   B. 抑制滑膜炎
   C. 抑制T细胞功能
   D. 抑制B细胞功能
   E. 以上都不是

A2型题

9. 患者,女性,28岁,全身关节痛,面部有蝶形红斑,实验室检查:血抗Sm抗体(+),确诊为系统性红斑狼疮,护士嘱咐避免日光照射,外出穿长袖衣裤,戴帽或用伞遮阳。原因是
   A. 紫外线可致雌激素作用增强
   B. 紫外线直接损害骨髓
   C. 紫外线直接破坏细胞
   D. 紫外线加重关节滑膜炎
   E. 紫外线是本病的重要诱因
10. 患者,女性,28岁,全身关节痛,面部有蝶形红斑,实验室检查:血抗Sm抗体(+),确诊为系统性红斑狼疮,近期有脱发现象,对于脱发护理错误的是
   A. 每日洗头2次
   B. 避免染发、烫发
   C. 鼓励患者采用适当方法遮盖脱发
   D. 洗头时按摩头部
   E. 减少洗头次数

解析:频繁洗头会加重脱发,故选A。

11. 患者,女性,70岁,双手腕、掌指、肘关节疼痛、肿胀、时轻时重,病程约25年,诊断为"类风湿关节炎"。护理体检发现,患者双手呈天鹅颈样畸形,饮食起居困难。该患者致病因素与下列哪项关系不大
   A. 遗传因素　B. 自身免疫反应
   C. 寒冷潮湿环境　D. 精神创伤
   E. 细菌感染

A_3/A_4 型题

(12、13 题共用题干)

患者,女性,35 岁。患类风湿关节炎 3 年,因关节疼痛,医生医嘱:阿司匹林 2g,3 次/日,口服。

12. 在服用阿司匹林时,护士嘱其饭后服用的目的是
   A. 避免尿少时析出结晶
   B. 提高药物的疗效
   C. 降低药物的毒性
   D. 减少对肝脏的损害
   E. 减少对消化道的刺激

13. 类风湿关节炎除引起关节受损外还有关节外病变,主要是
   A. 贫血　　B. 抗 Sm 抗体(+)
   C. 低热　　D. 血沉加快
   E. 类风湿结节

解析:关节外表现主要有:肺、心、胃肠、肾及神经系统等均可出现受损表现。皮肤类风湿结节:是本病较特异的皮肤表现,无压痛,呈对称分布。其存在表示本病的活动。

A_4 型题

(14～16 题共用题干)

患者,女性,38 岁,对称性全身小关节肿痛反复发作 6 年,有晨僵,热水浸泡后减轻。辅助检查:类风湿因子阳性。拟诊为类风湿关节炎。

14. 类风湿关节炎的基本病理改变是
   A. 软组织炎　　B. 肌炎
   C. 骨膜炎　　D. 滑膜炎
   E. 肌腱炎

解析:类风湿因子为一种自身抗原与体内变性的 IgM 起免疫反应,形成抗原抗体复合物沉积在滑膜组织上,产生多种致敏因素,引起关节滑膜炎症,故类风湿关节炎的基本病理改变是滑膜炎。

15. 关节病变最常出现的部位是
   A. 肩关节　　B. 膝关节
   C. 肘关节　　D. 踝关节
   E. 腕、掌关节近端指关节

16. 后期发现患者腕部及踝部出现皮下结节,提示
   A. 出现并发症　　B. 病情减轻
   C. 已累及内脏　　D. 癌变
   E. 病情活动

二、实践能力

A_1 型题

17. 类风湿关节炎患者在缓解期鼓励进行关节功能锻炼的目的在于
   A. 防止疾病活动　　B. 保持关节功能位
   C. 延缓关节破坏　　D. 减少晨僵发生
   E. 避免肌肉萎缩、关节废用

18. 大多数系统性红斑狼疮(SLE)患者的首发症状是
   A. 发热　　B. 蝶形红斑
   C. 关节肿痛　　D. 不同程度水肿
   E. 高血压

19. 系统性红斑狼疮(SLE)死亡的主要原因是
   A. 发热　　B. 皮肤黏膜损害
   C. 关节疼痛　　D. 肾衰竭
   E. 消化道出血

20. 类风湿关节炎最早出现的关节表现是
   A. 关节疼痛　　B. 关节肿胀
   C. 关节畸形　　D. 发热
   E. 咳嗽

解析:类风湿关节炎可出现的关节症状是晨僵、关节疼痛和肿胀、关节畸形及功能障碍等,其中关节痛往往是最早的关节症状。

21. 抗小儿风湿热的主要药物是
   A. 青霉素　　B. 链霉素
   C. 氯霉素　　D. 红霉素
   E. 阿司匹林

A_2 型题

22. 患者,女性,35 岁。系统性红斑狼疮病史 5 年,有关节肿痛,面部有紫红色斑块,请问该患者皮肤护理哪项是不正确的
   A. 常用清水清洗
   B. 常用 10℃冷水湿敷
   C. 化妆品忌用
   D. 不要直接照射阳光
   E. 碱性皂液忌用

23. 患者,女性,35 岁,系统性红斑狼疮病史 5 年,治疗系统性红斑狼疮的首选药物是
   A. 泼尼松　　B. 避孕药
   C. 氯丙嗪　　D. 青霉素
   E. 普鲁卡因胺

解析:目前治疗 SLE 的首选药是糖皮质激素,泼尼松是糖皮质激素。

24. 患者，女性，30岁，因红斑狼疮面部红斑显著，经常自惭形秽并因害怕服用激素体形改变而拒绝用药。她目前主要解决的护理问题是

A. 预感性悲哀　　B. 药物副作用
C. 皮肤完整性受损　　D. 知识缺乏
E. 战胜疾病信心不足

解析：目前治疗SLE的首选药是糖皮质激素。

25. 患者，女性，30岁，四肢无力、双下肢水肿及皮下出血点2个月，查尿蛋白（++），红细胞（++），ANA1：320，血小板61×10^9/L，有光过敏。最可能的诊断是

A. 多发性肌炎　　B. 慢性肾小球肾炎
C. 急性肾小球肾炎　　D. 系统性红斑狼疮
E. 过敏性紫癜

26. 患者，女性，35岁。患类风湿关节炎3年，类风湿关节炎最常侵犯的关节是

A. 双手腕关节　　B. 双腿踝关节
C. 双腿膝关节　　D. 双手掌指关节远端
E. 颞颌关节

解析：典型患者表现为对称性多关节炎。主要侵犯小关节，以腕关节、近端指间关节、掌指关节及跖趾关节最常见。

27. 患者，女性，38岁。系统性红斑狼疮患者，经住院治疗症状基本缓解。此时护士对患者的健康指导错误的是

A. 每日用碱性肥皂水洗脸
B. 禁忌日光浴
C. 禁用化妆品
D. 外出时戴遮阳帽或撑遮阳伞
E. 局部用30℃温水湿敷，3次/日

解析：系统性红斑狼疮患者忌用碱性肥皂水洗脸，避免用化妆品；避免在烈日下活动，外出时戴遮阳帽或撑遮阳伞，禁忌日光浴；可用清水冲洗皮损处，用30℃温水湿敷红斑处。

28. 患者，女性，30岁。有关节炎5个月，初为双手掌指关节疼痛，近半个月来双侧腕、踝关节及肘、膝关节痛，关节活动受限。辅助检查示类风湿因子阳性。最可能的诊断是

A. 类风湿关节炎
B. 过敏性紫癜关节损害
C. 类风湿病全身型
D. 类风湿病多关节型
E. 类风湿病少关节型

解析：患者为青年女性，类风湿因子阳性，有各关节疼痛，以小关节疼痛明显，并有关节畸形，故最有可能的诊断是类风湿关节炎。

29. 患者，女性，30岁。有关节炎5个月，初为双手掌指关节疼痛，近半个月来双侧腕、踝关节及肘、膝关节痛，关节活动受限。辅助检查示类风湿因子阳性。诊断是类风湿关节炎。防治类风湿关节炎不妥的是

A. 使用阿司匹林等非甾体类抗炎药
B. 注意保暖
C. 注意活动关节
D. 长期坚持使用肾上腺糖皮质激素
E. 必要时，遵医嘱选用免疫抑制剂

30. 某类风湿关节炎患者，有不规则低热，关节肿痛及晨僵，对其护理措施不包括

A. 观察关节疼痛的部位、性质及晨僵的持续时间
B. 卧床休息，限制受累关节活动
C. 疼痛剧烈时，常规给患者应用泼尼松
D. 每日清晨起床时进行15min温水泡手
E. 指导患者不可随意加、减药量，或者停药

解析：关节肿胀，疼痛剧烈时，按医嘱给予消炎止痛剂。

31. 患者，女性，70岁，双手腕、掌指、肘关节疼痛、肿胀、时轻时重，病程约25年，诊断为“类风湿关节炎”。护理体检发现，患者双手呈天鹅颈样畸形，饮食起居困难。给该患者健康教育不妥的是

A. 避免寒冷、潮湿的环境
B. 坚持按医嘱服药
C. 避免各种诱发因素
D. 绝对卧床休息
E. 每日定时做全身和局部相结合的活动

32. 患者，女性，35岁，诊断为类风湿关节炎4年，对称性全身小关节肿痛反复发作，有晨僵，热水浸泡后减轻。近来发现患者腕部及踝部出现皮下结节，提示

A. 出现并发症　　B. 病情减轻
C. 已累及内脏　　D. 癌变
E. 病情活动

33. 患者，女性，32岁，不规则发热伴大小关节疼痛月余。查体面部未见红斑，口腔、鼻腔有溃疡，右膝

及左踝关节轻度红肿，有压痛，但无畸形。实验室检查尿蛋白(+)，颗粒管型(+)，外周血白细胞计数 3.5×10^9/L，网织红细胞 2.1%，抗核抗体(+)，LE 细胞(-)，可诊断为

A. SLE
B. 类风湿关节炎
C. 肾小球肾炎
D. 上呼吸道感染
E. 风湿性关节炎

解析：系统性红斑狼疮(SLE)的诊断。根据该患者有关节炎，肾脏病变，血液学异常，口腔及鼻腔溃疡，抗核抗体阳性等特征，符合 SLE 的诊断。SLE 患者仅有 80% 可能出现皮肤损害，而出现典型面部蝶形红斑者更少，所以诊断时应引起注意。

34. 患者，女性，32 岁，不规则发热伴大小关节疼痛月余。查体面部红斑，口腔、鼻腔有溃疡，右膝及左踝关节轻度红肿，有压痛，但无畸形，拟诊为系统性红斑狼疮(SLE)，该患者进一步实验室检查，还可能出现以下结果，其中不包括

A. 血小板减少　B. 红细胞增多
C. 抗 Sm 抗体　D. 补体 C3 降低
E. 抗双链 DNA 抗体

解析：SLE 的实验室检查。SLE 是一种全身性自身性免疫性疾病，血清中有大量多种自身抗体，红细胞、白细胞及血小板表面都有抗体存在，与细胞膜及细胞核发生抗原-抗体反应，即可导致细胞破坏、减少。多数 SLE 患者都有轻中度贫血，所以 B 显然是错误的。

A_3/A_4 型题

(35、36 题共用题干)

某系统性红斑狼疮(SLE)患者，女性，病史 5 年。近日体温升高，关节红肿有压痛，出现面部红斑、蛋白尿、高血压和不同程度水肿，入院治疗。

35. 此患者可能已累及到

A. 关节　B. 心脏
C. 肺脏　D. 肾脏
E. 膀胱

解析：几乎所有 SLE 患者均出现肾脏损害，肾衰竭是 SLE 患者最主要的死亡原因。

36. 此患者下列处理哪项不妥

A. 维持激素治疗
B. 安排在背阳的病室
C. 加强锻炼
D. 慎用阿司匹林
E. 用清水洗脸

(37～40 题共用题干)

患者，女性，35 岁，诊断为类风湿关节炎 4 年，对称性全身小关节肿痛反复发作，有晨僵，热水浸泡后减轻。

37. 治疗类风湿关节炎疼痛选用

A. 阿司匹林　B. 哌替啶
C. 山莨菪碱　D. 吗啡
E. 对乙酰氨基酚

38. 类风湿关节炎患者服阿司匹林后出现黑便，提示

A. 食管静脉曲张破裂出血
B. 急性胃黏膜病变出血
C. 胃溃疡出血
D. 反流性食管炎出血
E. 应激性溃疡出血

39. 关节病变进展时哪项护理不妥

A. 保持关节功能位　B. 按摩关节
C. 热水浸泡　D. 红外线理疗
E. 关节完全制动

40. 经休息、药物治疗后，现病情缓解，下一步最主要的护理是

A. 嘱患者卧床休息，避免劳累
B. 介绍药物不良反应的预防方法
C. 向患者做好饮食的指导
D. 指导患者循序渐进进行功能锻炼
E. 向患者介绍如何观察药物疗效

参考答案

1～5 BEAEB　6～10 CAAEA　11～15 EEEDE
16～20 EEADA　21～25 ABADD　26～30 AAADC
31～35 DEABD　36～40 CABED

(李　春)

第9章　神经系统疾病患者的护理

考点提纲扫——提炼教材精华，突显高频考点

第1节　常见症状的护理

一、头痛

1. 概述
   - (1)额部、顶部、枕部和颞部的疼痛。
   - (2)颅内血管、神经和脑膜，颅外骨膜、血管、头皮、颈肌、韧带等均为疼痛敏感结构。
   - (3)上述结构受挤压、牵拉、移位、炎症、血管扩张或痉挛、肌肉紧张性收缩等均可导致头痛。
   - (4)头痛多无特异性。**但反复发作或持续头痛可能提示器质性疾病。**

2. 病因
   - (1)颅脑病变：脑肿瘤、脑出血、脑水肿、脑膜炎、脑囊肿、脑脓肿等。
   - (2)颅外病变：颅骨骨折、颈椎病、神经痛等。
   - (3)全身性疾病：急性感染、心血管疾病、中毒等。
   - (4)神经症：神经衰弱、癔症性头痛。

3. **护理评估**
   - (1)病史：了解有无高血压、外伤史、发热及家族史等。询问睡眠情况和职业状况。询问患者起病缓急、持续时间、部位、频率、严重程度与性质、加重或缓解疼痛的因素。重点评估头痛性质
     - 1)**突发剧烈头痛：蛛网膜下隙出血。**
     - 2)**进行性加重的头痛：颅内进行性加重的疾病，如颅内高压。**
     - 3)**发热伴剧烈头痛：颅内炎症。**
     - 4)诱发因素：女性月经前期或月经期、紧张、饥饿、睡眠不足、噪声等。
   - (2)身体评估
     - 1)头部有无外伤。
     - 2)测生命体征，观察瞳孔变化。
     - 3)有无神经系统阳性体征，如有无颈项强直、凯尔尼格征等。
   - (3)心理社会评估。
   - (4)辅助检查
     - 1)头颅CT或MRI检查有无颅内病灶。
     - 2)脑脊液检查有无压力增高，有无血性改变。

4. **护理诊断：疼痛：头痛：与颅内外血管收缩或舒张功能障碍，或颅内占位性病变等因素有关。**

5. **护理措施**
   - (1)避免诱发因素
     - 1)告知可能诱发或加重头痛的因素，如紧张、月经来潮、饮酒等。
     - 2)充分休息，保持环境安静、舒适，光线柔和。
   - (2)病情观察
     - 1)头痛性质、部位、持续时间、频率及程度。
     - 2)头痛原因，有无其他伴随症状和体征。
     - 3)老年人有无血压变化。
     - 4)**伴呕吐、视力下降、神志变化、抽搐等多为器质性头痛，及时处理。**
   - (3)减轻头痛
     - 1)环境宜安静、避光。
     - 2)缓慢深呼吸、听音乐、冷敷或热敷、理疗、按摩、指压止痛等。
     - 3)器质性头痛，积极检查、尽早治疗。
   - (4)用药护理：按医嘱服药，防止药物依赖。

二、感觉障碍

1. 概述
   - (1)机体对各种形式刺激的无感知、感知减退或异常。
   - (2)常见于脑血管疾病,如脑出血、脑梗死。
   - (3)脑外伤、脑实质感染、脑肿瘤也可导致感觉障碍。

2. 评估要点
   - (1)病史评估
     - 1)询问感觉障碍的病因,注意感觉障碍部位、类型、范围、性质及程度。
     - 2)感觉障碍出现的方式:外伤、感染、血管病变所致者立即出现;肿瘤、药物及毒物中毒引起者出现缓慢并逐渐加重。
     - 3)观察在没有任何外界刺激下,是否有麻木、冷热、潮湿、震动等感觉。
     - 4)有无伴随症状,如瘫痪、不同程度的意识障碍、肌营养障碍。
   - (2)身体评估
     - ★1)感觉障碍的分类
       - ①抑制性症状:感觉减退和缺失。
       - ②刺激性症状:感觉过敏、感觉过度、感觉异常、感觉倒错、疼痛等。
     - 2)临床常见的疼痛
       - ①局部性疼痛:病变部位的局限痛。
       - ②放射性疼痛:疼痛从病变部位放射到受累神经的支配区。
       - ③扩散性疼痛:疼痛由一个神经分支扩散到另一个神经分支。
       - ④牵涉痛:内脏病变疼痛扩散到相应体表节段。
     - 3)感觉障碍的定位判断
       - ①末梢型感觉障碍:多见于多发性周围神经病等。
       - ②节段型感觉障碍:多见于脊髓节段性病变等。
       - ③传导束型感觉障碍:多见于内囊病变等。
       - ④交叉性感觉障碍:多见于脑干病变。

3. 辅助检查:肌电图、诱发电位、MRI可帮助诊断。

★4. 护理措施
   - (1)生活护理
     - 1)保持床单整洁,防止感觉障碍部位受压或机械性刺激。
     - 2)慎用热水袋或冰袋,防烫伤、冻伤。
     - 3)感觉过敏者,尽量减少不必要的刺激。
     - 4)感觉异常者避免搔抓,以防皮肤损伤。
   - (2)保证安全
     - 1)设施:病床要低,室内、走廊、卫生间设扶手,光线要充足。
     - 2)避免跌倒及外伤。
   - (3)知觉训练
     - 1)每日温水(40°~50°)擦洗感觉障碍的部位,促进血液循环和感觉恢复。
     - 2)无感知者,用砂纸、毛线刺激触觉;冷水、温水刺激温觉;用针尖刺激痛觉。
   - (4)全身或局部按摩
     - 1)促进血液和淋巴液回流,刺激患肢,防止或减少局部水肿。
     - 2)按摩应轻柔、有节律。自肢体远端至近端。

三、瘫痪

1. 定义
   - (1)肢体因肌力下降而出现运动障碍。
   - (2)肌力分级(表9-1)

表9-1 肌力分级

分级	内容
0级	肌肉完全麻痹,触诊肌肉完全无收缩力
Ⅰ级	肌肉有主动收缩力,但不能带动关节活动(可见肌肉轻微收缩)
Ⅱ级	可以带动关节水平活动,但不能对抗地心引力(肢体能在床上平行移动)
Ⅲ级	能对抗地心引力做主动关节活动,但不能对抗阻力(肢体可以克服地心吸收力,能抬离床面)
Ⅳ级	能对抗较大的阻力,但比正常者弱(肢体能做对抗外界阻力的运动)
Ⅴ级	正常肌力(肌力正常,运动自如)

2. 分类
- (1)按病变部位
  - 1)上运动神经元性：二级运动元以上传导束或一级运动神经元病变所致。
  - 2)下运动神经元性：二级运动神经元和该神经元发出的神经纤维病变所致。
- ★(2)**按肌张力变化**
  - 1)**弛缓性**：软瘫、周围性瘫痪。不伴肌张力增高。
  - 2)**痉挛性**：硬瘫、中枢性瘫痪。伴肌张力增高。
- (3)按肌力变化
  - 1)完全性：肌力完全丧失而不能运动者。
  - 2)不完全性：保存部分运动能力者。
- ★(4)按临床表现
  - 1)**偏瘫**：一侧面部和肢体瘫痪，常伴瘫痪侧肌张力增高、腱反射亢进、病理征阳性。多见于一侧大脑半球病变，如内囊出血、大脑半球肿瘤、脑梗死等。
  - 2)**单瘫**：单个肢体的运动不能或无力。病变部位在大脑半球、脊髓前角细胞、周围神经或肌肉。
  - 3)**局限性瘫痪**：某一神经根支配区或某些肌群无力。如单神经病变、局限性肌病。
  - 4)**交叉性瘫痪**：指病变侧脑神经麻痹和对侧肢体瘫痪。如脑干肿瘤、炎症等。
  - 5)**截瘫**：双下肢瘫痪。多见于脊髓胸腰段炎症、外伤、肿瘤引起脊髓横贯性损害。
  - 6)**四肢瘫痪**：四肢不能运动或肌力减退。见于高颈段脊髓病变、周围神经病变(吉兰-巴雷综合征)。

3. 辅助检查
- (1)CT、MRI可了解中枢有无病灶。
- (2)必要时作肌电图和神经肌肉活检。

★4. **护理措施**
- (1)生活护理
  - 1)指导和帮助患者完成进食、大小便等日常生活。
  - 2)帮助翻身和保持床单位整洁，满足基本生活需要。
- (2)保证安全
  - 1)设施：床加床档，走廊、卫生间设扶手，地面平整，防湿防滑。
  - 2)恢复期练习行走时应搀扶患者。
- (3)康复训练
  - 1)告知患者及家属早期康复训练的重要性。
  - 2)**急性期床上患肢以关节功能位摆放，防止关节变形而失去正常功能**
    - ①腕关节背屈20°～25°，肘关节稍屈曲，臂外展，稍高于肩部。防止肘、腕关节屈曲痉挛，肩关节内收。
    - ②下肢用夹板将足底垫起，使踝关节呈直角，膝下略垫高。防止下肢外旋、足下垂。
  - 3)**恢复期运动训练**
    - ①**关节运动由被动运动至主动运动。**
    - ②包括床上动作训练、坐位训练、日常生活动作训练。
    - ③循序渐进：翻身—坐起—坐位平衡—从坐到站—站立平衡—移动—步行等。

四、意识障碍

1. 概述
- (1)意识是指机体对自身和周围环境的刺激所做出应答反应的能力。
- (2)意识的内容为高级神经活动，包括定向力、感知力、注意力、记忆力、思维、情感和行为等。
- (3)**意识障碍是指人对外界环境刺激缺乏反应的一种精神状态。**
- (4)任何病因引起的大脑皮质、皮质下结构、脑干网状上行激活系统等部位的损害或功能抑制，均可出现意识障碍。
- (5)临床常通过言语反应、对针刺的痛觉反应、瞳孔光反射、吞咽反射、角膜反射等来判断意识障碍程度。

2. 分类
- (1)**以觉醒度改变为主的意识障碍**：嗜睡、昏睡、浅昏迷、深昏迷。
- (2)**以意识内容改变为主的意识障碍**：意识模糊、谵妄状态。

3. 昏迷是一种最严重的意识障碍。是大脑皮质和皮质下网状结构功能高度抑制的结果

(1)特征：随意运动和感觉完全丧失，并出现病理反射活动。分为浅昏迷、深昏迷。

(2)病因
- 1)颅内病变：颅内感染如脑膜炎、脑炎、脑脓肿，颅内占位等；脑血管疾病如脑出血、脑梗死等。
- 2)全身性病变：败血症、中毒性肺炎等。
- 3)心血管疾病：高血压脑病。
- 4)内分泌与代谢障碍：有肝性脑病、尿毒症、糖尿病酮症酸中毒。
- 5)中毒性疾病：CO中毒、安眠药中毒。

★(3)区别
- **1)浅昏迷：对周围事物和声音、强光刺激无反应，仅对强痛刺激有防御反应。生理反射如吞咽、咳嗽、对光、角膜等脑干反射存在。生命体征正常。**
- 2)深昏迷：全身肌肉松弛，对各种刺激无反应，一切反射消失，呼吸不规则，血压下降，大小便失禁。

(4)护理措施
- 1)观察病情变化：生命体征、瞳孔、角膜反射、肢体等变化。
- 2)保持呼吸道通畅：平卧头侧位或侧卧位，持续吸氧。
- 3)预防压疮。
- 4)大小便护理。
- 5)口腔护理。
- 6)饮食护理。
- 7)注意安全。

第2节 急性脑血管疾病患者的护理

一、概述

1. 急性脑血管病称脑血管意外或脑卒中，又称脑中风。

2. 指脑部或颈部血管病变引起脑局灶性急性血液循环障碍，且出现相应功能损害的症状和体征。

3. 发病率、患病率、死亡率均高，是目前人类疾病的三大死亡原因之一。

★二、病因(含分类)

依据病理性质可分为以下几种
- (1)缺血性脑卒中(脑梗死)
  - **1)短暂性脑缺血发作：小中风。动脉粥样硬化为最常见病因。**
  - **2)脑血栓形成：多见。动脉粥样硬化为最常见病因。**
  - **3)脑栓塞：心脏瓣膜疾病栓子脱落为最常见病因。**
- (2)出血性脑卒中
  - **1)脑出血：多见。高血压病并发细小动脉硬化为最常见病因。**
  - **2)蛛网膜下腔出血：先天性动脉瘤破裂为最常见病因。**

三、发病机制

1. 短暂性脑缺血发作(TIA)
- 1)**微栓子学说**。动脉粥样硬化斑块及其发生溃疡时的附壁血栓凝块，形成微栓子，造成微栓塞，引起局部缺血。
- 2)**血流动力学障碍学说**。脑动脉严重狭窄或完全闭塞，平时靠侧支循环勉强维持该局部脑组织的血供，当由于某些原因使血压突然降低时，脑血流量减少，该处脑组织因侧支循环供血不足而发生一过性缺血。
- 3)**脑血管痉挛学说**。严重的原发性高血压引起脑血管痉挛，出现局部脑缺血。

2. 脑血栓形成
- **1)动脉粥样硬化导致血管狭窄及血管内膜粗糙。**
- **2)脉管炎所致血管内膜损伤、血流缓慢及血液黏稠度增加等。**
- **3)当脑血管狭窄或闭塞，导致脑供血中断。**

3. 脑栓塞
- 1)躯体其他部位的栓子随血液循环入脑所致。
- 2)栓子来源：**心源性栓子最常见。大多数是因风湿性心脏病二尖瓣狭窄并发心房颤动所致。**

4. 脑出血(ICH)
- 1)高血压并小动脉硬化时,血管壁损伤而形成小动脉瘤。
- 2)当情绪激动或用力过度时,血压骤然升高而使小动脉瘤破裂出血。
- 3)出血性疾病、脑血管畸形、脑肿瘤及颅脑外伤也可引发脑实质内出血。
- 4)脑出血后形成的血肿压迫脑组织,引起脑组织坏死、水肿、颅内压升高,严重时形成脑疝或继发脑干损害而危及生命。

5. 蛛网膜下隙出血(SAH)
- 1)软脑膜血管破裂,血液流入蛛网膜下隙者称原发性 SAH。
- 2)脑实质内出血,血液溢入脑室及蛛网膜下隙者称继发性 SAH。
- 3)**原发性 SAH 的主要原因有先天性脑动脉瘤、脑动脉硬化及出血性疾病等,常因用力过度或情绪激动,发生血管破裂所致。**

★四、临床表现

1. 短暂性脑缺血发作
- (1)**颈内动脉及椎动脉系统一过性供血不足,导致供血区的局灶性神经功能障碍,持续数 min 至 1h,不超过 24h 即完全恢复。**
- (2)**颈内动脉系统 TIA 常见症状:对侧单肢无力、轻瘫,眼动脉交叉瘫和 Horner 征交叉瘫为特征性表现。**
- (3)**椎动脉系统 TIA 常见症状:眩晕、平衡失调;跌倒发作、短暂性全面遗忘症和双眼视力障碍为特征性表现。**

2. 脑血栓形成
- (1)**多见于中老年人,部分病例病前有短暂性脑缺血发作史。**
- (2)**常在睡眠或休息状态发病,逐渐加重,经数小时或数天达高峰。**
- (3)神经系统体征决定于脑血管闭塞的部位及梗死范围。**常见为局灶性神经功能缺损的表现如失语、偏瘫、偏身感觉障碍。**
- (4)临床类型
  - 1)完全性卒中:神经功能缺失症状较重,进展迅速,6h 内病情达到高峰。
  - 2)进展性卒中:神经功能缺失症状较轻,渐进性加重,直到出现严重的功能缺失。
  - 3)可逆性缺血性神经功能缺失:神经功能缺失症状较轻,持续 3 周恢复。

3. 脑栓塞
- (1)**起病急骤,症状和体征于数秒钟或数分钟内达高峰。**
- (2)临床表现视栓塞血管的大小和部位而定,严重者起病即为癫痫样发作。
- (3)一般表现为偏瘫、单瘫、偏身麻木、失语等。可有短暂性意识障碍。
- (4)**多数患者可查出栓子来源。**

4. 脑出血
- (1)**常见于 50 岁以上,且有高血压病史者。**
- (2)部分患者病前数小时至数天可有头痛、头晕、肢体麻木等前驱症状。
- (3)**常在白天活动中或情绪激动时突然发生**(注意与脑血栓形成的区别,表 9-2)

★表 9-2 几种脑血管疾病的鉴别

	缺血性卒中		出血性卒中	
	脑血栓形成	脑栓塞	脑出血	蛛网膜下隙出血
发病年龄	中老年人	青壮年多	中老年人	青年、中年、老年
常见病因	动脉粥样硬化	风心病	高血压	动脉瘤、血管畸形、高血压动脉硬化
TIA 史	有	可有	多无	无
发病时状况	安静时	不定	活动及情绪激动时	活动及情绪激动时
发病缓急	较缓(时、日)	急骤(秒、分)	急(分、时)	急(分)
昏迷	多无	多无	多有	少
头痛	无	无	有	剧烈
呕吐	无	无	有	多见
血压	正常	正常	明显高	正常或增高
眼底	动脉硬化	可见动脉栓塞	可有视网膜出血	可有玻璃体膜下出血
偏瘫	多见	多见	多见	无
颈强直	无	无	可有	明显
脑脊液	多正常	多正常	压力高、含血	压力高、血性
CT 检查	脑内低密度灶	脑内低密度灶	脑内高密度灶	蛛网膜下隙高密度影

4. **脑出血**
- (4)临床表现主要包括全脑症状和神经定位体征
  - 1)全脑症状：系脑水肿、颅内压升高所致。突然起病，头痛剧烈，伴呕吐。重者迅速发生意识障碍，伴躁动、抽搐、血压升高、呼吸不规则，甚至呕血。若昏迷加深，血压下降，体温升高，心律失常，预示病情危重。
  - 2)神经定位体征
    - ①**内囊出血**：约占脑出血70%。出现**“三偏征”**。
    - ②**脑桥出血**：约占脑出血10%。**迅速出现昏迷、高热、收缩压显著升高，呼吸不规则，瞳孔极度缩小，四肢瘫痪。多于24h内死亡**。
    - ③**小脑出血**：约占脑出血10%。**突然枕部痛、眩晕、呕吐、步态不稳，可有眼球震颤**。如脑干受压或发生脑疝时，可出现呼吸循环骤停。
    - ④**脑室出血**：约占脑出血的3%～5%。**多在24h内死亡**。

5. **蛛网膜下隙出血**
- (1)**青壮年多见**。
- (2)**突然起病，剧烈头痛、呕吐、烦躁不安**。
- (3)一般意识障碍较轻。脑膜刺激征明显。
- (4)易复发。

五、辅助检查

1. 血液检查
- (1)脑出血急性期，外周血白细胞可增高。
- (2)脑血栓形成白细胞大致正常。
- (3)可进行血液生化、血液流变学、凝血及出血机制检查等。

2. 尿液检查：急性期可出现一过性血尿、蛋白尿、管型尿及糖尿等改变。

★3. **脑脊液检查**
- (1)**缺血性脑梗死，脑脊液通常无色透明，压力一般不增高**。
- (2)**脑出血，脑脊液多为血性，压力升高**。
- (3)**蛛网膜下腔出血，脑脊液为均匀血性，压力升高**。

★4. **CT检查：为最常用检查。**
- (1)**脑出血病后立即CT呈高密度影像**。
- (2)**脑梗死病后24h CT呈低密度影像**。

5. 电生理学检查：脑干诱发电位检查对TIA诊断有很大价值。

6. 超声、心电图等检查。

六、治疗要点

1. 急性期治疗
- (1)短暂性脑缺血发作
  - 1)治疗的目的是消除病因、减少及预防发作。
  - 2)尽可能明确病因，针对病因治疗。
  - 3)预防性药物治疗
    - ①抑制血小板凝集，减少微血栓形成。如阿司匹林，有消化性溃疡和出血性疾病者忌用，可用双嘧达莫。
    - ②改善脑循环，增进脑血流量。可选用尼莫地平、氟桂利嗪等。
    - ③如经治疗仍多次发作，可慎重采用抗凝治疗。

- 1. 急性期治疗
  - (2)脑梗死
    - 1)超早期溶栓治疗
      - ①**发病后6h内是进行溶栓的最佳时间窗。**
      - ②常用尿激酶、链激酶、组织纤维蛋白溶酶原激活剂或胰激肽酶等。
      - ③治疗期间应进行出凝血时间及纤溶系统的实验室检测。
    - 2)抗凝治疗
      - ①血小板聚集过高者可应用抗血小板聚集剂，如阿司匹林、噻氯匹定等。
      - ②高凝状态、心源性卒中、进行性卒中或逐渐加重的TIA，无严重高血压、出血倾向或肝肾疾患者，可应用肝素抗凝治疗。
      - ③监测凝血酶原时间和凝血时间，并备维生素K_1、鱼精蛋白等拮抗药。
    - 3)增加脑血流量，改善脑血液循环。如低分子右旋糖酐。**一般不用血管扩张剂，尤其是大面积脑梗死患者禁用。**
    - 4)脑保护治疗
      - ①脑细胞保护剂可抑制脑水肿和脑细胞代谢，对急性期有保护作用。
      - ②常用巴比妥酸盐、维生素E、维生素C、纳洛酮、尼莫地平、甘露醇等。
    - 5)降纤治疗
      - ①通过降解纤维蛋白原，增强纤溶系统活性，抑制血栓形成。
      - ②可选择降纤酶、巴曲酶、安克洛酶和蚓激酶等。
      - ③发病后3h内给予安克洛酶可改善患者的预后。
    - 6)其他治疗
      - ①脑细胞代谢活化剂，促进脑功能恢复。如脑复新、脑活素、胞磷胆碱等。
      - ②中草药活血化瘀，通经活络。常用红花、丹参、川芎、鸡血藤等。
  - (3)脑出血
    - ★1)一般处理
      - ①卧床休息，避免刺激。
      - ②严密监护意识、生命体征、瞳孔，以及呕吐物、粪便性状。
      - ③及时发现脑疝等并发症。
    - ★2)**控制脑水肿，降低颅内压是急性期治疗的重要环节**
      - ①**20%甘露醇溶液快速静脉滴注。注意电解质紊乱。心、肾功能不全者宜慎用。**
      - ②甘油果糖静脉滴注。
      - ③静脉注射呋塞米。注意水、电解质平衡紊乱。
      - ④地塞米松短期应用。高血压、糖尿病、溃疡病忌用。
    - ★3)控制血压
      - ①血压升高，为脑出血后颅内压增高的代偿性反应，颅压下降血压随之下降。**故脑出血急性期一般不应用降压药物降压。**
      - ②**当收缩压超过200mmHg或舒张压超过110mmHg，可适当给予作用温和的降压药物，**如硫酸镁。
      - ③急性期后血压仍持续过高可系统应用降压药。
    - 4)治疗各种并发症：如呼吸道及泌尿道感染、消化道出血、冠心病、心律失常以及水电解质酸碱平衡紊乱等。
    - 5)大脑半球出血量在**30ml**以上和小脑出血量在**10ml**以上，均可考虑开颅清除血肿。

- 1. 急性期治疗
  - (4)蛛网膜下隙出血
    - ★1)一般治疗
      - ①**急性期绝对卧床4～6周,禁忌搬动患者和做不必要的检查。**
      - ②**保持安静,避免血压及颅内压增高的诱因,如情绪激动、用力排便等。**
      - ③**若头痛剧烈,烦躁不安,可适当止痛镇静。**
    - 2)止血药物
      - ①动脉瘤破裂处形成的凝血块可自溶而致再出血,故急性期大剂量使用止血药。
      - ②常用药物:6-氨基己酸、氨甲苯酸、巴曲酶、维生素K_3等。
    - 3)防治脑血管痉挛:在起病后4h内开始,口服尼莫地平连用3周。
    - 4)降低高血压和颅内高压。
    - 5)病因治疗:如为脑动脉瘤或脑血管畸形,可争取手术根治。
- 2. 恢复期治疗
  - 1)急性脑血管病发生后即应早期进行康复治疗,一般是在生命体征稳定后即可进行,以减少和防止后遗症。
  - 2)常用物理治疗与作业治疗。同时应继续进行病因和神经康复的药物治疗。

★七、护理问题

(一)缺血性脑卒中

1. **躯体移动障碍:与神经细胞损害有关。**
2. 吞咽障碍:与肢体瘫痪和认知障碍有关。
3. 语言沟通障碍:与语言中枢功能受损有关。
4. 焦虑:与担心疾病预后等有关。
5. **有失用综合征的危险:与肢体瘫痪致长期卧床有关。**
6. 知识缺乏:缺乏疾病的相关知识。

(二)出血性脑卒中

1. **意识障碍:与脑出血、脑水肿所致大脑功能受损有关。**
2. **潜在并发症:脑疝。**
3. 潜在并发症:消化道出血。
4. 生活自理缺陷:与肢体瘫痪有关。
5. 有皮肤完整性受损的危险:与意识障碍和肢体瘫痪致长期卧床有关。
6. 有失用综合征的危险:与意识和运动障碍及长期卧床有关。

★八、护理措施

1. 一般护理:见表9-3。

表9-3 脑血管疾病的一般护理

	TIA	脑梗死	脑出血	蛛网膜下隙出血
体位	发作时卧床休息,枕头不宜过高,以15°～20°为宜	平卧位。禁用冰袋冷敷头部,以免血流减少加重病情	侧卧位防误吸,抬高床头15°～30°以减轻脑水肿,发病48h	同脑出血
饮食	低盐低脂	低盐低脂。选择软饭、半流或糊状、脓状的黏稠食物,避免粗糙、干硬、辛辣。进食后保持坐立位30～60min,防止反流	禁食24～48h,发病3d可鼻饲清淡、易消化、营养丰富的流质。注意少量多餐、温度适宜。防止损伤胃黏膜	低盐低脂

- 2. 用药护理
  - (1)溶栓抗凝
    - 1)应注意监测出凝血时间、凝血酶原时间。
    - 2)观察有无皮肤和消化道出血倾向。
    - 3)出现严重头痛、急性血压升高,应考虑颅内出血,立即停药,行CT检查。
  - (2)扩血管
    - 1)常用尼莫地平,可有头部胀痛、颜面发红、血压降低等现象。
    - 2)应监测血压变化、减慢输液滴数(<30滴/min)。
    - 3)指导患者和家属不可随意自行调节输液速度。
  - (3)改善微循环
    - 1)常用低分子右旋糖酐。可出现发热、皮疹甚至过敏性休克。
    - 2)使用前做皮试。
    - 3)密切观察不良反应。
- ★3. 脑疝护理
  - (1)**评估脑疝先兆**
    - 1)**剧烈头痛、喷射状呕吐。**
    - 2)**躁动不安。**
    - 3)**血压进行性升高、脉搏缓慢有力、呼吸不规则。**
    - 4)**双侧瞳孔不等大。**
    - 5)**意识障碍加重。**
  - ★(2)脑疝抢救
    - 1)**保持呼吸道通畅,防止舌根后坠和窒息,及时清除呼吸道分泌物。**
    - 2)**迅速给氧。**
    - 3)**建立静脉通道,快速脱水、降颅压。**
    - 4)**备好抢救器材和药物。**
- 4. 观察并处理潜在并发症、上消化道出血
  - 1)上消化道出血是急性脑血管疾病的常见并发症。
  - 2)病变导致下丘脑功能紊乱,继而引起胃肠黏膜血流量减少,胃、十二指肠黏膜出血性糜烂,点状出血和急性溃疡所致。
  - 3)安慰患者,消除紧张情绪。
  - 4)环境安静,保证患者休息。
  - 5)遵医嘱应用保护胃黏膜和止血的药物。
- 5. 康复护理
  - (1)早期康复干预
    - 1)告知患者及家属早期康复的重要性、训练内容和开始时间。
    - 2)只要不妨碍治疗,康复开展越早,功能康复可能性越大。
    - 3)有助于抑制和减轻肢体痉挛姿势的出现和发展、预防并发症、减轻伤残程度、改善生存质量。
    - 4)**缺血性卒中患者只要意识清楚,生命体征平稳,病情不再发展后48h即可进行。**
    - 5)脑出血康复可在病后10～14d开始。
    - 6)康复内容:重视患侧刺激、良肢位摆放、体位变换等,其中**患侧刺激和良肢位摆放可在发病后即可进行。**
  - (2)恢复期康复训练:主要包括转移动作、坐位、站位、步行、平衡等日常生活活动训练。
  - (3)综合康复治疗:包括针灸、理疗、按摩等促进运动功能的恢复。

九、健康教育

- 1. 疾病知识和康复指导
  - (1)指导患者和家属了解疾病病因、主要危险因素和危害。
  - (2)尽早开展康复锻炼。
- 2. 饮食指导。高蛋白、低盐低脂、低热量清淡饮食,多新鲜蔬菜水果、谷类、鱼类、豆类。戒除烟酒。

3. 日常生活指导
- (1)适当运动。
- (2)变换体位时动作宜缓慢。
- (3)平时外出有人陪伴,防跌倒。
- (4)气候变化时注意保暖,防止感冒。

4. 预防复发
- (1)正确降压、降脂、降糖。
- (2)定期监测血压、血脂、血糖和心脏功能。
- (3)出现头晕、头痛、肢体麻木、吐词不清,及时就诊。

第3节 癫痫患者的护理

★一、概述

1. **癫痫是慢性反复发作性短暂脑功能失调综合征。**
2. **以脑神经元异常放电引起反复痫性发作为特征。**
3. **是发作性意识丧失的常见原因。**

★二、病因分类

(1)**特发性癫痫(原发性癫痫)**
- 1)**脑部无可以解释症状的结构变化或代谢异常。**
- 2)**与遗传有密切关系。**
- 3)**多数在儿童或青年期首次发病。**

(2)症状性癫痫
- 1)**占癫痫的大多数,各个年龄均可发病。**
- 2)**由脑部器质性病变和代谢性疾病引起。**
- 3)其他:染色体异常、先天性畸形、围生期损伤、颅脑外伤、中枢神经系统感染等。

三、发病机制

1. **脑内最重要的兴奋性递质谷氨酸和天门冬氨酸增加。**
2. **兴奋过程过盛、抑制过程衰减。**
3. **大脑神经元异常、过度的同步放电。**
4. **影响癫痫发作的因素**
   - (1)年龄:60%~80%癫痫首次发作在20岁以前。
   - (2)遗传:癫痫患者近亲发病率高于普通人群。
   - (3)睡眠:全面性强直-阵挛发作常在晨醒时,婴儿痉挛症多在醒后或睡前。
   - (4)内环境改变:内分泌改变、电解质失调、代谢改变等可诱发发作。

四、临床表现

1. **痫性发作是癫痫的特征性临床表现。**
2. 由于放电起源或累及不同脑区神经元,临床表现多样。
3. 癫痫发作分类
   - (1)部分性发作
     - 1)单纯部分性发作(局灶性发作)。
     - 2)复杂部分性发作(精神运动性发作)。
   - (2)全面性发作
     - ★1)**全面性强直-阵挛发作(大发作),最常见的发作类型**
       - ①**以意识丧失和全身抽搐为特征。**
       - ②**分为三期:强直期、阵挛期和痉挛后期。**
       - ③**癫痫持续状态:发作持续30min以上,或连续多次发作。**属内科急症。
     - 2)**失神发作(小发作):发作和终止突然,持续3~15s,一般不会跌倒。**

五、辅助检查

1. **脑电图检查出现棘波、尖波、棘-慢波等病理波对诊断有重要价值。**
2. 视频脑电图对癫痫诊断和痫性病灶定位帮助最大。
3. DSA检查可发现颅内血管畸形和动脉瘤、血管狭窄或闭塞，颅内占位等。

六、治疗要点

★1. **发作时治疗**
- **(1)立即就地平卧，保持呼吸道通畅，及时吸氧。**
- **(2)防止受伤、骨折和脱位。**
- **(3)为预防再发作，选用地西泮、苯妥英钠和苯巴比妥等。**

★2. **发作间歇期治疗**
- (1)**确定是否用药**：偶然发病或首次发病未查清病因前不宜用药。
- (2)**正确选择药物**：根据癫痫类型、患者的反应、耐受性等合理选药。
- (3)**尽量单药治疗**：一种药物达到最大有效血药浓度而仍不能控制发作者再加用第二种药。
- (4)**坚持长期规律服药**：部分患者终生服药，不能自行停药。

★3. 癫痫持续状态的处理(配合医师做好如下工作)
- **(1)迅速控制发作；首选地西泮10～20mg缓慢静脉注射。**
- **(2)保持呼吸道通畅：平卧、头偏向一侧。**
- (3)立即采取维持生命功能的措施
  - 1)纠正脑缺氧、防治脑水肿、保护脑组织。
  - 2)高流量吸氧。
  - 3)监测呼吸、血压、ECG及电解质变化。
- (4)防治并发症
  - 1)做好安全防护，预防受伤。
  - 2)高热时物理降温。
  - 3)及时纠正酸碱、电解质失衡。
  - 4)发生脑水肿时及时脱水。
  - 5)注意预防和控制感染。

七、护理诊断

1. 有窒息的危险：与癫痫发作时意识丧失、喉头痉挛、口腔和支气管分泌物增多有关。
2. 有受伤的危险：与癫痫发作时意识丧失或精神失常、判断障碍有关。
3. 知识缺乏：缺乏长期正确服药的知识。

八、护理措施

1. 一般护理
- (1)保持环境安静，避免过度疲劳、便秘、睡眠不足、情感冲动等刺激。
- (2)适当参加体力和脑力活动，劳逸结合，做力所能及的工作。
- (3)出现先兆即刻卧床休息。
- (4)清淡饮食，避免过饱。
- (5)戒除烟酒。

★2. 发作时护理
- (1)防止外伤
  - 1)**发作时，首先采取保护性措施，防止意外发生，而不是先给药。**
  - 2)防止跌倒和摔伤，迅速使患者就地躺下。
  - 3)防舌咬伤。
  - 4)勿用力按压抽搐的肢体，以免造成骨折和脱位。
  - 5)抽搐停止前及癫痫持续状态时需专人床边守护，加用床档或约束带。

★2. 发作时护理
- ★(2)防止窒息
  - 1)平卧，头偏向一侧。
  - 2)松开领带、衣扣和裤带。
  - 3)**取下活动性义齿，及时清除口鼻分泌物。**
  - 4)**放置压舌板，必要时用舌钳将舌拉出，以防咬伤舌及舌后坠阻塞呼吸道。**
  - 5)癫痫持续状态者插胃管鼻饲，防止误吸。
  - 6)**必要时备好床旁吸引器及气管切开包。**

3. 发作间歇期护理
- (1)安全护理
  - 1)创造安全、安静的休养环境。
  - 2)安装床档。
  - 3)床旁不能放置热水瓶、玻璃杯等危险物品。
  - 4)提醒患者及家人，谨防跌倒，防舌咬伤。
  - 5)**频繁发作期，外出或就诊时最好佩戴安全帽和随身携带安全卡。**
- (2)用药护理
  - 1)**有效的抗癫痫药物治疗可使80%患者发作得到控制。**
  - 2)**严格遵医嘱用药，间断不规则服药易导致癫痫持续状态发生。**
  - 3)**抗癫痫药一般为碱性，宜在饭后服用，可减轻胃肠反应。**
  - 4)每种抗癫痫药物均有多项不良反应，且与剂量相关
    - ①卡马西平：皮疹，肝损伤。
    - ②苯妥英钠：神经系统损伤。
    - ③苯巴比妥：智能、行为改变。
  - 5)服药期间定期做血药浓度监测及肝肾功能检查。
  - 6)注意停药时机与方法
    - ①通过正规系统治疗，40%患者可完全停药。
    - ②**能否停药、何时停药，要根据癫痫类型、病因、发作程度等。**
    - ③在医生指导下服药和停药。
    - ④**全面性强直-阵挛发作完全控制4～5年后可考虑停药。**
    - ⑤**失神发作停止半年后可考虑停药。**
    - ⑥**停药前应有一个缓慢减量过程，一般不少于1～1.5年。**

九、健康教育

1. 一般护理原则
   - (1)心理调适：平衡心态、树立信心。
   - (2)饮食调理：清淡、无刺激，戒除烟酒。
2. 活动与休息
   - (1)发作时和发作后均应卧床休息。
   - (2)平时保证充足的睡眠。
   - (3)减少精神和感觉刺激，避免过度劳累。
3. 避免促发因素。
4. 治疗配合
   - (1)遵医嘱服药。
   - (2)定期复查。
5. 工作与婚育指导
   - (1)禁止从事发作时危及生命的工作。
   - (2)**特发性癫痫有家族史的女患者，婚后不宜生育。**
   - (3)**双方均有癫痫或一方患癫痫、另一方有家族史，不宜婚配。**

第4节　三叉神经痛患者的护理

一、概述

三叉神经痛(trigeminal neuralgia)是三叉神经分布区短暂的反复发作性剧痛。

二、病因

特发性病因不明。

三、发病机制

可能是三叉神经脱髓鞘产生异位冲动或伪突触传递所致。

四、临床表现

1. 多见于中老年人，40岁以上起病占70%～80%，女性较多，疼痛局限于三叉神经某一分支，尤以第2、3支多见，可同时累及两支，多为一侧发作。

2. 表现为历时短暂的**电击样**、刀割样或撕裂样剧痛，每次数秒至1～2min。疼痛以面颊部、上下颌及舌部最明显；口角、鼻翼、颊部和舌等处最敏感，轻触即可诱发，称为“扳机点”。

3. 严重者洗脸、刷牙、说话、咀嚼都可诱发。

4. 神经系统检查多无阳性体征。

五、治疗要点

迅速有效的**止痛**是治疗本病的关键。

1. 药物治疗：**卡马西平为三叉神经痛的首选药物**，开始剂量为0.1g，口服，3次/日；疼痛停止后逐渐减量，最小有效维持量一般为0.6～0.8 g/d。其次可选用苯妥英钠、氯硝西泮、巴氯芬等。

2. 封闭治疗：服药无效者可行三叉神经纯乙醇封闭治疗。

3. **无效时可考虑三叉神经感觉根部分切断术，止痛效果为目前首选。**

六、护理诊断

疼痛：面颊、上下颌及舌疼痛：与三叉神经受损害有关。

七、护理措施

1. 一般护理：保持室内光线柔和，周围环境安静、安全，避免患者因周围环境刺激而产生焦虑，加重疼痛；饮食宜清淡，保证机体营养，避免粗糙、干硬、辛辣食物，严重者予以流质饮食。

2. 疼痛护理：尽可能减少刺激因素如洗脸、刷牙、刮胡子、咀嚼等，以防止疼痛发作；生活有规律，保证充分的休息，鼓励患者参加一些娱乐活动如看电视、杂志，听音乐、跳交谊舞等，以减轻疼痛和消除紧张情绪。

3. 用药护理：按时服药，并将药物副作用向患者说明。如卡马西平可致眩晕、嗜睡、恶心、步态不稳，多在数日后消失；偶有皮疹、白细胞减少，需停药。

八、健康指导

1. 帮助患者及家属掌握本病有关治疗和训练方法。如洗脸、刷牙时动作轻柔，进软食，禁食较硬的食物，以免诱发疼痛。

2. 遵医嘱合理用药，学会识别药物不良反应；不要随便更换药物或停药。

3. 服用卡马西平期间不要独自外出，不能开车或高空作业，避免受伤；每周检查一次血象。

第5节　急性脱髓鞘性多发性神经炎患者的护理

一、概述

急性炎症性脱髓鞘型多发性神经病又称吉兰-巴雷综合征（Guillain-Barre syndrome，GBS），是**可能与感染有关和免疫抑制参与的急性（或亚急性）特发性多发性神经病。**

二、病因

病因不清，多数认为属神经系统的一种迟发性的过敏性自身免疫性疾病。可发生于感染性疾病、疫苗接种或外科处理后，也可无明显诱因。**与先期空肠弯曲菌感染有关**，还可能与巨细胞病毒、EB病毒、肺炎支原体、乙型肝炎病毒和人类免疫缺陷病毒等感染有关。

三、发病机制

分子模拟机制认为，GBS发病是由于病原体某些组分与周围神经组分相似，**机体免疫系统发生错误的识别，产生自身免疫性T细胞和自身抗体**，产生针对周围神经组分的免疫应答，引起周围神经脱髓鞘。

四、临床表现

1. **以儿童和青壮年多见。病前1～4周多有上呼吸道、消化道感染症状或疫苗接种史。**

2. 运动障碍：急性或亚急性起病，**首发症状为四肢对称性弛缓性瘫痪，通常自双下肢开始，多于数日至2周达到高峰。**病情危重者在1～2d内迅速加重，出现四肢完全性瘫、呼吸肌和吞咽肌麻痹，危及生命。

3. **感觉障碍：比运动障碍轻**，表现为肢体远端感觉异常和(或)手套袜子型感觉缺失。

4. **脑神经损害：以双侧面瘫多见。**

5. **自主神经损害：以心脏损害最常见、最严重，可引起突然死亡。**

五、辅助检查

典型的脑脊液改变为起病1周后蛋白质含量明显增高而细胞数正常，称蛋白-细胞分离现象，为本病特征性表现。

六、治疗要点

1. **病因治疗：血浆交换(PE)及免疫球蛋白静脉滴注(IVIG)是一线治疗**，可消除外周血免疫活性细胞、细胞因子和抗体等，减轻神经损害。

2. 辅助呼吸：呼吸肌麻痹是GBS的主要危险，呼吸肌麻痹的抢救是增加本病的治愈率、降低病死率的关键。因此，密切观察呼吸情况，对有呼吸困难者及时行气管切开及插管，使用呼吸机进行人工辅助呼吸。

3. 对症治疗：重症患者需心电监护，不能吞咽者尽早鼻饲，尿潴留者留置导尿，应用抗生素预防感染。

4. 康复治疗。

七、护理诊断

1. 低效性呼吸型态：与呼吸肌麻痹有关。

2. **躯体移动障碍：与四肢肌肉进行性瘫痪有关。**

3. 吞咽困难：与脑神经受损致延髓麻痹、咀嚼肌无力等因素有关。

八、护理措施

1. 一般护理：**病室环境清洁，护士严格执行无菌操作，避免交叉感染**；急性期卧床休息，重症患者应在重症监护病房治疗；给予**高蛋白、高维生素、高热量且易消化的食物**，保证机体足够的营养，**吞咽困难者予以鼻饲流质饮食，进食时和进食后30min应抬高床头，防止窒息。**

2. 病情观察：**密切观察患者的生命体征，尤其是呼吸的变化**，如有缺氧症状如呼吸困难、烦躁、出汗、指(趾)甲及口唇发绀，肺活量降至1L以下或动脉氧分压低于70mmHg时宜及早使用呼吸机。

3. 运动障碍的护理：定时翻身、按摩、被动和主动运动，**保持瘫痪肢体功能位**；咽肌瘫痪者应选择适合患者吞咽且营养丰富的食物，**发现误吸立即急救。**

4. 药物护理：按医嘱正确给药，注意药物的作用、不良反应。**某些安眠、镇静药可产生呼吸抑制，告知患者不能轻易使用**，以免掩盖或加重病情。

5. 心理护理。

九、健康指导

病愈后仍应坚持适当的运动，增强机体抵抗力，避免受凉及感冒；给予高热量饮食，保证足够的营养；肢体锻炼应持之以恒，防止肌肉失用性萎缩；患者出院后要按时服药，并注意药物副作用。

第6节　帕金森病患者的护理

一、概述

帕金森病(PD)又称震颤麻痹，是中老年人常见的神经系统变性疾病，以静脉性震颤、运动迟缓、肌强直和姿势步态异常等为主要临床特征。

二、病因

病因未明。目前认为非单因素引起，可能为多因素共同参与所致。一般认为与下列因素有关。

1. **遗传：约10%的PD患者有家族史。**

2. 环境因素：长期接触杀虫剂、除草剂或某些工业化学品等都可能是PD发病的危险因素。

3. 年龄老化：PD主要发生于中老年人，提示老龄与发病有关。研究发现自30岁以后，黑质DA能神经元、酪氨酸羟化酶活力、纹状体DA递质水平随年龄增长逐渐减少。**年龄老化只是PD发病的促发因素。**

三、发病机制

主要是含色素神经元变性丢失，黑质-纹状体DA通路变性，纹状体DA含量显著降低(＞80%)，造成乙酰胆碱系统功能相对亢进，是导致肌张力增高、动作减少等运动症状的生化基础。

四、临床表现

多数患者为60岁以后发病。起病隐匿，缓慢进展。初发症状以震颤最多，其次为步行障碍、肌强直和运动迟缓。症状常自一侧上肢开始，逐渐波及同侧下肢、对侧上肢及下肢，常呈"N"字形进展。

1. **静止性震颤：常为首发症状**，多由一侧上肢远端开始，手指呈节律性伸展和拇指对掌运动，如同**"搓丸样"**动作。静止时震颤明显，精神紧张时加重，随意动作时减轻，入睡后消失。

2. **肌强直**：肌强直表现屈肌与伸肌张力同时增高，关节被动运动时始终保持阻力增高，称为**"铅管样强直"**；如肌强直与伴随的震颤叠加，检查时可感觉在均匀阻力中出现断续停顿，称为**"齿轮样强直"**。

3. **运动迟缓**：患者随意动作减少、主动运动减慢；面部表情呆板，常双眼凝视，瞬目少，笑容出现和消失减慢，如同**"面具脸"**。由于肌张力增高，姿势反射障碍使起床、翻身、步行、变换方向等运动缓慢；手指精细动作如系纽扣或鞋带困难；书写时越写越小，呈现**"写字过小症"**。

4. **姿势步态异常**：由于四肢、躯干和颈部肌强直，使患者站立时呈特殊屈曲体态，头前倾，躯干俯屈，肘关节屈曲，腕关节伸直，前臂内收，髋和膝关节略弯曲。行走时步距缩短，常见碎步、往前冲，愈走愈快，不能立刻停步，称为**"慌张步态"**。

五、治疗要点

1. 抗胆碱能药物：可以**协助维持纹状体的递质平衡，对震颤和强直有部分改善**。常用药物有苯海索，1～2mg口服，3次/日。

2. **金刚烷胺：促进神经末梢释放DA，并阻止其再吸收**，从而使症状减轻。

3. **左旋多巴：是治疗PD最有效的药物**。替代疗法可以**补充脑部DA**的缺乏。

4. DA受体激动剂：常用药物有培高利特。

六、护理诊断

1. **躯体移动运动障碍:与黑质病变、锥体外系功能障碍所致震颤、肌强直、体位不稳、随意运动减弱有关。**

2. **自尊紊乱:与震颤、流涎、面肌强直等身体形象改变有关。**

3. 营养失调:低于体积需要量:与吞咽困难有关。

4. 生活自理缺陷:与震颤、肌强直、运动减少有关。

七、护理措施

1. 一般护理:给予**高热量、高维生素、低盐、低脂、低胆固醇、适量优质蛋白(高蛋白饮食摄入可降低左旋多巴的疗效)的易消化饮食**。给患者足够的时间去完成日常活动(说话、写字、吃饭);**移开环境中障碍物,指导并协助患者移动,克服胆怯心理;行走时起动和终止应给予协助,防止跌倒。**

2. 康复训练:加强肢体运动锻炼,目的在于防止和推迟关节强直与肢体挛缩。鼓励患者进行面肌训练,如鼓腮、撅嘴、示齿、伸舌、吹吸等训练,以改善面部表情和吞咽困难现象,协调发音,保持呼吸平稳顺畅。

3. 用药护理:观察药效及不良反应

(1)抗胆碱能药物:口干,唾液、汗液分泌减少,肠鸣音减弱,排尿困难,瞳孔调节功能不良等。**青光眼及前列腺肥大者禁用。**

(2)金刚烷胺:口渴、失眠、头晕、食欲缺乏等。**严重肾病者禁用。**

(3)左旋多巴:恶心、呕吐、直立性低血压、幻觉、妄想等,长期服用会出**现运动障碍和症状波动等长期治疗综合征。运动障碍亦称"异动症"**,是舞蹈样或异常不随意运动。**症状波动包括"开-关现象"和"剂末恶化"**两种。

(4)多巴胺受体激动剂:剂量过大时,可有错觉和幻觉等精神症状及直立性低血压,有精神病史患者禁用。**一般从小剂量开始,逐步增加剂量。**

4. 心理护理。

八、健康指导

保持健康心态和规律的生活,均衡饮食,积极预防便秘;不要独自外出,防跌倒、摔伤;经常活动躯体的各个关节,防止强直与僵硬,在家属陪同下适当地进行运动锻炼;在医师指导下根据病情选用药物,按时服药,在服左旋多巴时定时测量血压。

第7节 化脓性脑膜炎患者的护理

一、概述

化脓性脑膜炎(简称化脑),是一组病情严重,**可由多种细菌引起的蛛网膜、软脑膜的化脓性炎症**。流行性脑脊髓膜炎是由脑膜炎双球菌引起的具有传染性的特殊的化脑类型,不在本节叙述。

二、病因

除脑膜炎双球菌外,引起化脑的病原菌较常见的有**流感杆菌、肺炎球菌、金黄色葡萄球菌、链球菌**等。各种细菌性脑膜炎的相对发病率与年龄密切相关。**新生儿以金黄色葡萄球菌、大肠杆菌、B组溶血性链球菌多见;小儿及5岁以下儿童以流感杆菌多见,成人则以肺炎链球菌多见。**

三、发病机制

机体抵抗力低时,病菌侵入人体形成菌血症,细菌经血液循环进入颅内引起脑膜炎,感染途径包括以下几方面。

1. **血行感染**:由菌血症或败血症经血循环到达脑膜。**是最常见的途径。**

2. 直接经上呼吸道侵入。

3. 邻近病灶直接侵入。

4. 颅内病灶直接蔓延。

5. 医源性感染：神经外科手术时导入。

四、临床表现

1. 暴发性或急性起病。

2. 发热，畏寒、剧烈头痛、呕吐等。视盘水肿少见。

3. 脑膜刺激症状，颈项强直、凯尔尼格征、布鲁津斯基征阳性等。

4. 侵犯脑实质时，可出现脑实质损害症状、如意识障碍、精神症状、抽搐及偏瘫等。

5. 脑膜炎双球菌脑膜炎菌血症时可出现皮疹，始为红色斑丘疹，后转为皮疹瘀斑。流感杆菌脑膜炎皮疹极少见，可与脑膜炎双球菌脑膜炎鉴别。

五、辅助检查

1. 白细胞总数及中性粒细胞均升高。

2. **脑脊液检查：压力增高，外观浑浊或呈脓性；白细胞总数增高，中性粒细胞为主，蛋白明显增加，糖明显减低，氯化物减低**，细菌涂片或细菌培养阳性。

六、治疗原则

针对病原菌选取足量敏感抗生素，同时加强支持和对症治疗。必要时可加用肾上腺皮质激素，有减轻毒血症和脑水肿的作用。

1. **肺炎球菌脑膜炎，首选青霉素G。**

2. **流感杆菌脑膜炎，选择氨苄西林，氯霉素。**

3. **大肠杆菌脑膜炎，推荐头孢噻肟钠、头孢曲松。**

4. **金黄色葡萄球菌脑膜炎，首选青霉素G。耐药者可选苯唑西林。**

5. 原因未明的新生儿脑膜炎，选用氨苄西林，联合庆大霉素。待明确药敏结果后进行调整。

七、护理诊断

1. 体温过高：与细菌感染有关。

2. 营养失调：低于机体需要量：与摄入不足、机体消耗增多有关。

3. **有受伤的危险：与惊厥有关。**

八、护理措施

1. 绝对卧床休息，床头抬高15°～30°，提供安静舒适的环境。

2. 头偏向一侧，去枕平卧，遵医嘱使用快速脱水剂。

3. 协助生活护理，做好皮肤护理。

4. 密切观察神志意识，生命体征、瞳孔、表情、姿势等变化。

5. 用药护理。

第8节　病毒性脑膜脑炎患者的护理

一、病因

病毒性脑膜炎(virus meningitis)是由多种不同病毒引起的中枢神经系统感染性疾病，又称无菌性脑膜炎或浆液性脑膜炎。**本病2/3以上病例可确认为某种病毒引起**，多为细小核糖核酸病毒，如**埃可病毒、柯萨奇病毒、流行性腮腺炎病毒、淋巴细胞脉络膜脑膜炎病毒**，少见的有肝炎病毒、脊髓灰质炎病毒等。另外，单纯疱疹病毒Ⅰ型、Ⅱ型、腺病毒、水痘-带状疱疹病毒除引起脑实质炎症外，也可仅累及脑膜。

二、临床表现

临床表现类同，主要侵袭脑膜而出现脑膜刺激征，脑脊液中有以淋巴细胞为主的白细胞增多。病程呈良性，多在2周以内，一般不超过3周，有自限性，预后较好，多无并发症。病毒侵犯脑膜同时若亦侵犯脑实质则形成脑膜脑炎。一般来说，病毒性脑炎的临床经过较脑膜炎严重，重症脑炎更容易发生急性期死亡或后遗症。

1. **病毒性脑膜炎：由柯萨奇病毒或埃可病毒所致的病毒性脑膜炎**，临床表现相似。婴幼儿、儿童及成人均可患病。急性起病，或先有上感或前驱传染性疾病。主要表现为**发热、恶心、呕吐、软弱、嗜睡。年长儿会诉头痛，婴儿则烦躁不安，易激惹。一般很少有严重意识障碍和惊厥。可有颈项强直等脑膜刺激征**，但无局限性神经系统体征。病程大多在1～2周。

2. **病毒性脑炎**：起病急，但临床表现因主要病理改变在脑实质的部位、范围和严重程度而有不同。病毒性脑炎病程大多2～3周

(1)大多数患儿在**弥漫性大脑病变**基础上主要表现为**发热、反复惊厥发作、不同程度意识障碍和颅压增高症状**。患儿可有嗜睡、昏睡、昏迷、深度昏迷，甚至去皮质状态等不同程度意识改变。**若出现呼吸节律不规则或瞳孔不等大，要考虑颅内高压并发脑疝可能性。**

(2)病变主要累及**额叶皮质运动区**，临床则以**反复惊厥发作为主要表现**，伴或不伴发热。可出现**痫性发作持续状态**。

(3)病变主要累及**额叶底部、颞叶边缘系统**，主要表现则为**精神情绪异常，如躁狂、幻觉、失语以及定向力、计算力与记忆力障碍等**。伴发热或无热。多种病毒可引起此类表现，但由**单纯疱疹病毒**引起者最严重，**病死率高**。

三、辅助检查

1. 周围白细胞计数正常或轻度升高。

2. **脑脊液检查(注意与化脑鉴别)：外观无色透明，压力稍高**，细胞数一般在$(0.05 \sim 0.5) \times 10^9$ / L，**以淋巴细胞为主，蛋白正常或轻度增加，糖及氯化物正常**。涂片和培养无细菌发现。

3. 血清学检查：部分患儿脑脊液病毒培养及特异性抗体测试阳性。恢复期血清特异性抗体滴度高于急性期4倍以上有诊断价值。

4. 脑电图：以弥漫性或局限性异常慢波背景活动为特征。慢波背景活动只能提示异常脑功能，不能证实病毒感染性质。

四、治疗原则

1. 病因治疗：阿昔洛韦连用10～14d，静脉滴注给药。主要对单纯疱疹病毒作用最强。病毒性脑膜炎由柯萨奇病毒或埃可病毒所致者，一般采用激素地塞米松(氟美松)静脉滴注以控制炎性反应。

2. 对症治疗
(1)维持水、电解质平衡与合理营养供给，对营养状况不良者给予静脉营养剂或白蛋白。
(2)控制脑水肿和颅压内高压。
(3)控制惊厥发作及严重精神行为异常。

五、护理诊断

1. 体温过高：与病毒感染有关。
2. 营养失调：低于机体需要量：与摄入不足、机体消耗增多有关。
3. 有受伤的危险：与惊厥有关。
4. **潜在并发症：脑疝。**

六、护理措施

1. 保持呼吸道通畅。
2. 高热护理。
3. 饮食指导:饮食宜清淡、易消化。
4. 病情观察:观察生命体征,特别是神志状态、瞳孔大小、呼吸节律,防止脑疝的发生。
5. 瘫痪的护理
   - (1)瘫痪的肢体处于**功能位置**。
   - (2)及早对患儿肢体肌肉进行按摩及做伸缩运动。
   - (3)恢复期患儿,鼓励并协助患儿进行肢体主动功能锻炼。
   - (4)活动时要循环渐进、注意安全、防止碰伤。
6. 昏迷的护理
   - (1)平卧位,头偏向一侧。
   - (2)抬高床头30°,利于静脉回流,降低脑静脉窦压力,利于降低颅内压。
   - (3)每2h翻身1次,拍背促痰排出,减少坠积性肺炎,动作宜轻柔。
   - (4)密切观察瞳孔及呼吸,防止因移动体位致脑疝形成和呼吸骤停。
   - (5)尽早给予鼻饲,保证热量供应;做好口腔护理。
   - (6)保持镇静,因任何躁动不安均能加重脑缺氧,可使用镇静剂。

模拟试题栏——识破命题思路,提升应试能力

一、专业实务

A_1型题

1. 脑梗死的病因中,最重要的是
   A. 动脉硬化
   B. 高血压
   C. 动脉壁炎症
   D. 真性红细胞增多症
   E. 血液高凝状态
2. 脑出血最好发的部位是
   A. 脑叶　B. 小脑
   C. 脑室　D. 脑桥
   E. 基底核区
3. 瘫痪患者最常见的并发症是
   A. 肺部感染　B. 尿路感染
   C. 便秘　D. 压疮
   E. 营养失调
4. 症状性癫痫的定义是指
   A. 临床上不能分类的癫痫
   B. 从婴儿起始的癫痫
   C. 抗癫痫药物无法控制的癫痫
   D. 脑部无病损或代谢异常的癫痫
   E. 脑部有病损或代谢异常的癫痫
5. 感觉障碍的刺激性症状不包括
   A. 感觉过敏　B. 感觉过度
   C. 感觉异常　D. 感觉倒错
   E. 感觉减退
6. 关于三叉神经痛的描述,哪项正确
   A. 多发于青少年
   B. 三叉神经分布区内反复发作的阵发性剧痛
   C. 发作前多有预兆
   D. 首选神经阻滞治疗
   E. 多数患者神经系统检查有阳性体征
7. 急性脱髓鞘性多发性神经炎多与下述哪种病原微生物的感染有关
   A. 空肠弯曲杆菌
   B. 大肠杆菌
   C. 伤寒杆菌
   D. 痢疾杆菌
   E. 溶血性链球菌
8. 帕金森病的典型临床表现**不包括**
   A. 静止性震颤　B. 肌强直
   C. 运动迟缓　D. 姿势步态异常
   E. 瘫痪
9. 对运动障碍患者的安全护理你认为**不正确**的是
   A. 床铺要有保护性床档
   B. 走廊、厕所要装扶手
   C. 常使用的物品应置于患者伸手可及处,如茶杯和热水瓶

D. 步态不稳或步态不稳者，需有人陪伴

E. 清除活动范围的障碍物

10. 随意运动消失，对声、光等刺激毫无反应，但强刺激时有痛苦表情，称为

A. 嗜睡　　B. 昏睡

C. 意识模糊　　D. 浅昏迷

E. 深昏迷

A_2 型题

11. 患者，男性，66 岁。有高血压病史 8 年。急起口齿不清，口角歪斜，左侧肢体活动障碍 3d。目前最合适的检查是

A. 脑血管造影

B. 脑电图

C. 超声波

D. 腰椎穿刺脑脊液检查

E. 头部 CT

解析：患者有高血压病史，根据目前的症状应高度怀疑急性脑血管疾病，CT 能协助早期诊断。

12. 患者，女性，39 岁。既往有风湿性心脏病病史 10 年余。夜间睡眠中突起口角歪斜，口齿不清，左上肢无力 2d 入院。考虑医疗诊断为

A. 脑出血

B. 脑血栓形成

C. 蛛网膜下隙出血

D. 脑栓塞

E. TIA

13. 患者，男性，65 岁。2h 前因"脑出血"入院。目前患者对各种刺激均无反应，各种反射消失。对患者的意识状态的判断应该是

A. 嗜睡　　B. 昏睡

C. 意识模糊　　D. 浅昏迷

E. 深昏迷

14. 患者，女性，18 岁。在旅行途中遭遇车祸，导致脊髓横贯性损害。可能属于哪类瘫痪

A. 局限性瘫痪　　B. 交叉性瘫痪

C. 截瘫　　D. 四肢瘫痪

E. 单瘫

15. 患者，男性，55 岁，高血压病史 20 年。因公司会议上情绪激动，突然出现倒地，不能言语。即送医院行颅脑 CT 检查，示"基底核区出血"。可能出现的瘫痪类型为

A. 局限性瘫痪　　B. 交叉性瘫痪

C. 截瘫　　D. 四肢瘫痪

E. 偏瘫

16. 患者，女性，48 岁。左侧下颌部阵发性抽搐剧痛 3d，不能吃饭。查体：双额纹对等，闭目有力，面部感觉对称存在。诊断为三叉神经痛，建议首选

A. 苯妥英钠　　B. 扑米酮

C. 哌替啶　　D. 卡马西平

E. 阿司匹林

17. 患者，男性，70 岁。诊断为吉兰-巴雷综合征。四肢远端可能出现的典型临床表现为

A. 感觉障碍比运动障碍明显

B. 感觉和运动障碍均十分严重

C. 仅有感觉障碍

D. 疼痛明显

E. 感觉障碍比运动障碍轻

18. 患者，男性，58 岁。脑出血。现患者处于持续睡眠状态，但能被语言或轻度刺激唤醒，刺激去除后又很快入睡。此时患者的意识状态为

A. 嗜睡　　B. 昏睡

C. 意识模糊　　D. 昏迷

E. 谵妄

19. 患者，女性，58 岁。偏头痛病史 20 余年，下述护理措施能缓解患者头痛，哪项除外

A. 环境安静，光线柔和

B. 缓慢深呼吸

C. 指压止痛

D. 听音乐

E. 绝对卧床休息

20. 患者，男性，65 岁，患者今晨突发左侧肢体无力伴语言障碍入院，体检发现患者左侧肢体能够在床面上移动，但是不能抬起。目前患者左侧肢体肌力是

A. 0 级　　B. Ⅰ级

C. Ⅱ级　　D. Ⅲ级

E. Ⅳ级

21. 患者，男性，45 岁，晨起发现鼻唇沟偏移，右侧肢体无力，不能抬起，到当地医院诊断为脑血栓形成。请问该患者发病后多久可以进行功能训练，以尽量恢复肢体功能

A. 12h　　B. 24h

C. 48h　　D. 5d

E. 10d

22. 患者，男性，50 岁，与家人争执后突然出现头痛，

继之出现意识不清，右侧肢体瘫痪，家人送往医院，诊断为脑出血，经抢救后患者病情渐稳定，请问该患者病后多久进行功能训练，以促进肢体功能恢复

A. 24h　　B. 48h
C. 5d　　D. 7d
E. 14d

23. 患者，男性，30岁，因频繁呕吐，头痛1d前入院。今晨头痛加重，突然意识不清，呼吸节律不规则，双侧瞳孔不等大，考虑该患者发生了

A. 癔症　　B. 蛛网膜下隙出血
C. 脑疝形成　　D. 高血压危象
E. 脑血栓形成

24. 患者，男性，50岁，脑血栓形成。瘫痪3年，为预防压疮，应采取

A. 睡木制硬床
B. 每周一次物理治疗
C. 每日更换衣物和被褥
D. 局部置热水袋促进血液循环
E. 定期更换体位与局部按摩

25. 患者，男性，48岁。因脑出血入院治疗，遵医嘱给予20%甘露醇溶液250ml脱水降颅压。使用甘露醇时应注意

A. 慢　　B. 极慢
C. 一般速度　　D. 快速滴注
E. 按血压高等调节滴注速度

26. 患者，女性，48岁。10年来阵发性右侧面部剧烈疼痛，每次持续10～20s，每日发作数十次，常因说话、进食、刷牙而诱发，不敢洗脸、说话或吃饭。最可能的诊断是

A. 偏头痛　　B. 面神经炎
C. 三叉神经痛　　D. 丛集性头痛
E. 混合性头痛

27. 患者，女性，25岁，咽痛、咳嗽、发热38.6℃，3d后好转。2周后出现四肢末端麻木、无力，逐渐加重，3周后四肢完全性下运动神经元瘫，呼吸困难，双眼闭不严，面无表情，不能吞咽，构音障碍。首先应想到的诊断是

A. 脑炎
B. 急性脊髓炎
C. 吉兰-巴雷综合征
D. 周期性瘫痪
E. 急性脊髓灰质炎

28. 患者，女性，14岁，因吉兰-巴雷综合征入院治疗，现在患者出现痰多、发绀和呼吸肌麻痹时，应及早

A. 注射呼吸中枢兴奋剂
B. 吸痰
C. 吸氧
D. 气管切开
E. 使用支气管扩张气雾剂

29. 患者，女性，60岁，高血压史10年，清晨洗脸、漱口时发现右口角流口水，右眼闭合不全，口角偏左，右额纹消失伴右耳疼痛。下述哪项护理措施是错误的

A. 进食清淡饮食，避免粗糙、干硬、辛辣食物
B. 有味觉障碍的患者应注意食物的冷热度，以防烫伤口腔黏膜
C. 指导患者用冷水洗脸，锻炼耐寒能力，增强抵抗力
D. 指导患者保持口腔清洁，预防口腔感染
E. 指导患者尽早开始面肌的主动与被动运动

30. 患者，女性，63岁。10年来阵发性右侧面部剧烈疼痛，每次持续10～20s，每日发作数十次，常因说话、进食、刷牙而诱发，不敢洗脸、说话或吃饭。患者最主要的护理诊断是

A. 焦虑　　B. 沟通障碍
C. 疼痛　　D. 吞咽困难
E. 生活自理缺陷

A_3/A_4 型题

（31～33题共用题干）

患者，男性，63岁。晨起床时，发现言语不清，右侧肢体不能活动。既往无类似病史。发病后5h，体检发现神志清楚，血压120/80mmHg(16/10.7kPa)，失语，右中枢性面瘫、舌瘫，右上下肢肌力2级，右半身痛觉减退，颅脑CT未见异常。

31. 病变的部位可能是

A. 左侧大脑前动脉
B. 右侧大脑前动脉
C. 左侧大脑中动脉
D. 右侧大脑中动脉
E. 椎-基底动脉

解析：患者右侧中枢性面瘫，肌力减退，右半身感觉障碍，提示病变于左侧基底核区，为左大脑中动脉供血区域。

32. 病变的性质是
A. 脑出血　B. 脑栓塞
C. 脑肿瘤　D. 脑血栓形成
E. 蛛网膜下隙出血

解析：CT未见异常，可排除脑出血，患者无房颤等栓子来源，首先考虑血栓形成。

33. 应选择治疗方法是
A. 调整血压　B. 溶栓治疗
C. 应用止血剂　D. 手术治疗
E. 脑保护剂

(34、35题共用题干)

12岁男孩，看书时突发神志丧失，手中书本失落，书本掉落在地上即醒。脑电图示3次/s棘慢波规律性和对称性发放。

34. 最可能的诊断是
A. 复杂部分发作
B. 部分性发作
C. 杰克逊(Jackson)癫痫
D. 失神发作
E. 不能分类的癫痫发作

解析：失神发作多发于儿童，意识短暂中断，无先兆和局部症状，发作和终止均突然，是典型的失神发作。

35. 引起该病最可能的病因
A. 高热惊厥　B. 先心病
C. 智障　D. 营养不良
E. 脑出血

(36～40题共用题干)

患者，男性，52岁，诊断为脑出血于22:00入院。凌晨4:00，患者出现烦躁，时有抽搐，意识障碍。T37.5℃，P110次/分，R12次/分，不规则，BP120/86mmHg。双侧瞳孔不等大。光反射尚灵敏。

36. 目前可能出现了什么情况
A. 心律失常　B. 呼吸衰竭
C. 癫痫大发作　D. 脑疝
E. 脱水剂不良反应

37. 哪项不是判断的依据
A. 右侧肢体活动不利
B. 烦躁、抽搐
C. 呼吸不规则
D. 双侧瞳孔不等大
E. 意识障碍

38. 最关键的处理要点是
A. 迅速降低颅内压力
B. 迅速控制血压
C. 避免打喷嚏、躁动、用力排便等引起颅压增高的因素
D. 立即应用脑细胞保护剂
E. 立即应用止血药物

39. 目前下述哪项护理措施对患者不适合
A. 绝对安静卧床4周以上
B. 每2h翻身1次，预防压疮
C. 及时清除口腔分泌物和呕吐物
D. 头部略抬高，稍偏向一侧
E. 若48h后病情稳定，可进流食

40. 经过治疗，患者病情平稳，准备出院。为了促进患者右侧肢体的功能恢复，护士不会交代下述哪项
A. 积极治疗高血压
B. 尽量卧床休息
C. 坚持康复功能锻炼
D. 加强患肢被动运动
E. 保持患肢功能位

二、实践能力

A_1型题

41. 癫痫持续状态首选治疗措施
A. 纠正脑缺氧、防治脑水肿、保护脑组织
B. 高流量吸氧
C. 及时纠正酸碱、电解质失衡
D. 做好安全防护，预防受伤
E. 地西泮10～20mg缓慢静脉注射

42. 短暂性脑缺血发作应用阿司匹林治疗的目的是
A. 改善神经功能的缺失
B. 保护脑细胞
C. 增加再灌注
D. 预防复发
E. 扩张血管

43. 诊断癫痫通常主要依靠
A. 脑电图检查　B. 神经系统体检
C. 脑部CT　D. 临床表现
E. 脑脊液检查

44. 动脉瘤引起的蛛网膜下隙出血的治疗为
A. 吗啡或哌替啶
B. 降低颅内压、控制血压
C. 手术治疗

D. 抗凝治疗
E. 止血治疗

解析：出血性脑血管疾病以降低颅内压、控制血压为主要措施，同时应用止血药；因动脉瘤引起的蛛网膜下隙出血患者应尽快进行手术治疗；脑血栓形成属于缺血性脑血管疾病，应以抗凝治疗为主。

45. 癫痫持续状态指连续发作或发作时间超过
A. 5min　　B. 10min
C. 20min　　D. 30min
E. 3min

46. 关于癫痫持续状态，正确的描述是
A. 大发作在短期内频繁发生，1d达数次
B. 大发作频繁，1次发作持续数小时
C. 大发作在发作时持续昏迷达2h以上
D. 大发作在发作时持续昏迷达6h以上
E. 大发作在短期内频繁发生，发作间歇期仍有意识障碍

47. 关于感觉障碍临床表现的叙述，正确的是
A. 四肢远端呈手套或袜套型感觉障碍称末梢型感觉障碍
B. 一侧面部感觉障碍，对侧肢体痛温度觉障碍称分离性感觉障碍
C. 一侧肢体深感觉障碍而痛觉、温度觉正常称交叉性感觉障碍
D. 前根受压为节段性带状分布的感觉障碍
E. "三偏征"指对侧偏身感觉障碍、偏瘫和偏头痛

解析：B为交叉性感觉障碍，C为分离性感觉障碍。后根受压表现为节段带状分布的感觉障碍，"三偏征"不包括偏头痛而包括同向偏盲，故只有A正确。

48. 处理癫痫大发作，首先应
A. 防止骨折
B. 保持呼吸道通畅
C. 遵医嘱快速给予脱水剂
D. 松开衣领和裤带
E. 立即给予地西泮

解析：癫痫大发作时患者意识丧失，唾液和分泌物可引起窒息而亡，是最严重的，故应首先保持呼吸道通畅。

49. 下列关于脑血管疾病患者的护理措施，不正确的是
A. 脑出血发病24～48h内避免搬动
B. 脑出血患者应取侧卧位，头部稍抬高
C. 脑血栓患者应取平卧位
D. 脑血栓患者头部使用冰袋及冷敷
E. 急性脑出血发病24h内应禁食

解析：脑出血发病24～48h内避免搬动，取侧卧位，头部稍抬高，目的是防止加重脑出血，防止颅内静脉回流，从而减轻脑水肿；脑血栓患者取平卧位，可使较多血液供给脑部，头部禁止使用冰袋及冷敷，以免脑血管收缩、血流缓慢而使血流量减少。

50. 关于脑血管疾病的临床表现，正确的是
A. 脑出血多在睡眠或安静休息时发病
B. 脑血栓形成多在情绪激动或排便用力时发病
C. 脑血栓形成患者脑膜刺激征一定阳性
D. 脑出血患者一般无意识障碍
E. 蛛网膜下隙出血患者脑膜刺激征阳性，一般无肢体瘫痪

解析：本题考查的知识点是出血性脑血管疾病与缺血性脑血管疾病的临床表现。脑出血多在情绪激动或排便用力时发病，常迅速出现意识障碍；脑血栓形成多在睡眠或安静休息时发病；只有E叙述正确。

A_2 型题

51. 患者，男性，71岁，3年来无诱因逐渐出现行动缓慢，行走时上肢无摆动，前倾屈曲体态。双手有震颤，双侧肢体肌张力增高。无智能和感觉障碍，病理反射阴性。最可能的诊断是
A. 帕金森病
B. 扭转痉挛
C. 阿尔茨海默(Alzheimer)病
D. 肝豆状核变性
E. 脑动脉硬化

52. 患者，女性，42岁。因双上肢静止性抖动2年来门诊就医。体检：双上肢静止性震颤，肌张力增高，慌张步态。该疾病的神经生化改变是
A. 5-羟色胺降低
B. 多巴胺减少
C. 乙酰胆碱增高
D. 去甲肾上腺素减少
E. 以上均不是

53. 患者，男性，68岁，2年来逐渐出现表情呆板，行

动弛缓，静止性震颤，步行体态异常。已明确诊断为帕金森病。医嘱予复方左旋多巴口服，其目的是

A. 治愈疾病

B. 阻止疾病进展

C. 改善症状

D. 预防并发症

E. 增强体质

解析：帕金森病治疗主要是改善症状，左旋多巴可通过血-脑屏障，用于替代治疗为首选。

54. 帕金森病患者，男性，68岁，用左旋多巴或M受体阻断剂治疗，下述哪项症状可能属于该药的不良反应

A. 排尿困难　B. 口渴

C. 食欲缺乏　D. 开-关现象

E. 瞳孔调节功能不良

55. 患者，男性，20岁。参加英语六级考试，进入考场时突然惊叫一声，倒在地上，双眼上翻，四肢抽搐，面色青紫。现场首要处置是

A. 从速给药、控制发作

B. 按压人中

C. CT，发现病因

D. 保持呼吸道通畅，防止窒息

E. 详细询问病史

56. 患者，男性，12岁。于2d前突然惊叫一声，倒在地上，双眼上翻，四肢抽搐，面色青紫，历时约5min逐渐清醒，醒后未述不适。3年前曾有类似发作1次。1周前脑电图检查为正常。神经系统检查无异常。针对发作未能控制，护士进行健康指导时哪项最重要

A. 向家属介绍家庭紧急护理方法

B. 不可自行停药、间断或不规则用药

C. 禁止从事攀高、游泳等

D. 定期检测血象、肝肾功能

E. 平时随身携带简要病情诊疗卡

57. 患者，男性，20岁，患者因四肢肌肉无力伴感觉障碍入院，排尿障碍入院，患者入院体检发现四肢肌肉无力和感觉障碍呈对称性，考虑为吉兰-巴雷综合征，予以腰椎穿刺。腰椎穿刺后护士应如何指导患者正确卧位

A. 高枕卧位　B. 低枕卧位

C. 去枕平卧　D. 半卧位

E. 无须注意体位

58. 患者，女性，45岁，反复发作性右侧面部电击样疼痛半年，每次发作的时间为30s至1min，疼痛难以忍受，发作间歇期完全正常，请问患者治疗首选的药物是

A. 卡马西平　B. 苯妥英钠

C. 地西泮　D. 维生素B_{12}

E. 苯巴比妥

59. 患儿，4岁，初步诊断为化脓性脑膜炎。最有可能的病原体是

A. 流感杆菌

B. 肺炎链球菌

C. 金黄色葡萄球菌

D. 大肠杆菌

E. B组溶血性链球菌

解析：各种细菌性脑膜炎的相对发病率与年龄密切相关。新生儿以金黄色葡萄球菌、大肠杆菌、B组溶血性链球菌多见；小儿及5岁以下儿童以流感杆菌多见，成人则以肺炎球菌多见。故A正确。

60. 患儿，10岁，化脓性脑膜炎入院。下述护理措施中哪项正确

A. 提供安静舒适的环境，头偏向一侧，去枕平卧

B. 硬脑膜穿刺时应侧卧位，固定头部

C. 重症患儿应快速大量补液，以防休克

D. 颅内压升高时应尽早放出适量脑脊液

E. 硬脑膜下积液者可穿刺放液，每次不少于30ml

解析：保持安静，头偏向一侧，以防窒息。A正确。硬脑膜穿刺时应取仰卧位；重症患儿快速大量补液易引发心功能不全；颅内压升高时忌放脑脊液，以防脑疝；硬脑膜下积液者穿刺放液每次每侧不超过15ml。

61. 患儿，5岁，因高热、剧烈头痛、反复呕吐半天急诊入院，确诊流行性脑脊髓膜炎。最可靠的根据是

A. 高热、头痛、呕吐

B. 皮肤有瘀点及瘀斑

C. 脑膜刺激征

D. 脑脊液白细胞数增多

E. 细菌培养

解析：化脑可由多种细菌引起。流行性脑脊髓膜炎是由脑膜炎双球菌引起的具有传染性的特殊的化脑类型。各种细菌引起的化脑症状体征相似，其诊断必须依靠病原学检查。故E正确。

62. 患者，女性，40岁，因患脑血栓入院，患者左侧肢体感觉缺失和瘫痪，护理中错误的是
A. 用毛线刺激触觉
B. 用热水、冷水刺激温度觉
C. 用大头针刺激痛觉
D. 让患者注视患肢并认真体会其位置、方向及运动感觉
E. 把床头柜和电视放在患者右侧

63. 患者，男性，26岁，突然高热、寒战、头痛、呕吐、烦躁不安、意识障碍。查：T37.6℃，P100次/分，75/60mmHg(BP10/8kPa)，心肺未见异常，皮肤可见瘀点和瘀斑。拟诊断流脑。目前首要的处置是
A. 抗生素　　B. 补充血容量
C. 肾上腺皮质激素　　D. 升压药
E. 脱水治疗

64. 患者，男性，20岁。主诉寒战、高热、剧烈头痛1d，曾呕吐3次。体检：神志清，体温39.8℃，颈强(±)，皮肤有瘀点，咽部略充血，心肺腹无异常，凯尔尼格征(－)。血白细胞20×10^9/L，中性粒细胞0.85，脑脊液呈米汤样。细胞数$3\,000\times10^6$/L，中性0.8，糖1.12mmol/L(20mg)。首选治疗措施是
A. 青霉素G　　B. 氯霉素
C. 头孢霉素　　D. 环丙沙星
E. 庆大霉素

65. 患者，男性，19岁，咽痛、咳嗽、发热38.6℃，5d后好转，2周后出现四肢末端麻木、无力，逐渐加重，3周后四肢完全性下运动神经元瘫，呼吸困难，双眼闭不严，面无表情，不能吞咽，构音障碍。入院治疗过程中患者出现痰液黏稠、咳不出、呼吸肌麻痹，首要的抢救措施是
A. 肾上腺皮质激素肌内注射
B. 抗生素和气管扩张剂雾化吸入
C. 吸痰和吸氧
D. 口对口人工呼吸
E. 气管切开、吸痰及辅助机械呼吸

66. 患者，男性，79岁。4年前发生脑出血，出现右侧偏瘫，右上侧肢体肌力3级，右下肢2级。该患者最可能出现的并发症是
A. 肺部感染　　B. 尿路感染
C. 便秘　　D. 压疮
E. 营养失调

67. 患者，男性，79岁。4年前发生脑出血，出现右侧偏瘫，右上侧肢体肌力3级，右下肢2级。在对该患者实施呼吸道护理时，哪项是错误的
A. 室内空气流通、保暖
B. 鼓励患者尽量咳嗽、排痰
C. 喂食要慢以免呛入气管
D. 注意口腔护理
E. 对分泌物较多而咳嗽无力者应先翻身后吸痰

68. 患者，男性，79岁。4年前发生脑出血，出现右侧偏瘫，右上侧肢体肌力3级，右下肢2级。在对该患者提供护理时，你认为哪项措施**不符合**安全护理原则
A. 床铺要有保护性床档
B. 走廊、厕所要装扶手
C. 冬季取暖用的电暖器应置于患者伸手可及处
D. 步态不稳或步态不稳者，需有人陪伴
E. 清除活动范围的障碍物

69. 患者，女性，45岁，高血压10年，突发脑出血入院，患者右侧肢体瘫痪，伴感觉减退。为了防止患者在卧床期间发生便秘，护理措施中哪些不正确
A. 卧位有利于排便
B. 养成定时排便的习惯
C. 便秘者可适当
D. 按摩下腹部
E. 鼓励患者摄取充足的水分

70. 患者，女性，22岁，3年来有发作性神志丧失，四肢抽搐，服药不规则。今日凌晨开始又发作，意识障碍。上午九点来院，之后又一次四肢抽搐发作。患者发作控制，清醒后护士应作何指导
A. 调换其他抗癫痫药物
B. 询问近期服药情况，嘱正规服药
C. 加大服药剂量，嘱正规服药
D. 加用另一种抗癫痫药物
E. 停药观察1周后再考虑用药

A_3/A_4 型题

(71～73题共用题干)

患者，男性，56岁，心房颤动，突然发生命名困

难。2周来共发生过5次，每次持续2～15s。查体无神经系统异常。脑CT无异常。

71. 可能的诊断是
    A. 脑动脉瘤　　B. 脑血栓形成
    C. 脑出血　　D. 脑血管畸形
    E. 短暂性脑缺血发作

解析：发作性的运动性失语，均于24h内缓解，查体无神经系统异常，脑CT无异常，符合短暂性脑缺血发作。

72. 主要累及的血管是
    A. 基底动脉系　　B. 椎动脉系
    C. 颈内动脉系　　D. 大脑后动脉
    E. 大脑前动脉

解析：该患者病变部位在优势半球颞中回后部，为大脑后动脉供血区域。

73. 最适宜的预防治疗是
    A. 阿司匹林　　B. 低分子右旋糖酐
    C. 丙戊酸钠　　D. 胞磷胆碱
    E. 尿激酶

解析：血小板抑制剂，如阿司匹林，可减少栓子发生，预防复发。

(74、75题共用题干)

患者，男性，56岁。高血压病。旅游登山中突然左侧肢体发麻、乏力。急送医院，摄头颅CT片示右侧基底核区高密度区病灶。

74. 最可能的诊断是
    A. 脑出血
    B. 脑血栓形成
    C. 蛛网膜下隙出血
    D. 脑栓塞
    E. 短暂脑缺血发作

75. 最可能的病因
    A. 高血压　　B. 脑动脉瘤
    C. 血管畸形　　D. 颅内感染
    E. 高脂血症

(76～80题共用题干)

患者，女性，66岁。在家宴请客人时突然跌倒在地，当时意识清醒，自己从地上爬起，后因左侧肢体无力再次跌倒，并出现大小便失禁。急诊初步诊断为脑血管意外收入神经内科。

76. 医嘱给予该患者20%甘露醇溶液快速静脉滴注，其目的是
    A. 镇静
    B. 降低颅内压
    C. 预防上消化道出血
    D. 止血
    E. 降血压

77. 最优先考虑的辅助检查项目是
    A. CT　　B. 脑脊液检查
    C. 血脂　　D. 脑电图
    E. 脑血管造影

78. 经检查，该患者被诊断为右侧基底核区出血。最有可能的病因
    A. 高血压　　B. 糖尿病
    C. 脑血管畸形　　D. 脑动脉瘤
    E. 青光眼

79. 入院第2d凌晨2:00，患者出现烦躁。该患者最可能出现了哪种并发症
    A. 呼吸衰竭　　B. 肾衰竭
    C. 心力衰竭　　D. 脑疝
    E. DIC

解析：脑出血24～48h，是脑水肿发生的高峰时期。应重点观察有无颅内压增高的表现，特别是有意识障碍的患者应警惕脑疝的发生。

80. 经积极治疗，脑疝抢救成功。住院3d后，患者T 38℃，P 110次/分，R 22次/分，BP 130/85mmHg，肠鸣音8次/分。嗜睡，口唇干燥，眼眶内陷。最可能出现了哪种情况
    A. 呼吸衰竭　　B. 肾衰竭
    C. 心力衰竭　　D. 消化道出血
    E. DIC

参考答案

1～5 AEDEE　6～10 EAECD　11～15 EDECE
16～20 DEAEB　21～25 CECED　26～30 CCDCC
31～35 CDBDA　36～40 DAAAB　41～45 EDDCD
46～50 EABDE　51～55 AECDD　56～60 BCCAA
61～65 EEAAE　66～70 DECAB　71～75 EDAAA
76～80 BAADD

（刘　辉）

第10章　精神障碍患者的护理

考点提纲栏——提炼教材精华，突显高频考点

第1节　精神障碍症状学

一、概述

异常的精神活动通过人的外显行为，如言谈、书写、表情、动作行为等表现出来，称之为精神症状。研究精神症状及其产生机制的学科称为精神障碍的症状学，又称精神病理学。

1. 为了判定某一种精神活动是否属于病态，一般应从三个方面进行对比分析
   - (1)纵向比较，即与其过去一贯表现相比较，精神状态的改变是否明显。
   - (2)横向比较，即与大多数正常人的精神状态相比较，差别是否明显，持续时间是否超出了一般限度。
   - (3)应注意结合当事人的心理背景和当时的处境进行具体分析和判断。

2. 每一精神症状均有其明确的定义，并具有以下特点
   - (1)症状的出现不受患者意识的控制。
   - (2)症状一旦出现，难以通过转移令其消失。
   - (3)症状的内容与周围客观环境不相称。
   - (4)症状会给患者带来不同程度的社会功能损害。

3. 精神症状的表现受到以下因素影响
   - (1)个体因素，如性别、年龄、文化程度、躯体状况以及人格特征均可使某一症状表现有不典型之处。
   - (2)环境因素，如个人的生活经历、目前的社会地位、文化背景等都可能影响患者的症状表现。

4. 人的正常精神活动按心理学分为感知、思维、情感和意志行为等心理过程。为了便于对精神症状的描述，以下按精神活动的各个心理过程分别叙述。

二、常见精神症状

1. 感知觉障碍：感觉是客观刺激作用于感觉器官所产生对事物个别属性的反映，如形状、颜色、大小、重量、气味等。知觉是一事物的各种不同属性反映到脑中进行综合，并结合以往的经验，在脑中形成的整体的印象
   - (1)感觉障碍
     - 1)感觉过敏：是对外界一般强度的刺激**感受性增高**，如感到阳光特别刺眼，声音特别刺耳，轻微的触摸皮肤感到疼痛难忍等。多见于神经症、更年期综合征等。
     - 2)感觉减退：是对外界一般刺激的**感受性减低，感觉阈值增高**，患者对强烈的刺激感觉轻微或完全不能感知(后者称为感觉缺失)。见于抑郁状态、木僵状态和意识障碍。感觉缺失见于癔症。
     - 3)★**内感性不适(体感异常)**：是躯体内部产生的各种不舒适和(或)难以忍受的异样感觉，如牵拉、挤压、游走、蚁爬感等。**性质难以描述，没有明确的局部定位**。多见于神经症、精神分裂症、抑郁状态和躯体化障碍。
   - (2)知觉障碍
     - 1)错觉：指对客观事物**歪曲的知觉**。临床上多见错听和错视，如谵妄状态的患者把输液瓶标签上的一条黑线看成是蜈蚣在爬动。

1. 感知觉障碍：感觉是客观刺激作用于感觉器官所产生对事物个别属性的反映，如形状、颜色、大小、重量、气味等。知觉是一事物的各种不同属性反映到大脑进行综合，并结合以往的经验，在脑中形成的整体的印象

(2)知觉障碍

2)★**幻觉**：指没有现实刺激作用于感觉器官时出现的知觉体验，是一种**虚幻的知觉**。幻觉是临床上很常见而且重要的精神病性症状，常与妄想合并存在。根据其所涉及的感官分为幻听、幻视、幻嗅、幻味、幻触、内脏性幻觉

①幻听：最常见，患者可听到单调的或复杂的声音，★**最多见的是言语性幻听，常具有重要的诊断意义**。幻听可见于多种精神障碍，★**其中评论性幻听、议论性幻听和命令性幻听为诊断精神分裂症的重要症状**。有时幻听的内容就是患者心里想的事，患者体验到自己的思想同时变成了言语声，自己和他人均能听到，称为**思维化声**。多见于精神分裂症。

②幻视：为常见的幻觉形式，但较幻听少见，内容也十分多样，从单调的光、色、各种形象到人物、景象、场面等。**在意识清晰时出现的幻视多见于精神分裂症**。

③幻嗅：患者闻到一些难闻的气味。如腐败的尸体气味、化学物品烧焦味、浓烈刺鼻的药物气味以及体内发生的气味等，往往引起患者产生不愉快的情绪体验，常与其他幻觉和妄想结合在一起。

④幻味：患者尝到食物内有某种特殊的怪味道，因而拒食。常继发被害妄想，主要见于精神分裂症。

⑤幻触：也称**皮肤与黏膜幻觉**。患者感到皮肤或黏膜上有某种异常的感觉，如虫爬感、针刺感等，也可有性接触感。可见于精神分裂症或器质性精神病。

⑥内脏幻觉：患者对★**躯体内部某一部位或某一脏器的一种异常知觉体验**。如感到肠扭转、肺扇动、肝破裂、心脏穿孔、腹腔内有虫爬行等，常与疑病妄想、虚无妄想或被害妄想伴随出现，多见于精神分裂症及抑郁症。

幻觉按体验的来源分为真性幻觉和假性幻觉。

⑦真性幻觉：患者体验到的**幻觉形象鲜明**，如同外界客观事物形象一样，**存在于外部客观空间**，是**通过感觉器官**而获得的。因而患者常常坚信不疑，并对幻觉作出相应的情感与行为反应。

⑧假性幻觉：幻觉**形象不够鲜明生动**，产生于**患者的主观空间**如脑内、体内。幻觉**不是通过感觉器官**而获得，如不用耳朵听到肚子里有说话的声音。

3)★**感知综合障碍**：患者对客观事物**整体的感知是正确的，但对这一事物的某些个别属性**，如形状、大小、位置、距离及颜色等的**感知与实际情况不符**。常见形式有视物变形症、空间知觉障碍、时间感知综合障碍、非真实感。

2. 思维障碍:思维是人脑对客观事物间接概括的反映,是人类认识活动的最高形式。正常人的思维有以下几个特征:①目的性,思维指向一定的目的,解决某一问题;②连贯性,指思维过程中的概念是前后衔接,相互联系的;③逻辑性,指思维过程符合思维逻辑规律,有一定的道理;④实践性,正确的思维是能通过客观实践检验的。

思维障碍临床表现多种多样,主要包括思维形式障碍和思维内容障碍

(1)思维形式障碍

1)★**思维奔逸:指联想速度加快、数量增多、内容丰富生动。**患者表现为健谈,说话滔滔不绝,自述脑子反应快,特别灵活,好像机器加了"润滑油",思维敏捷,概念一个接一个地不断涌现出来,说话的主题极易随环境而改变(随境转移),也可有音联或意联。多见于躁狂症。

2)★**思维迟缓:即联想抑制,联想速度减慢、数量的减少和困难。**患者表现言语缓慢、语量减少、语声甚低、反应迟缓,但思维内容常常并不荒谬。患者常自觉"脑子不灵了"、"脑子迟钝了"。多见于抑郁症。

3)★**思维贫乏:指联想数量减少,概念与词汇贫乏,脑子空洞无物。**患者表现为沉默少语,答话时内容大致切题,但单调空洞或词穷句短,常回答"不知道"、"什么也没想"。见于慢性精神分裂症、脑器质性精神障碍及精神发育迟滞。

4)思维散漫:又称思维松弛,**是指患者在意识清晰的情况下,思维的目的性、连贯性和逻辑性障碍。**思维活动缺乏主题思想,内容和结构都散漫无序,不能把联想集中于他所要解释的问题上。表现为**说话东拉西扯,对问话的回答不切题。**

5)思维破裂:指**概念之间联想的断裂,建立联想的各种概念内容之间缺乏内在联系。**表现为患者的言语或书写内容的句子之间含意互不相关,变成语句堆积,令人不能理解。严重时,言语支离破碎,成了**语词杂拌**。多见于精神分裂症。如在意识障碍的背景下出现语词杂拌,称之为**思维不连贯**。

6)思维中断:患者无意识障碍,又无外界干扰等原因,**思维过程突然出现中断。**表现为患者说话时突然停顿,片刻之后又重新说话,但所说内容不是原来的话题。若患者有当时的思维被某种外力抽走的感觉,则称作**思维被夺。**

7)★**思维插入和强制性思维:**思维插入指患者感到有某种思想**不是属于自己的**,不受他的意志所支配,是别人强行塞入其脑中。若患者体验到强制性地涌现大量无现实意义的联想,称为强制性思维。**是诊断精神分裂症的重要症状。**

8)★**思维化声:**患者思考时体验到自己**的思想同时变成了言语声**,自己和他人均能听到。多见于精神分裂症。

9)思维扩散和思维被广播:患者体验到**自己的思想一出现,即为尽人皆知**,感到自己的思想与人共享,毫无隐私而言,为思维扩散。如果患者认为**自己的思想是通过广播而扩散出去的**,为思维被广播。上述两症状为诊断精神分裂症的重要症状。

2. 思维障碍：思维是人脑对客观事物间接概括的反映，是人类认识活动的最高形式。正常人的思维有以下几个特征：①目的性，思维指向一定的目的，解决某一问题；②连贯性，指思维过程中的概念是前后衔接，相互联系的；③逻辑性，指思维过程符合思维逻辑规律，有一定的道理；④实践性，正确的思维是能通过客观实践检验的。
思维障碍临床表现多种多样，主要包括思维形式障碍和思维内容障碍

(1)思维形式障碍

10)★**象征性思维**：属于概念转换，**以无关的具体概念或行动代表某一抽象概念，不经患者解释，旁人无法理解**。如某患者经常反穿衣服，以表示自己为“表里合一、心地坦白”。常见于精神分裂症。

11)语词新作：指概念的融合、浓缩以及无关概念的拼凑。**患者自创一些新的符号、图形、文字或语言并赋予特殊的概念，不经患者本人解释，别人难以弄清其含义**。如“犭市”代表狼心狗肺；“%”代表离婚。多见于精神分裂症青春型。

12)逻辑倒错性思维：主要特点为**推理缺乏逻辑性，既无前提也无根据，或因果倒置，推理离奇古怪，不可理解**。如一患者说：“因为电脑感染了病毒，所以我要死了”。可见于精神分裂症和偏执狂等。

13)★**强迫观念或强迫性思维**：指在**患者脑中反复出现的某一概念或相同内容的思维，明知没有必要，但又无法摆脱**。强迫性思维可表现为强迫性回忆、强迫性穷思竭虑、强迫性对立思维、强迫性怀疑等。强迫性思维常伴有强迫动作，见于强迫症。

(2)思维内容障碍：★**妄想是一种病理性的歪曲信念，是病态推理和判断**。妄想有以下特征：①信念的内容与事实不符，没有客观现实基础，但患者坚信不疑；②妄想内容均涉及患者本人，总是与个人利害有关；③妄想具有个人独特性；④妄想内容因文化背景和个人经历而有所差异，但常有浓厚的时代色彩。临床上通常按妄想的主要内容归类，常见的妄想有以下几种

①被害妄想：★**是最常见的一种妄想**。患者无中生有地**坚信周围某些人或某些集团对患者进行打击、陷害、谋害、破坏等不利的活动**。患者受妄想的支配可拒食、控告、逃跑或采取自卫、自伤、伤人等行为。主要见于精神分裂症和偏执性精神病。

②关系妄想：患者将★**环境中与他无关的事物都认为是与他有关的**。如认为周围人的谈话是在议论他，人们的一举一动都与他有一定关系。常与被害妄想伴随出现，主要见于精神分裂症。

③物理影响妄想：又称被控制感。患者★**觉得他自己的思想、情感和意志行为都受到外界某种力量的控制，而不能自主**。如患者觉得自己的大脑已被电脑控制，自己是机器人。此症状是精神分裂症的特征性症状。

④夸大妄想：患者认为自己有非凡的才智、至高无上的权利和地位，大量的财富和发明创造，或是名人的后裔。可见于躁狂症和精神分裂症及某些器质性精神病。

⑤罪恶妄想：又称自罪妄想。患者**毫无根据地坚信自己犯了严重错误、不可宽恕的罪恶**，应受严厉的惩罚，故可坐以待毙或拒食自杀。主要见于抑郁症，也可见于精神分裂症。

2. 思维障碍：思维是人脑对客观事物间接概括的反映，是人类认识活动的最高形式。正常人的思维有以下几个特征：①目的性，思维指向一定的目的，解决某一问题；②连贯性，指思维过程中的概念是前后衔接，相互联系的；③逻辑性，指思维过程符合思维逻辑规律，有一定的道理；④实践性，正确的思维是能通过客观实践检验的。思维障碍临床表现多种多样，主要包括思维形式障碍和思维内容障碍

(2)思维内容障碍：★**妄想**是一种**病理性的歪曲信念，是病态推理和判断**。妄想有以下特征：①信念的内容与事实不符，没有客观现实基础，但患者坚信不疑；②妄想内容均涉及患者本人，总是与个人利害有关；③妄想具有个人独特性；④妄想内容因文化背景和个人经历而有所差异，但常有浓厚的时代色彩。临床上通常按妄想的主要内容归类，常见的妄想有以下几种

⑥疑病妄想：患者毫无根据地坚信自己患了某种严重躯体疾病或不治之症，因而到处求医，即使通过一系列详细检查和多次反复的医学验证都不能纠正。多见于精神分裂症、更年期及老年期精神障碍。

⑦钟情妄想：患者**坚信自己被异性钟情**。因此，患者采取相应的行为去追求对方，即使遭到对方严词拒绝，仍毫不置疑，而认为对方在考验自己对爱情的忠诚，仍反复纠缠不休。主要见于精神分裂症。

⑧嫉妒妄想：患者无中生有地**坚信自己的配偶或性伴侣对自己不忠实，另有新欢**。为此患者采取多种方法寻觅配偶或性伴侣私通情人的“证据”。可见于精神分裂症、更年期精神障碍。

⑨★**被洞悉感**：又称内心被揭露。患者认为**其内心所想的事，未经语言文字表达就被别人知道了**，但是通过什么方式被人知道的则不一定能描述清楚。该症状对诊断精神分裂症具有重要意义。

(3)超价观念：是**在意识中占主导地位的错误观念，其发生一般均有事实的根据**。此种观念片面而偏激，带有强烈的情感色彩，明显地影响患者的行为及其他心理活动，它的形成有一定的性格基础和现实基础，没有逻辑推理错误。多见于人格障碍和心因性障碍。

3. 注意障碍：注意是指个体的精神活动集中地指向于一定对象的过程。注意的指向性表现出人的心理活动具有选择性和保持性。注意的集中性使注意的对象鲜明和清晰。注意障碍通常有以下表现

(1)注意增强：为**主动注意的增强**。如有妄想的患者，对环境保持高度的警惕，过分地注意别人的一举一动是针对他的；有疑病观念的患者注意增强，指向身体的各种细微变化，过分地注意自己的健康状态。见于神经症、偏执型精神分裂症、更年期抑郁症等。

(2)注意涣散：为**主动注意的不易集中，注意稳定性降低所致**。多见于神经衰弱、精神分裂症和儿童多动综合征。

(3)注意减退：**主动及被动注意兴奋性减弱**。注意的广度缩小，注意的稳定性也显著下降。多见于神经衰弱、脑器质性精神障碍及伴有意识障碍时。

(4)注意转移：主要表现为**主动注意不能持久，注意稳定性降低**，很容易受外界环境的影响而使注意的对象不断转换。可见于躁狂症。

(5)注意狭窄：指**注意范围的显著缩小**，当注意集中于某一事物时，不能再注意与之有关的其他事物。见于意识障碍或智能障碍患者。

4. 记忆障碍：记忆为既往事物与经验的重现。记忆是在感知觉和思维基础上建立起来的精神活动。包括**识记、保持、再认或回忆三个基本过程**。临床上常见的记忆障碍如下

(1)记忆增强：病态的记忆增强，**对病前不能够且不重要的事都能回忆起来**。主要见于躁狂症和偏执状态患者。

(2)记忆减退：是指**记忆的四个基本过程普遍减退**，临床上较多见。可见于较严重的痴呆患者，也可见于正常老年人。

(3)遗忘：指**部分或全部地不能回忆以往的经验**。一段时间的全部经历的丧失称作完全性遗忘，仅仅是对部分经历或事件不能回忆称作部分性遗忘。顺行性遗忘即紧接着疾病发生以后一段时间的经历不能回忆。逆行性遗忘指回忆不起疾病发生之前某一阶段的事件。界限性遗忘指对生活中某一特定阶段的经历完全遗忘，通常与这一阶段发生的不愉快事件有关。

(4)错构：是**记忆的错误**，对过去曾经历过的事件，在发生的地点、情节、特别是在时间上出现错误回忆，并坚信不疑。多见于痴呆和酒精中毒性精神障碍。

(5)★**虚构**：是指由于遗忘，患者**以想象的、未曾亲身经历过的事件来填补自身经历的记忆缺损**，多见于各种原因引起的痴呆。当虚构与近事遗忘、定向障碍同时出现时称作**柯萨可夫综合征，又称遗忘综合征**。多见于慢性酒精中毒性精神障碍、颅脑外伤后所致精神障碍及其他脑器质性精神障碍。

5. 智能障碍：智能是一个复杂的综合精神活动的功能，反映的是个体在认识活动方面的差异，是对既往获得的知识、经验的运用，用以解决新问题、形成新概念的能力。一个人智力的高低可以从解决实际问题中反映出来，临床上常常通过一些简单的提问与操作，了解患者的理解能力、分析概括能力、判断力、一般常识的保持、计算能力、记忆力等，可对智能是否有损害进行定性判断，对损害程度作出粗略判断。另外，可通过**智力测验**方法得出智商(IQ)，对智能进行定量评价。
智能障碍可分为精神发育迟滞及痴呆两大类型

(1)**精神发育迟滞**：是指先天或围生期或在生长发育成熟以前(**18岁以前**)，大脑的发育由于各种致病因素使大脑发育不良或受阻，**智能发育停留在一定的阶段**。随着年龄增长其智能明显低于正常的同龄人。

(2)★**痴呆**：是一种综合征，**是后天获得的智能、记忆和人格的全面受损**，并伴有行为精神症状，但没有意识障碍。其发生具有脑器质性病变基础。根据大脑病理变化的性质和所涉及的范围大小的不同，可分为全面性痴呆及部分性痴呆

1)全面性痴呆：大脑的病变主要表现为弥散性器质性损害，智能活动的各个方面均受到损害，从而影响患者全部精神活动，常出现人格的改变，定向力障碍及自知力缺乏。可见于阿尔茨海默病和麻痹性痴呆等。

2)部分性痴呆：大脑的病变只侵犯脑的局部，患者只产生记忆力减退、理解力削弱、分析综合困难等，但其人格仍保持良好，定向力完整，有一定的自知力，可见于脑外伤后以及血管性痴呆的早期。

6. 定向力：是指一个人对时间、地点、人物以及自身状态的认识能力。前者称为对周围环境的定向力，后者称为自我定向力。对环境或自身状况的认识能力丧失或认识错误即称为定向障碍。**定向力障碍多见于器质性精神病，是意识障碍的一个重要标志。**

7. 情感障碍：情感和情绪在精神医学中常作为同义词，它是指个体对客观事物的态度和因之而产生相应的内心体验。心境是指一种较微弱而持续的情绪状态，情感障碍必定涉及情绪和心境。在精神疾病中，情感障碍通常表现三种形式，即**情感性质的改变、情感波动性的改变及情感协调性的改变**

(1)情感性质的改变

1)情感高涨：**情感活动明显增强，表现为不同程度的病态喜悦**，自我感觉良好，有与环境不相符的过分的愉快、欢乐。表现为可理解的、带有感染性的情绪高涨，且易引起周围人的共鸣，常见于躁狂症。表现不易理解的、自得其乐的情感高涨状态称为**欣快**，多见于脑器质性疾病或醉酒状态。

2)★**情感低落**：患者表情忧愁、唉声叹气、心境苦闷，觉得自己前途灰暗，严重时悲观绝望而出现自杀观念及企图。常伴有思维迟缓、动作减少及某些生理功能的抑制，如食欲缺乏、闭经等。★**情感低落是抑郁症的主要症状**。

3)★**焦虑**：是指在**缺乏相应的客观因素**情况下，患者表现为顾虑重重、紧张恐惧，以至搓手顿足似有大祸临头，惶惶不可终日，伴有心悸、出汗、手抖、尿频等自主神经功能紊乱症状。多见于焦虑症、恐怖症及更年期精神障碍。

4)恐惧：是指面临不利的或危险处境时出现的情绪反应。表现为紧张、害怕、提心吊胆，伴有明显的自主神经功能紊乱症状，如心悸、气急、出汗、四肢发抖，甚至大小便失禁等。恐惧常导致逃避。**对特定事物的恐惧是恐怖症的主要症状**。

(2)情感波动性的改变

1)情感不稳：表现为**情感反应(喜、怒、哀、愁等)极易变化**，从一个极端波动至另一极端，显得喜怒无常，变幻莫测。与外界环境无相应关系的情感不稳则是精神疾病的表现，常见于脑器质性精神障碍。

2)★**情感淡漠**：指**对外界刺激缺乏相应的情感反应**，即使对自身有密切利害关系的事情也如此。患者对周围的事物漠不关心，面部表情呆板，内心体验贫乏。可见于精神分裂症。

3)易激惹性：表现为**极易因小事而引起较强烈的情感反应**，持续时间一般较短暂。常见于疲劳状态、人格障碍、神经症或偏执型精神病患者。

(3)情感协调性的改变

1)★**情感倒错：指情感表现与其内心体验或处境不相协调**。如在描述他自己遭受迫害时，却表现为愉快的表情。多见于精神分裂症。

2)情感幼稚：指成人的情感反应如同小孩，变得幼稚，缺乏理性控制，反应迅速而强烈，没有节制和遮掩。见于癔症或痴呆患者。

8. 意志障碍：意志是指人们自觉地确定目标，并克服困难用自己的行动去实现目标的心理过程。意志与认识活动、情感活动及行为紧密相连而又相互影响。在意志过程中，受意志支配和控制的行为称作意志行为。常见的意志障碍有以下几种

(1)意志增强：指意志活动增多。在**病态情感或妄想的支配下**，患者可以持续坚持某些行为，表现出极大的顽固性，例如有嫉妒妄想的患者坚信配偶有外遇，而长期对配偶进行跟踪、监视、检查等。

(2)意志减弱：指**意志活动的减少**。患者表现出动机不足，常与情感淡漠或情感低落有关，缺乏积极主动性及进取心，对周围一切事物无兴趣以致意志消沉，不愿活动，严重时日常生活都懒于料理。常见于抑郁症及慢性精神分裂症。

(3)意志缺乏：指**意志活动缺乏**。表现为对任何活动都缺乏动机、要求，生活处于被动状态，严重时本能的要求也没有，行为孤僻、退缩，且常伴有情感淡漠和思维贫乏。多见于精神分裂症晚期精神衰退时及痴呆。

(4)矛盾意向：表现为**对同一事物，同时出现两种完全相反的意向和情感**。例如，碰到朋友时，一面想去握手，一面却把手马上缩回来。多见于精神分裂症。

9. 动作与行为障碍：简单的随意和不随意行动称为动作。有动机、有目的而进行的复杂随意运动称为行为。动作行为障碍又称为精神运动性障碍。精神疾病患者由于病态思维及情感的障碍，常可导致动作及行为的异常。常见的动作行为障碍如下

(1)精神运动性兴奋：指**动作和行为增加**。可分为**协调性和不协调性**精神运动性兴奋两类

1)协调性精神运动性兴奋：动作和行为的增加**与思维、情感活动协调一致时称作协调性精神运动性兴奋状态，并和环境密切配合**。多见于躁狂症。

2)不协调性精神运动兴奋：**主要是指患者的言语动作增多与思维及情感不相协调，与外界环境也不配合**。患者动作无动机及目的性，使人难以理解。多见于精神分裂症及谵妄状态。

(2)精神运动性抑制：指行为**动作和言语活动的减少**。临床上包括木僵、蜡样屈曲、缄默症和违拗症

1)★**木僵：指动作行为和言语活动的完全抑制或减少，并经常保持一种固定姿势**。患者不言、不动、不食、面部表情固定，大小便潴留，对刺激缺乏反应，如不予治疗，可维持很长时间。严重的木僵见于精神分裂症，称为紧张性木僵。较轻的木僵可见于严重抑郁症、反应性精神障碍及脑器质性精神障碍。

2)★**蜡样屈曲：是在木僵的基础上出现的，患者的肢体任人摆布，即使是不舒服的姿势，也较长时间似蜡塑一样维持不动**。患者意识清楚，病好后能回忆。见于精神分裂症紧张型。

3)缄默症：患者**缄默不语**，也不回答问题，有时可以手示意。见于癔症及精神分裂症紧张型。

4)违拗症：患者对于**要求他做的动作，不但不执行，而且表现抗拒及相反的行为**。若患者的行为反应与医生的要求完全相反时称作**主动违拗**。若患者对医生的要求都加以拒绝而不作出行为反应，称作**被动违拗**。多见于精神分裂症紧张型。

(3)刻板动作：指患者**机械刻板地反复重复某一单调的动作**，常与刻板言语同时出现。多见于精神分裂症紧张型。

(4)模仿动作：指患者**无目的地模仿别人的动作**，常与模仿言语同时存在，见于精神分裂症紧张型。

(5)作态：指患者**做出古怪的、愚蠢的、幼稚做作的动作、姿势、步态与表情**，如做怪相、扮鬼脸等。多见于精神分裂症青春型。

10. 自知力：又称领悟力或内省力，是指**患者对自己精神疾病认识和判断能力**。在临床上一般以精神症状消失，并认识自己的精神症状是病态的，即为自知力恢复。**神经症患者常有自知力**，主动就医诉说病情。但**精神病患者一般均有不同程度的自知力缺失**，他们不承认有精神病，因而拒绝治疗。临床上将有无自知力及自知力恢复的程度作为判定病情轻重和疾病好转程度的重要指标。**自知力完整是精神病病情痊愈的重要指标之一**。

第2节 精神分裂症患者的护理

一、概述

精神分裂症是一组病因未明的精神病，多起病于青壮年。常缓慢起病；具有感知、思维、情感、行为等多方面的障碍和精神活动的不协调。一般无意识障碍，智能尚好，有的患者在疾病过程中可出现认知功能损害。自然病程多迁延，呈反复加重或恶化，但部分患者可保持痊愈或基本痊愈状态。

二、病因及发病机制

病因及发病机制比较复杂，是由★**生物、心理社会因素交织在一起而共同致病。**

1. 生物学因素
   - (1)遗传因素：国内外有关精神分裂症的家系研究**遗传因素在本病的发生中起重要作用。**
   - (2)神经发育异常：分裂症是什么样的脑发育障碍，目前尚不清楚。
   - (3)生化研究：涉及多个方面，主要有以下2种假说
     - 1)★**多巴胺(DA)假说**：认为**精神分裂症与中枢DA功能亢进有关。**
     - 2)5-HT假说：精神分裂症可能与中枢5-HT功能异常有关，然而既往有关研究结果一致性不高。5-HT_{2A}受体与情感、行为控制及调节DA的释放有关。5-HT_{2A}受体的拮抗作用可能与阴性症状的改善有关。

2. 个性特征：精神分裂症患者病前性格常具有以下特征，如主动性差、依赖性强、胆小、犹豫、孤僻、敏感、内倾、害羞、思维缺乏逻辑性、好幻想等，即分裂性人格。

3. 社会心理因素：心理、社会因素可以诱发分裂症，但其最终的病程演变常不受先前的心理因素左右。

三、临床表现

1. 感知觉障碍
   - (1)幻觉：★**精神分裂症最突出的感知觉障碍是幻觉。最常见的是幻听，主要是言语性幻听，尤其是争论性幻听、评论幻听、命令性幻听、思维鸣响意义比较大。**幻视、幻嗅、幻味、幻触均可出现。
   - (2)错觉、感知综合障碍也有可能出现。

2. ★**思维障碍(主要症状)**
   - (1)★**思维形式障碍**：可出现思维散漫或破裂、思维中断、思维被夺、思维插入、强制性思维、思维云集、病理性象征性思维、语词新作、思维贫乏、内向性思维等症状。
   - (2)★**思维内容障碍**：主要的表现是妄想。**以被害妄想、关系妄想、嫉妒妄想、被洞悉感、物理影响妄想、钟情妄想等常见。**精神分裂症的妄想常具有发生突然，内容离奇，逻辑荒谬的特点。

3. 情感障碍：**主要表现为情感迟钝淡漠、情感反应不协调**(情感倒错、矛盾情感等)。抑郁与焦虑情绪在精神分裂症患者中也并不少见。

4. 意志行为障碍
   - (1)★**意志减退或缺乏：是精神分裂症的主要症状之一。**患者生活懒散，不修边幅，不注意个人卫生，对自己的前途毫不关心、没有任何打算。
   - (2)紧张综合征：以患者全身肌张力增高而得名，**包括紧张性木僵和紧张性兴奋两种状态**，两者可交替出现，是紧张型精神分裂症的主要表现。
   - (3)意向倒错：吃一些不能吃的东西或伤害自己的身体。
   - (4)怪异行为：如扮鬼脸、幼稚愚蠢的行为、傻笑、脱衣等。

5. **自知力缺乏**：患者往往不愿接受治疗。

四、临床分型

根据临床症状群的不同，本病可划分不同的类型。

1. 单纯型：少见，**多为青少年起病，病程持续迁延，病情进展缓慢。**临床表现以阴性症状(思维贫乏、情感淡漠、意志缺乏、懒散被动等)为主，少有幻觉妄想。治疗和预后差。

2. 青春型：常青年期起病，起病较急。临床表现以思维破裂、零乱，情感幼稚愚蠢和行为的不协调或解体为主，常有本能活动亢进，意向倒错等。可出现生动幻觉，而妄想却片断且内容荒谬多变。

3. 紧张型：目前少见。**大多起病于青、中年，起病较急，以紧张综合征为主要临床表现。**紧张性兴奋和紧张性木僵常交替出现，亦可单独发生，以木僵为多见。此型预后较好。

4. 偏执型：**较常见，多中年起病，缓慢发展。临床表现以大量妄想为主，初起多疑敏感逐渐发展成妄想，并且妄想的范围常逐步扩大、泛化。**常伴有幻觉，以幻听最常见。如能尽早系统治疗，预后较好。

5. 未定型：是指患者符合诊断标准，但又不符合上述四型中任何一型的一组患者。

6. 其他类型：包括精神分裂症残留型及精神分裂症后抑郁。

五、治疗原则

1. 精神分裂症的早期干预：在药物治疗方面，应强调早期、低剂量起始，逐渐加量、足量、足疗程的"全病程治疗"的原则。一般急性期治疗 2 个月。巩固期治疗 4～6 个月。**第一次发作维持治疗 1～2 年**，第二次或多次发作维持治疗时间应更长。

2. 对于**出现冲动伤人、木僵或亚木僵、拒食、严重抑郁、自杀倾向的患者可以选择无抽搐电休克治疗。**

3. 心理治疗：可以改善患者的精神症状、恢复自知力、提高治疗依从性。

4. 行为治疗：有助于纠正患者的某些功能缺陷，提高人际交往技巧。

5. 残留部分阳性症状或阴性症状的患者，需要接受精神康复方面的治疗和训练。

六、护理问题

1. 有暴力行为的危险：对自己或他人。

2. 不合作。

3. 思维过程改变。

4. 有受伤的危险。

5. 营养失调：低于或高于机体需要量。

6. 部分生活自理缺陷：进食/沐浴/穿衣/如厕。

7. 睡眠型态紊乱。

七、护理措施

1. 基础护理
   - (1)维持基本的营养代谢，保证患者每日入量 2 500～3 000ml。
   - (2)协作患者建立自理模式，兴奋不合作的患者护理人员要帮助完成晨晚间护理。生活懒散、行为退缩的患者要与患者一起制订生活计划，必要时进行协助。木僵患者要定时为其更衣、沐浴，做好口腔护理和皮肤护理。
   - (3)创造良好的睡眠环境，保证充足的睡眠时间。
   - (4)做好患者的排泄护理：对于便秘的患者，要鼓励患者多活动、多饮水、多吃水果和含粗纤维的蔬菜。

2. 安全护理
   - (1)**对重点患者要做到心中有数，尤其要注意那些受幻觉妄想支配**，但思维内容不暴露的患者。发现患者的异常表现，及时阻止，防止意外发生。
   - (2)每 30min 巡视 1 次，确保患者安全。对自伤、自杀、伤人、兴奋冲动的患者应安置在重点病室。对严重自杀的患者设专人护理，24h 在护理人员视线范围内活动。对极度兴奋，有可能造成意外的患者必要时要进行保护性约束。
   - (3)加强病房设施安全的管理：办公室、治疗室、饭厅、浴室、杂物间要随时锁门。患者入院、探视、返院后，要认真做好安全检查，防止患者将危险物品带入病房。要在每日扫床时做好床单位的检查，要及时清除危险物品。

3. 康复护理
(1)可根据病情指导患者参加各种工娱治疗、行为矫正治疗、音乐治疗等。要经常鼓励患者多与其他病友进行交流,从而增强治疗信心。
(2)康复期患者主要以技能训练为主,为回归社会打下基础,可安排患者参加职业技能训练、社交技能训练、家居技能训练等。

第3节　抑郁症患者的护理

一、概述

抑郁症是一组以显著而持久的心境低落为主要表现的精神障碍,伴有相应的思维和行为改变,有反复发作的倾向,间歇期大都精神活动正常。

抑郁症是一种常见的心境障碍,患病率在逐年升高。中国内地抑郁症发病率约为2.4%,目前抑郁症患者已超过2 600万人。预计到2020年,抑郁症将成为中国疾病负担最重的第二大疾病。

二、病因及发病机制

1. 遗传因素:家系调查、双生子调查、寄养子调查均显示遗传因素与抑郁症发病相关。

2. 心理社会因素
(1)生活事件与环境应激事件:在情感障碍发作前常常会存在应激性生活事件。
(2)心理学理论:认知理论认为:抑郁症患者存在一些认知上的误区,如对生活经历的消极的扭曲体验,消极的自我评价,悲观无助。

3. 神经生化改变
(1)★**5-羟色胺(5-HT)假说:脑内5-HT功能活动降低与抑郁症的发生密切相关。**
(2)★**去甲肾上腺素(NE)假说:脑内NE功能活动降低与抑郁症的发生密切相关。**
(3)多巴胺(DA)假说:抑郁症脑内DA功能降低,躁狂症脑内DA功能增高。
(4)γ-氨基丁酸(GABA)假说:双相障碍患者血浆和脑脊液中GABA水平下降。

三、临床表现

抑郁发作的表现可分为核心症状、心理学伴随症状与躯体伴随症状3个方面。

1. 核心症状:包括★**情绪低落;兴趣缺乏;享乐不能;精力不足、过度疲乏**表现。上述表现常有★**晨重夕轻**的特点
(1)★**情绪低落**:患者体验到情绪低,悲伤。情绪的基调是低沉、灰暗的。患者常常诉说自己心情不好,高兴不起来。
(2)兴趣缺乏:是指患者对各种以前喜爱的活动缺乏兴趣,如文娱、体育活动,业余爱好等。典型者对任何事物无论好坏都缺乏兴趣,离群,不愿见人。
(3)享乐不能:是指患者无法从生活中体验到快乐,或称为乐趣丧失。
(4)精力不足、过度疲乏:是指患者常常感到提不起精神,精力不足、疲乏无力。

2. **心理学伴随症状**
(1)焦虑:焦虑与抑郁常常伴发,经常是抑郁症的主要症状之一。
(2)自责自罪:患者对自己既往的一些轻微过失或错误痛加责备,认为自己的一些作为让别人感到失望。
(3)精神病性症状:主要是妄想或幻觉。内容与常常抑郁心境相协调,如罪恶妄想、无价值妄想等。
(4)认知功能下降:主要是注意力和记忆力的下降,联想困难或思考能力下降。
(5)自杀观念和行为:抑郁症患者常常会出现自杀观念及行为,自杀也是抑郁症常见的死亡原因。
(6)精神运动性迟滞或激越:精神运动性迟滞是指患者在心理上表现为思维迟缓和思流的缓慢,在行为上表现为运动迟缓,工作效率下降,严重者可以达到木僵的程度。精神运动性激越是指患者思维内容无条理,大脑持续处于紧张状态,在行为上则表现为烦躁不安,紧张激越,有时不能控制自己的行为,但又不知道自己为何烦躁,因此患者可能惶惶不可终日。
(7)自知力:大部分抑郁症患者自知力完整,主动求治。

3. 躯体伴随症状
- (1)疼痛:经常而持续的疼痛,如头痛、背痛、腹痛、肌痛等,不能完全用躯体障碍加以解释。
- (2)睡眠障碍:如失眠、早醒、睡眠过多或节律紊乱等。尤其★**早醒是抑郁症睡眠障碍的主要表现。**
- (3)食欲紊乱:常表现为食欲下降伴体重明显减轻。少数患者会出现贪食。
- (4)性欲减退或快感缺失。
- (5)其他非特异性躯体症状:常见的有消化道症状、心血管症状、神经系统症状等,并且不能用躯体障碍加以解释。

四、治疗原则

高度的安全意识,严防自杀;充分的药物治疗;积极的社会心理干预。

1. 药物治疗:常用抗抑郁药物
- (1)新型抗抑郁药:★**SSRIs(选择性5-羟色胺再摄取抑制剂)类**:如氟西汀、帕罗西汀、舍曲林等已成为一线药物。**这类药物的起效时间需要2~3周**。其他新型抗抑郁药物如万拉法新、米氮平等。
- (2)三环或四环类抗抑郁药:如丙咪嗪、氯丙咪嗪、多虑平、阿米替林、马普替林等。其中三环类抗抑郁药不良反应较多且较重。
- (3)单胺氧化酶抑制剂(MAOI):以吗氯贝胺、米安舍林最为常用。
- 采用足量足疗程及一般情况下单一用药的治疗原则。一种抗抑郁药只有当足量治疗6~8周后仍无效,方可考虑换药。

2. 电休克治疗:疗效肯定且见效较药物治疗迅速。对于严重抑郁,伴明显自杀企图者及抑郁性木僵可考虑使用。

3. 心理治疗:方法常用的有一般性心理治疗如支持、鼓励、保证、解释、倾听等,认知行为方面也可以对患者的负性认知进行调整。

五、护理问题

1. ★**自杀的危险。**
2. 有暴力行为的危险。
3. 睡眠型态紊乱。
4. 穿着/修饰自理缺陷。
5. 社会交往障碍。
6. 营养失调:低于机体需要量。

六、护理措施

1. 一般护理原则
- (1)保护患者,避免其自伤行为的发生。
- (2)维持足够的营养、休息和卫生。
- (3)提供适宜的环境以保证睡眠。
- (4)增加患者参与活动的积极性。
- (5)增进及充分利用家庭及社会等支持系统。
- (6)指导患者正确认识和缓解心理社会压力。
- (7)重建或学习适应性应对方法。
- (8)指导患者,使其了解有关抗抑郁药物的知识。

锦囊妙记

抑郁症三低症状:情绪低落、思维迟缓、意志活动减退。

抑郁症六无症状:无乐趣、无希望、无办法、无精力、无意义、无用处。

抑郁症三自症状:自责、自罪、自杀。

2. 心理护理
- (1)建立良好护患关系，鼓励其诉说自己感受的痛苦和想法，帮助其分析、认识抑郁症的症状，了解抑郁症，增强战胜疾病的信心。
- (2)了解患者的兴趣爱好，鼓励其参与有趣味的活动及社交活动，引导患者关注周围及外界的事情。充分利用家庭资源，增进家属对疾病的认识，引导家属共同面对患者问题，调整家庭的适应能力。

3. 对有自伤、自杀倾向患者的护理
- (1)严密观察病情变化及异常言行。抑郁症自杀的危险因素
  - 1)严重的抑郁情绪，顽固而持久的睡眠障碍。
  - 2)伴有自罪妄想、严重自责及紧张激越。
  - 3)家庭支持系统缺乏。
  - 4)有抑郁和自杀家族史。
  - 5)有强烈的自杀观念，或曾经有过自杀史。
- (2)及时发现自杀迹象
  - 1)写遗书。
  - 2)整理旧物。
  - 3)突然关心他人。
  - 4)了断社会关系。
  - 5)收藏药品、刀、绳等。
- (3)连续评估自杀危险，对有自杀计划的患者，详细询问方法、地方、时间，如何获得自杀工具和发生自杀行为的可能性大小。
- (4)一旦发生自杀、自伤，应立即隔离患者，组织实施抢救。

第 4 节　焦虑症患者的护理

一、概述

焦虑症是以焦虑情绪为主要临床相的一种神经症，故全称为焦虑性神经症。表现为患者无明显指向性的感到焦虑紧张、恐惧害怕、顾虑重重、烦扰不安等，伴有自主神经紊乱的精神运动性不安。

二、病因和发病机制

1. 遗传因素：大量的资料显示遗传因素在焦虑障碍的发生中起一定作用。

2. 生化因素
- (1)乳酸盐假说：有研究显示给焦虑症患者注射乳酸钠可以诱发惊恐发作。
- (2)去甲肾上腺素(NE)：有证据支持焦虑症患者 NE 能活动增强。
- (3)5-羟色胺(5-HT)：许多主要影响中枢 5-HT 的药物对焦虑症有效，表明 5-HT 参与了焦虑的发生。

3. 心理因素：行为主义理论认为焦虑是对某些环境刺激的恐惧而形成的一种条件反射。心理动力学理论认为是童年或少年期被压抑在潜意识中的冲突在成年后被激活，从而形成焦虑。

三、临床表现

1. 广泛性焦虑症：又称慢性焦虑症，是焦虑症最常见的表现形式，常缓慢起病。具有以下表现
- (1)★**精神焦虑**：焦虑症的核心症状，表现为**对未来可能发生的、难以预料的某种危险或不幸事件的经常担心**。患者常有恐慌的预感，终日心烦意乱，坐卧不宁，忧心忡忡，好像不幸即将降临在自己或亲人的头上。
- (2)躯体焦虑：表现为运动性不安及多种躯体症状。运动性不安表现为搓手顿足，来回走动，紧张不安，不能静坐，可见眼睑、面肌或手指震颤，或患者自感战栗。多种躯体症状可表现为胸骨后压缩感(常见)、肌肉紧张、神经性头痛、自主神经功能紊乱(如心动过速、口干、出汗、皮肤潮红或苍白、尿频等)。
- (3)觉醒度提高：表现为过分警觉，易受惊吓，对外界刺激敏感，易出现惊跳反应；注意力难以集中；难以入睡和易惊醒以及易激惹等。
- (4)其他症状：常合并抑郁、疲劳、强迫症状、恐惧症状、人格解体等症状。

2. 惊恐发作：**又称急性焦虑障碍，具有以下特点**
- (1)在日常生活中无特殊的恐惧性处境时，突然感到一种突如其来的惊恐体验，常伴**有濒死感或失控感**，故常奔走、惊叫等。
- (2)伴有严重的自主神经功能紊乱症状，如胸闷、心慌、呼吸困难、头晕、四肢发麻、全身抖动、出汗、肉跳等。
- (3)起病急骤，不可预测，终止迅速，**一般历时5～20min，很少超过1h**，可反复发作。
- (4)**发作时意识清晰**。
- (5)呈发作性，间歇期有预期性焦虑。

以上症状无器质性基础。

四、治疗原则

1. 药物治疗
- (1)**苯二氮䓬类药物**：使用较广泛，常用的药物有地西泮、阿普唑仑、罗拉，氯硝西泮。注意此类药物具有成瘾性。
- (2)丁螺环酮：对广泛焦虑障碍有效，无成瘾性。
- (3)抗抑郁药物：对合并有抑郁情绪和认知症状较苯二氮䓬类为佳，无成瘾性。
- (4)β-肾上腺素能受体阻滞制：如普萘洛尔等。

2. 心理治疗
- (1)心理教育：给患者讲解本病的性质，让患者对本病有足够的认识。
- (2)认知疗法：包括焦虑控制训练和认知重建。采用想象或现场诱发焦虑，然后进行放松训练。对导致焦虑的认知成分，则运用认知重建，矫正患者的歪曲认知，进行矫治。
- (3)行为疗法：放松训练、系统脱敏法等。

五、护理问题

1. 焦虑。
2. 恐惧。
3. 睡眠障碍。
4. 舒适的改变。
5. 有营养失调的危险。
6. 生活自理能力降低。

六、护理措施

1. 建立良好的相互信任的护患关系：护士对患者时既要尊重、同情、关心，又要保持沉着、宁静、坚定、支持的态度。

2. 改善环境：减少对患者的不良影响，准备好接受治疗的住院环境，尽量排除其他患者的不良干扰，满足患者的合理需求，帮助其尽快适应新的环境，减少压力。

3. **教会患者掌握放松技巧**
- (1)鼓励患者以语言表达的方式疏泄情绪，表达患者的焦虑感受。
- (2)督导患者进行放松调适，如：在光线柔和的环境里，随着护士的指导语和音乐进行肢体放松、深呼吸或是慢跑等
- (3)鼓励其多参加工娱治疗活动，从而转移注意力，减轻焦虑情绪。

4. 使患者认识焦虑时所呈现的行为模式，护士要接受患者的病态行为，不加以限制和批评；在良好治疗关系的前提下，可用说明、解释、分析、推理等技巧使患者认识其病态症状。

5. 做好基础护理，改善其睡眠环境，尽量满足其合理要求，必要时使用药物帮助其渡过难关。

第5节　强迫症患者的护理

一、概述

强迫症是以强迫症状为主要临床相的一类神经症。其特点是有意识的自我强迫与反强迫并存，两者强烈冲突使患者感到焦虑和痛苦；患者体验到观念和冲动系来源于自我，且违反自己的意愿，需极力抵抗，但无法控

制;患者也意识到强迫症状的异常性,但无法摆脱。病程迁延者可以仪式性动作为主要表现,虽精神痛苦显著缓解,但其社会功能不同程度受损。

二、病因

1. 遗传:强迫症状的某些素质是可以遗传的。

2. 神经生化:证据提示5-羟色胺(5-HT)系统功能增高与强迫症发病有关。

3. 脑病理学:现代影像学研究发现,强迫症患者可能存在涉及额叶和基底核神经回路的异常。

4. 心理学理论:行为主义理论认为强迫症是一种对特定情境的习惯性反应。弗洛伊德学派认为由于防御机制不能处理好强迫性格形成的焦虑,于是产生强迫症状。

三、临床表现

多在无明显诱因下缓慢起病,其基本症状是强迫观念及强迫动作和行为。

1. 强迫观念
   - (1)强迫思想:患者★**脑中常反复出现一些患者厌烦词或短句**,干扰了正常思维过程,但又无法摆脱。
   - (2)强迫怀疑:患者★**对自己言行的正确性反复产生怀疑,需反复检查核对**,明知毫无必要,但又不能摆脱。
   - (3)★**强迫性穷思竭虑**:患者**对日常生活中的一些事情或自然现象,寻根究底,反复思索**,明知缺乏现实意义,没有必要,但又不能自我控制。
   - (4)强迫联想:**患者脑子里出现一个观念或看到一句话,便不由自主地联想起另一个观念或语句**。由于观念的出现违背患者的主观意愿,常使患者感到苦恼。
   - (5)强迫回忆:患者不由自主地在意识中反复呈现经过的事件,无法摆脱,感到苦恼。
   - (6)强迫意向:患者反复体验到一种强烈的内在冲动想要做某种违背自己意愿的事情,但一般不会转变为行动。患者明知这样做是荒谬的,不可能的,努力控制自己不去做,但却无法摆脱这种内心冲动。

2. 强迫动作和行为
   - (1)强迫检查:是患者为减轻强迫性怀疑引起的焦虑所采取的措施。
   - (2)强迫清洗:是为了消除对受到脏物、毒物或细菌污染的担心而反复洗手、洗澡或洗衣服等。
   - (3)强迫性仪式动作:是指患者重复出现一些仪式动作,他人看来是不合理的或荒谬可笑的,但却可减轻或防止患者强迫观念引起的紧张不安。
   - (4)强迫询问:是患者常常不相信自己,为了消除疑虑或穷思竭虑给患者带来的焦虑,常反复要求他人不厌其烦地给予解释或保证。
   - (5)强迫性迟缓:可因仪式动作而行动迟缓,这类患者常常不感到明显焦虑。

四、治疗原则

(一) 药物治疗

1. ★**氯米帕明:最为常用**,对强迫症状和伴随的抑郁症状都有治疗作用。2～3周显效,治疗时间不少于6个月。

2. 选择性5-HT重摄取阻滞剂:包括氟西汀、氟伏沙明、帕罗西汀、舍曲林。

(二) 心理治疗

1. 支持性心理治疗:对强迫障碍患者进行耐心细致的解释和心理教育,使患者了解其疾病的性质,指导患者把注意从强迫症状转移到日常生活、工作和学习及有益的文体活动中去。

2. 行为疗法:可采用系统脱敏法、暴露疗法和厌恶疗法等。

五、护理问题

1. 焦虑。
2. 睡眠障碍。
3. 社交障碍。
4. 有自伤、自杀的危险。
5. 有暴力行为的危险。
6. 部分自理能力缺陷。

六、护理措施

1. 建立良好的护患关系:护士要同情、关心、充分理解患者,尽量避免其他患者的不良干扰。满足患者的合理要求,赢得信任;在此基础上密切观察患者的症状表现及其情绪变化,耐心倾听患者对疾病体验的诉说。

2. 让患者共同参与护理计划的制订,能够使患者感受到被信任、被关注,会减少其焦虑情绪和无助感。

3. 以预防法、自我控制法、阳性强化法等行为治疗理论为指导,帮助患者减少和控制症状。具体措施如下
   - (1)在患者自愿的前提下,当患者出现强迫症状之前向护士汇报。
   - (2)护士可帮助患者分析此时的心态和感受,转移其注意力,引导其参与轻松愉快的活动。
   - (3)当患者按计划执行,应立即给予奖励以强化,使患者及时体验成功。
   - (4)第一次的尝试很重要,并且在治疗中护士一定要始终陪伴患者,不断给予支持和鼓励。
   - (5)重视了解患者的体验,根据具体情况及时调整护理措施,尽量避免给予患者过大压力。

4. 做好安全护理
   - (1)密切观察强迫症状行为对躯体的损害情况,采取相应的保护措施。
   - (2)对自身伤害严重时,立即给予制止,对伤害部位及时进行处理。
   - (3)掌握患者的心理状况,避免激惹患者,尊重患者的行为模式,采取有效的保护措施,及时疏导和安慰。
   - (4)对有自杀和伤害他人行为的患者,要严密看护,必要时清除危险物品。

第6节　癔症患者的护理

一、概述

癔症也称为歇斯底里,是由于明显的心理因素,如重大生活事件、内心冲突、强烈的情绪体验、暗示或自我暗示等作用于易感个体而引起的一组病症。临床主要表现为癔症性精神障碍(又称分离症状)和癔症性躯体障碍(又称转换症状)两大类症状,而这些症状没有器质性病变为基础。症状具有做作、夸大或富有情感色彩等特点,有时可由暗示诱发,也可由暗示而消失,有反复发作的特点。

二、病因和发病机制

1. 心理社会因素:一般认为,心理社会因素是癔症的重要原因。能导致精神紧张、恐惧或尴尬难堪的应激事件是引发本病的重要因素。情绪不稳定、易接受暗示、常自我催眠、文化水平低、迷信观念重、青春期或更年期的女性,较一般人更易发生分离(转换)性障碍。

2. 遗传:研究结果颇不一致,是一种多因素遗传模式。

3. 神经生理学解释:认为意识状态改变是分离(转换)性障碍发病的神经生理学基础。

4. 病理心理学解释。

三、临床表现

1. **癔症性精神障碍**:又称★**分离性障碍**,主要表现为急骤发生的意识范围狭窄、具有发泄特点的**情感爆发**、**选择性遗忘**以及**自我身份识别障碍**

(1)**意识障碍**:包括周围环境意识和自我意识障碍

1)周围环境意识障碍(意识改变状态):**主要表现意识范围的狭窄**,以朦胧状态和昏睡较多见,严重可出现癔症性木僵,有时可表现为癔症性神游。

2)自我意识障碍(癔症性身份障碍):包括交替人格、双重人格、多重人格等。

(2)**情感爆发:常在与人争吵、情绪激动时突然发作**,意识障碍较轻,哭啼、叫喊,在地上打滚,**捶胸顿足,撕衣毁物,扯头发或以头撞墙**;其言语行为有尽情发泄内心愤懑情绪的特点。

(3)癔症性痴呆:为假性痴呆的一种。★**表现为对简单的问题给予近似回答者,称Ganser综合征**;表现为明显的幼稚行为时——童样痴呆。

(4)癔症性遗忘:又称**阶段性遗忘或选择性遗忘**,其遗忘往往能达到回避的目的。表现为遗忘了某阶段的经历或某一性质的事件,而那一段事情往往与精神创伤有关。

(5)癔症性精神病:为癔症性精神障碍最严重的表现形式。通常在**有意识朦胧或漫游症的背景下出现行为紊乱、思维联想障碍或片段的幻觉妄想以及人格解体症状**,发作时间较上述各种类型长,但一般不超过3周,缓解后无遗留症状。

2. **癔症性躯体障碍**:又称★**转换性障碍**。是指精神刺激引起的情绪反应以躯体症状的形式表现出来。其特点是多种检查均不能发现神经系统和内脏器官有相应的器质性损害

(1)**运动障碍**:★**较常见为痉挛发作、局部肌肉抽动和阵挛、肢体瘫痪、行走不能等**。其中痉挛发作与癫痫发作十分相似,但无口舌咬伤、跌伤和大、小便失禁,持续时间也较长,抽动幅度大,多发生于有人在场时。部分患者可出现言语运动障碍,表现为缄默、失音等。

(2)**感觉障碍:包括感觉过敏、感觉缺失、感觉异常、癔症性失明、癔症性失聪、癔症球(咽部梗阻感、异物感)**等。

(3)癔症的特殊表现形式:流行性癔症或称癔症的集体发作。多发生在共同生活、经历和观念基本相似的人群中。起初为一人发病,周围目睹者受到刺激而感应,在暗示和自我暗示下相继出现类似症状,短时间内爆发流行。一般历时短暂,女性多见。

四、治疗原则

★**暗示治疗是治疗癔症最重要的方法。**

1. 早期充分治疗对防止症状反复发作和疾病的慢性化十分重要。
2. 初次发病者,合理解释疾病的性质说明症状与心因和个性特征的关系,配合适当的心理与药物治疗。
3. 在暗示治疗之前,要制定好完整、周密的治疗程序,以防治疗失败,增加下一步治疗难度或使病情加重,故治疗须由有一定经验的治疗师实施。
4. 治疗过程中要避免医源性暗示(反复检查、不恰当的提问),避免多人围观和对症状过分关注。

五、护理问题

1. 有失用综合征的危险。
2. 部分自理能力缺陷。
3. 预感性悲哀。
4. 舒适的改变。

六、护理措施

1. 接纳患者及其症状，建立良好的护患关系，运用良好的沟通技巧，保持不批判的态度来接纳患者躯体症状，要给予恰当的关心和照顾，需耐心倾听患者的诉说和感受。

2. 在患者疑病的相关问题上，医、护一定要保持高度一致，防止医源性的不良影响。

3. 帮助患者寻找与症状出现的相关心理因素和生活事件，分析这些事件对患者心理的影响；引导患者学会放松，调试心态的方法，减轻焦虑情绪。

4. 保证患者的入量和营养；协助患者料理生活，但要以暗示法逐渐训练患者自身的生活能力。

5. 鼓励其多参加工娱治疗活动，发泄过多的精力，转移注意力，转移对躯体的注意力。

七、健康教育

1. 向患者及家属介绍疾病的相关知识，端正家属对患者的态度，教给家属暗示治疗的原则和技巧。

2. 注意营造一个温馨、和谐和民主的家庭气氛，不要给患者施加更大的压力。

3. 对患者非适应性行为经常予以迁就或不适当强化，均不利于康复。

第7节 睡眠障碍患者的护理

一、概述

多种因素如生物、心理、药物、精神活性物质、躯体疾病、精神疾病等，均可引起睡眠障碍。其通常可分为四大类：睡眠发动与维持困难（失眠）、白天过度睡眠（嗜睡）、睡眠与觉醒节律障碍、睡眠中异常活动和行为（睡行症、夜惊、梦魇）。

本节主要讲述失眠症与过度嗜睡。

二、失眠症

失眠症是指个体在有充分睡眠机会和良好睡眠环境的情况下，出现睡眠始动、维持困难或醒得过早，或长期存在睡眠后自觉不能恢复精力或睡眠质量令人不满意，并伴随明显的苦恼或影响到日间的社会及职业功能。

1. 病因
- (1)素质性因素：如遗传以上、较高年龄、个性特点等。
- (2)诱发因素：如各种生活事件、生活或(和)工作环境改变、患某种躯体或精神疾病、药物等。
- (3)维持因素：包括为失眠→担心与焦虑→失眠恶性循环、对卧室和床形成负性条件发射、不良睡眠卫生习惯、使用镇静催眠药等使失眠慢性化的心理和行为变化。

2. 临床表现
- (1)适应性失眠（急性失眠）：发病与明确的应激相关，病期较短暂，从数天到数周，在脱离或适应了特定的应激源后失眠可以缓解。
- (2)心理生理性失眠：是较高的生理性唤醒水平引起的失眠，伴随清醒时的社会功能下降。
- (3)矛盾性失眠：也称睡眠感缺失，患者自觉严重失眠，但没有睡眠异常的客观证据，白天功能受损的程度也和所诉的睡眠缺乏的程度不相符。

3. 治疗原则
- (1)心理行为治疗：包括刺激控制、生物反馈、放松疗法、认知行为治疗、反意向控制等。
- (2)镇静催眠类药物治疗：包括苯二氮䓬类和非苯二氮䓬类药物，使用的原则是按需间断使用，首选代谢半衰期较短的药物，如阿普唑仑、氯硝西泮等，因有成瘾性，**故连续使用一般不宜超过4周。**

三、过度嗜睡

过度嗜睡是指个体日间睡眠过度，或反复短暂睡眠发作，或觉醒维持困难的状况，并无法用睡眠时间不足来解释，且影响到职业和社会功能。

1. **病因**：常见于发作性睡病，也可见于病情较重的睡眠呼吸障碍、脑炎等躯体疾病和抑郁症、精神分裂症等精神疾病。

2. **治疗原则**：对特发性过度嗜睡尚无特效的治疗方法，但其预后尚好。发作期间可给予中枢兴奋剂如**利他林、苯丙胺等**，对部分患者可减轻嗜睡对社会功能的影响。

四、护理问题

1. 焦虑。
2. 有危险事件发生的可能。
3. 睡眠型态紊乱。

五、护理措施

1. 对失眠症的护理
   - (1)明确原因：如果精神症状是其诱因，可以遵照医嘱使用镇静安眠药，同时加强精神疾病的治疗与护理，及时缓解焦虑与恐惧情绪。
   - (2)消除环境中的不良刺激：及时处理兴奋患者，执行睡眠的作息制度，护理人员做到“四轻”。
   - (3)养成规律生活，建立良好的睡眠习惯：日间除必须卧床患者外，须督促所有患者起床活动，促进患者的集体活动和体育锻炼。防止白天睡觉，夜间不睡。
   - (4)入睡前避免过度兴奋：如避免睡前阅读亲人来信，看兴奋、惊险刺激的文学及影视作品，过度运动与游戏，聊天或者讨论重要问题等。
   - (5)患者夜间入睡后，尽量避免医护操作，可能的情况下可以等患者醒后进行。
   - (6)及时解除疼痛及其他不适：室内温度湿度适宜，空气流通，有条件时可建议睡前温水泡脚。
   - (7)个别患者情绪焦虑，要求睡前一定要服用安眠药，可以采取暗示疗法。

2. 对嗜睡症患者的护理：嗜睡患者表现为白天过度的睡眠。清醒时达到完全觉醒的状态的过渡时间延长，在不恰当时间入睡，常与不愉快的经历联系，与一定的心理因素有关。护理中要注意观察患者的睡眠情况，记录患者的入睡时间，追踪患者的心理反应。针对患者的心理反应，做好心理护理，指导患者不要从事危险工作，避免发生意外。注意观察意识状态、抑郁情绪的变化。

第8节　阿尔茨海默病患者的护理

阿尔茨海默病(AD)是一种中枢神经系统原发性退行性变性疾病，主要临床相是痴呆综合征。潜隐起病，病程呈进行性发展。

一、病因及发病机制

1. AD的神经病理：出现大脑皮质弥漫性萎缩，并伴有**神经元纤维缠结及老年斑**。
2. 神经生化：AD患者脑部乙酰胆碱明显缺乏。
3. 遗传学：已发现发病与遗传有关。有痴呆家族史者，其患病率是普通人群的3倍。
4. 社会心理因素：病前性格孤僻，兴趣狭窄，重大不良生活事件与AD的发病相关。

二、临床表现

1. **记忆障碍**：是AD的早期**突出症状或核心症状**，其特点是**★近记忆障碍**，记不住新近发生的事。主要累及短时记忆、记忆保存和学习新知识的能力。

视空间和定向障碍：**是AD的早期症状之一**。如常在熟悉的环境或家中迷失方向，找不到厕所在哪里，走错卧室、外出找不到回家的路。时间定向差，不知道今天是何年、何月、何日，甚至深更半夜起床要上街购物。

2. **言语障碍**：首先出现语义学障碍，表现为找词困难、用词不当或张冠李戴。讲话絮叨，病理性赘述。可以出现阅读和书写困难，进而出现命名困难。最初仅限于少数物品，以后扩展到普通常见的物体命名。

3. **失认和失用**：失认是指感觉功能正常，但不能认识或鉴别物体，如不能识别物体、地点和面容(不认识镜中自己像)。失用是指理解和运动功能正常，但不能执行运动，表现为不能正确完成系列动作，如先装好烟斗再打火；不能按照指令执行可以自发完成的动作如不会穿衣，把裤子套在头上，不会系鞋带、系裤带等。

4. **智力障碍**：表现为★**全面性智力减退**，包括理解、推理、判断、抽象概括和计算等认知功能。

5. **人格改变：往往是疾病的早期症状之一**。患者变得孤僻、不主动交往、自私，行为与身份与原来的素质与修养不相符合，情绪变化变得容易波动，易激惹。

6. 进食、睡眠和行为障碍：患者常食欲减退，约半数患者出现正常睡眠节律的紊乱或颠倒，白天卧床，晚上则到处活动，干扰他人。动作刻板重复、愚蠢笨拙，或回避交往，表现得退缩、古怪、纠缠他人。

7. 精神症状
- (1)错认和幻觉：可出现错认，把照片或镜子中的人错认为真人而与之对话；部分患者出现听幻觉，并与之对话。
- (2)妄想：多为非系统的偷窃、被害、贫穷和嫉妒内容。
- (3)情绪障碍：情感淡漠是早期常见的症状。

8. 灾难反应：患者主观意识到自己智力缺损，却极力否认，在应激的状况下产生继发性的激越。如掩饰记忆力减退，患者用改变话题、开玩笑等方式转移对方注意力。一旦被识破或对患者的生活模式加以干预，如强迫患者如厕或更衣，患者就不能忍受而诱发“灾难”反应，即突然而强烈的言语或人身攻击发作。

9. 神经系统症状：多见于晚期患者，如下颌反射，强握反射，口面部不自主动作如吸吮、撅嘴等。

三、心理学检查

心理学检查是诊断有无痴呆及痴呆严重程度的重要方法。

1. 简易智力状况检查(MMSE)。
2. 阿尔茨海默病评定量表(ADAS)。
3. 日常生活能力量表(ADL)。

四、治疗原则

1. 促智药或改善认知功能的药物
- (1)乙酰胆碱酯酶抑制剂(AchE)：能改善认知功能，延缓病程进展速度，常用药物如多奈哌齐、艾斯能、他克林等。
- (2)促脑代谢及推迟痴呆进程：二氢麦角碱，有扩张血管作用，促进大脑对葡萄糖和氧的作用，提高大脑神经细胞代谢功能，对痴呆患者警觉性，焦虑抑郁等有一定改善作用。

2. 对症治疗：主要针对痴呆伴发的各种精神症状
- (1)抗焦虑药物：如有焦虑、激越、失眠症状，可考虑应用短效苯二氮䓬类，以劳拉西泮、奥沙西泮、阿普唑仑最常用。
- (2)抗抑郁药：20%～50%的AD患者可出现抑郁症状。首先予以心理社会支持、改善环境，必要时应用抗抑郁药。
- (3)抗精神病药：有助于控制患者的行为紊乱、激越、攻击性和幻觉妄想等。

五、护理问题

1. 有受伤的危险。
2. 自尊紊乱。
3. 个人应对无效。
4. 有暴力行为的危险。
5. 自理能力缺陷。

六、护理措施

1. 基础护理
   - (1)生活护理:协助患者洗澡、更衣、修剪指(趾)甲,保持皮肤清洁,防止皮肤感染。
   - (2)维持正常的营养代谢:提供软食或流质饮食,维持机体水、电解质的平衡。暴饮、暴食患者要控制其进食量;拒绝进食患者,鼓励与他人一起进餐,以增进食欲;进食量不够或完全不能进食者,协助喂食。
   - (3)排泄护理:训练定时排泄习惯,二便失禁患者需及时处理。
   - (4)睡眠护理:创造睡眠环境,晚餐不宜过饱,晚餐后不宜多饮水,不宜参加引起兴奋的娱乐活动;日间增加活动时数,保证夜间睡眠,必要时给予药物辅助。
2. 安全护理
   - (1)建立舒适安全的病房环境,确保患者安全,使其获得安全感和归属感。
   - (2)增加现实感:不随意变更患者病室内的环境及物品陈设。
   - (3)建立良好的护患关系:介绍病房环境,帮助患者确认周围环境;尊重患者其原有的生活习惯,以便记忆。
   - (4)床位的安置:安排在重点病室重点照顾;并提供方便的自理生活设施;病室布置注意保持对患者适当的感觉刺激;室内采光柔和无危险物品。
   - (5)环境的安全:注意预防跌倒、骨折、外伤等,患者穿着轻便、防滑的软底鞋。
   - (6)专人陪护:患者外出时须有人陪伴。给患者佩戴身份识别卡(姓名、地址、联系人、电话等),走失方便寻找。
3. 症状护理
   - (1)协助患者制定日常生活时间表,尽量保持规律性生活方式,鼓励患者做力所能及的事,以延缓功能退化。
   - (2)观察病情变化,长期卧床患者,定时翻身、按摩、进行肢体功能活动,预防压疮发生。
   - (3)帮助患者日常活动和个人卫生料理,穿衣、洗澡、如厕等,对自理能力不足者,按严重程度分别进行生活料理操作训练,由简而繁,重复强化,帮助患者保持现有的自理能力。
   - (4)对行为退缩懒散的患者进行行为训练,鼓励患者参加工娱治疗活动,促使患者记忆和行为等有不同程度的改善。
   - (5)对有自杀、自伤或攻击行为的患者,密切观察其情绪反应,及时发现轻生观念和暴力倾向,去除危险因素,严禁单独活动;必要时采取保护性约束,必要时专人护理。

模拟试题栏——识破命题思路,提升应试能力

一、专业实务

A_1型题

1. 引起错觉的常见因素为
   A. 感觉条件差
   B. 焦虑、紧张等情绪因素
   C. 疲劳
   D. 谵妄状态
   E. 以上都对

2. 医师在温和地询问患者,而患者感到医师的说话声特别刺耳,此症状是
   A. 感觉减退　　B. 内感性不适
   C. 感觉过敏　　D. 听错觉
   E. 幻听

3. 最常见的幻觉为
   A. 幻听　　B. 幻视
   C. 幻触　　D. 幻味
   E. 幻嗅

4. 诊断精神分裂症时,诊断意义不大的听幻觉为
   A. 争论性幻听　　B. 评论性幻听
   C. 命令性幻听　　D. 原始性幻听
   E. 内容为指责、辱骂的听幻觉

5. 关于思维迟缓,下列哪个说法较正确
   A. 是强迫症的典型症状
   B. 是精神分裂症的典型症状
   C. 是抑郁症的典型症状
   D. 是癔症的典型症状

E. 是癫痫的典型症状

6. 思维贫乏
   A. 是急性精神分裂症的常见症状
   B. 是慢性精神分裂症的常见症状
   C. 是抑郁症的常见症状
   D. 是躁狂症的常见症状
   E. 是焦虑症的常见症状
7. 关于妄想以下哪项正确
   A. 妄想都是与事实不相符的信念
   B. 妄想是一种病理性的歪曲信念
   C. 妄想是可以通过摆事实、讲道理说服的信念
   D. 妄想是一种坚信不疑的信念
   E. 妄想与患者的文化水平、社会背景相称
8. 关于自知力以下哪项正确
   A. 自知力就是指病感
   B. 自知力是对精神疾病的认识和判断能力
   C. 神经症患者都有自知力
   D. 重性精神病患者都没有自知力
   E. 有自知力的患者较没有自知力的患者预后好
9. 最常见的精神运动性抑制是
   A. 木僵　　B. 模仿动作
   C. 蜡样屈曲　　D. 思维迟缓
   E. 缄默症
10. 以下有关精神分裂症的定义哪项不正确
    A. 一组病因未明的精神疾病
    B. 具有思维、情感、行为等多方面的障碍
    C. 慢性患者可有意识障碍
    D. 多起病于青壮年、常缓慢起病且病程迁延
    E. 一般智能无明显损害
11. 在精神分裂症的病因学研究中，目前认为最重要的因素是
    A. 脑发育异常　　B. 大脑结构异常
    C. 环境因素　　D. 遗传因素
    E. 心理社会因素
12. 关于抑郁症发病机制研究结果，目前多数学者认为是
    A. 去甲肾上腺素的活性升高导致抑郁
    B. 5-羟色胺降低导致抑郁发作
    C. 抑郁症患者脑脊液中GABA水平下降
    D. 5-羟色胺升高导致抑郁发作
    E. 多巴胺代谢产物高香草酸升高，导致抑郁
13. 关于抑郁症病因的描述，哪项最准确
    A. 遗传因素起关键作用
    B. 心理社会因素起主要作用
    C. 神经生化因素关键作用
    D. 神经内分泌因素起主要作用
    E. 遗传因素、神经生化因素和心理社会因素对抑郁的发生都有影响
14. 关于惊恐障碍的叙述，以下哪项不对
    A. 通常起病急骤，终止也迅速
    B. 每次一般历时5～20min，很少超过1h
    C. 诊断要求1个月内至少有3次发作或首发后继发害怕再发的焦虑持续1个月
    D. 症状不是继发于其他躯体或精神疾病
    E. 发作期间大多意识清晰
15. 关于焦虑症的病因，目前比较一致的看法是
    A. 精神因素是主要的
    B. 内在的素质因素是主要的
    C. 外在的精神应激因素与内在的素质因素共同作用的结果
    D. 神经症没有遗传性
    E. 已发现有可疑的器质性改变
16. 下列关于强迫症的描述不正确的是
    A. 有意识的自我强迫与反强迫
    B. 使患者感到焦虑和痛苦
    C. 患者体验到观念和冲动源于自我
    D. 强迫观念的内容是异己的，且违反自己的意愿
    E. 患者需极力抵抗，但无法控制
17. 关于强迫症特点的描述哪项不对
    A. 强迫观念
    B. 强迫意向
    C. 强迫行为
    D. 有意识的自我强迫和反强迫
    E. 病前癔症性格多见
18. 关于癔症的叙述不正确的是
    A. 癔症又称歇斯底里
    B. 一般有相应的器质性病变基础
    C. 近年来把癔症划出神经症的意见已占大多数
    D. 一般认为癔症的预后较好
    E. 起病常与心理因素有关
19. 阿尔茨海默病主要的病理特征是
    A. 大脑皮质萎缩
    B. 小脑脑沟增宽
    C. 老年斑和神经元纤维缠结
    D. 脑室扩大
    E. 神经元气球样肿胀

A₂型题

20. 患者感到脑内有一"智囊团"，该"智囊团"能发声，并经常告诉患者该做什么或不该做什么，这种症状属于
A. 错觉　B. 假性幻觉
C. 思维被插入　D. 思维被广播
E. 被洞悉感

21. 患者，女性，18岁。近来患者经常照镜子，医师问其原因，患者说这一段时间照镜子时经常看到自己的耳朵变得很大，像猪八戒的耳朵一样。患者的这个症状为
A. 错觉　B. 视幻觉
C. 内脏幻觉　D. 感知综合障碍
E. 假性幻觉

22. 患者，男性，28岁，原先无任何精神异常，某次听广播时突然坚信播音员在说他，而他的生活经历与当时的广播内容并无明显联系。这患者可能的症状为
A. 听幻觉　B. 原发性妄想
C. 继发性妄想　D. 思维散漫
E. 病理性象征性思维

23. 患者，女性，35岁。医生问患者为什么住院了，患者答道："我有2个孩子，红桃代表我的心，你放开手，是计算机病毒，保养自己……"这属于什么症状
A. 思维奔逸　B. 病理性赘述
C. 刻板言语　D. 思维云集
E. 思维破裂

24. 患者，男性，22岁。进入诊室后一直呆坐于一旁，对医生的任何提问均不作回答，医生让其开口喝水时，患者却双唇紧闭，扭头逃避面前的杯子。该患者的症状可能是
A. 主动违拗　B. 怪异动作
C. 被动违拗　D. 木僵
E. 作态

25. 患者，女性，52岁，慢性精神分裂症患者，长期住院。有一天，其几年未见的女儿来医院探视患者，患者对其女儿表情冷淡，对家里的其他成员及事情不闻不问。平时对周围发生的一切事情也不关心。患者的这种症状可能是
A. 欣快　B. 情感淡漠
C. 情感低落　D. 情感倒错
E. 表情倒错

26. 患者，男性，35岁。近3个月来觉得有人跟踪自己，认为有人在屋里放了窃听器而不敢大声讲话，常听见有人在议论如何对付他，患者到公安局请求保护。诊断为精神分裂症。患者病前性格孤僻、敏感、胆小。以下对病因的描述哪项最准确
A. 是社会心理因素(离异)导致的
B. 是由于患者病前性格导致的
C. 由于环境因素导致的
D. 由于遗传因素导致的
E. 生物、心理社会因素交织在一起而共同致病

27. 患者，女性，72岁，银行职员，高中文化，3年前开始记忆力下降，逐渐加重，刚吃完饭后就忘记，说没吃饭，记不住孙子的名字，把子女错认为别人，远记力尚可，经常吵闹要回原来的家，有时焦虑，简单计算均可，复杂计算力差，在家乱翻东西，自己存折忘记放在什么地方，找不到便认为被女儿偷去了。躯体及神经系统检查无显著异常。该患者做哪项检查最有诊断意义
A. 头颅CT
B. 脑脊液检查
C. 脑电图
D. 阿尔茨海默病评定量表
E. 精神症状总体量表

A₃/A₄型题

(28～30题共用题干)

患者，男性，26岁。近一个月来经常出现脑内突然涌现出大量不属于自己的奇怪想法，患者对此也感莫名其妙，且不能控制。

28. 患者的这种症状可能是
A. 思维奔逸　B. 思维散漫
C. 强制性思维　D. 强迫性思维
E. 病理性象征性思维

29. 上述症状属于
A. 语言障碍　B. 思维逻辑障碍
C. 记忆障碍　D. 思维形式障碍
E. 思维内容障碍

30. 上述症状最常见于
A. 老年性痴呆　B. 神经症
C. 抑郁状态　D. 躁狂症
E. 精神分裂症

(31、32题共用题干)

患者，女性，32岁。近2个月来患者感到情绪低

沉，高兴不起来，整日忧心忡忡、愁眉不展、唉声叹气，觉得自己前途灰暗。

31. 患者的这种症状可能是
A. 情感低落　B. 情感淡漠
C. 情感不协调　D. 情感倒错
E. 表情迟钝

32. 上述症状最常见于
A. 焦虑症　B. 神经衰弱
C. 抑郁症　D. 疑病症
E. 精神分裂症

(33～34 题共用题干)

患者，男性，16 岁，中专学生，平素性格内向。近半个月来，患者表现非常健谈，说话滔滔不绝，自述脑子反应快，特别灵活，好像机器加了"润滑油"一样，思维敏捷，语速明显加快。

33. 患者的这种症状可能是
A. 思维云集　B. 思维异己体验
C. 思维贫乏　D. 思维散漫
E. 思维奔逸

34. 上述症状最常见于
A. 老年性痴呆　B. 焦虑症
C. 癫痫　D. 躁狂症
E. 精神分裂症

二、实践能力

A_1 型题

35. 下列哪种妄想在精神分裂症患者中少见
A. 被害妄想　B. 关系妄想
C. 物理影响妄想　D. 嫉妒妄想
E. 自罪妄想

36. 对精神分裂症常出现的意志障碍的描述，哪项不妥
A. 意志增强　B. 意志减退
C. 意志缺乏　D. 矛盾意向
E. 意志坚强

37. 界限性遗忘常见于
A. 脑外伤　B. 颅内器质性疾病
C. 精神分裂症　D. 癔症
E. 心境障碍

38. 在意识清晰的前提下，下列何种症状对精神分裂症最有诊断意义
A. 思维中断　B. 嫉妒妄想
C. 牵连观念　D. 被害妄想
E. 夸大妄想

39. 关于精神分裂症偏执型的特征，以下哪项错误
A. 起病年龄较晚，常在 40 岁左右
B. 以妄想为主要表现
C. 缓慢发病者多
D. 幻觉少见
E. 及时治疗效果较好

40. 精神分裂症最多见的幻觉是
A. 视幻觉　B. 听幻觉
C. 触幻觉　D. 嗅幻觉
E. 本体幻觉

41. 精神分裂症的情感障碍主要表现为
A. 情绪低落　B. 情绪不稳
C. 情绪高涨　D. 情感不协调
E. 欣快

42. 抑郁症患者睡眠障碍最主要的特点是
A. 入睡困难　B. 睡眠过多
C. 早醒　D. 多梦
E. 易惊醒

43. 抑郁症患者的心境低落症状波动的特点是
A. 晨轻夜重　B. 上午重下午轻
C. 上午轻下午重　D. 晨重夜轻
E. 早上轻中午重

44. 下面哪项是抑郁发作的最核心症状
A. 情绪低落　B. 思维迟缓
C. 精神运动性迟滞　D. 自责自罪
E. 食欲减退

45. 以苯二氮䓬类药物治疗焦虑症时，下述哪项说法不对
A. 一般从小剂量开始
B. 达最佳有效治疗量后维持 6～8 周后逐渐停药
C. 停药过程不应少于 2 周，以防症状反跳
D. 根据临床特点选用适当的药物
E. 合并使用 β-受体阻滞剂时，应考虑有无哮喘史等禁忌情况

46. 有关癔症性瘫痪，以下何种说法正确
A. 为紧张型痉挛性瘫痪
B. 病理反射阳性
C. 病程再长也无肌肉萎缩
D. 暗示治疗一般无效
E. 以上都不对

47. 癔症治疗最有效的方法是
A. 行为治疗　B. 镇静药物

C. 抗精神病药物　　D. 暗示治疗
E. 抗抑郁药物治疗

48. 癔症性痴呆中，对简单的问题给予近似回答，称为
A. Ganser 综合征　　B. 童样痴呆
C. 诈病　　D. 病理性说谎
E. Cotard 综合征

49. 阿尔茨海默病的早期最主要症状是
A. 生活不能自理　　B. 言语障碍
C. 记忆障碍　　D. 神经系统症状
E. 全面性痴呆

50. 阿尔茨海默病患者经常走错房间，外出不知归家，主要是因为
A. 行为紊乱　　B. 记忆障碍
C. 意识清晰度下降　　D. 意志减退
E. 幻觉妄想

51. 有关阿尔茨海默病（AD）的临床表现以下哪项错误
A. AD 通常起病隐袭，进行性发展
B. 近记忆障碍常为早期症状
C. 认知功能减退为主要症状之一
D. 可表现多种精神症状
E. 痴呆为部分性的

A_2 型题

52. 患者，男性，25 岁。3 个月前急性起病，意识清晰，表现为说话难以理解，行为幼稚怪异，本能意向亢进，有片断的耳闻远方亲友声音的幻觉，自觉有人跟踪。此患者最可能的诊断是
A. 青春型精神分裂症　　B. 偏执型精神分裂症
C. 单纯型精神分裂症　　D. 病毒性脑炎
E. 分裂样精神病

53. 患者，男性，24 岁，近一年来日显懒散，不修边幅，记忆下降，注意力不集中，失眠，常诉自己的想法已被人知道，且常独居不与外界接触。最可能的诊断是
A. 抑郁症　　B. 神经症
C. 精神分裂症　　D. 器质性精神病
E. 心身疾病

54. 患者，女性，29 岁。近 3 周来无明显诱因出现情绪低落，晨重夕轻，兴趣缺乏，精力减弱，言语减少，动作迟缓，自觉脑子笨，觉得前途暗淡，悲观失望，早醒，食欲减退，便秘，性欲减退，自责，自罪，多次自杀未遂。该患者最可能的诊断为
A. 神经衰弱　　B. 反应性精神障碍
C. 焦虑症　　D. 抑郁症
E. 精神分裂症

55. 患者，女性，34 岁，近 1 个月来心情不好，高兴不起来，体验不到快乐，对任何事物都缺乏兴趣。入院后诊断为抑郁症。该病的核心症状是
A. 意志减退、情感低落、乐趣丧失
B. 思维贫乏、情感低落、乐趣丧失
C. 情绪低落，兴趣缺乏、乐趣丧失
D. 意志减退、情感低落、妄想
E. 意志减退、情感低落、注意力减退

56. 患者，女性，32 岁，已婚。8 个月前行诊断性刮宫，术后有出血。当听到同事说有癌症的可能时，感到紧张、心慌、气促。之后反复出现紧张、烦躁、坐立不安、心悸、气急、感到自己快疯了，且间歇期逐渐缩短。家族史、既往史、体检、实验室检查无特殊。病前性格多疑多虑、易急躁。自知力存在。该患者最可能的诊断是
A. 抑郁症　　B. 恐惧症
C. 焦虑症　　D. 疑病症
E. 适应障碍

57. 患者，男性，26 岁，教师。当患者看见或听到“和平”二字时，马上想起“战争”二字；看见或听到“安全”二字时，便想到“危险”二字，此症状称之为
A. 强迫性联想　　B. 牵连观念
C. 强迫意向　　D. 强迫性穷思竭虑
E. 以上均不对

58. 患者，男性，18 岁，高三学生。近半年来经常反复思考为什么 5 加 5 等于 10，明知没有必要，但又无法控制，以致明显影响学习。患者的主要症状为
A. 强迫性对立思维　　B. 强迫检查
C. 强迫意向　　D. 强迫怀疑
E. 强迫性穷思竭虑

59. 患者，女性，69 岁，既往无高血压史。记忆力进行性下降 6 年。近来常因忘记关煤气而引起厨房失火，不知如何烹饪，熟悉的物品说不出名称，只会说“那样东西”，夜间定向障碍，行为紊乱。肌力正常，无共济失调，脑部 CT 示有广泛脑萎缩。考虑最可能的诊断是
A. 抑郁症　　B. 血管性痴呆

C. 阿尔茨海默病　　D. 精神分裂症
E. 亨廷顿病

A_3/A_4 型题

(60～62 题共用题干)

患者，男性，22 岁，大学生。近一年来听课注意力不集中，发呆发愣，时有自语自笑，动作迟缓，吃一顿饭要一个多小时。5d 前开始终日卧床，不吃饭，不知上厕所。精神检查：意识清晰，卧床不动不语，针刺其身体无反应。肌张力增高。令患者张嘴，反把嘴闭得更紧，把患者肢体摆成不舒服的姿势，可以保持很久不变，躯体及神经系统检查未见其他异常体征。

60. 患者不具有的症状是
A. 情绪低落　　B. 情感不协调
C. 蜡样屈曲　　D. 主动违拗
E. 木僵

61. 该患者的正确诊断是
A. 抑郁症　　B. 散发脑炎
C. 分裂样人格障碍　　D. 癔症
E. 精神分裂症

62. 最有效的治疗
A. 抗抑郁治疗　　B. 脱水抗病毒治疗
C. 抗焦虑治疗　　D. 抗精神病治疗
E. 抗生素治疗

(63、64 题共用题干)

患者，女性，35 岁，工人。2 个月前无明显诱因出现失眠、早醒，觉得自己前途全完了，整天闷闷不乐，少与人交往，对任何事物都缺乏兴趣，每天都唉声叹气，觉得活着没意思。

63. 该患者应诊断为
A. 精神分裂症　　B. 神经衰弱
C. 焦虑症　　D. 强迫症
E. 抑郁发作

64. 应首选治疗的药物为
A. 帕罗西汀　　B. 阿米替林
C. 氯硝西泮　　D. 利培酮
E. 卡马西平

(65、66 题共用题干)

患者，女性，35 岁，教师。自诉近一年来工作压力较大，同时家庭出现矛盾而逐渐出现失眠，以入睡困难为主，自觉工作能力不如以前。近 3 个月以来，常莫名其妙地感到紧张担心，担心小孩会出事，担心自己会得病，担心会发生不好的事情，因而时刻提心吊胆。近半个月以来症状更加明显，几乎通宵不能入睡，坐立不安，心慌心悸，情绪不稳。病前性格为遇事易紧张焦虑，既往有哮喘病史。体格检查、各项辅助及实验室检查未见异常

65. 此患者应诊断为
A. 心因性精神障碍　　B. 广泛性焦虑
C. 惊恐障碍　　D. 抑郁症
E. 恐惧症

66. 此患者目前的处理以哪项为宜
A. 丙咪嗪＋普萘洛尔＋心理治疗
B. 帕罗西汀＋普萘洛尔＋心理治疗
C. 帕罗西汀＋阿普唑仑＋心理治疗
D. 丁螺环酮＋谷维素＋心理治疗
E. 氟西汀＋氯氮平＋心理治疗

(67、68 题共用题干)

患者，男性，28 岁，银行职员。平常性格谨慎细心、过分注意细节、要求十全十美。近一年来，患者出门时总是怀疑门未锁好，故而反复检查，明知门已锁好，但又无法控制地反复检查，否则就焦虑不安。

67. 患者的主要症状为
A. 强迫意向　　B. 强迫性联想
C. 强迫性仪式动作　　D. 强迫检查
E. 强迫性穷思竭虑

68. 该患者最好的治疗方法是
A. 氯丙咪嗪＋心理治疗
B. 丙咪嗪＋心理治疗
C. 利培酮＋心理治疗
D. 氯硝西泮＋心理治疗
E. 卡马西平＋心理治疗

(69～71 题共用题干)

患者，女性，32 岁，小学文化，已婚，乡村干部。2 年前行绝育术，手术顺利。但在术中，患者回忆说听到医生说了一句“夹断了”的话，之后即感到全身无力，出现双腿不能走路，曾经过针灸等治疗有所好转。但某日听及另一医生说“半年不下床，好腿也会瘫的”后病情又逐渐加重以至双腿不能活动，整日卧床，生活不能自理。既往史、家族史及生长发育无特殊，病前性格争强好胜。神经系统检查未见深、浅反射异常，未引出病理征。实验室检查未见明显异常。

69. 该患者的诊断应考虑
A. 多发性硬化　　B. 重症肌无力
C. 隐匿性抑郁症　　D. 癔症
E. 心因性精神障碍

70. 目前,该患者主要护理问题
A. 自伤的危险　B. 睡眠形态紊乱
C. 有失用综合征的危险　D. 个人应对无效
E. 有受伤的危险

71. 以下哪种护理措施对患者最为有效
A. 暗示法训练患者自身的生活能力
B. 尊重患者的行为模式
C. 正确认识心理社会压力
D. 重建或学习适应性应对方法
E. 尽量满足患者要求模式

(72、73 题共用题干)

患者,男性,76 岁,既往无脑卒中病史。近 2 年来逐渐出现记忆力减退,起初表现为新近发生的事容易遗忘,如经常找不到刚用过的东西,刚吃完饭不能回忆吃的什么,常失落物品等,症状持续加重,近半年来出现出门不识回家的路。体格检查未发现神经系统定位体征,CT 检测提示轻度脑萎缩。

72. 该患者的记忆障碍表现为
A. 全面性遗忘　B. 近期记忆障碍
C. 选择性遗忘　D. 逆行性遗忘
E. 顺行性遗忘

73. 该患者目前护理最重要的是
A. 训练患者生活自理能力
B. 预防患者跌倒 、骨折、外伤
C. 训练患者语言能力
D. 预防患者走失
E. 预防患者冲动伤人

(74～76 题共用题干)

患者,男性,34 岁,近一年来日显懒散,不修边幅,记忆下降,注意力不集中,失眠,常诉自己的想法已被人知道,且常独居不与外界接触。

74. 拟诊为精神分裂症,下列哪项症状意义最大
A. 失眠　B. 注意力不集中
C. 记忆下降　D. 不与外界接触
E. 被洞悉感

75. 收患者住院治疗,主要选择下列哪种药物
A. 利培酮　B. 苯巴比妥
C. 帕罗西汀　D. 碳酸锂
E. 地西泮

76. 经药物治疗后症状基本缓解,自知力部分恢复,患者家属询问护士服药时间,护士应如何回答
A. 医生指导下长期治疗
B. 医生指导下不少于 1 年
C. 医生指导下不少于 3 年
D. 医生指导下不少于 5 年
E. 医生指导终生服药

(77～79 题共用题干)

患者,女性,32 岁,已婚。因家庭矛盾近 2 个月来出现情绪低落,对任何事都缺乏兴趣,易疲乏,言语减少,动作迟缓,自觉脑子笨,觉得自己前途暗淡,食欲减退,早醒,悲观失望,自责自罪,有轻生的念头。病情呈晨重夕轻的特点。

77. 该患者应诊断为
A. 反应性精神障碍　B. 神经衰弱
C. 抑郁症　D. 焦虑症
E. 精神分裂症

78. 患者家属要求门诊治疗,护士应给家属交代最重要的护理问题是
A. 有自杀的危险
B. 有暴力行为的危险
C. 睡眠障碍
D. 社会交往障碍
E. 饮食不佳

79. 给患者选用选择性 5-羟色胺再摄取抑制剂治疗一周后病情仍未明显改善。患者家属咨询护士,护士应如何回答
A. 建议医生加大药物剂量
B. 建议医生加用其他抗抑郁药
C. 建议医生改用电休克治疗
D. 建议医生换用其他抗抑郁药
E. 告诉患者家属此类抗抑郁药的起效时间需要 2～3 周,建议其按医嘱坚持服药

参考答案

1～5 ECADC　6～10 BBBAC　11～15 DBEEC
16～20 DEBCB　21～25 DBEAB　26～30 EDCDE
31～35 ACEDE　36～40 EDADB　41～45 DCDAB
46～50 EDACB　51～55 EACDC　56～60 CAECA
61～65 EDEAB　66～70 CDADC　71～75 ABDEA
76～79 BCAE

(符勤怀)

第11章　损伤、中毒患者的护理

考点提纲栏——提炼教材精华，突显高频考点

第1节　一氧化碳中毒患者的护理

一、概述

★ 一氧化碳(CO)俗称煤气，是无色、无臭、无味、无刺激性气体，含碳物质燃烧不完全时，可产生CO。CO经呼吸道进入血液，与血红蛋白结合形成稳定的碳氧血红蛋白(COHb)，而COHb不能携氧，还影响氧合血红蛋白正常解离，此外，CO还可抑制细胞色素氧化酶，直接抑制组织细胞内呼吸。因此，**CO中毒时主要引起组织缺氧，脑、心对缺氧最敏感，常最先受损。**

二、临床表现

1. 轻度中毒：**患者感头痛、头晕**、眼花、四肢无力、胸闷、耳鸣、恶心、呕吐、心悸、嗜睡或意识模糊。

★2. 中度中毒：除上述症状加重外，**患者可出现皮肤黏膜呈樱桃红色**，神志不清，呼吸困难、脉快、皮肤多汗。

★3. 重度中毒：**患者出现深昏迷、抽搐**、呼吸困难、呼吸浅而快、面色苍白、四肢湿冷、周身大汗，可有大小便失禁、血压下降。**可因发生脑水肿、呼吸循环衰竭而死亡。**

4. 中毒后迟发性脑病(神经精神后发症)：**多在急性中毒后1～2周内发生**。是指重度中毒患者意识障碍恢复后，经过2～60d的"假愈期"，可出现中毒后迟发性脑病的症状，如精神意识障碍、去大脑皮质状态、帕金森综合征、肢体瘫痪、癫痫、周围神经病变等。昏迷时间超过48h者，中毒后迟发性脑病发生率较高。

三、辅助检查

★1. 血液碳氧血红蛋白测定：**是对确诊有价值的指标。轻度中毒血液COHb浓度为10%～20%，中度中毒血液COHb浓度为30%～40%，重度中毒血液COHb浓度为＞50%。**

2. 脑电图检查：可见缺氧性脑病的波形。

四、治疗要点

★1. **迅速开门窗通风，断绝煤气来源，立即将患者转移到空气清新处，松解衣扣及腰带，注意保暖，保持呼吸道通畅。**

★2. 纠正缺氧：**氧疗是一氧化碳中毒最有效的治疗方法**。轻、中度中毒患者可用面罩或鼻导管高流量吸氧，8～10L/min；严重中毒患者给予高压氧治疗，可加速碳氧血红蛋白解离，促进一氧化碳排出。无自主呼吸应及时人工呼吸，或使用呼吸机。对危重病例可考虑换血疗法。

3. 对症治疗
- (1)控制高热、抽搐：可采用头部降温、亚低温疗法及止痉药物。
- (2)防治脑水肿：及时脱水治疗，最常用20%甘露醇溶液250ml静脉快速滴注，6～8h一次，也可应用呋塞米、肾上腺皮质激素等药物，降低颅内压，减轻脑水肿。
- (3)促进脑细胞代谢。
- (4)防治并发症及中毒性迟发性脑病：急性CO中毒患者苏醒后，应该休息观察2周，以防中毒性迟发性脑病和心脏后发症的发生。

五、护理问题

1. 头痛：与一氧化碳中毒引起脑缺氧、颅内压增高有关。

2. 急性意识障碍：昏迷：与一氧化碳中毒有关。

3. 知识缺乏：缺乏有关疾病的知识。

4. 潜在并发症：迟发型脑病。

六、护理措施

1. 病情观察：密切观察神志变化，定时测量生命体征，记录出入量及危重病记录。观察患者有无头痛、喷射性呕吐等颅内压增高征象。了解碳氧血红蛋白测定结果。

★2. **迅速给患者吸高浓度（＞60%）高流量氧（8～10L/min），有条件可用高压氧舱治疗。**呼吸停止者应做人工呼吸，备好气管切开包及呼吸机。

3. 高热惊厥：应按医嘱给地西泮静脉或肌内注射，并给予物理降温，头带冰帽，体表大血管处放置冰袋。

4. 保持呼吸道通畅，平卧位头偏一侧，及时清除口咽分泌物及呕吐物。

5. 按医嘱用药：脑水肿者遵医嘱给予20%甘露醇溶液静脉快速滴注，并按医嘱静脉滴注ATP、细胞色素c等药物。

6. 恢复期护理：患者清醒后仍要休息2周，可加强肢体锻炼，如被动运动、按摩、针灸，以促进肢体功能恢复。

七、健康教育

1. 加强预防CO中毒的宣传。居室内火炉或煤炉要安装烟囱或排风扇，定期开窗通风。

2. 厂矿应加强劳动防护措施，定期测定空气CO浓度。

3. 若有头痛、头晕、恶心等先兆，应立即离开。

4. 进入高浓度CO环境执行任务时，应注意做好防护。

第2节　有机磷中毒患者的护理

一、病因

1. 职业性中毒：多由于生产有机磷农药的生产设备密闭不严或在使用中违反操作规定，防护不完善而造成。

2. 生活性中毒：多由于误服、误用引起；此外还有服毒自杀及谋杀而中毒者。

二、临床表现

★1. 急性中毒全身损害：**急性中毒发病时间与杀虫药毒性大小、剂量及侵入途径密切相关。经皮肤吸收中毒，症状常在接触后2～6h内出现。口服中毒可在10min至2h内出现症状**

- ★(1) 毒蕈碱样症状（M样症状）：**出现最早，主要是副交感神经末梢兴奋所致。其表现为平滑肌痉挛及腺体分泌增加。表现为头晕、头痛、多汗、流涎、恶心、呕吐、腹痛、腹泻、瞳孔缩小、视物模糊、支气管分泌物增多、呼吸困难，严重者出现肺水肿。**
- ★(2) 烟碱样症状（N样症状）：**主要是横纹肌运动神经过度兴奋，表现为肌纤维颤动。**常先从面部、眼睑、舌肌开始，逐渐发展至四肢，全身肌肉抽搐，后期出现肌力减退和瘫痪，如发生呼吸肌麻痹可诱发呼吸衰竭。
- ★(3) 中枢神经系统症状：早期可有头晕、头痛、乏力，**逐渐出现烦躁不安、谵妄、抽搐及昏迷。**
- ★(4) 部分患者可出现中毒后“反跳”、迟发性多发性神经病和中间型综合征。**中毒后“反跳”是指急性中毒者经急救好转后，突然出现病情反复，患者可再度陷入昏迷，或出现肺水肿而死亡。原因可能与洗胃及皮肤去除毒物不彻底或过早停药有关。**
- ★(5) **迟发性多发性神经病是指急性严重中毒症状消失后2～3周，出现下肢瘫痪、四肢肌肉萎缩等症状。**中间型综合征多发生在急性中毒症状缓解后，迟发性神经病发生前，多在急性中毒后1～4d突然发生死亡。

2. 局部损害：对硫磷、内吸磷、美曲磷脂(敌百虫)、敌敌畏接触皮肤后可引起过敏性皮炎，皮肤可红肿及出现水疱。眼内溅入有机磷农药可引起结膜充血和瞳孔缩小。

三、辅助检查

★**有机磷杀虫药中毒有蒜味。全血胆碱酯酶活力(CHE)测定：是诊断有机磷农药中毒的特异性指标，是判断中毒程度、疗效及预后估计的重要依据。**

急性有机磷中毒分为轻、中、重三级。

★1. **轻度中毒：以毒蕈碱样症状为主，全血胆碱酯酶活力降至70%～50%。**

★2. **中度中毒：出现毒蕈碱样症状和烟碱样症状。全血胆碱酯酶活力降至50%～30%。**

★3. **重度中毒：除毒蕈碱样症状和烟碱样症状外，出现中枢神经系统受累和呼吸衰竭等症状。全血胆碱酯酶活力降至30%以下。**

四、治疗原则

★1. 迅速清除毒物：**立即使患者脱离中毒现场，脱去污染衣物。口服中毒者用清水、2%碳酸氢钠溶液(美曲磷酯禁用)或1∶5 000高锰酸钾溶液(对硫磷忌用)反复进行洗胃，直至洗清无味，**然后再给硫酸钠导泻。用肥皂水反复清洗污染皮肤、头发和指甲缝隙部位，**禁用热水或乙醇擦洗。**眼部污染可用2%碳酸氢钠溶液、生理盐水或清水彻底冲洗。

2. 解毒药物的使用

★(1)**抗胆碱药：最常用药物为阿托品。**阿托品应**早期、足量反复给药**，直到毒蕈碱样症状明显好转或出现"阿托品化"表现，则逐渐减少阿托品剂量或停药。**阿托品化表现为：患者瞳孔较前扩大、颜面潮红、口干、皮肤干燥、肺部湿啰音减少或消失、心率加快等。**用药过程中，若出现瞳孔极度扩大、烦躁不安、意识模糊、谵妄、抽搐、昏迷和尿潴留等，应注意是**阿托品中毒表现，及时停药观察，必要时使用毛果芸香碱进行拮抗。**

★(2)胆碱酯酶复能剂：**此类药物能使抑制的胆碱酯酶恢复活性，改善烟碱样症状。**常用药物有碘解磷定、氯解磷定和双复磷等。**注射速度过快可致暂时性呼吸抑制。**双复磷不良反应较明显，用量过大，可引起室性期前收缩、室颤或传导阻滞。

★3. 对症治疗：**有机磷中毒的死因主要为中枢性呼吸衰竭，**应加强重要脏器的监护，保持呼吸道通畅，吸氧、吸痰，必要时应用机械辅助呼吸，发现病情变化及时处理。

五、护理问题

1. 急性意识障碍：昏迷：与有机磷农药中毒有关。
2. 体液不足：脱水：与有机磷农药中毒致严重呕吐、腹泻有关。
3. 气体交换受损：与有机磷农药中毒致支气管分泌物过多有关。
4. 有误吸的危险：与严重呕吐、意识障碍有关。
5. 低效性呼吸型态：呼吸困难：与有机磷农药中毒致肺水肿、呼吸肌麻痹等有关。
6. 知识缺乏：缺乏有机磷农药使用和管理的有关知识 。

六、护理措施

1. 休息与体位：清醒者可取半卧位，昏迷者头偏一侧。
2. 保持呼吸道通畅：注意及时清除呕吐物及痰液，并备好气管切开包、呼吸机等。
3. 吸氧：给予高流量吸氧4～5L/min。

4. 病情观察：应严密观察和记录患者的生命体征、尿量和意识状态，发现以下情况及时做好配合抢救的工作
   - (1)呼吸节律不规则，频率与深度也发生异常，应警惕呼吸衰竭。
   - (2)出现胸闷、严重呼吸困难、咳粉红色泡沫痰、两肺湿啰音、意识模糊或烦躁，应警惕急性肺水肿。
   - (3)头痛、剧烈呕吐、抽搐伴有意识障碍，应警惕急性脑水肿。
   - (4)出现瞳孔极度扩大、烦躁不安、意识模糊、谵妄、抽搐、昏迷和尿潴留等，应警惕阿托品中毒。
   - (5)患者清醒后又出现心慌、胸闷、乏力、气短、食欲减退、唾液明显增多等表现，应警惕中间综合征的先兆。

★5. 药物护理：遵医嘱定时给药，并注意观察药物的作用及不良反应，**忌用抑制呼吸中枢的药物如吗啡、巴比妥类**。

七、健康教育

1. 介绍本病相关知识。
2. 严格遵守有关毒物的防护和管理制度，加强毒物保管，标记清楚，防止误食。
3. 因自杀中毒者，指导患者学会应对应激源的方法，争取家庭、社会支持。

第3节 镇静催眠药中毒患者的护理

一、病因

镇静催眠药可分为以下几类。

1. 苯二氮䓬类：氯氮䓬、地西泮、阿普唑仑、三唑仑等。
2. 巴比妥类：巴比妥、苯巴比妥、异戊巴比妥、硫喷妥钠等。
3. 非巴比妥非苯二氮䓬类：水合氯醛、格鲁米特(导眠能)、甲喹酮(安眠酮)等。
4. 吩噻嗪类(抗精神病药)：氯丙嗪、三氟拉嗪等。

二、临床表现

1. 急性中毒
   - (1)苯二氮䓬类中毒：中枢神经系统抑制较轻，主要症状是嗜睡、头晕、言语含糊不清、意识模糊、共济失调。深昏迷和呼吸抑制较少。
   - (2)巴比妥类中毒：症状与剂量有关
     - 1)轻度中毒：嗜睡、可唤醒，有判断力和定向力障碍、注意力不集中、步态不稳、言语不清、眼球震颤。
     - 2)重度中毒：进行性中枢神经系统抑制，由嗜睡到深昏迷。呼吸抑制由呼吸浅慢到呼吸停止。心血管功能由低血压到休克。体温下降常见。肌张力松弛，腱反射消失。胃肠蠕动减慢。
   - (3)非巴比妥非苯二氮䓬类中毒：其症状虽与巴比妥类中毒相似，但各有其特点
     - 1)水合氯醛中毒：可有心律失常、肝肾功能损害。
     - 2)格鲁米特中毒：意识障碍有周期性波动。有抗胆碱能神经症状，如瞳孔散大等。
     - 3)甲喹酮中毒：可有明显的呼吸抑制，出现锥体束体征如肌张力增强、腱反射亢进、抽搐等。
     - 4)甲丙氨酯中毒：有血压下降。
   - (4)吩噻嗪类中毒：最常见的为锥体外系反应，临床表现有三类
     - 1)帕金森病。
     - 2)静坐不能。
     - 3)急性肌张力障碍反应。

2. 慢性中毒：长期滥用大量催眠药的患者可发生慢性中毒
   - (1)意识障碍和轻躁狂状态：出现一时性躁动不安或意识模糊状态。言语兴奋、欣快、易疲乏，伴有震颤、咬字不清、步态不稳等。
   - (2)智能障碍：记忆力、计算力、理解力均有明显下降，工作学习能力减退。
   - (3)人格变化：患者丧失进取心，对家庭和社会失去责任感。

3. 戒断综合征：长期服用大剂量镇静催眠药的患者，突然停药或迅速减少药量时，可发生戒断综合征。主要表现为自主神经兴奋性增高和轻、重症神经精神异常。

三、辅助检查

1. 血液、尿液、胃液中药物浓度测定，对诊断有参考意义。
2. 血液生化检查。
3. 动脉血气分析。

四、治疗原则

1. 急性中毒的治疗
   - (1)迅速清除毒物
     - 1)洗胃：口服中毒者用1∶5 000高锰酸钾溶液或清水洗胃。
     - 2)活性炭及泻剂的应用：对各种镇静催眠药有效。
     - 3)碱化利尿：用呋塞米和碱性液，只对长效巴比妥类有效。
     - 4)血液透析、血液灌流：对苯巴比妥和吩噻嗪类中毒有效，危重患者可考虑应用。
   - (2)特效解毒疗法：巴比妥类中毒无特效解毒药。氟马西尼是苯二氮䓬类拮抗剂，能通过竞争抑制苯二氮䓬受体而阻断苯二氮䓬类药物的中枢神经系统作用。
   - (3)维持昏迷患者的生命体征，促进意识恢复。
   - (4)对症治疗：吩噻嗪类药物中毒无特效解毒剂，应用利尿和腹膜透析无效。因此，首先要彻底清洗胃肠道。治疗以对症及支持疗法为主。

2. 慢性中毒的治疗原则
   - (1)逐步减少药量并停用镇静催眠药。
   - (2)请精神科医师会诊，进行心理治疗。

3. 戒断综合征：治疗原则是用足量镇静催眠药控制戒断症状，稳定后，逐渐减少药量至停药。

五、护理问题

1. 清理呼吸道无效：与咳嗽反射减弱或消失、药物对呼吸中枢抑制有关。
2. 组织灌注量改变：与急性中毒致血管扩张有关。
3. 有皮肤完整性受损的危险：与昏迷、皮肤大疱有关。
4. 潜在并发症：肺炎。

六、护理措施

1. 保持呼吸道通畅、给氧：清醒者鼓励咳嗽，促进有效排痰，昏迷患者有痰时给予吸痰，呼吸困难、发绀者给予高流量持续给氧，必要时备气管切开包。

2. 饮食护理：给予高热量、高蛋白易消化饮食，昏迷者鼻饲，必要时可静脉补充营养。

3. 密切观察病情：观察呼吸的变化，注意有无缺氧、呼吸困难、窒息等症状并监测动脉血气结果；观察神志和生命体征的变化，及早发现休克先兆，并迅速建立静脉通道，遵医嘱补液；记录24h出入量和尿量及尿比重，以了解休克的改善程度。

4. 加强生活护理、防压疮：保持床单清洁、干燥、平整，定时翻身并按摩受压处，避免推、拖、拉等动作；注意皮肤卫生，定期给予床上擦浴；做好口腔护理，观察黏膜情况。

5. 预防肺部感染：定期通风，保持室内空气新鲜，减少探视。进行有效咳嗽、经常变换体位等，监测生命体征的变化。早期发现感染，遵医嘱给予抗生素。

6. 心理护理。

七、健康教育

1. 介绍疾病相关知识。
2. 失眠者宣教导致睡眠紊乱的原因及避免失眠的常识。
3. 对镇静催眠药的使用、保管要严格，防止产生药物依赖。

第4节 酒精中毒患者的护理

一、概述

急性酒精中毒是指因饮酒过量引起的以神经精神症状为主的中毒性疾病，严重时可累及呼吸和循环系统，导致意识障碍、呼吸和循环衰竭，甚至危及生命。

二、临床表现

1. 急性中毒：症状与饮酒量和血乙醇浓度以及个人耐受性有关，临床上分为3期
   - ★(1)兴奋期：**血乙醇浓度达到11mmol/L(50mg/dl)**，即感头痛、欣快、兴奋、言语增多，情绪不稳定、易感情用事或有攻击行为。
   - ★(2)共济失调期：**血乙醇浓度达到33mmol/L(150mg/dl)**，可出现**明显共济失调**、行动笨拙、言语含糊不清、眼球震颤、视物模糊、复视、步态不稳。浓度达到43mmol/L(200mg/dl)，出现恶心、呕吐、困倦。
   - ★(3)昏迷期：**血乙醇浓度升至54mmol/L(250mg/dl)**，患者进入昏迷期，表现昏睡、瞳孔散大、体温降低。血乙醇超过87mmol/L(400mg/dl)，患者陷入深昏迷，心率快、血压下降，呼吸慢而有鼾音，可出现呼吸、循环麻痹而危及生命。
2. 戒断综合征：长期酗酒者在突然停止饮酒或减少酒量后，可发生下列4种不同类型戒断综合征的反应
   - (1)单纯性戒断反应：在减少饮酒后6～24h发病。出现震颤、焦虑不安、兴奋、失眠、心动过速、血压升高、大量出汗、恶心、呕吐。多在2～5d内缓解自愈。
   - (2)酒精性幻觉反应：患者意识清醒，定向力完整。幻觉以幻听为主，也可见幻视、错觉及视物变形。多为迫害妄想，一般可持续3～4周后缓解。
   - (3)戒断性惊厥反应：往往与单纯性戒断反应同时发生，也可在其后发生癫痫大发作。多数只发作1～2次，每次数分钟。也可数日内多次发作。
   - (4)震颤谵妄反应：在停止饮酒24～72h后，也可在7～10h后发生。患者精神错乱，全身肌肉出现粗大震颤。谵妄是在意识模糊的情况下出现生动、恐惧的幻视，可有大量出汗、心动过速、血压升高等交感神经兴奋的表现。
3. 慢性中毒：长期酗酒可造成多系统损害
   - (1)神经系统
     - ★1)**Wernicke脑病：眼部可见眼球震颤、外直肌麻痹**。有类似小脑变性的共济失调和步态不稳。精神错乱显示无欲状态，少数有谵妄。
     - ★2)**Korsakoff综合征：近记忆力严重丧失，时空定向力障碍**，对自己的缺点缺乏自知之明，用虚构回答问题。病情不易恢复。
     - 3)周围神经麻痹：双下肢远端感觉运动减退，跟腱反射消失，手足感觉异常麻木、烧灼感、无力。恢复较慢。
   - (2)消化系统
     - 1)胃肠道疾病：可有反流性食管炎、胃炎、胃溃疡、小肠营养吸收不良、胰腺炎。
     - 2)酒精性肝病：由可逆的脂肪肝、酒精中毒性肝炎转化为肝硬化。
   - (3)心血管系统：酒精中毒性心肌病往往未被发现，有逐渐加重的呼吸困难、心脏增大、心律失常以及心功能不全。
   - (4)造血系统：贫血可为巨幼细胞贫血或缺铁性贫血。由于凝血因子缺乏或血小板减少和血小板凝聚功能受抑制可引起出血。
   - (5)呼吸系统：肺炎多见。

3. 慢性中毒：长期酗酒可造成多系统损害
- (6)代谢疾病和营养疾病
  - 1)代谢性酸中毒多为轻度。
  - 2)电解质失常：血钾、血镁轻度降低。
  - 3)低血糖症：明显降低时可诱发抽搐。
  - 4)维生素 B_1 缺乏：可引起 Wernicke 脑病和周围神经麻痹。
- (7)生殖系统：男性性功能低下，睾酮减少。女性宫内死胎率增加。胎儿酒精中毒可出现畸形、发育迟钝、智力低下。

三、辅助检查

必要时采血、尿、呼出气、胃内容物为标本作乙醇定性检测，以确定诊断。

四、治疗原则

1. 急性中毒
- (1)轻症患者无须治疗，兴奋躁动的患者必要时加以约束。
- (2)共济失调患者应休息，避免活动以免发生外伤。
- (3)昏迷患者应注意是否同时服用其他药物。重点是维持生命脏器的功能
  - ①维持气道通畅、给氧，必要时气管插管。
  - ②维持循环功能，注意血压、脉搏，静脉滴注5%葡萄糖盐水溶液。
  - ③心电图监测心律失常和心肌损害。
  - ④保暖，维持正常体温。
  - ⑤维持水、电解质、酸碱平衡。治疗 Wernicke 脑病，可肌内注射维生素 B_1 100mg。
  - ⑥保护大脑功能，应用纳洛酮0.4～0.8mg缓慢静脉注射，有助于缩短昏迷时间，必要时可重复给药。
- ★(4)**严重急性中毒时可用血液透析促使体内乙醇排出。透析指征有：血乙醇含量>108mmol/L(500mg/dl)**，伴酸中毒或同时服用甲醇，或可疑药物时。静脉注射50%葡萄糖溶液100ml，肌内注射维生素 B_1、维生素 B_6 各100mg，以加速乙醇在体内氧化。对烦躁不安或过度兴奋者，可用小剂量地西泮，避免用吗啡、氯丙嗪、苯巴比妥类镇静药。

2. 戒断综合征：患者应安静休息，保证睡眠。加强营养，给予维生素 B_1、B_6。有低血糖时静脉注射葡萄糖。**重症患者选用地西泮**，根据病情每1～2h口服地西泮5～10mg。病情严重者可静脉给药。症状稳定后，可给予维持镇静的剂量，每8～12h服药1次。以后逐渐减量，一周内停药。**有癫痫病史者可用苯妥英钠。有幻觉者可用氟哌利多醇**。

3. 慢性中毒：Wernicke 脑病注射维生素 B_1 100mg 有明显效果。同时应补充血容量和电解质。葡萄糖应在注射维生素 B_1 后再给，以免在葡萄糖代谢过程中大量消耗维生素 B_1 使病情急剧恶化。Korsakoff 综合征治疗同 Wernicke 脑病。还应注意加强营养，治疗贫血和肝功能不全。注意防治感染、癫痫发作和震颤谵妄。沉溺于嗜酒的患者应该立即戒酒，并接受精神科医生的心理治疗。

五、护理问题

1. 意识障碍：与酒精作用于中枢神经系统有关。
2. 低效型呼吸型态：与酒精抑制呼吸中枢有关。
3. 组织灌注量改变：与酒精作用于血管运动中枢有关。
4. 知识缺乏：缺乏酒精对人体毒性的认识。
5. 潜在并发症：休克。

六、护理措施

1. 催吐：直接刺激患者咽部进行催吐，使胃内容物呕出，减少乙醇的吸收。已有呕吐者可不用。
2. 保持呼吸道通畅：平卧位头偏向一侧，及时清除呕吐物及呼吸道分泌物，防止窒息。
3. 严密观察病情：对神志不清者要观察神志、瞳孔及生命体征的变化，并做好记录。
4. ★**按医嘱使用纳洛酮**：应注意患者应用纳洛酮后清醒的时间。
5. 安全防护。
6. 注意保暖。

7. 心理护理。

七、健康教育

1. 介绍疾病相关知识。

2. 加强营养,避免饮酒。

3. 积极参加有益的活动,保持情绪稳定。

第5节 中暑患者的护理

一、概述

中暑是指在高温环境下或受烈日暴晒等引起体温调节功能紊乱所致体热平衡失调、水电解质紊乱或脑组织细胞受损而致的一组急性临床综合征。根据发病机制不同,中暑可分为热射病、日射病、热衰竭和热痉挛4种类型。

二、病因

正常人体温一般恒定在37℃左右,是通过下丘脑体温调节中枢的作用,使产热和散热处于动态平衡的结果。当环境温度较高(室温超过35℃)、强辐射热,或气温虽未达高温,但湿度高及通风不良的环境下无足够防暑降温措施,在此环境中劳动到一定时间均可发生中暑,当出现大汗、口渴、头晕、胸闷时为先兆中暑。

三、临床表现

★1. 热衰竭(又称中暑衰竭):为最常见的一种。**多由于大量出汗导致失水、失钠,血容量不足而引起周围循环衰竭**。主要表现为头痛、头晕、口渴、皮肤苍白、出冷汗、脉搏细数、血压下降、昏厥或意识模糊,体温基本正常。

★2. 热痉挛(又称中暑痉挛):**大量出汗后口渴而饮水过多,盐分补充不足,使血液中钠、氯浓度降低而引起肌肉痉挛。以腓肠肌痉挛最为多见,体温多正常。**

★3. 日射病:由于烈日暴晒或强烈热辐射作用头部,**引起脑组织充血、水肿,出现剧烈头痛、头晕、眼花、耳鸣、呕吐、烦躁不安,严重时可发生昏迷、惊厥。头部温度高,而体温多不升高。**

★4. 热射病(又称中暑高热):是致命性急症,**以高热、无汗、意识障碍"三联症"为典型表现**。高温环境下大量出汗仍不足以散热或体温调节功能障碍出汗减少致汗闭,可造成体内热蓄积。早期表现头痛、头昏、全身乏力、多汗,继而体温迅速升高,可达40℃以上,出现皮肤干热、无汗、谵妄和昏迷,可有抽搐、脉搏加快、血压下降、呼吸浅速等表现。严重者可出现休克、脑水肿、肺水肿、弥散性血管内凝血及肝、肾功能损害甚至昏迷等严重并发症。

四、治疗要点

治疗首选原则为迅速降温,补充水、电解质,纠正酸中毒,防治脑水肿等。

1. 热衰竭:纠正血容量不足,静脉补充生理盐水及葡萄糖液、氯化钾。

★2. 热痉挛:**给予含盐饮料**,若痉挛性肌肉疼痛反复发作,可静脉滴注生理盐水。

3. 日射病:头部用冰袋或冷水湿敷。

4. 热射病:迅速采取各种降温措施,若抢救治疗不及时,死亡率高

- ★(1)物理降温:用冰袋或酒精擦浴;头部戴冰帽,颈、腋下、腹股沟等处放置冰袋。**肛温降至38℃时应暂停降温。**
- ★(2)药物降温:与物理降温合用。**常用药物为氯丙嗪**,其作用有抑制体温调节中枢,扩张血管加速散热,降低器官代谢及耗氧量。
- (3)对症治疗:抽搐时可肌内注射地西泮10mg或用10%水合氯醛溶液10～20ml保留灌肠。昏迷者应保持呼吸道通畅并给氧,酌情用抗生素,防治感染。脱水、酸中毒者应补液纠正酸中毒。并发休克、脑水肿、心力衰竭、急性肾衰竭或弥散性血管内凝血时,应给予相应及时治疗。**★中暑高热伴休克时最适宜的降温措施是动脉快速推注4℃ 5%葡萄糖盐水。**

五、护理问题

1. 体液不足:脱水:与水、电解质过度丧失有关。
2. 体温过高:与体温调节功能紊乱、汗腺功能衰竭有关。
3. 疼痛:肌肉痉挛性痛:与电解质丢失过多而补充不足有关。
4. 急性意识障碍:昏迷:与中暑高热有关。

六、护理措施

1. 环境降温:★**以20～25℃为宜**,有条件放在空调房内。
2. 饮食护理:以半流质为主,加强营养,保证生理需要。
3. 症状护理
   - (1)热痉挛患者,协助患者按摩局部以减轻疼痛。
   - (2)高热者可在大血管处放置冰袋,可用冰水或酒精全身擦浴,同时按摩四肢、躯干皮肤,防止皮肤血管收缩血流淤滞,使血管扩张促进散热。同时使用药物降温时注意观察该药不良反应,每10～15min测肛温1次。
   - (3)昏迷者按昏迷护理常规进行护理,如头偏向一侧、及时清除口鼻分泌物,吸氧,必要时人工机械通气。
   - (4)惊厥者防坠床、碰伤和舌咬伤。遵医嘱用地西泮。
4. 基础护理:做好口腔、皮肤清洁,预防感染。
5. 病情观察:昏迷者应定时测生命体征、观察意识状态,并记录。
6. 避免输液速度过快,特别是老年人及原有心脏病者,避免发生左心衰竭。

七、健康教育

1. 患者应根据自己的身体状况,选择和调整外出活动的时间。
2. 平时积极锻炼身体,增强体质,积极治疗各种原发病。
3. 盛夏期间做好防暑降温工作。
4. 避免过度劳累,保证充足睡眠。
5. 改善高温作业条件,加强隔热、通风、遮阳等降温措施,供给含盐清凉饮料。

第6节　淹溺患者的护理

一、概述

淹溺(drowning)又称溺水,是人淹没于水中,水、泥沙、杂草等随呼吸进入呼吸道或肺内,堵塞呼吸道或因刺激引起喉头、气管发生反射性痉挛引起窒息。溺水时间越长,病情越重。严重者如抢救不及时可导致呼吸、心跳停止而死亡。

二、病因与发病机制

人淹没于水中,本能地出现反射性屏气和挣扎,避免水进入呼吸道。不久,由于缺氧而被迫深呼吸,大量水进入呼吸道和肺泡而发生窒息。根据发生机制淹溺可分为干性淹溺和湿性淹溺。根据淹溺的水性质分为淡水淹溺或海水淹溺。

三、临床表现

★患者轻者神志模糊、呼吸表浅,查体肺部可闻及湿性啰音。重者常出现**昏迷,面部青紫、肿胀、球结膜充血,口、鼻充满泡沫或污泥、杂草,四肢冰凉,呼吸和心跳微弱或停止**。胃内积水者可见上腹部隆起。有的患者还合并颅脑及四肢损伤。复苏过程中可出现各种心律失常,甚至心室颤动,并伴有心力衰竭和肺水肿,24～48h后可出现脑水肿、急性呼吸窘迫综合征、溶血性贫血、急性肾功能衰竭或DIC的各种临床表现,肺部感染较常见。

四、辅助检查

1. 血常规：外周血白细胞总数和中性粒细胞增多，红细胞和血红蛋白因血液浓缩和稀释情况不同而有所不同。

★2. 生化检查：**淡水淹溺者，其血钠、钾、氯化物可有轻度降低，有溶血时血钾往往增高。海水淹溺者，其血钙和血镁增高。**

3. 动脉血气分析：显示低氧血症和代谢性酸中毒。

4. 胸部X线。

五、护理问题

1. 清理呼吸道无效：与大量液体、泥、草入呼吸道或呼吸道感染等有关。
2. 气体交换受损：与气道阻塞、肺淤血有关。
3. 急性意识障碍：与脑水肿等所致大脑功能受损有关。
4. 恐惧：与病情危重、担心疾病预后有关。
5. 知识缺乏：缺乏溺水的救护知识。
6. 潜在并发症：心力衰竭、急性呼吸窘迫综合征、DIC、急性肾功能衰竭等。

六、救护原则

★**救护原则是迅速将患者救离出水，立即恢复有效通气，施行心肺脑复苏，根据病情对症处理。**

1. 现场救护
   - (1)迅速将患者救离出水。
   - (2)保持呼吸道通畅：立即清除口、鼻腔内淤泥、杂草及呕吐物，有义齿者取下义齿，确保呼吸道通畅。
   - (3)控水处理：采用头低脚高的体位将肺内及胃内积水排出。最常用的简单方法是迅速抱起患者的腰部，使其背向上、头下垂，尽快倒出肺、气管内积水。
   - (4)心肺复苏：对呼吸和心跳停止的患者应立即进行心肺复苏术。
   - (5)转运途中救护。

2. 医院内救护
   - (1)维持呼吸功能：保持呼吸道通畅是维持呼吸功能的前提，加强呼吸道管理，必要时行气管切开，机械辅助呼吸。应用呼吸兴奋剂如洛贝林、尼可刹米等。
   - (2)维持循环功能：监测CVP、动脉压、尿量和呼吸，以判断有无低血容量、心室颤动并有利于掌握输液量和速度。
   - (3)实施监护：密切观察生命体征的变化，每15～30min测1次，并观察意识、瞳孔；呼吸心跳未恢复者，继续胸外心脏按压，立即进行电除颤，留置导尿，观察尿量，注意是否出现肾衰竭；对于肺水肿者，应给予强心利尿药，预防迟发性肺水肿的发生。
   - (4)复温和保暖：及时复温对患者的预后非常重要。注意保持室内的温度，使患者体温在较短时间内升至正常。对昏迷患者要及时清洁口腔，做好口腔护理，定时翻身，预防压疮。
   - (5)对症处理
     - ★1)纠正血容量：对**淡水溺水血液稀释者，可静脉滴注3%氯化钠溶液500ml**，或全血、红细胞，以减少因血容量剧增导致的肺水肿和心力衰竭；**对海水淹溺者应注意纠正血液浓缩及血容量不足，可予5%葡萄糖溶液或低分子右旋糖酐**纠正血液浓缩，不宜输生理盐水。
     - 2)肺水肿处理：常吸入含20%～30%乙醇溶液的氧气，去除泡沫，以改善呼吸。同时根据情况选用强心、利尿等药物。
     - 3)防止脑水肿：冰帽头部降温，可静脉滴注20%甘露醇溶液250ml，每天2次，如有抽搐，可用地西泮等镇静药。
     - 4)纠正代谢酸中毒：立即静脉滴注5%碳酸氢钠溶液150～200ml，以后再根据检测电解质及血气分析结果酌情纠正。

2. 医院内救护
(6)防治感染：早期使用广谱抗生素控制呼吸道感染，必要时根据呼吸道分泌物培养药敏试验，合理选择有效抗生素。
(7)解痉：有支气管痉挛者，可经呼吸道吸入解痉剂或在纠正缺氧的同时慎用氨茶碱。
(8)意识障碍者：可静脉滴注 FDP(1,6-二磷酸果糖)、三磷腺苷(ATP)、肌苷、辅酶 A、细胞色素 C 等，以促进脑功能恢复。
(9)心理护理。

七、健康教育

1. 水上生产、游乐活动需穿上救生衣。

2. 游泳前，先做好准备运动，使身体尽快适应水温，避免出现头晕、心慌、抽筋等现象。

3. 游泳时间不要过长，以免造成身体过度疲劳和肌肉无力，在水中支持不住而发生溺水。

第 7 节　细菌性食物中毒患者的护理

一、概述

细菌性食物中毒系进食被细菌或细菌毒素污染的食物而引起的急性中毒性疾病。夏秋季是多发季节，发病多为群体性，潜伏期短，大约在进食后 30min 至 24h 内相继发病。

二、病因

★1. 沙门菌属：**是引起胃肠型食物中毒最常见的病原菌之一**。

2. 副溶血性弧菌：主要存在于海鱼、海虾等海产品和食盐腌制的食品中。

3. 金黄色葡萄球菌：引起食物中毒的金葡菌仅限于能产生肠毒素的菌株，包括 A、B、C、D、E 五个血清型，以 A 型最常见。

4. 大肠杆菌。

5. 其他：蜡样芽孢杆菌等，均可导致胃肠型食物中毒。

三、临床表现

潜伏期短，沙门菌感染为 4～24h，也可长达 2～3d；副溶血性弧菌感染为 6～12h，金黄色葡萄球菌感染为 1～5h，大肠杆菌感染为 2～20h。

★起病急，**主要表现为腹痛、腹泻、呕吐等症状**，患者常为上、中腹阵发性或持续性绞痛，上腹部、脐周有轻度压痛，肠鸣音亢进，多伴有恶心、呕吐症状。呕吐物未消化的食物，严重者可呕出胆汁、胃液，甚至可含有血液。**金黄色葡萄球菌性食物中毒呕吐最严重**。腹泻可每天数次或十数次，常为黄色稀便或黏液便。剧烈呕吐、腹泻可引发脱水、酸中毒，甚至出现周围循环衰竭。部分患者可伴畏寒、发热等全身症状。

四、辅助检查

对可疑食物、患者呕吐物、粪便进行细菌培养。查到病原体即可确诊。

五、治疗原则

1. 卧床休息。

2. 清淡易消化饮食，注意水和电解质的平衡，有脱水症状要口服补充液体，必要时要静脉补充葡萄糖盐水。

★3. 根据不同的病原菌选用敏感抗生素，如**沙门菌感染食物中毒者可用喹诺酮类或氯霉素等**，副溶血性弧菌感染食物中毒可选用氯霉素和四环素或喹诺酮类等，大肠杆菌感染食物中毒可选用阿米卡星等。

4. 对症治疗：腹痛剧烈者可用解痉剂如阿托品 0.5mg 肌内注射或口服溴丙胺太林等；发生酸中毒者可酌情给予 5%碳酸氢钠溶液等药物纠正；有休克者要抗休克治疗。

六、护理问题

1. 有体液不足的危险：与细菌及毒素作用于胃肠道黏膜，导致呕吐、腹泻有关。

2. 腹泻：与细菌及毒素导致胃肠型食物中毒有关。

3. 疼痛：腹痛与胃肠道炎症和功能紊乱有关。

4. 潜在并发症：酸中毒、水及电解质紊乱、休克。

七、护理措施

1. 休息：急性期卧床休息，以减少体力消耗。

2. 病情观察：严密观察呕吐、腹泻的性质、量、次数；观察腹痛的部位及性质；观察伴随症状如畏寒、发热、恶心呕吐等；监测重症患者生命体征变化，有无休克征象。严格记录出入量，监测血液生化检查结果，以便及时发现病情变化的征象，及时配合处理。

3. 用药护理。

4. 皮肤护理。

5. 对症护理。

八、健康教育

1. 介绍疾病相关知识。

2. 注意饮食卫生。

模拟试题栏——识破命题思路，提升应试能力

一、专业实务

A_1 型题

1. CO中毒时，常最先受损的脏器是

A. 脑　B. 肝

C. 肺　D. 肾

E. 胃

2. 有机磷农药中毒机制主要是

A. 兴奋胆碱能神经　B. 抑制胆碱酯酶

C. 激活胆碱酯酶　D. 抑制胆碱能神经

E. 抑制丙酮酸氧化酶系统

3. 中暑痉挛发生肌肉痉挛最常见的部位是

A. 腹直肌　B. 三角肌

C. 腓肠肌　D. 上臂肌群

E. 胸大肌

4. 判断有机磷农药中毒严重程度的辅助检查是

A. 血清丙氨基转移酶

B. 全血胆碱酯酶活力测定

C. 残留农药测定

D. 神经靶酯酶

E. 碳氧血红蛋白测定

解析：全血胆碱酯酶活力测定是诊断有机磷农药中毒和判断中毒程度、治疗疗效和判断预后的依据。

5. 有机磷农药中毒最常用的抗胆碱药阿托品，其作用是

A. 缓解肌肉震颤　B. 止痉

C. 减少腺体分泌　D. 使瞳孔缩小

E. 使昏迷时间缩短

6. 地西泮是镇静催眠药，属于

A. 巴比妥类

B. 苯二氮䓬长效类

C. 非巴比妥非苯二氮䓬类

D. 吩噻嗪类

E. 苯二氮䓬中效类

7. 原因未明的急性口服中毒患者洗胃液宜用

A. 生理盐水　B. 1∶5 000高锰酸钾溶液

C. 2%鞣酸溶液　D. 2%碳酸氢钠溶液

E. 茶叶水

8. 热痉挛的发病机制是

A. 体内散热下降，热蓄积

B. 血管扩张，血容量不足

C. 散热障碍

D. 大量出汗，体内盐丢失过多

E. 缺钙

解析：大量出汗后口渴而饮水过多，盐分补充不足，使血液中钠、氯浓度降低而引起肌肉痉挛。

A_2 型题

9. 患者，男性，52岁，因煤气中毒5h后入院，患者处于浅昏迷状态、皮肤多汗、面色潮红、口唇呈樱桃红色、脉搏132次/min。需查碳氧血红蛋白，关于采集血标本，下列描述正确的是
   A. 早期及时　　B. 5h后
   C. 8h后　　D. 任何时候
   E. 24h后

解析：血液碳氧血红蛋白测定是确诊的重要指标，离开中毒现场后数小时会慢慢消失。所以采标本要及时。

10. 患者，女性，20岁，因失恋服农药自杀，被家人发现送医院抢救，给予电动洗胃机洗胃，洗胃过程中流出血性液体，护士应采取的措施是
   A. 停止操作，通知医生
   B. 更换洗胃液，重新灌洗
   C. 调整洗胃机吸引压力
   D. 灌入止血剂以止血
   E. 灌入蛋清水，保护胃黏膜

11. 患者，女性，19岁，因误服美曲磷酯引起农药中毒，双侧瞳孔缩小，呼吸有大蒜味，来门诊后立即采用洗胃清除毒物，最佳的洗胃液是
   A. 茶叶水　　B. 1∶5 000高锰酸钾溶液
   C. 3%过氧化氢溶液　　D. 镁乳
   E. 2%～4%碳酸氢钠溶液

12. 患者，女性，45岁，因家庭琐事服有机磷农药自杀，到医院时表现为昏迷、呼吸困难、大汗、肺水肿、偶有惊厥。考虑为重度有机磷中毒。血胆碱酯酶活性是
   A. 血胆碱酯酶活性70%～50%
   B. 血胆碱酯酶活性<30%
   C. 血胆碱酯酶活性60%～35%
   D. 血胆碱酯酶活性<35%
   E. 血胆碱酯酶活性50%～30%

13. 患者，男性，38岁，饮酒史15年，昨晚与朋友聚会，饮白酒约500ml，陷入昏迷状态，呼吸慢而有鼾音、心率132次/min、血压82/50mmHg，处于严重急性酒精中毒状态，医生建议透析治疗。透析指征是：当血乙醇含量达到
   A. >108mmol/L(500mg/dl)
   B. <54mmol/L(250mg/dl)
   C. >87mmol/L(400mg/dl)
   D. <87mmol/L(400mg/dl)
   E. <108mmol/L(500mg/dl)

14. 患者，女性，60岁，冬天烧煤炉取暖过夜。清晨被家人发现昏迷不醒急送医院。体查：口唇樱桃红色。对诊断最有帮助的检查是
   A. 全血胆碱酯酶活力测定
   B. 血气分析
   C. 血糖测定
   D. 颅脑CT或磁共振
   E. 血COHb测定

A_3/A_4 型题

（15～17题共用题干）

患者，男性，39岁。特殊职业，在生产有机磷农药工作中违反操作规定，出现有机磷中毒症状，头晕、头痛、乏力，支气管分泌物增多、呼吸困难，逐渐出现烦躁不安、谵妄、抽搐及昏迷。

15. 有机磷农药中毒诊断的主要指标是
   A. 典型症状　　B. 呕吐物
   C. 瞳孔缩小　　D. 意识障碍
   E. 全血胆碱酯酶测定

16. 有机磷农药对人体的毒性主要在于
   A. 引起急性肾衰竭
   B. 使血液凝固发生障碍
   C. 抑制中枢神经系统
   D. 抑制乙酰胆碱酯酶活力
   E. 增加乙酰胆碱的产生

17. 该患者禁用2%～4%碳酸氢钠溶液洗胃，该毒物可能是
   A. 乐果　　B. 美曲磷酯
   C. 敌敌畏　　D. 对硫磷
   E. 马拉硫磷

（18～20题共用题干）

某幼儿园，7月一次中午进食火腿汉堡包、粥、萝卜干，1h后部分学生表现为头痛、头晕、恶心、呕吐、腹痛，继而出现腹泻。个别有发热，体温38～40℃。

18. 引起学生食物中毒的原因可能是
   A. 沙门菌　　B. 副溶血性弧菌
   C. 黄曲霉毒素　　D. 变形杆菌
   E. 葡萄球菌肠毒素

19. 引起学生食物中毒的可能食品是
   A. 火腿汉堡包　　B. 粥
   C. 西红柿炒鸡蛋　　D. 豆腐
   E. 萝卜干

20. 下列哪一项辅助检查结果与沙门菌食物中毒无关
A. 呕吐物培养阳性
B. 粪便培养阳性
C. 血清凝集效价递升4倍以上
D. 一同进食者集体发病
E. 肥达反应H1:160阳性

解析:沙门菌食物中毒患者呕吐物及粪便培养阳性,进食同种食物者集体发病,血清凝集效价递升4倍以上。而肥达反应阳性见于伤寒或副伤寒患者,不属于沙门菌感染,故本题选E。

二、实践能力

A_1型题

21. 经皮肤黏膜吸收毒物而中毒的患者,下列清洗皮肤的措施,哪项有错误
A. 用生理盐水冲洗
B. 眼部污染,用清水连续冲洗
C. 要反复清洗
D. 用肥皂水反复清洗
E. 用乙醇擦洗

22. 由于大量出汗导致失水、失钠等引起的周围循环衰竭属于
A. 热痉挛　B. 日射病
C. 热衰竭　D. 热辐射
E. 热射病

23. 有机磷中毒患者迟发性神经损害的主要临床表现是
A. 下肢瘫痪　B. 周围神经病变
C. 下肢感觉异常　D. 癫痫
E. 去大脑皮质状态

解析:迟发性神经病多发生在急性严重中毒症状消失后2～3周,出现下肢瘫痪、四肢肌肉萎缩等症状。

24. 双侧瞳孔缩小最常见于
A. 有机磷农药中毒　B. 阿托品中毒
C. 视神经萎缩　D. 深昏迷患者
E. 视网膜脱落

解析:有机磷农药中毒的患者出现呼出气有蒜味,瞳孔缩小呈针尖样,腺体分泌增多,肌纤维颤动,大汗淋漓和意识障碍等中毒表现;阿托品中毒时瞳孔散大;深昏迷患者瞳孔散大,对光反射消失;视神经萎缩表现不同程度的瞳孔散大;视网膜脱落主要是视力的急剧下降,瞳孔可无变化。因此选A。

25. 中暑衰竭患者的主要表现是
A. 剧烈头痛　B. 呕吐
C. 肺水肿　D. 周围循环衰竭
E. 高热

解析:中暑衰竭患者大量出汗伴盐的丢失,血液浓缩,循环血量减少引起虚脱或循环衰竭。表现为头痛、头晕、口渴、出冷汗、皮肤苍白、脉搏细数、意识模糊等,体温基本正常。

26. 地西泮中毒抢救中,应除外下列哪项
A. 保持呼吸道畅通　B. 洗胃
C. 高压氧舱治疗　D. 应用利尿剂
E. 应用活性炭

解析:地西泮中毒抢救时,首先要保持患者呼吸道畅通,深昏迷患者可行气管插管,及时清除毒物。包括洗胃、应用活性炭、利尿等。而高压氧舱常用于一氧化碳中毒的治疗。

27. 吗啡中毒时,特效治疗药物是
A. 醒脑静　B. 尼可刹米
C. 20%甘露醇溶液　D. 纳洛酮
E. 呋塞米

解析:纳洛酮是吗啡中毒时特效治疗药物。纳洛酮是阿片受体拮抗剂,对阿片受体亲和力大于吗啡类药物,阻止吗啡样物质与受体结合,用药后迅速逆转阿片类药物所致的昏迷、呼吸抑制、缩瞳等毒性作用。

28. 下列有关酒精中毒患者的护理,错误的是
A. 保持呼吸道通畅
B. 观察意识状态、瞳孔及生命体征的变化
C. 按医嘱使用纳洛酮
D. 不能对患者进行保护性约束
E. 保持适宜室温,注意保暖,并补充能量

解析:对酒精中毒的患者在吸氧、保护胃黏膜、保护肝功能等治疗基础上,护理主要是,让患者侧卧、保持呼吸道畅通,以防呕吐发生窒息;密切观察患者生命体征,必要时行脑CT检查;催醒可使用阿片受体拮抗剂,如纳洛酮;必要时给予适当的保护性约束,防止意外发生;注意保暖,并补充能量等。

29. 高温环境劳动的工人,为预防中暑宜饮
A. 矿泉水　B. 含糖饮料
C. 含咖啡饮料　D. 含盐饮料

E. 含乙醇饮料

解析：高温环境劳动的工人大量出汗伴盐的丢失，血液浓缩，血循环量减少，电解质检查显示低钠、低钾、低氯。

30. 中暑高热使用氯丙嗪出现哪项应及时向医生报告
A. 肛温39℃　B. 心率100次/分
C. 呼吸25次/分　D. 持续吸氧
E. BP 80/50mmHg

解析：氯丙嗪能抑制下丘脑的体温调节中枢，从而抑制机体的体温调节作用，使体温随环境温度的变化而升降。同时可阻断外周α肾上腺素受体，直接扩张血管，引起血压下降，大剂量时可引起体位性低血压。故本题选E。

A_2型题

31. 患者，女性，55岁，因有机磷中毒住院，表现头晕、头痛、多汗、流涎、恶心、呕吐、腹痛、腹泻、瞳孔缩小，视物模糊、支气管分泌物增多、呼吸困难等，考虑可能是患者出现毒蕈碱样症状，严重者出现
A. 肌纤维颤动　B. 共济失调
C. 肺水肿　D. 呼吸肌麻痹
E. 抽搐和昏迷。

32. 患者，男性，45岁。特殊职业，在生产有机磷农药工作中违反操作规定，出现恶心、呕吐、多汗、流涎、瞳孔缩小，呼吸困难、大汗、肺水肿、惊厥等症状。全血胆碱酯酶活力降至30%以下，在治疗时使用阿托品静脉给药，出现颜面潮红、口干症状达到阿托品化。达到阿托化品后，患者仍出现面部、四肢抽搐，进一步治疗应为重用胆碱能复活剂。使用胆碱酯酶复活剂注射速度过快可造成
A. 心搏骤停　B. 暂时性呼吸抑制
C. 室性期前收缩　D. 室颤
E. 血压升高

33. 某幼儿园20余人，中午在食堂就餐2h后出现腹痛、腹泻、呕吐等症状，并伴有恶心、呕吐，呕吐物为食用的食物，送至急诊就诊，对可疑食物、患者呕吐物粪便进行细菌培养，查到病原体为沙门菌感染。首选抗生素为
A. 喹诺酮类　B. 四环素
C. 阿米卡星　D. 青霉素
E. 大环内酯类

34. 患者，男性，45岁，建筑工人，在高温闷热的夏天进行室外工作，近日出现全身乏力，继而体温升高，有时可达40℃以上，并出现皮肤干热、无汗、谵妄和抽搐，脉搏加快、血压下降、呼吸浅速等表现。来急诊室就诊，考虑可能是热射病（中暑高热），首要治疗措施是
A. 降温　B. 吸氧
C. 抗休克　D. 治疗脑水肿
E. 纠正水、电解质紊乱

35. 患者，女性，24岁，2h前因失恋自服敌敌畏150ml。来急诊科时，患者出现肺水肿、惊厥、昏迷等严重症状，导致抢救无效死亡。该患者的可能死亡原因是
A. 肺部感染　B. 脑水肿
C. 中间综合征　D. 心搏骤停
E. 呼吸衰竭

解析：有机磷农药在短期内大量进入体内，引起患者出现烟碱样症状、中枢神经系统症状等，烟碱样症状主要是横纹肌运动神经末梢过度兴奋所致，表现为肌束震颤，而后发展为呼吸肌麻痹引起周围性呼吸衰竭。

36. 患者，男性，36岁，饮酒史近10年，昨天与朋友一起饮白酒近400ml，出现明显的烦躁不安、过度兴奋状。针对目前患者的情况，可选用的镇静药物是
A. 小剂量地西泮　B. 吗啡
C. 苯巴比妥类　D. 氯丙嗪
E. 水合氯醛

37. 患者，男性，46岁，建筑工人，在高温闷热的夏天室外工作，出现全身乏力，继而体温升高，达40℃以上，并出现皮肤干热、无汗、谵妄和抽搐，脉搏加快，血压下降，呼吸浅速等表现，来急诊室就诊，考虑可能是热射病（中暑高热）。患者的病室应保持室温在
A. 18～20℃　B. 20～22℃
C. 22～24℃　D. 20～25℃
E. 18～22℃

38. 患者，女性，48岁。家住平房，生煤火取暖，晨起感到头痛、头晕、视物模糊而摔倒，被他人发现后送至医院。急查血液碳氧血红蛋白试验呈阳性，首要的治疗原则是
A. 纠正缺氧　B. 注意保暖
C. 保持呼吸道通畅　D. 静脉输液治疗

E. 测量生命体征

39. 某施工队10余人，中午在食堂就餐1h后出现为腹痛、腹泻、呕吐等症状，并伴有恶心、呕吐，呕吐物为食用的食物，送至急诊就诊，最有可能是

A. 细菌性食物中毒　B. 急性胃肠炎

C. 菌痢　D. 胃溃疡

E. 中暑

40. 患者，男性，38岁，炎热夏天，在外连续工作4h，出现头痛、头晕、眼花、耳鸣、口渴、面苍白、出冷汗等症状，体温37℃，血压90/50mmHg，考虑为

A. 热衰竭　B. 热痉挛

C. 日射病　D. 热射病

E. 中暑

解析：热衰竭为最常见的一种，主要表现为头痛、头晕、口渴、皮肤苍白、出冷汗、脉细数、血压下降、甚至神志模糊，体温基本正常。

41. 患者，女性，50岁。冬天在家生煤炉取暖后感到头痛、头晕、视物不清，疑为CO中毒，医护人员赶到后首要的处理措施是

A. 把患者转移到空气流通处

B. 取平卧位

C. 氧气吸入

D. 建立静脉通路

E. 保持呼吸道通畅

42. 患者，男性，46岁。炎热夏天在建筑工地劳动5h，大量出汗后口渴而饮水过多，盐分补充不足，体温正常。最可能的诊断是

A. 热衰竭　B. 热痉挛

C. 日射病　D. 热射病

E. 全都不是

43. 患者，男性，49岁。特殊职业，在生产有机磷农药工作中违反操作规定，出现恶心、呕吐、多汗、流涎、瞳孔缩小、呼吸困难、大汗、肺水肿、惊厥等症状。全血胆碱酯酶活力降至30%以下，在治疗时使用阿托品静脉给药。"阿托品化"的指标是

A. 瞳孔缩小　B. 心率减慢

C. 颜面潮红、口干　D. 皮肤潮湿

E. 肺部湿啰音明显

44. 患者，男性，48岁，炎热夏天，在外高空作业4h，出现大汗、口渴、头晕、胸闷。该患者可能出现了

A. 先兆中暑　B. 轻度中暑

C. 热痉挛　D. 日射病

E. 热射病

45. 患者，男性，15岁，因在游泳过程中不幸溺水，打捞上岸后见患者意识丧失，大动脉搏动及呼吸消失，皮肤青紫，抢救的首要步骤是

A. 应用呼吸中枢兴奋剂

B. 给予氧气吸入

C. 仰卧，人工呼吸

D. 清理呼吸道

E. 松开领口及腰带

46. 某小学30余名学生，中午在学校食堂就餐后出现在腹痛、腹泻、呕吐等症状，到医院诊断为细菌性食物中毒，针对患者的护理措施，错误的是

A. 注意腹部保暖

B. 便后及时清洗肛周

C. 呕吐者尽早使用止吐剂

D. 早期不用止泻剂

E. 呕吐严重时可暂禁食

47. 患者，女性，19岁。4h前口服美曲磷酯，查体：躁动，瞳孔缩小，肺部湿啰音，错误的是

A. 服用阿托品　B. 应用解磷定

C. 吸氧　D. 应用抗生素

E. 地西泮肌内注射

48. 患者，女性，38岁。晨起发现其神志不清、皮肤多汗、面色潮红，拨打急救120送至医院。经检查家中煤气总开关未关，煤气灶管道老化，考虑为中度煤气中毒。其典型体征是

A. 瞳孔缩小　B. 瞳孔扩大

C. 黄疸　D. 血红蛋白尿

E. 口唇呈樱桃红色

解析：口唇樱桃红色是一氧化碳中毒的典型体征。而血碳氧血红蛋白浓度对一氧化碳中毒患者诊断的敏感性和特异性较高，为一氧化碳中毒确诊的首选指标。因此选D。

49. 患者，男性，45岁，因工作应酬饮醉酒后被送入院，入院时呼吸慢而有鼾音，伴有呕吐，心率128次/min，血压85/55mmHg，血乙醇超过87mmol/L(400mg/dl)。该患者属于急性酒精中毒的哪一期

A. 浅昏迷　B. 深昏迷

C. 嗜睡　D. 共济失调期

E. 兴奋期

解析：血乙醇超过87mmol/L(400mg/dl)，患者陷入深昏迷，心率快、血压下降，呼吸慢而有鼾音，可出现呼吸、循环麻痹而危及生命。

50. 患者，男性，35岁。特殊职业，在生产有机磷农药工作中违反操作规程，出现恶心、呕吐，多汗、流涎、瞳孔缩小、呼吸困难、大汗、肺水肿、惊厥等症状。全血胆碱酯酶活力降至25%，按医嘱使用阿托品。当出现阿托品中毒时可采取的治疗措施是

A. 立即减量　B. 应用毛果芸香碱

C. 对症处理　D. 应用解磷定

E. 选用其他抗胆碱药

解析：出现阿托品中毒表现：瞳孔扩大、烦躁不安、意识模糊、谵妄、昏迷等，应及时停药观察，必要时用毛果芸香碱进行拮抗。

51. 患者，男性，56岁，饮酒史20余年，每日饮白酒约五两，近日出现眼球震颤、步态不稳、精神错乱，显示无欲状态，考虑酒精慢性中毒的

A. Wernicke脑病　B. Korsakoff综合征

C. 周围神经麻痹　D. 震颤谵妄反应

E. 酒精性幻觉反应

解析：Wernicke脑病：眼部可见眼球震颤、外直肌麻痹。有类似小脑变性的共济失调和步态不稳。精神错乱显示无欲状态，少数有谵妄。

52. 患者，男性，56岁，饮酒史20余年，每日饮白酒约五两，近日出现近记忆力严重丧失，时空定向力障碍，考虑酒精慢性中毒的

A. Wernicke脑病　B. Korsakoff综合征

C. 周围神经麻痹　D. 震颤谵妄反应

E. 酒精性幻觉反应。

解析：Korsakoff综合征：近记忆力严重丧失，时空定向力障碍，对自己的缺点缺乏自知之明，用虚构回答问题。

53. 患者，男性，35岁，从事园林工作，给果树喷药时不慎将农药污染衣服，农药通过接触皮肤黏膜吸收而发生中毒。嘱中毒者立即

A. 现场抢救

B. 脱离现场、脱去污染衣服

C. 肥皂水清洗皮肤

D. 用热水擦洗皮肤

E. 酒精清洗皮肤

54. 患者，男性，40岁，特殊工种，炎热夏天在高温下工作数日，今日出现全身乏力、多汗，继而体温升高，达40℃以上，并出现皮肤干热、无汗、谵妄和抽搐，脉搏加快，血压下降，呼吸浅速等表现，考虑可能是热射病（中暑高热）。采取物理降温时应暂停降温的肛温是

A. 36℃　B. 36.5℃

C. 37℃　D. 37.5℃

E. 38℃

55. 患者，男性，40岁，特殊工种，炎热夏天在高温下工作数日，今日出现全身乏力、多汗，继而体温升高，有时可达40℃以上，并出现皮肤干热、无汗、谵妄和抽搐，脉搏加快，血压下降，呼吸浅速等表现，考虑可能是热射病（中暑高热）。热射病的“三联症”是指

A. 高热、无汗、意识障碍

B. 高热、烦躁、嗜睡

C. 高热、灼热、无汗

D. 高热、疲乏、眩晕

E. 高热、多汗、心动过速

解析：中暑的临床表现包括：热衰竭（头痛、头晕、口渴、出冷汗、皮肤苍白、脉搏细数、意识模糊等，体温基本正常）、热痉挛（肌肉痉挛，腓肠肌痉挛最多见）、热射病（高热和神志障碍）。在高温环境中发生头晕、心悸、胸闷、恶心、四肢乏力应考虑中暑的早期。故本题选择A。

A_3/A_4型题

（56、57题共用题干）

患者，男性，6岁，游泳溺水后被人救上岸，目击者发现其呼之不应，呼吸心跳均停止。

56. 现场首要的措施是

A. 保持呼吸道通畅　B. 倒水处理

C. 口对口人工呼吸　D. 胸外心脏按压

E. 打120电话

解析：淹溺患者应争分夺秒进行现场急救，保持呼吸道通畅是维持呼吸功能的前提。

57. 该患者经初步急救呼吸心跳恢复后，转运医院的路途中，护理人员需特别注意

A. 继续静脉输液　B. 密切观察病情变化

C. 取平卧位　D. 取俯卧位

E. 呼救

（58～60题共用题干）

患者，男性，45岁，因煤气中毒5h后送医院。体查：深昏迷、抽搐、呼吸困难、呼吸浅而快、面色苍白、四肢湿冷、周身大汗，有大小便失禁、血压下降。

58. 目前患者处于
   A. 轻度中毒　　B. 中度中毒
   C. 重度中毒　　D. 迟发性脑病
   E. 慢性中毒
59. 进一步抢救首先应
   A. 地塞米松静脉注射
   B. 高压氧舱治疗
   C. 甘露醇静脉注射
   D. 补充高能量液
   E. 护脑药物的应用
60. 经高压氧舱治疗神志清醒，全身症状好转，可能的后遗症是
   A. 肾功能损害　　B. 肝功能损害
   C. 记忆力减退　　D. 迟发性脑病
   E. 肺功能损害

参考答案

1～5 ABCBC　6～10 BADAA　11～15 BBAEE
16～20 DBAAE　21～25 ECAAD　26～30 CDDDE
31～35 CBAAE　36～40 ADAAA　41～45 ABCAD
46～50 CDEBB　51～55 ABBEA　56～60 ABCBD

（李　春）

第12章　传染病患者的护理

考点提纲栏——提炼教材精华，突显高频考点

第1节　传染病概述

一、概述

传染病是由各种病原微生物(病毒、立克次体、细菌、螺旋体等)和寄生虫(原虫和蠕虫)感染人体后产生的有传染性、在一定条件下可造成流行的疾病。**属于感染性疾病，但具有传染性的感染性疾病才称为传染病。**

二、感染及免疫

1. 感染：又称传染，是指病原体以一定的方式或途径侵入人体后在人体内的一种寄生过程，也是病原体与人体之间相互作用、相互斗争的过程。★**传染的必备条件：病原体、人、环境。**

★2. **传染过程的五种表现**

(1)**病原体被清除**：病原体进入人体后可被非特异性免疫(如皮肤黏膜的屏障作用、胃酸的杀菌作用、体液的溶菌作用、组织细胞的吞噬作用)；也可以被事先存在于体内的特异性免疫所清除。

(2)**隐性感染**：亦称亚临床感染，指病原体进入人体后，仅引起机体发生特异性免疫应答而不引起或只引起轻微的组织损伤，因而在临床上不显出任何症状、体征、甚至生化改变，只有通过免疫学检查才能发现。

(3)**显性感染**：又称临床感染，是指病原体侵入人体后，不但引起机体发生免疫应答，而且通过病原体本身的作用或机体的变态反应而导致组织损伤，引起病理改变和临床表现。

(4)**病原携带状态**：病原体侵入机体后，存在于机体的一定部位生长繁殖并排出体外，虽可有轻度的病理损害，但不出现疾病的临床症状。因不显出临床症状而能排出病原体，在许多传染病中是**重要的传染源**。

(5)**潜伏性感染**：病原体感染人体后，寄生在机体中某些部位，由于机体免疫功能足以将病原体局限化而不引起显性感染，但又不足以将病原体清除时，病原体便可长期潜伏起来，待机体免疫功能下降时，才引起显性感染。潜伏性感染期间，病原体一般不排出体外，**不易成为传染源，这也是与病原携带状态不同之点。**

在传染过程的五种表现中，★**隐性感染最常见，病原携带状态次之，显性感染所占比重最低，**且五种表现在一定条件下可以相互转化。

3. 传染过程中病原体的作用：病原体侵入人体后能否发病与病原体的致病能力与人体的防御能力有关。病原体的致病能力包括以下几个方面

(1)**侵袭力**：是指病原体侵入体内并在机体内扩散的能力。

(2)**毒力**：由毒素和其他毒力因子组成。毒素包括内毒素和外毒素。

(3)**数量**：在同一传染病中，入侵病原体的数量一般与致病能力成正比。但不同传染病，引起疾病发生的最低病原体的数量的差异很大。

(4)**变异性**：病原体受各种环境的影响，引起一系列代谢、结构形态、生理特性的变化而产生变异。变异的结果可使病原体的毒力增强或减弱，也可使其逃脱机体的特异性免疫。

4. 感染过程中机体免疫应答的作用：包括有利于机体抵抗病原体入侵和致病的保护性免疫应答及促进组织损伤的变态反应。免疫应答包括特异性和非特异性免疫应答两种。变态反应都是特异性免疫反应

- (1) **非特异性免疫**：又称先天性免疫或自然免疫。是生物个体生来就有的，包括以下几种
  - 1)天然屏障作用：有外部屏障：皮肤、黏膜及其分泌物等；内屏障：血-脑屏障、胎盘屏障等。
  - 2)吞噬作用：吞噬细胞存在于各种组织，其中中性粒细胞最为重要，这些细胞内含大量溶酶体，可杀灭被吞噬的病原体。
  - 3)体液因子：存在于体液中的补体、溶菌酶、血管活性肽和各种细胞因子(如白介素、干扰素、TNF)等都可起清除病原体作用。
- (2) **特异性免疫**：又称获得性免疫，是接触某种抗原后产生的仅针对此种抗原的免疫反应，对其他抗原无作用。包括细胞免疫和体液免疫
  - 1)**细胞免疫**：主要通过T淋巴细胞完成。抗原进入机体刺激T淋巴细胞使其致敏，致敏的T淋巴细胞与相应抗原再次相遇时，发生分化增生，并释放多种可溶性活性物质(淋巴因子)，可**激活并增强巨噬细胞的吞噬作用**，并通过细胞毒作用和淋巴因子杀伤病原体及其所寄生的细胞。另外，T淋巴细胞还有调节体液免疫的功能。
  - 2)**体液免疫**：是B淋巴细胞在抗原刺激下产生相应的抗体引起的特异性免疫。抗原进入机体后，刺激B淋巴细胞使其致敏，发生增殖、分化，大多成为浆细胞，产生与相应抗原结合的抗体，即**免疫球蛋白**，这些免疫球蛋白能中和相应的病原体抗原及其毒性物质。不同抗原刺激产生不同类的抗体，抗体主要作用于细胞外微生物，以及具有促进吞噬、提高杀伤细胞功能及抑制黏附作用等。从化学结构上免疫球蛋白可分为IgA、IgD、IgE、IgG及IgM五种。

二、传染病的流行过程及影响因素

传染病的流行过程是指传染病在人群中发生、发展和转归的过程，称为流行过程。

1. 传染病的流行过程的三个环节：★**包括传染源、传播途径、易感人群**

- (1)**传染源**：体内有传染病病原体生长繁殖，并能将其排出体外的人和动物称为传染源。包括**患者、隐性感染者、病原携带者、受感染的动物**。
- (2)**传播途径**：病原体离开传染源后，到达另一个易感者的途径，称为传播途径。常见传播途径有以下几种
  - 1)**呼吸道传播**：易感者将含有病原体的空气、飞沫、尘埃等吸入呼吸道而引起感染。
  - 2)**消化道传播**：易感者食入被病原体污染的食物、水而引起感染。
  - 3)**接触性传播**：包括直接接触传播和间接接触传播。直接接触传播是指易感者与传染源直接接触而引起感染，如性病、狂犬病等；间接接触传播是易感者因接触被传染源排泄物或分泌物所污染的某些无生命的物体而引起感染。
  - 4)**虫媒传播**：吸血节肢动物通过叮咬、吸食传染源的血液而传播。
  - 5)**血液、体液传播**：经输血、使用血液制品或被血液体液污染的医疗器械所引起的传播。
  - 6)**土壤传播**：通过被传染源的排泄物、分泌物或寄生虫虫卵污染土壤而传播。
  - 7)**母婴传播**：属于垂直传播，指某些传染病可以通过产前、产中、产后传播。
- (3)**人群易感性：对某种传染病缺乏特异性免疫力的人称为易感者**。易感者在某一特定人群中比例决定人群的易感性。

2. 影响流行过程的因素
- (1)自然因素：主要是地理、气候、生态等条件对传染病流行过程的影响。
- (2)社会因素：包括社会制度、经济状态、生活条件、文化水平等对传染病流行过程的影响。

四、传染病的特征

★1. **基本特征**：传染病所特有的征象，是用作确定传染病的基本条件，也是传染病与其他疾病的主要区别
- (1)**有病原体**：传染病最基本的特征。
- (2)**有传染性**：传染病最主要的特征。
- (3)**有流行病学特征**：传染病流行过程在自然因素及社会因素影响下表现出各种特征
  - 1)流行性：传染病可在人群中流行，依据流行是发病人数的数量及流行的范围分为散发、流行、大流行、暴发流行。
  - 2)地方性。
  - 3)季节性。
- (4)**有感染后免疫**：人体感染病原体后，无论是显性或隐性感染，都能产生针对病原体及其产物(如毒素)的特异性免疫。感染后免疫属于主动免疫。感染后免疫的持续时间在不同传染病中有很大差异。一般来说，病毒性传染病的传染后免疫持续时间最长，往往保持终身，但有例外(如流感)；细菌、螺旋体、原虫性传染病的传染后免疫持续时间通常较短，也有例外(如伤寒)。

2. **临床特点**
- (1)**病程发展具有阶段性**
  - 1)潜伏期：是指从病原体侵入人体起，至开始出现临床症状为止的时期。
  - 2)前驱期：从起病到某种传染病的特殊症状出现之前，常表现为一些非特异性症状，如发热、乏力、头痛、食欲减退等。
  - 3)症状明显期：急性传染病度过前驱期后，逐渐表现出某种传染病之特有症状和体征。此期又可分为上升期、极期及缓解期。
  - 4)恢复期：病原体完全或基本消灭，免疫力提高，病变修复，临床症状陆续消失的时间。多为痊愈而终局，少数疾病可留有后遗症。
- (2)**常见的临床症状及体征**
  - 1)发热及热型：发热为传染病之共同表现，然而，不同传染病其热度与热型又不尽相同。按热度高低可呈低热、中度热、高热和超高热。按热型分为稽留热、弛张热、间歇热、波状热、回归热、不规则热等。
  - 2)皮疹：为传染病特征之一。不同传染病有不同的疹形，包括斑疹、丘疹、斑丘疹、红斑疹、玫瑰疹、瘀点、疱疹、脓疱疹、荨麻疹等。皮疹出现的日期、部位、出疹顺序、皮疹的数目等，各种传染病不完全相同。
  - 3)中毒症状：病原体及其毒素进入血循环乃至扩散全身，可出现4种形式的中毒症状
    - ①毒血症：是指病原体在局部繁殖，所产生的内毒素与外毒素进入血循环，使全身出现中毒症状者。
    - ②菌血症：是指病原菌在感染部位生长繁殖，不断入血只作短暂停留，并不出现明显临床症状者。病毒侵入血循环者称病毒血症，其他病原体亦然，如立克次体血症、螺旋体血症等。
    - ③败血症：病原菌在局部生长繁殖，不断侵入血循环并继续繁殖，产生毒素，引起全身出现明显中毒症状及其他组织器官明显损伤的临床症状等。
    - ④脓毒血症：病原体由血流扩散，到达某一或几个组织器官内繁殖，使之损害，形成迁徙性化脓性病灶者。
- (3)**临床类型**
  - 1)根据起病缓急及病程长短，分为急性、亚急性和慢性(包括迁延型)。
  - 2)按病情轻重分为：轻型、普通型、重型及暴发型。
  - 3)按病情特点分为典型(普通型)与非典型。

五、传染病的诊断

对传染病必须在早期就能做出正确的诊断，正确诊断是及时隔离和采取有效治疗的基础，从而防止其扩散。其诊断方法与步骤如下。

1. **流行病学资料**：包括发病地区、发病季节、既往传染病情况、接触史、预防接种史；还包括年龄、籍贯、职业、流行地区旅居史等。

2. **临床特点**：包括详细询问病史及体格检查的发现加以综合分析。依其潜伏期长短，起病的缓急，发热特点、皮疹特点、中毒症状、特殊症状及体征可作出初步诊断。

3. **实验室检查：对传染病的诊断具有特殊意义**

- (1)三大常规检查：包括血液尿液粪便常规检查及生化检查等。
- (2)★**病原体检查**
  - 1)直接检查：脑膜炎双球菌、疟原虫、微丝蚴、溶组织阿米巴原虫及包囊，血吸虫卵、螺旋体等病原体可在镜下查到及时确定诊断。
  - 2)病原体分离：依不同疾病取血液、尿、粪、脑脊液、骨髓、鼻咽分泌物、渗出液，活检组织等进行培养与分离鉴定。
- (3)**免疫学检查：包括特异抗体检测、抗原检测、皮肤试验等。**
- (4)分子生物学检测：如聚合酶链反应技术(PCR)。
- (5)其他检查：如诊断性穿刺、内镜检查、活体组织检查、生物化学检查、X线检查、超声波检查、同位素扫描检查、电子计算机体层扫描(CT)等检查。

六、传染病的治疗原则

传染病治疗的目的不仅在于治愈患者，还应注意控制传染源，防止疾病进一步传播。

1. **一般治疗**：包括**隔离、支持及加强护理等**。
2. **病原治疗**：是治疗传染病的关键，包括使用**抗生素、化学制剂、免疫制剂等方法**。
3. 对症治疗。
4. 中医中药治疗。

七、传染病的预防

1. 管理传染源：包括**传染病报告制度(3类)、隔离患者、接触者检疫及管理、病原携带者的处理、动物传染源的处理等方面**。对传染患者必须做到**早发现、早诊断、早报告、早隔离、早治疗**。

《中华人民共和国传染病防治法》规定管理的传染病分甲类、乙类、丙类三类，共40种。

甲类传染病是指：鼠疫、霍乱，为强制管理传染病，要求城镇2h内，农村6h内上报。

乙类传染病是指：传染性非典型肺炎、艾滋病、病毒性肝炎、脊髓灰质炎、人感染高致病性禽流感、麻疹、流行性出血热、狂犬病、流行性乙型脑炎、登革热、炭疽、细菌性和阿米巴性痢疾、肺结核、伤寒和副伤寒、流行性脑脊髓膜炎、百日咳、白喉、新生儿破伤风、猩红热、布鲁菌病、淋病、梅毒、钩端螺旋体病、血吸虫病、疟疾。为严格管理传染病。要求城镇12h内，农村24h内上报。

其中**传染性非典型肺炎、炭疽中的肺炭疽和人感染高致病性禽流感，按甲类传染病处理。**

丙类传染病是指：流行性感冒、流行性腮腺炎、风疹、急性出血性结膜炎、麻风病、流行性和地方性斑疹伤寒、黑热病、包虫病、丝虫病，除霍乱、细菌性和阿米巴性痢疾、伤寒和副伤寒以外的感染性腹泻病。为监测管理传染病，监测点内上报同乙类。

2. **切断传播途径**：包括开展卫生宣教及群众性卫生运动；注意环境卫生，消除四害；注意个人卫生，加强个人防护；正确管理水源及食物；改变不良饮食习惯；加强疫区的消毒工作等措施。

3. **保护易感人群**

- (1)**提高非特异性免疫**：通过规律生活方式改善营养加强体育锻炼等方法。
- (2)**提高特异性免疫**：包括**主动免疫**(如接种疫苗、菌苗等)和**被动免疫**(如接种抗毒素、特异性高价免疫球蛋白等)，★**是预防传染病非常重要的方法。**
- (3)**药物预防**：有些传染病可以通过服用药物预防，如服氯喹预防疟疾。

第2节　病毒性肝炎患者的护理

一、概述

病毒性肝炎是由多种肝炎病毒引起的,以肝脏损害为主要表现的一组传染病。目前,已确定的有甲型病毒性肝炎、乙型病毒性肝炎、丙型病毒性肝炎、丁型病毒性肝炎、戊甲型病毒性肝炎。

二、病原学

1. 甲型肝炎病毒(HAV):属**RNA**病毒,呈球形,无囊膜,抵抗力较强,从粪便中排出。**HAV**只有一个抗原抗体系统,**感染后早期出现IgM型抗体**,一般在持续8～12周,**IgG型抗体可长期存在**。

2. 乙型肝炎病毒(HBV):属嗜肝DNA病毒科。抵抗力强,可从多种分泌物中排出。HBV只有三个抗原抗体系统,分别如下
   - (1)**表面抗原(HBsAg)与表面抗体(HBsAb)**:人体感染HBV后可出现HBsAg,为一种保护性抗体。
   - (2)**核心抗原(HBcAg)和核心抗体HBcAb**。
   - (3)**e抗原(HBeAg)与e抗体(HBeAb)**:HBeAg是HBV活动性复制和传染性强的标志。

3. 丙型肝炎病毒(HCV):单股正链的RNA病毒,球状,抵抗力较强。**抗-HCV为非保护性抗体,而是传染性的标志**。

4. 丁型肝炎病毒(HDV):HDV是一种**依赖HBV才能复制的缺陷病毒**。感染者可检测出HDV RNA、HDVAg、抗-HDVIgM和抗-HDVIgG。

5. 戊型肝炎病毒(HEV):感染者血中可检出抗-HEV,其中抗-HEVgM阳性是近期感染的标志。

三、流行病学

1. ★**经粪—口途径传播的为HAV、HEV**
   - (1)传染源:隐性感染者、急性期患者。
   - (2)传播途径:**以粪—口传播途径为主**。
   - (3)易感人群:人群普遍易感,感染HAV后可获得永久免疫。

2. ★**非粪—口途径传播的为HBV、HCV、HDV**
   - (1)传染源:急、慢性HBV、HCV、HDV患者(含肝炎肝硬化患者)和病毒携带者。
   - (2)**传播途径:经血液传播为主**。垂直传播及日常生活密切接触也是重要的传播途径。
   - (3)易感人群:**HBsAb阴性者是乙肝的易感人群**。高危人群:HBsAg阳性母亲的新生儿、HBsAg阳性者家属、输血者、性乱者、医务人员等。

四、临床表现

1. 潜伏期:甲型肝炎:15～45d,平均30d;乙型肝炎:30～180d,平均70d;丙型肝炎:15～180d,平均50d;丁型肝炎:28～140d;戊型肝炎:10～70d,平均40d。

2. 按临床经过分为以下5型
   - (1)急性肝炎:分为急性黄疸型肝炎和急性无黄疸型肝炎
     - 1)急性黄疸型肝炎:典型的分为黄疸前期、黄疸期、恢复期3个阶段
       - ①黄疸前期:平均5～7d。主要表现为**厌油、食欲缺乏、恶心、呕吐、腹胀、腹泻**等消化道症状及畏寒、发热、乏力等全身症状。甲、戊型急性肝炎起病相对较急,有明显发热等感染症状,不转化为慢性肝炎。乙、丙、丁型急性肝炎起病相对较慢,无明显发热等感染症状,可转化为慢性。
       - ②黄疸期:可持续2～6周。**巩膜皮肤黄染,尿色呈浓茶样**。肝区压痛、叩痛、肝大,质软。
       - ③恢复期:可持续1～2个月。上述症状消失,黄疸逐渐消退,肝、脾回缩,肝功能恢复正常。
     - 2)急性非黄疸型肝炎:较黄疸型多见。临床症状较轻,主要表现为消化道症状。

2. 按临床经过分为以下5型
- (2)慢性肝炎:病程超过6个月者。**主要为乙、丙、丁型肝炎病毒可引起**。肝炎症状持续或反复发作,主要表现为乏力、食欲缺乏、恶心、腹胀、肝区隐痛等。**可发展为肝硬化**。
- (3)重型肝炎:多有过度劳累、酗酒、合并其他疾病、合并感染、使用肝损药物等诱因。可分为3型,以慢性重型肝炎常见
  - 1)急性重型肝炎(暴发型肝炎):起病急,早期即出现重型肝炎表现。2周内可出现肝性脑病表现。
  - 2)亚急性重型肝炎:急性黄疸型肝炎起病15d至24周,出现重型肝炎临床症状。
  - 3)慢性重型肝炎:在慢性肝炎或肝炎肝硬化的基础上发生重型肝炎。
  - 重型肝炎的临床表现:**进行性加深的黄疸伴严重的消化道症状和极度的乏力;肝脏进行性缩小;出血倾向,凝血酶原活动度(PTA)<40%**;可并发腹水、肝性脑病、肝肾综合征、肝肺综合征、严重感染等表现。
- (4)淤胆型肝炎:以肝内胆汁淤积为主,主要表现自觉症状较轻,**黄疸较深,伴有皮肤瘙痒,粪便颜色变浅**。
- (5)肝炎后肝硬化:在肝炎的基础上发展为肝硬化,表现为肝功能异常及门静脉高压。

五、辅助检查

1. 肝功能检查
- (1)**丙氨酸氨基转移酶(ALT):★反映肝细胞功能的最重要的指标**。急性黄疸型肝炎常明显升高;慢性肝炎可持续或反复增高;重型肝炎时持续胆-酶分离现象(ALT随黄疸的迅速加深而下降)。
- (2)天门冬氨酸氨基转移酶(AST):肝病时血清AST升高。
- (3)胆红素:**黄疸型肝炎时直接和间接胆红素均升高;淤胆型肝炎时以直接胆红素升高为主**。
- (4)**凝血酶原活动度(PTA)**:PTA降低的程度与细胞功能损害程度成反比。**★重型肝炎PTA<40%,且可反映预后**。
- (5)血清白蛋白及白、球蛋白比值(A/G):慢性肝炎中度以上、肝硬化、重型肝炎时出现**白蛋白下降,球蛋白升高,A/G比例下降甚至倒置**。
- (6)血氨:如并发肝性脑病,可出现血氨升高。

2. 尿胆红素检查:黄疸型肝炎时尿胆红素及尿胆原均增加;淤胆型肝炎时尿胆红素,而尿胆原减少。

3. 肝炎病毒标志物检查
- (1)甲型肝炎
  - 1)血清抗-HAV-IgM:**是HAV近期感染的指标,是确诊甲型肝炎的主要标志物**。
  - 2)血清抗-HAV-IgG:为保护性抗体,见于甲型肝炎疫苗接种后及既往感染过HAV的人。
- (2)乙型肝炎
  - 1)表面抗原(HBsAg)与表面抗体(HBsAb):HBsAg阳性见于HBV感染者。HBV感染后3周首先出现HBsAg。HBsAb阳性主要见于乙型肝炎疫苗接种后或过去感染过HBV并产生免疫力的恢复者。
  - 2)核心抗原(HBcAg)与核心抗体HBcAb:HBcAg阳性是HBV存在的直接证据。HBcAb有两种形式,**抗-HBc-IgM阳性提示HBV现症感染**,低度抗-HBc-IgG阳性提示既往曾有HBV感染。
  - 3)e抗原(HBeAg)与e抗体(HBeAb):**HBeAg阳性提示HBV复制活跃**,传染性强。持续阳性易转为慢性肝炎。HBeAb阳性是HBV感染时间较久,复制减慢和传染性降低的指标,但也有可能是病毒长期潜伏于体内思维的一种现象。
  - 4)乙型肝炎病毒脱氧核糖核酸(HBV DNA)和DNAP:**是反映HBV感染最直接、最特异和最敏感的指标,阳性均提示HBV存在、复制,传染性强**。

3. 肝炎病毒标志物检查
(3)丙型肝炎
1)丙型肝炎病毒核糖核酸(HBV RNA):在病程早期即可出现,治愈后很快消失,是判断疗效的重要标志,但不作为常规检查项目。
2)丙型肝炎病毒抗体(抗-HCV):是 **HCV 感染的标记物**。抗-HCV IgM:出现于丙型急性期或慢性活动期,治愈后消失。
(4)丁型肝炎:血清或肝组织中 HDV RNA 的检出是诊断丁型肝炎的最直接证据。
(5)戊型肝炎:常检测抗 HEV IgM 和抗-HEV IgG。

六、治疗原则

治疗原则为足够的休息、营养为主,辅以适当的药物,避免饮酒、过劳和损害肝脏的药物等综合性治疗为主。

1. 休息:急性肝炎强调早期卧床休息,至隔离期满,症状消失;慢性肝炎以动静相结合,症状消失,肝功能正常 3 个月以上,可恢复工作,加强长期随访。重症肝炎应绝对卧床休息。

2. 饮食
(1)做好宣教,说明合理饮食的意义。各型肝炎患者均应戒烟和禁饮酒,避免高热高糖饮食。
(2)根据不同类型指导饮食:急性肝炎给予清淡易消化饮食;慢性肝炎适当增加蛋白质饮食;慢性肝炎合并肝硬化、血氨偏高者应限制蛋白质摄入。

3. 药物
(1)急性肝炎:主要支持、对症治疗为主。
(2)慢性肝炎:根据患者情况采取抗病毒、调解免疫、保护肝细胞等治疗。
(3)重型肝炎:应加强监护,密切观察病情变化。采取促进肝细胞再生,改善肝脏微循环等综合措施。

七、护理问题

1. 体温过高:与病毒感染有关。
2. 腹泻:与消化功能不良有关。
3. 营养失调:低于机体需要量:与食欲缺乏,恶心呕吐有关。
4. 舒适的改变(瘙痒):与黄疸有关。
5. 有感染的危险:与慢性疾病、营养不良、免疫力差有关。
6. 意识障碍:与肝性脑病有关。
7. 社交孤立:与传染性疾病被部分人群排斥有关。
8. 潜在的并发症:消化道出血、肝性脑病。

八、护理措施

1. 做好消毒隔离措施:★**甲型和戊型肝炎自发病之日起按照肠道方式隔离 3 周。乙、丙、丁型肝炎按照血液和密切接触隔离**。乙、丁型肝炎急性期应隔离到 HBsAg 转阴,丙型肝炎急性期应隔离到病情稳定
(1)患者单位要有隔离标记,设立泡手桶、泡器械桶等设施。
(2)患者餐具要固定,与其他患者的餐具分开消毒。
(3)**患者排泄物要用 5%含氯消毒剂消毒**后再倾倒。
(4)单独使用体温计、血压计、听诊器等,隔离结束后应进行终末消毒;被污染物品应仔细消毒。
(5)医护人员应注意自我保护,**一旦出现针刺伤,要挤出伤口的血,并在流动水下边冲边挤,立即注射高效免疫球蛋白,**检查病毒抗原抗体,并要定期复查。

2. 休息与活动:急性肝炎、慢性肝炎活动期、重型肝炎患者应卧床休息。待病情好转、肝功能改善后逐渐增加活动量。肝功能正常 1~3 个月后可恢复日常活动及工作,但仍应避免过度劳累和重体力劳动。

3. 饮食护理
(1)肝炎急性期:**宜进食清淡、易消化、富含维生素的流质**。
(2)黄疸消退期:可逐渐增加饮食,避免暴饮暴食,少食多餐。补充蛋白质,以优质蛋白(动物蛋白)为主。糖类以保证足够热量。脂肪以耐受为限,多选用植物油。多食水果、蔬菜等含维生素丰富的食物。
(3)肝炎后肝硬化、重型肝炎:血氨偏高时应限制蛋白摄入量要求。
(4)要避免长期摄入高糖高热量饮食,尤其有糖尿病倾向和肥胖者,以防诱发糖尿病和脂肪肝。腹胀者可减少产气食品如牛奶、豆制品等的摄入。禁饮酒。

4. 病情观察
(1)观察有无神经、精神,警惕肝性脑病的发生。
(2)观察有无出血倾向,皮肤有无出血点,有无黑便呕血等。
(3)观察黄疸及水肿的改变。
(4)监测肝功,重症患者应注意有无胆-酶分离。

5. 皮肤护理
(1)保持周围环境清洁,为缓解或控制患者的皮肤痒感,可用温水或擦拭,穿棉质、宽松、透气衣物。
(2)保护皮肤的完整性,避免抓伤皮肤,保持指甲平整,必要时入睡戴手套。防干裂,用润肤油或乳液外涂皮肤,选用中性肥皂或浴液清洁皮肤,暂时不用化妆品。
(3)预防感染保持皮肤清洁,注意个人卫生,避免皮肤受伤。

6. 水肿的护理:腹水患者给予半卧位,准确记录24h出入量,监测体重及腹围,防止皮肤压疮,遵医嘱静脉补充白蛋白,补充优质高蛋白饮食。

7. 心理护理:鼓励患者宣泄悲伤和孤独等情绪,并为患者保密。向患者讲解疾病的治疗、自我保健及预后,树立患者积极的人生观,使其保持乐观情绪和战胜疾病的信心。

九、健康教育

1. 向患者及家属宣教病毒性肝炎的家庭护理和自我保健知识。慢性患者和无症状携带者应做到以下几点
(1)正确对待疾病,保持乐观情绪。
(2)生活规律,劳逸结合,恢复期患者可参加散步、体操等轻微体育活动,待体力完全恢复后参加正常工作。
(3)加强营养,适当增加蛋白质摄入,但要避免长期高热量、高脂肪饮食。戒烟酒。
(4)不滥用药物,以免加重肝损害。
(5)实施适当的家庭隔离,如患者的食具、用具和洗漱用品应专用,患者的排泄物、分泌物可用3%漂白粉消毒后弃去。家中密切接触者,可行预防接种。
(6)定期复查肝功能、病毒的血清学指标。

2. 进行预防疾病指导:甲型和戊型肝炎应预防消化道传播,重点在于加强粪便管理,保护水源,严格饮用水的消毒,加强食品卫生和食具消毒。乙、丙、丁型肝炎预防重点则在于防止通过血液和体液传播。

3. 预防接种:甲型肝炎易感者可接种甲型肝炎疫苗,对接触者可接种人血清免疫球蛋白,以防止发病。

第3节 艾滋病患者的护理

一、概述

艾滋病又称获得性免疫缺陷综合征(AIDS),是由人免疫缺陷病毒(HIV)所引起的传染病。主要通过性接触和血液传播。临床主要表现为发生多种机会性感染和肿瘤,病死率极高。

二、病原学

HIV为单链RNA,属反转录病毒科。在外界的抵抗力不强,对热敏感,56℃、30min就可灭活;25%以上浓度的乙醇、0.2%次氯酸钠和漂白粉都能将其灭活。

HIV侵入人体,直接或间接★**损害以 $CD4^+$ T淋巴细胞为主**的多种免疫细胞,导致细胞免疫功能缺陷,最终并发各种机会性感染和恶性肿瘤。

三、流行病学

1. **传染源:患者和HIV无症状病毒携带者是本病的传染源,尤其以后者更具有危险性**。病毒主要存在于血液、精液、子宫和阴道分泌物中。

2. 传播途径
- (1)性接触传染：★**是艾滋病的主要传播途径。**
- (2)共用针头注射及血源途径：★**静脉吸毒者共用注射针头是我国目前主要的传播途径。**
- (3)母婴传播：高危人群：男性同性恋者、多个性伴侣者、静脉药物依赖者和血制品使用者。

四、临床表现

本病潜伏期较长，一般认为约 2～10 年。

1. HIV 感染人体后的进展过程可分为 4 期
- (1)急性感染期(Ⅰ期)：感染 HIV 数周后，部分患者出现轻微发热、全身不适、头痛、畏食、肌肉关节疼痛以及淋巴结肿大等表现。检查可见血小板减少，$CD4^+$ T 淋巴细胞一过性减少。**感染后 2～6 周，血清 HIV 抗体可呈阳性反应。**
- (2)无症状感染期(Ⅱ期)：所有的 HIV 感染者都会经过无症状期。此期可无任何临床症状，**可检出 HIV 以及 HIV 核心蛋白和包膜蛋白的抗体，$CD4^+$ T 淋巴细胞逐渐下降。**此期持续 2～10 年或更长。
- (3)持续性全身淋巴结肿大期(Ⅲ期)：表现为**除腹股沟淋巴结以外，全身其他部位两处或两处以上淋巴结肿大**，直径>1cm，质地柔韧，无压痛，能自由活动，一般持续 3 个月以上。
- (4)艾滋病期(Ⅳ期)：是 HIV 感染的最终阶段。此期**易发生多种机会性感染及恶性肿瘤**，可累及全身各个系统及器官常表现如下
  - 1)发热、乏力不适、盗汗、体重下降、厌食、慢性腹泻、肝脾大等。
  - 2)神经系统症状如头痛、癫痫、下肢瘫痪、进行性痴呆。
  - 3)感染：易发生原虫、真菌、结核杆菌和病毒等感染。
  - 4)肿瘤：常见卡波西肉瘤和非霍奇金淋巴瘤。

2. 各系统的临床表现
- (1)呼吸系统：可发生多种病原体感染，以**肺孢子菌肺炎最为常见，★且是本病机会性感染死亡的主要原因。**
- (2)消化系统：白色念珠菌、疱疹病毒和巨细胞病毒引起口腔和食管炎症或溃疡最为常见，表现**鹅口疮**、舌毛状白斑、口腔溃疡及吞咽疼痛和胸骨后烧灼感等。胃肠黏膜受侵犯后，易引起腹泻、体重减轻。
- (3)中枢神经系统
  - 1)HIV 直接感染中枢神经系统：引起艾滋病痴呆综合征、无菌性脑炎。临床可表现为头晕、头痛、癫痫、进行性痴呆、脑神经炎等。
  - 2)中枢机会性肿瘤：如原发性脑淋巴瘤和转移性淋巴瘤。
  - 3)中枢机会性感染：如脑弓形虫病、隐球菌脑膜炎、巨细胞病毒脑炎等。
- (4)皮肤黏膜：卡波西肉瘤可引起紫红色或深蓝色浸润或结节。易出现带状疱疹、各种疣、真菌感染等。
- (5)眼部：由病毒、真菌、弓形虫等引起的眼部感染，导致视力下降或失明。

五、辅助检查

1. 血常规检查：不同程度贫血，血小板减少，红细胞沉降率加快，白细胞计数降低。

2. 免疫学检查：T 细胞绝对值下降，**$CD4^+$ T 淋巴细胞计数下降，CD4/CD8 比值<1.0，★此检查有助于判断治疗效果及预后。**

3. 血清学检查
- (1)HIV 抗体检查：**是目前确定有无 HIV 感染的最简便及有效的方法。**主要检测血清 p24 和 gp120 抗体，用 ELISA 法连续两次阳性可确诊。
- (2)HIV 抗原检查：可用 ELISA 法检测 HIVp24 抗原。

4. HIV-RNA 的定量检测：既有助于诊断，又可判断治疗效果及预后。

六、治疗原则

采用综合治疗：包括抗 HIV 病毒治疗，预防和治疗机会性感染及对症支持治疗。**其中以抗病毒治疗最为关键。**

1. **抗 HIV 病毒治疗：高效抗反转录病毒疗法**(HAARI，俗称“鸡尾酒”疗法)。

2. 中医:中药既有抗病毒的作用,更有提高免疫力的作用。

3. 抗机会性感染、肿瘤及防治并发症。

4. 支持及对症治疗:输血、补充维生素及营养物质。

七、护理问题

1. 体温过高:与多种病原体所致的继发性感染及肿瘤有关。

2. 皮肤/黏膜受损:与肿瘤、口腔/生殖器疱疹、真菌感染、细菌等感染有关。

3. 精神状态改变:与中枢神经系统感染 HIV 有关。

4. 知识缺乏:对艾滋病及其传播方式的知识不了解。

5. 低效型呼吸形态:与卡氏肺囊虫性肺炎、肺结核等多种肺部机会性感染有关。

6. 有感染的危险:与医护人员及家属密切接触 HIV 有关。

八、护理措施

1. 血液、体液隔离:严格执行艾滋病的消毒、隔离措施。

2. 心理护理:护理人员应注意沟通技巧,取得患者的信任,操作中要稳重敏捷。并且要帮助患者正确认识疾病,积极配合诊断治疗,激发患者的生存意识,以提高机体的抗病能力。引导患者树立良好的生活愿望,正视现实,对疾病的治疗充满希望。

3. 严密观察病情:护理人员应观察患者的一般情况,有无疲乏、消瘦、盗汗等。每日定时测体温、脉搏、呼吸及血压。观察患者精神状态的变化,如近期记忆缺失,活动能力受损,认知力减退,行为改变,定向力障碍,精神恍惚,判断障碍等。观察患者神经系统的变化,如癫痫发作,头痛,呕吐,步态不稳。观察患者有无咳嗽、咳痰、胸痛及呼吸困难等呼吸道症状。了解患者有无腹泻及排便的次数、量和性状,并做好粪便标本的留取。观察患者的皮肤,口腔和生殖道黏膜的病损情况。

4. 用药期间的观察:动态监测全血细胞计数,防止出现中性粒细胞减少症。

5. 预防感染:医护人员在接触患者前/后,要认真洗手。在换药和做管道护理时,要严格执行无菌操作原则,做好接触性隔离。认真做好口腔、眼、鼻腔、肛周及外阴部的护理。

6. 生活护理:鼓励患者独立完成生活自理。但当患者不能完全自理时,应及时给予辅助。做好卧床患者的洗漱、进食、大小便、个人卫生等生活护理。

九、预防

1. 健康教育:普及艾滋病基本知识、预防办法、加强群众的自我保护。

2. 控制传染源:及时做好疫情报告、监测重点人群、加强国境检疫等。

3. 切断传播途径:为当前控制艾滋病大流行的主要措施
- (1)扫黄、禁毒及严格筛选献血员,推广一次性注射器材和安全性行为。
- (2)患者用过的物品、分泌物、房间用次氯酸钠液或家用漂白粉 1∶100 进行消毒。
- (3)可疑的检测标本先行 56℃,30min,可灭活 HIV。

模拟试题栏——识破命题思路,提升应试能力

一、专业实务

A_1型题

1. 病原体侵入人体后能否引发疾病,主要取决于
   A. 机体的保护性免疫
   B. 病原体的侵入途径与特异性定位
   C. 病原体的毒力与数量
   D. 机体的天然屏障作用
   E. 病原体的致病力与机体的免疫功能

2. 在传染病感染过程中最常见的是
   A. 隐性感染者　　B. 潜伏期携带者
   C. 慢性携带者　　D. 潜伏性感染者
   E. 显性感染者

3. 传染的必备条件有
   A. 病原体、易感人群
   B. 病原体、人、动物
   C. 病原体、人、环境
   D. 病原体、人、传播途径
   E. 病原体、易感人群、空气
4. 病原体侵入人体后，引起机体发生免疫应答，同时通过病原体本身的作用或机体的变态反应，导致组织损伤，引起病理改变与临床表现，此种情况是
   A. 隐性感染　B. 显性感染
   C. 重复感染　D. 潜伏性感染
   E. 机会性感染
5. 流行过程的基本条件是
   A. 传染源、传播途径、易感人群
   B. 周围性、地区性、季节性
   C. 散发、流行、暴发流行
   D. 患者病原携带者、受感染的动物传播
   E. 自然因素、社会因素
6. 熟悉各种传染病的潜伏期，最重要的意义是
   A. 协助诊断　B. 确定检疫期
   C. 追踪传染来源　D. 预测流行趋势
   E. 有助于院内感染的鉴别
7. 传染病的基本特征是，除外
   A. 有特异病原体　B. 有传染性
   C. 有感染后免疫　D. 有流行病学特征
   E. 有感染中毒症状
8. 下列试验中，哪项不是反应肝损伤严重程度的指标
   A. ALT　B. 胆红素
   C. 白蛋白　D. 谷草转氨酶
   E. 凝血酶原活动度
9. 急性乙型肝炎最早出现的血清学指标是
   A. HBsAg　B. 抗-HBs
   C. HBeAg　D. 抗-Hbe
   E. 抗-HBc
10. 甲型和戊型病毒性肝炎的主要传播途径是
   A. 经血液传播　B. 经体液传播
   C. 密切生活接触传播　D. 经食物和水源传播
   E. 虫媒传播
11. HIV 感染主要导致下述哪种损害而并发严重的机会性感染和肿瘤
   A. 细胞免疫　B. 体液免疫
   C. 非特异性免疫　D. 特异性免疫
   E. B淋巴细胞
12. 评估 HIV 感染者预后的常用实验室指标是
   A. 抗-HIV
   B. p24 抗原
   C. HIV RNA 定性试验
   D. $CD4^+$ T 细胞绝对值记数和 HIV RNA 定量（病毒载量）
   E. 微球蛋白

A_2 型题

13. 患者，男性，32 岁，农民，近 2d 来腹痛、腹泻、胃纳减退，每日大便 15～30 次，粪便呈浅黄色水样，每次量较多。曾呕吐 3 次，无里急后重。体格检查发现体温 37.5℃，明显脱水征，肠鸣音亢进，腹无压痛。血液白细胞总数为 9.7×10^9/L，分类计数 N 0.56，L 0.35，E 0.07，M 0.02；RBC 4.9×10^{12}/L，Hb 140g/L，粪便镜检白细胞 1～5/HP。病前曾进食生黄瓜。对明确本例诊断最有意义的实验室检查是
   A. 粪便常规检查
   B. 粪便培养霍乱弧菌
   C. 粪便培养致病菌
   D. 粪便检查阿米巴滋养体
   E. 血液培养细菌
14. 患者，男性，38 岁，广州市下水道工人，持续发热、头痛、全身酸痛、走路时小腿疼痛、胃纳减退、疲乏 4d。体温 40.2℃。眼结膜充血，左眼结膜下有一出血斑，右侧腹股沟淋巴结肿大，局部皮肤潮红、压痛明显。肝肋下 1.0cm 可触及。周围血液红细胞 4.82×10^{12}/L，白细胞 12.4×10^9/L，分类 N 0.87，L 0.11，E 0.01，M 0.01，血小板 123×10^9/L。尿常规检查示蛋白＋＋＋，管型＋。发病前 3d 曾到郊外旅游，右腿受伤流血，现伤口已愈。本例的诊断应首先考虑
   A. 登革热　B. 伤寒
   C. 恙虫病　D. 败血症
   E. 钩端螺旋体病
15. 患儿，男性，7 岁，学生。近 3d 来发热、头痛、头晕、疲乏、胃纳减退，有时恶心，尿色黄如浓茶，尿量正常。体检发现：体温 38.8℃，面色潮红，结膜稍充血，巩膜微黄，颌下淋巴结轻度肿大。腹软，无压痛，肝肋下 1.5cm 可触及，质软，无触痛。周围血液白细胞总数为 8.7×10^9/L，红细胞为 4.82×10^{12}/L。对明确诊断有较大意义的实验室检查是
   A. 肥达反应　B. 外-斐反应
   C. 肝功能检查　D. 肝炎病毒标记物检查

E. 肝 B 超检查

16. 患者,男性,56 岁,ALT 反复异常 16 个月,在外院曾用多种“保肝”药物,输白蛋白及血浆,但 ALT 仍持续轻中度增高而入院。查:HBsAg(+),抗-HBs(−),HBeAg(−),抗-HBe(+),抗-HBc(+),B超无明显异常,应进一步做下列哪一项检查

A. AFP

B. CT

C. 抗-HCV 及抗-HDV-IgM

D. 抗-HAV-IgM 及抗-HEV-IgM

E. 凝血酶原时间及胆固醇

17. 患者,男性,48 岁,诊断慢性肝炎 10 年,发现肝硬化 2 年,近 5d 出现畏寒寒战,体温 38～39℃,脉搏 110 次/分,血压 68/50mmHg,精神极差,皮肤巩膜轻度黄染,腹软,无压痛反跳痛,肝肋下未扪及,脾肋下 2cm,移动性浊音阳性,血象:WBC 4.5×10^9/L,N 0.85, L 0.15, PLT65×10^9/L,腹水常规:草黄色,比重 1.016,李凡他试验阴性,白细胞数 5.0×10^9/L,多核 0.40,单核 0.60。为了诊断该患者休克的原因,首先应做哪项检查

A. 血培养　　B. 腹水培养

C. 腹部 B 超　　D. 肝功能

E. 血培养+腹水培养

18. 患者,男性,28 岁,近 2 周食欲不佳、疲乏无力、上腹部不适来就诊。体检:肝肋下 3cm,有轻触痛。为明确诊断首先应检查的项目是

A. 尿胆红素

B. 血清胆红素

C. 血清蛋白

D. 血清丙氨酸氨基转移酶

E. 谷氨酰基转移酶

二、实践能力

A_1 型题

19. 对于消化道传染病起主导作用的预防措施是

A. 隔离、治疗患者

B. 发现、治疗带菌者

C. 切断传播途径

D. 疫苗预防接种

E. 接触者预防服药

20. 提高人群免疫力起关键作用的是

A. 改善营养　　B. 锻炼身体

C. 预防接种　　D. 防止感染

E. 预防服药

21. 关于病原体在传染过程中的作用,下列哪项是错误的

A. 在同一传染病中,入侵病原体的数量一般与致病力成正比

B. 在同一传染病中,入侵病原体的数量一般与潜伏期成正比

C. 病原体的毒力与致病力成正比

D. 病原体的侵袭力与致病力成正比

E. 在不同传染病中,能引起疾病发生的最低病原体数量相差很大

22. 下列哪项是错误的

A. 甲型肝炎少见为慢性病程

B. 乙型肝炎易呈慢性过程

C. 丁型肝炎少见慢性病

D. 丙型肝炎易呈慢性过程

E. 戊型肝炎多呈急性过程

23. 对 HBeAg 阳性母亲所生下的新生儿预防 HBV 感染最有效的措施是

A. 丙种球蛋白

B. 高效价乙肝免疫球蛋白

C. 乙肝疫苗

D. 乙肝疫苗+高效价乙肝免疫球蛋白

E. 乙肝疫苗+丙种球蛋白

24. 某护士在给一 HBsAg 阳性患者采血时,不幸刺破手指。下列哪项处理最为重要

A. 立即酒精消毒

B. 接种乙肝疫苗

C. 肌内注射高价乙肝免疫球蛋白

D. 肌内注射高价乙肝免疫球蛋白, 2 周后接种乙肝疫苗

E. 定期复查肝功能和 HBV-M

25. 在我国现阶段预防艾滋病传播的最主要措施是

A. 打击卖淫嫖娼　　B. 禁止同性恋

C. 避免输血　　D. 应用疫苗

E. 防止静脉吸毒者共用注射器和注射针头

26. 预防艾滋病母婴传播的有效措施是

A. 禁止 HIV 感染者结婚

B. 提倡自然分娩

C. 鼓励母乳喂养

D. 给婴儿注射疫苗

E. 母亲在妊娠期及围生期、婴儿在出生后应用抗 HIV 药物

27. 艾滋病所致机会性感染死亡的主要原因是

A. 隐球菌脑膜炎　　B. 机会性肿瘤

C. 肺孢子菌肺炎　　D. 巨细胞病毒脑炎
E. 卡波西肉瘤

A_2 型题

28. 患者，男性，26岁，以畏寒发热、全身乏力、食欲减退1周入院。体查：皮肤巩膜黄染，肝右肋下1cm，血常规：WBC 5.2×10^9/L，N0.48，L0.52，Hb130g/L，血清总胆红素124.8μmol/L，一分钟胆红素70.4μmol/L，ALT320U/L，AKP64U/L，诊断在考虑
A. 溶血性黄疸　　B. 急性黄疸型肝炎
C. 淤胆型肝炎　　D. 急性重型肝炎
E. 慢性肝炎

29. 患者，男性，20岁，1周来发热食欲减退、厌油、恶心、呕吐、尿黄，黄疸急剧上升至血清总胆红素170μmol/L，凝血酶原活动度35%，近2d出现嗜睡、烦躁不安，伴牙龈出血、皮下瘀斑。肝肋下未扪及，该患者的诊断首先应想到
A. 急性肝炎　　B. 中毒肝炎
C. 急性重症肝炎　　D. 淤胆型肝炎
E. 慢性肝炎

30. 3岁儿童入幼儿园时体检发现HBsAg阳性，HBeAg阳性，抗-HBc阳性，肝功能正常，最可能的诊断是
A. 无症状HBsAg携带者
B. 慢性乙型肝炎轻度
C. 慢性乙型肝炎中度
D. HBV既往感染
E. 急性无黄疸型乙型肝炎

31. 26岁孕妇，既往体健。近1年来发现HBsAg阳性，但无任何症状，肝功能正常。足月顺利分娩一4kg男婴，为预防母婴传播，对此新生儿最适宜的预防方法是
A. 乙肝疫苗+丙种球蛋白乙肝疫苗
B. 乙肝疫苗+高效价乙肝免疫球蛋白
C. 乙肝疫苗
D. 丙种球蛋白
E. 高效价乙肝免疫球蛋白

32. 患者，男性，32岁，有肝脾肿大3年，发病前10d曾帮同事搬家后，即感明显乏力，食欲缺乏，恶心厌油，腹胀，巩膜深度黄染，肝右肋下未扪及，血清ALT60U/L，总胆红素324μmol/L，凝血酶原活动度30%，一分钟胆红素188.6μmol/L，该例患者的诊断应是
A. 慢性肝炎重度　　B. 淤胆型肝炎
C. 急性重症肝炎　　D. 亚急性重症肝炎
E. 慢性重症肝炎

33. 患者，男性，35岁，主要表现为不规则发热、咳嗽，伴间断腹泻、食欲减退及明显消瘦2个月。既往有静脉吸毒史。体检：体温38℃，全身淋巴结肿大，质韧、无触痛，活动度可。血白细胞 4.0×10^9/L，血清抗-HIV(＋)。该患者应考虑为
A. 支气管肺癌　　B. 艾滋病
C. 白血病　　D. 肺结核
E. 慢性病毒性肝炎

34. 患者，女性，27岁，因发热、咳嗽伴胸痛就诊。体格检查：体温38℃，双侧颊黏膜散在溃疡，并有白色分泌物；两肺听诊可闻及湿啰音。血白细胞 4.0×10^9/L，$CD4^+/CD8^+$ T淋巴细胞比值<1。诊断为艾滋病。针对该患者的护理措施，最主要的是
A. 严格执行消毒隔离措施
B. 将患者安置于隔离病室内进行严密隔离
C. 给予高热量、高蛋白、高维生素易消化饮食
D. 提供患者与家属、亲友沟通机会，获得更多心理支持
E. 多与患者沟通，鼓励患者树立战胜疾病的信心

A_3/A_4 型题

(35～38题共用题干)

患者，女性，15岁，发热食欲减退1周，神志欠清1d，体查：皮肤巩膜轻度黄染，躁动不安，手有扑翼样震颤，肝右肋下未扪及，实验室检查：ALT 160U/L，总胆红素90μmol/L，抗-HBs阳性，抗-HBc阳性，抗-HAV-IgM阳性，抗-HEV-IgG阴性。既往体健，无输血史。

35. 最可能的临床诊断是
A. 急性黄疸型肝炎　　B. 急性重症型肝炎
C. 亚急性重症型肝炎　　D. 慢性重症型肝炎
E. 淤胆型肝炎

36. 最可能的病原学诊断是
A. 甲型病毒性肝炎　　B. 乙型病毒性肝炎
C. 丙型病毒性肝炎　　D. 丁型病毒性肝炎
E. 戊型病毒性肝炎

37. 对本例患者临床诊断分型最有价值的实验室检查是
A. 血常规　　B. 尿常规
C. 脑脊液检查　　D. 凝血酶原活动度
E. 血浆蛋白测定

38. 下列哪项处理不恰当
A. 苯巴比妥　　B. 20%甘露醇溶液

C. 氨基酸注射剂　D. 精氨酸
E. 西咪替丁

(39～41题共用题干)

某幼儿园近半个月来连续发现20余名3～4岁幼儿精神差，食欲减退，其中5人眼睛发黄，发热。

39. 患者最可能是
A. 甲型肝炎病毒感染　B. 乙型肝炎病毒感染
C. 丙型肝炎病毒感染　D. 丁型肝炎病毒感染
E. 戊型肝炎病毒感染

40. 为尽快做出诊断，应立即进行哪项检查
A. 血清胆红素　B. 血清谷丙转氨酶
C. 血清碱性磷酸酶　D. 血清总蛋白
E. 血清胆碱酯酶

41. 对于该幼儿园的幼儿，下列哪项处理最为合适
A. 立即口服抗病毒中成药
B. 立即检查肝功能
C. 立即注射甲肝疫苗
D. 立即注射乙肝疫苗
E. 立即注射免疫球蛋白，然后注射甲肝疫苗

(42～44题共用题干)

患者，男性，40岁，教师，低热伴乏力、食欲缺乏及消瘦月余。因血友病有多次血制品输注史。体查见唇周苍白，口腔黏膜布满白色膜状物，四肢大关节畸形。实验室检查血象白细胞 2.3×10^9/L，Hb 78g/L。

42. 本病患者最可能的诊断是
A. 结核病　B. 伤寒
C. 艾滋病　D. 钩体病
E. 疟疾

43. 本例患者首先应做何实验室检查建立病因诊断
A. X线胸部检查　B. 血细菌培养和抗-HIV
C. 咽拭子涂片找真菌　D. 淋巴结活检
E. 血常规和尿常规检查

44. 患者口腔所见提示有
A. 口腔毛状白斑症　B. 鹅口疮
C. 牙周炎　D. 麻疹
E. 白喉

(45～47题共用题干)

患者，男性，20岁，1周出现发热、食欲减退、厌油、恶心、呕吐、尿黄，且黄疸急剧加深，凝血酶原活动度35%，近2d出现嗜睡、烦躁不安，伴牙龈出血、皮下瘀斑，肝脾未扪及。

45. 该患者的诊断可能性最大的是
A. 急性肝炎　B. 中毒性肝炎
C. 急性重症肝炎　D. 淤胆型肝炎
E. 慢性重症肝炎

46. 如在治疗过程中烦躁不安加重，意识障碍加深应立即给予的治疗是
A. 肌内注射苯巴比妥　B. 静脉注射地西泮
C. 用止血药　D. 静脉注射甘露醇
E. 使用血管扩张剂

47. 如血清学标志物检测发现HBV感染标志，且HBV-DNA阳性，除其他治疗外可进行抗病毒治疗，首选的抗病毒药物是
A. 干扰素　B. 拉米夫定
C. 利巴韦林　D. 阿昔洛韦
E. 泼尼松

(48～50题共用题干)

患者，男性，26岁，食欲缺乏，极度乏力，腹胀伴黄疸进行性加深半个月，既往无肝病史，体查：深度黄疸，皮肤有瘀斑，无蜘蛛痣肝掌，腹胀，肝脾未扪及，腹水征阳性，血清总胆红素342μmol/L，ALT 560U/L。

48. 本病例诊断应首先考虑
A. 急性重症肝炎　B. 亚急性重症肝炎
C. 慢性重症肝炎　D. 急性黄疸型肝炎
E. 淤胆型肝炎

49. 如血常规检查发现白细胞 10×10^9/L，N 0.80，L 0.20，提示可能合并细菌感染，感染的部位很可能在
A. 肺部　B. 泌尿道
C. 肠道　D. 腹腔
E. 软组织

50. 如腹胀加重，腹水检查诊断为腹膜炎下列哪种抗生素不宜采用
A. 氨苄西林　B. 哌拉西林
C. 红霉素　D. 庆大霉素
E. 头孢曲松

参考答案

1～5 EDCBA　6～10 BEAAD　11～15 ADBED
16～20 CEDCC　21～25 BCDDE　26～30 ECBCA
31～35 BEBDB　36～40 ADAAB　41～45 ECBBC
46～50 DBBDC

(符勤怀)

第13章　老年保健

考点提纲栏——提炼教材精华，突显高频考点

一、老年人的特点

1. 生理特点

(1)感官系统

★1)视觉

①晶状体弹性明显降低，调节功能和聚焦功能逐渐减退，视近物能力下降，出现“老视”。

②晶状体中非水溶性蛋白质逐渐增多，使晶状体的透光度减弱，部分老年人出现白内障。

③晶状体前移，可使前房角关闭，房水回流受阻，眼压升高，发生青光眼。

④随着年龄的增大，晶状体对紫外线的吸收增加，对红、绿光的感觉减退。

★2)听觉：中耳听骨出现退行性变，内耳血管壁增厚、管腔变小，导致内耳缺血，听力逐渐下降，对话者说话时提高音量，老年人感到刺耳不适，常伴有高频性耳鸣。

3)味觉：味蕾逐渐萎缩，数量减少，味觉功能减退。对酸甜苦咸的敏感性下降，特别对咸、甜味感觉显著迟钝。

4)嗅觉：嗅神经数量随年龄的增长而减少、萎缩、变性。50岁以后嗅觉功能逐渐减低，对气味的分辨能力下降，嗅觉功能减退而影响食欲。

5)本体觉：包括触觉、压觉、震动觉、位置觉、痛觉和温觉。老年人对冷、热、痛觉、触觉等反应迟钝。

6)皮肤：皮肤的改变是衰老的最初标志。表现为皮肤脂肪减少，弹力纤维变性、缩短、皮肤弹性降低。皮肤皱纹逐渐增多、变深，以面部皱纹出现最早且最显著。皮肤暴露部位可见老年斑。

(2)呼吸系统

★1)胸廓：胸壁肌肉弹性降低、肋间肌和膈肌出现萎缩、肋骨关节硬化、脊柱后凸，胸骨前突，使胸腔前后径增大，前后径与左右径比值增大，出现桶状胸。

2)呼吸道：支气管黏膜出现萎缩、纤毛运动及咳嗽反射减弱，呼吸道分泌物不易咳出，从而易引起呼吸道感染。

3)肺：肺组织萎缩，体积变小，重量减轻，肺泡弹性下降，硬度增加，肺泡面积减少。由于肺组织结构的改变，引起肺功能降低，表现为通气量下降，肺活量与最大呼气量减少，换气效率明显降低。

1. 生理特点

(3)循环系统

1)心脏:表现为心肌收缩力降低,心肌等长收缩和舒张期延长。心室壁顺应性下降,心室舒张终末期压力明显高于青年人,引起心排血量减少。

2)血管:血管增厚、变硬、弹性减弱、管腔缩小,外周阻力增加,导致血压升高,以收缩压增高为主。

(4)消化系统

1)食管:食管蠕动性收缩减少,非蠕动性收缩增强,伴食管下端括约肌松弛,排空延迟,食管扩张,易引起吞咽困难和食管内食物残留。

2)胃肠道:胃黏膜萎缩变薄,黏液分泌减少,胃液、胆汁和胰液分泌减少,影响了对铁离子、维生素 B_{12}、蛋白质等物质的消化或吸收,易出现缺铁性贫血。

(5)泌尿系统

1)肾脏:肾血流量减少,肾小球滤过率下降,导致肾脏储备功能减退。尿浓缩功能降低、尿稀释功能、肾小管的重吸收与排泌功能均下降。

2)输尿管:输尿管张力减弱,尿液进入膀胱的速度减慢甚至反流,可引起逆行感染。

★3)膀胱:膀胱肌肉收缩无力,膀胱内尿液不易排空,膀胱残余尿量增多,产生尿频、夜尿量增多、排尿无力或排尿不畅。

4)尿道:随着年龄增长尿道逐渐萎缩、纤维化、弹性降低,使排尿速度减慢、排尿无力、不畅,导致膀胱残余尿量增加和尿失禁。

(6)内分泌系统

1)甲状腺:老年人血中甲状腺素减少,蛋白质合成减少,导致基础代谢率下降,脂肪代谢受到影响,血中胆固醇水平增高。

2)肾上腺:由于肾上腺功能减退,血清醛固酮水平下降,老年人对低盐饮食和利尿药反应降低。在应激状态下,儿茶酚胺的分泌迟缓,使老年人对突发事件的应激能力下降。

3)胰岛:胰岛β细胞功能降低,细胞膜上胰岛素受体减少,机体对胰岛素的敏感性下降,导致葡萄糖耐量下降,故糖尿病尤其是2型糖尿病的发病率增高。

(7)运动系统

1)骨骼:骨质逐渐萎缩,使骨骼韧性降低,脆性增加,骨质密度降低,易导致骨质疏松症及骨折。

2)关节:关节囊和肌腱韧带变硬,导致关节的灵活性减弱。

2. 心理特点

★(1)记忆:记忆的保持能力逐渐下降,但远期记忆的保持相对比近期记忆的保持好;老年人的再认能力比回忆能力好;理解能力变化不大,但死记硬背能力减退,故逻辑记忆比机械记忆好。

(2)智力:老年人在限定时间内加快学习速度比年轻人难,老年人学习新东西、新事物不如年轻人。

(3)思维:由于老年人记忆力的减退,无论在概念形成、解决问题的思维过程还是创造性思维的逻辑推理方面都受到很大影响。

(4)人格:人格——即人的特性或个性,包括性格、兴趣、爱好、倾向性、价值观、才能和特长等。老年期的人格与增龄无关。

(5)情感与意志:老化过程中情绪相对稳定,老年人能较理智的控制自己的情绪。但负性情绪产生后难以改变,多与疾病、生活事件有关。

★★3. 患病特点

(1)多种疾病同时存在、病情复杂:老年人患病常常一个器官上同时有几种病理改变,而在一个人身上又可能同时存在多器官、多种类的疾病。

(2)临床表现不典型:由于老年人的感受性降低往往疾病已经较为严重,却无明显不适症状,临床表现不典型。

★★3. 患病特点
- (3)病情长、康复慢并发症多：老年人免疫力低下，抗病与组织修复能力差，导致病程长、恢复慢。
- (4)病情发展迅速：由于老年人组织器官储备能力和代偿能力差，老年人急性病或慢性病发作时，容易出现器官或系统的功能衰竭、病情危重。

二、老年人的日常保健

1. 营养与饮食
- (1)营养的需求
  - 1)糖类：占总热能的55%～65%，以谷类、薯类为好。
  - ★2)蛋白质：占总热能的15%，1.2g/(kg·d)，以鱼、瘦肉、禽、蛋、奶、大豆为好。
  - 3)脂肪：占总热能的20%～30%，每日脂肪摄入量以50g为宜。
  - 4)维生素：每天至少食用5种蔬菜，薯类500g，水果100g。
  - 5)膳食纤维：30g/d为宜。
  - ★6)水和电解质：水约占老年人体重45%，每日饮水量一般以1 500ml左右为宜，钠：每日小于6g，高血压、冠心病不能超过5g。
- (2)饮食原则
  - 1)合理选择饮食；摄取食物做到“三高、一低、四少”，即高蛋白质、高维生素、高纤维素、低脂肪、少盐、少油、少糖、少辛辣调味品。
  - 2)食物种类繁多：应注意粗粮和细粮的搭配，植物性食物和动物性食物的搭配，蔬菜与水果的搭配。
  - 3)食物温度适宜：人体的口腔和食物的耐受温度为50～60°C，最适宜的进食温度是10～50°C。食物的温度应适宜，不宜过冷或过热。
  - ★4)科学安排饮食：每日进餐定时定量，早、中、晚三餐食量的比例最好约为：30%、40%、30%，切勿暴饮暴食或过饥过饱。

2. 休息与活动
- (1)睡眠：随着年龄的增加，老年人的睡眠应适当增加，60～70岁的老年人每天睡眠时间应当在8h左右，70～90岁的老年人平均每天睡眠时间大约在9h左右，90岁以上的老年人平均每天睡眠时间以10h左右为宜。
- (2)活动
  - ★1)活动种类：比较适合老年人活动的项目有散步、慢跑和游泳、球类运动、跳舞、太极拳与气功。
  - ★2)活动的强度：可通过监测心率情况来控制活动量，最简单方便的监测方法是：运动后最宜心率(次/min)＝170－年龄。身体健壮者则可用：运动后最宜心率(次/min)＝180－年龄。

3. 日常安全的防护
- (1)跌倒的防护
  - 1)自身防护措施：老年人在变换体位时，动作不宜过快，以免发生体位性低血压；在行走时，速度也不宜过快，迈步前一定要先站稳。
  - ★2)老年人沐浴时间，一般不超过20分钟，水温以35～40°C为宜。
- (2)居室内外环境及设施安全的要求
  - 1)地面：无积水、平整、防滑、避免打蜡。浴室、厨房的地板要铺设防滑地板砖，浴缸内铺防滑垫。
  - 2)通道：不宜狭窄、不应堆放障碍物。
  - 3)照明：尤其是浴室、卧室等处应保证有充足的照明。
  - ★4)卫生间：最好安放有扶手，坐便器的高度约45～50cm为宜。
  - ★5)床：一般以从床垫上面至地面50cm为宜。
- (3)用药护理
  - 1)老年人用药原则
    - ①少用药，勿滥用药：当必须用药时，应遵医嘱对症治疗，尽量减少用药品种，并且以小剂量开始服用。
    - ②注意联合用药：老年人往往同时服用多种药物，应特别注意药物的配伍禁忌。如中药与西药不要重复使用，酸性药与碱性药不能同时服用等。
    - ③密切关注用药反应：如出现皮疹、麻疹、低热、哮喘等症状，应及时就医。

3. 日常安全的防护 —（3）用药护理 — 2）常见药物不良反应：

①精神症状：老年人中枢神经系统对某些药物的敏感性增高，可引起精神错乱、抑郁和痴呆等。

②直立性低血压：使用降压药、三环抗抑郁药、利尿药、血管扩张药时，易发生直立性低血压，使用这些药物时应特别注意。

③耳毒性：使用氨基糖苷类抗生素时应减量，最好避免使用此类抗生素。

④尿潴留：三环类抗抑郁药和抗帕金森病药有副交感神经阻滞作用，使用这类药物可引起尿潴留。

⑤药物中毒：老年人各个重要器官的生理功能减退，肝脏解毒功能也相应降低。故老年人用药容易中毒。

模拟试题栏——识破命题思路，提升应试能力

专业实务

A_1型题

1. 下列哪一项不是老年人眼睛与视力常见的主要问题
   A. 暗适应功能衰退
   B. 变色能力减退
   C. 调节远视力功能上升
   D. 调节近视力功能下降
   E. 睫状肌肌力减弱
2. 老年人最普遍存在
   A. 老花眼　B. 近视
   C. 远视　D. 散光
   E. 青光眼
3. 老年人视觉功能减退的表现不正确的是
   A. 老视眼，无法看清近距离物体
   B. 不能忍受强光刺激
   C. 对光线明暗的适应力降低，夜间视力较差，阅读时，需要较亮的光线
   D. 对颜色的分辨力较差，尤其是红色、绿色和紫色
   E. 深度视觉明显下降，有时无法判断距离和深度，易摔倒
4. 老年人听力和视力的特点下列正确的是
   A. 50岁可见双侧角膜老年环，多为病理现象
   B. 对高音的听力比对低音的听力损失晚
   C. 常有耳鸣，在喧闹环境下明显
   D. 老年人视力的病变主要有白内障、青光眼
   E. 老年人近视功能下降，出现近视眼
5. 老年人的胸部特点不包括
   A. 常呈桶状改变，尤其是患有慢性支气管炎的老人
   B. 部分老年人在没有疾病时肺基底部可有少量湿性啰音
   C. 老年人心音强度的变化比杂音的变化更有临床意义
   D. 老年人的收缩期杂音多为心音异常的反映
   E. 部分慢性支气管炎患者的湿性啰音部位固定且持久
6. 老年人感觉功能描述不正确的是
   A. 视觉功能减退
   B. 高频率的声音听力较差
   C. 低频率的声音听力较差
   D. 嗅觉功能减退
   E. 味觉功能减退
7. 老年人对下列哪种情况记忆力较好
   A. 听过或看过一段时间的事物
   B. 曾感知过而不在眼前的事物
   C. 生疏事物的内容
   D. 与过去有关的事物
   E. 需要死记硬背的内容
8. 老年人的思维能力描述不正确的是
   A. 集中精力思考问题　B. 思维迟钝
   C. 联想缓慢　D. 计算速度减慢
   E. 计算能力减退
9. 老年人患病的特点不包括
   A. 临床表现典型　B. 临床表现不典型
   C. 病情发展迅速　D. 恢复慢
   E. 多种疾病同时存在
10. 水约占老年人体重的
    A. 25%　B. 35%
    C. 45%　D. 50%
    E. 60%
11. 老年人每天蛋白质的摄人量为

A. 1g/kg　　B. 1.2g/kg
C. 1.5g/kg　　D. 2g/kg
E. 2.5g/kg

12. 老年人早、中、晚餐的能量分配分别占总能量的
A. 10%、20%、30%　　B. 30%、40%、30%
C. 30%、30%、40%　　D. 40%、40%、30%
E. 40%、30%、30%

13. 老年人沐浴时间不宜超过
A. 5min　　B. 20min
C. 30min　　D. 40min
E. 60min

14. 给老人洗澡时,水温不宜超过
A. 36℃　　B. 40℃
C. 45℃　　D. 48℃
E. 50℃

15. 老年人运动后最适宜的心率(次/分)为
A. 150－年龄　　B. 160－年龄
C. 170－年龄　　D. 190－年龄
E. 200－年龄

16. 老年人常见药物不良反应不包括
A. 精神症状　　B. 体位性低血压
C. 尿潴留　　D. 药物中毒
E. 药物过敏

17. 老年人使用下列哪种药物易引起体位性低血压
A. 升压药　　B. 三环类抗抑郁药
C. 洋地黄　　D. 血管舒缩药
E. 氨基糖苷类抗生素

A_2 型题

18. 患者,男性,患有高血压、冠心病2年,护士在为患者进行饮食指导时,应告知每天的食盐摄入量不宜超过
A. 5g　　B. 6g
C. 8g　　D. 9g
E. 10g

19. 患者,男性,70岁,身体素质良好,每天坚持晨练,其运动后最适宜的心率应在
A. 100次/分　　B. 120次/分
C. 130次/分　　D. 140次/分
E. 90次/分

20. 患者,女性,67岁,近年来明显感到自己对数字的记忆减退,特别是电话号码等。该表现说明王阿姨的哪种记忆能力开始下降
A. 近期记忆　　B. 远期记忆
C. 机械记忆　　D. 逻辑记忆
E. 次级记忆

21. 患者,男性,63岁,心力衰竭,自诉午饭活动后即出现呼吸困难、乏力、心悸等症状,该老人的活动原则是
A. 严格卧床休息
B. 限制重体力活动
C. 以卧床休息,限制活动为宜
D. 不限制活动,但应增加午休时间
E. 活动过程中需增加间歇时间

22. 患者,女性,74岁,患胆囊炎、胆石症,应给予
A. 高蛋白、低盐饮食
B. 低蛋白、低盐饮食
C. 低脂肪、低盐饮食
D. 低脂肪、高蛋白饮食
E. 低脂肪、低蛋白饮食

参考答案

1～5 CADDD　6～10 CDAAC　11～15 BBBBC
16～20 EBAAC　21～22 CC

(谢　冰)

第14章 中医基础知识

考点提纲栏——提炼教材精华，突显高频考点

一、中医学的基本概念

★中医学的两个基本特点：一是对人的整体观念，二是对疾病的辨证论治。

★1. 整体观念：中医认为人体是一个有机的整体，构成人体各个组成部分之间结构不可分割，生理上互相联系，病理上相互影响。

★2. 辨证论治：辨证论治是中医诊断和治疗疾病的基本原则。是中医对疾病的一种特殊的研究和处理方法，是确定治疗的前提和依据
- (1)辨证就是将四诊(望、闻、问、切)所收集的资料、症状和体征，通过分析、综合，辨清疾病原因、性质、部位和邪正之间关系。概括、判断为某种证。
- (2)论治又称施治，是根据辨证的结果，确定相应的治疗方法。

二、中医基础理论

★中医基础理论的主要内容分为：阴阳五行、藏象、精气血津液、经络、病因与发病、病机、防治原则等七个部分。

1. 阴阳五行学说
   - (1)阴阳学说包括阴阳相互对立、阴阳相互依存、阴阳相互消长、阴阳相互转变。
   - (2)五行的概念：五行指金、木、水、火、土、五种物质取象比类及其运动变化。

★2. 藏象
   - (1)五脏是指心、肝、脾、肺、肾，称为五脏。
   - (2)六腑是指胆、胃、大肠、小肠、膀胱、三焦，称为六腑。

3. 气、血、津液
   - ★(1)气：气是构成人体和维持人体生命活动的最基本物质。包括：元气、宗气、营气、卫气。气的主要功能：推动作用、温煦作用、防御作用、固摄作用、气化作用。
   - (2)血：血是富有营养和滋润作用的红色液态物质。血的主要功能：营养和滋润脏腑组织器官，是神志活动的主要物质基础。
   - ★(3)津液：是机体一切正常水液的总称，包括各脏腑组织器官的内在体液及其正常的分泌物，如胃液、肠液和涕液、泪等。清而稀薄为津，浊而稠厚为液。

4. 病因与发病
   - ★(1)六气是指六淫：风、寒、暑、湿、燥、火，是四季气候中的六种表现，正常情况称为“六气”，是人类生存的条件。如果发生太过或不及，而当人体正气不足时就能成为致病因素。这种能使人致病的反常气候叫做六淫。
   - ★(2)六淫致病的共同特点
     - 1)六淫致病多与季节气候、居住环境有关。
     - 2)单独或两种以上致病。
     - 3)发病时相互影响，互相转化。
   - (3)疫疠的概念：是一类具有强烈传染性病邪。在中医文献中记载有“瘟疫”、“疫毒”、“异气”、“毒气”等名称。
   - (4)疫疠致病特点：发病急骤，病情较重，症状相似，传染性强，易于流行等特点。

4. 病因与发病
- ★(5)七情:指喜、怒、悲、思、忧、恐、惊,七种情志变化,是机体的精神状态,只有突然、强烈或持久的不良刺激,就会导致疾病发生。
- (6)痰饮淤血:痰和饮是水液代谢障碍所形成的产物,一般较稠浊的称为痰,清稀的称为饮。淤血是体内血液凝聚停滞所形成的病理产物。

三、中医辨证方法

中医辨证方法包括八纲辨证、脏腑辨证、六经辨证、卫气营血辨证、三焦辨证。

★八纲辨证。八纲:八纲是表、里、寒、热、虚、实、阴、阳八个辨证的纲领

- ★(1)表证是指六淫、疫疠、虫毒等邪气经皮毛、口鼻侵入机体,正气(卫气)抗邪所表现轻浅证候概括。
- ★常见证候表现:恶寒或恶风发热,头身疼痛,脉浮,苔白为主要表现,或可见鼻塞、流清涕、喷嚏、咽喉痒痛等症。
- ★(2)里证:病变部位在内,由脏腑、气血、骨髓等受病所反映的证候。
- ★常见证候表现:不同的里证,表现为不同的证候,但其基本特点为:无新起恶寒发热,以脏腑症状为主要表现,一般病情较重,病程较长。里证的具体证候辨别,必须结合脏腑辨证、六经辨证、卫气营血辨证等方法,才能进一步明确。
- (3)半表半里证:外感病邪由表入里的过程中,邪正相争,病位处于表里进退变化之中所表现的证侯。常见证候表现:往来寒热、胸胁苦满、心烦喜呕、咽干为特征性表现。
- (4)表证与里证的鉴别要点:主要是审察寒热症状是否突出,舌象、脉象的变化。外感病中,发热恶寒同时并见的属表证,发热不恶寒或但寒不热的属里证;寒热往来的属半表半里证。表证以头身疼痛、鼻塞或喷嚏为主症;里证以内脏证候,如咳嗽、心悸、腹痛等表现为主症;半表半里证。则有胸胁苦满等特有表现。里证舌苔多有异常。表证多见浮脉;里证多见沉脉。
- ★(5)热证与寒证鉴别要点:热证面色赤,寒证面色白;热证恶热喜冷,寒证恶寒喜热;热证口渴喜冷饮,寒证口淡不渴;热证手足烦热,寒证手足厥冷,热证小便短赤、大便燥结,寒证小便清长,大便稀烂;热证舌红苔黄,寒证舌淡苔白;热证脉滑数,寒证脉沉迟。
- ★(6)虚实证鉴别要点:虚证病程长,实证病程短;虚证者体质多虚弱,实证者体质多壮实;实证者声高气粗;虚证者疼痛喜按,实证者疼痛拒按,虚证者五心烦热,午后微热,实证者蒸蒸壮热;虚证者畏寒、得近衣火则减,实证者恶寒、添衣加被不减;虚证舌质嫩,苔少或无苔,实证舌质老、苔厚腻;虚证脉象无力,实证脉象有力。

四、中药基础知识

1. 中药的性能:又称药性,是中药理论核心,主要包括四气、五味、归经、升降浮沉、毒性等。

★2. 中药的四气五味:四气即中药的寒、热、温、凉四种药性,反映药物影响人体阴阳盛衰,寒热变化方面的作用倾向。中药四气中,温热与寒凉属于两类不同的性质,温热属阳,寒凉属阴,四性从本质而言,实际上是寒热二性。

★五味是指酸、苦、甘、辛、咸,五种味道。酸,有收敛、固涩等作用;苦,有泻火、燥湿、通泄、下降等作用;甘,有滋补、和中或缓急的作用;辛,有发散、行气等作用;咸,有软坚、散结等作用。

★3. 服药方法:中药的服药方法分为:口服给药、含漱给药、滴鼻给药、滴眼给药、滴耳给药、皮肤给药、肛门给药、注射给药。

4. 口服给药:是临床使用中药主要途径,口服给药的效果,与剂型、服药的时间、服药的多少及服药的冷热等服药方法有关。

5. 汤剂的煎法

(1)煎药用具:沙锅是最常用的煎药容器。砂锅性质稳定、传热性能缓和、不易与中药所含成分发生化学变化。忌用铁锅。

(2)煎药时加水要适量:第一煎加水至超过药面3~5cm为宜,第二煎加水至超过药面2~3cm为宜。

(3)煎药时间:一般药第一煎于沸后煮30min,第二煎于沸后煮25min;解表药第一煎于沸后煮20min,第二煎于沸后煮15min;滋补药第一煎于沸后煮60min,第二煎于沸后煮50min。

模拟试题栏——识破命题思路,提升应试能力

专业实务

A_1型题

1. 论治的主要依据是
   A. 病　B. 病位
   C. 病性　D. 病因
   E. 辨证的结果

解析:根据四诊收集内容分析,运用辨证方法进行辨证施药。

2. 中医的五脏是指心、肝、脾、肺和
   A. 胆　B. 三焦
   C. 小肠　D. 胃
   E. 肾

3. 五脏六腑之间的关系实际上为
   A. 虚实关系　B. 相生关系
   C. 相克关系　D. 阴阳表里关系
   E. 连带关系

解析:根据五脏属阴属里,六腑属阳属表,构成阴阳表里关系。

4. 脾主要的生理功能是
   A. 运化水谷　B. 生成津液
   C. 生成气血　D. 宣发肃降
   E. 外举清气

5. 肝开窍于
   A. 目　B. 耳
   C. 口　D. 鼻
   E. 舌

6. 主宰生长发育功能的脏腑为
   A. 心　B. 肝
   C. 脾　D. 肺
   E. 肾

解析:根据肾有主藏精,主人体生长发育的生理功能。

7. 中药的四气为
   A. 是指中药的四种特殊气味
   B. 寒凉药具有散寒、助阳的作用
   C. 是指中药的寒、热、温、凉四种药性
   D. 是指中药的辛、咸、甘、苦四种味道
   E. 温热药具有清热、解毒的作用

8. 中医学中,广义的"精"是指
   A. 血　B. 津液
   C. 一切精微物质　D. 生殖之精
   E. 脏腑

9. 六淫的概念是
   A. 风、寒、暑、湿、燥、火在正常情况下称为"六气"
   B. 内风、内寒、内暑、外湿、外燥、外火
   C. 风、寒、暑、湿、燥、火六种外感病邪的统称
   D. 内风、内寒、内暑、内湿、内燥、内火
   E. 外风、外寒、外暑、外湿、外燥、外火

解析:根据病因学外来致病因素六淫使人致病,是指风、寒、暑、湿、燥、火六种外感病邪。

10. 六淫致病中,性属黏滞的病邪为
    A. 风邪　B. 寒邪
    C. 暑邪　D. 湿邪
    E. 燥邪

A_2型题

11. 患者,男性,面色无华,心悸,舌淡,脉细弱无力,此属于
    A. 心血淤滞　B. 心血不足
    C. 心不藏神　D. 心气不足
    E. 以上皆非

解析:根据证候,面色无华,心悸,舌淡,脉细弱,均为心血不足主证。

12. 患者，男性，近来出现胸闷，呼吸不利，咳嗽鼻塞，无汗等症状，此属于
A. 肺失宣降　B. 肺失肃降
C. 肺气不宣　D. 肺气虚弱
E. 以上皆非

13. 患者，男性，经常感觉神疲、头晕、纳少腹胀，大便溏薄，甚至脱肛，此属于
A. 脾气下陷　B. 脾不健运
C. 脾不统血　D. 脾气虚弱
E. 以上皆非

14. 某女，近因诸事不顺，而致心情抑郁，多愁善虑，沉闷欲哭等症，此属于
A. 肝阳上亢　B. 肝郁化火
C. 肝不藏血　D. 肝气郁结
E. 肝脾不调

解析：根据肝失疏泄情志的功能，会引起肝气郁结，表现为心情抑郁、多愁善虑、沉闷欲哭。

15. 患者，咳嗽气喘，胸部胀痛，缺盆部疼痛，肩背痛，手臂内侧前缘疼痛，是哪经病证
A. 手太阳小肠经　B. 手阳明大肠经
C. 手太阴肺经　D. 手少阴心经
E. 以上均不是

16. 患者诉腹痛泄泻，咽喉肿痛、牙痛、伴鼻塞流涕等症，属哪经病证
A. 足太阴脾经　B. 手阳明大肠经
C. 足厥阴肝经　D. 足阳明胃经
E. 以上均不是

17. 患者因思虑过度，出现心悸、失眠、健忘、肢倦、纳呆，是损伤了
A. 脾胃　B. 肝肾
C. 心肝　D. 心脾
E. 脾肾

18. 患者关节游走性疼痛，感受主要外邪是
A. 风　B. 湿
C. 寒　D. 热
E. 暑

解析：根据证候，风邪致病特点，风性善行数变，犯及关节部位呈游走不定。

19. 脘腹冷痛，泻下清稀为
A. 风寒袭表　B. 寒凝经脉
C. 寒邪直中脾胃　D. 真热假寒
E. 以上均不是

20. 表现为肢体麻木、半身不遂、语言不利、口舌歪斜、苔厚腻，此为痰饮在
A. 筋骨　B. 肌肉
C. 关节　D. 经络
E. 咽喉

21. 某患者精神委靡，面色晦暗无华，目无光彩，眼球呆滞，反应迟钝，肌肉羸瘦
A. 少神　B. 失神
C. 假神　D. 神乱
E. 得神

22. 某患者呼吸困难，短促急迫，甚至张口抬肩，鼻翼煽动，难于平卧。应称为
A. 喘　B. 哮
C. 短气　D. 太息
E. 气粗

解析：根据证候，呼吸困难，短促急迫，甚至张口抬肩，鼻翼煽动，无哮鸣声，故属喘证。

23. 某患者自觉怕冷，虽添皮加衣，近火取暖但其寒不解。此属
A. 恶风　B. 伤风
C. 畏寒　D. 战汗
E. 恶寒

24. 某患者恶寒发热，头痛身痛，鼻塞流涕，辨属风寒表证，药物宜
A. 温服　B. 凉服
C. 热服　D. 不拘时刻服
E. 少量频服

25. 患者，女性，35 岁。发热恶风，时有汗出，舌淡苔薄白，脉浮数
A. 表虚证　B. 表实证
C. 虚寒证　D. 虚热证
E. 真虚假实证

26. 患者，男性，40 岁。症见壮热，烦渴，汗出，苔黄，脉洪大。宜选下列何药
A. 芦根　B. 天花粉
C. 栀子　D. 石膏
E. 夏枯草

27. 症见心悸失眠，健忘多梦，体虚多汗，脉细弱。宜选下列何药
A. 磁石　B. 茯苓
C. 酸枣仁　D. 朱砂
E. 龙骨

解析:根据证候,心悸失眠,健忘多梦,体虚多汗,均是心气不足,心神失养,首选酸枣仁滋养安神。

A_3/A_4 型题

(28~30 题共用题干)

患者,女性,31岁,于1d前因受凉,自感恶寒,头身疼痛,有鼻塞、流清涕、喷嚏、咽喉痒痛等症状,舌苔薄白,即就诊。

28. 护士应判断该病属于
   A. 表证　　B. 里证
   C. 寒证　　D. 热证
   E. 半表半里证
29. 医生为该患者开了3付汤药,护士给患者讲解煎药时间,第一煎、第二煎每付药在沸后各应
   A. 煮30min,煮25min　B. 煮40min,煮20min
   C. 煮20min,煮15min　D. 煮60min,煮50min
   E. 煮80min,煮30min
30. 服药时的注意事项
   A. 凉服　　B. 少饮水
   C. 温服,服药后加盖衣被,使微汗出
   D. 出汗后立即洗浴
   E. 服药后可进一些冷饮

解析:因属表证,治则需解表发汗,使表邪从汗而解,故服药宜温服,服药后加盖衣被,使微汗出。

(31、32 题共用题干)

有3名小学生先后出现发热、耳下腮部漫肿疼痛,经辨证分析,中医诊断为痄腮。

31. 导致痄腮发生的原因是
   A. 六淫　　B. 疠气
   C. 七情　　D. 饮食
   E. 劳倦
32. 护理上采取呼吸道隔离直至腮腺完全消肿后1周,护士在宣教时,告知患者行此措施的依据为
   A. 发病急骤　　B. 病情较重
   C. 症状相似　　D. 学龄儿易发病
   E. 易于流行

解析:因痄腮属疠气引起,具有传染性,易于流行,故作为宣教内容之一。

(33、34 题共用题干)

患者,女性,6岁,素体虚弱。近日来,不思饮食,嗳腐吞酸,大便量多而臭,脘腹饱胀,舌质淡红,苔白腻。

33. 护士应判断该患者的病位在
   A. 肺　　B. 大肠
   C. 胃　　D. 小肠
   E. 胆
34. 医生予消食导滞法治疗,口服保和丸,护士告知患者的最佳服药时间为
   A. 饭前服　　B. 饭后服
   C. 睡前服　　D. 晚间服
   E. 清晨服

解析:根据证候,不思饮食,嗳腐吞酸,大便量多而臭,脘腹饱胀,是胃腐熟水谷,主降浊功能不足,胃有宿食表现,故此饭后口服保和丸,有利于消食导滞。

参考答案

1~5 EEDAA　6~10 ECCCD　11~15 BCADC
16~20 BDACD　21~25 BAECA　26~30 DCACC
31~34 BECB

(郭子荣)

模拟试卷

专业实务

一、以下每道题下面有A、B、C、D、E五个备选答案，请从中选择一个最佳答案。

1. 小脑幕裂孔疝早期，瞳孔可表现为
   A. 大小正常　B. 双侧瞳孔缩小
   C. 单侧瞳孔缩小　D. 双侧瞳孔扩大
   E. 单侧瞳孔扩大
2. 自发性气胸最常见的症状是
   A. 呕吐　B. 胸痛
   C. 心悸　D. 咳嗽
   E. 发热
3. 结核菌素试验注射后，观察结果的时间为
   A. 12h　B. 12～24h
   C. 24～48h　D. 48～72h
   E. 72h后
4. 前置胎盘孕妇，产科检查的结果是
   A. 子宫大小与停经月份一致，胎方位清楚，先露高浮
   B. 子宫大于停经月份，胎方位清楚，先露已入盆
   C. 子宫小于停经月份，胎方位清楚，先露高浮
   D. 子宫小于停经月份，胎方位清楚，先露已入盆
   E. 子宫大于停经月份，胎方位清楚，先露高浮
5. 癔症治疗的最有效方法是
   A. 行为治疗　B. 镇静治疗
   C. 抗精神病药物治疗　D. 暗示治疗
   E. 抗抑郁药物治疗
6. 降低颅内压的首选药物是
   A. 呋塞米　B. 20%甘露醇
   C. 50%甘露醇　D. 50%葡萄糖
   E. 氢氯噻嗪
7. 属于客观资料的是
   A. 肢体麻木　B. 肢端肥大
   C. 恶心呕吐　D. 心悸头晕
   E. 浑身无力
8. 急性肾小球肾炎最重要的临床表现是
   A. 蛋白尿、氮质血症、高血压
   B. 水肿、少尿、血尿、高血压
   C. 水肿、少尿、蛋白尿、血尿
   D. 水肿、少尿、高血压、蛋白尿
   E. 血尿、少尿、高血压、氮质血症
9. 中耳炎患者的临床表现，下列哪项除外
   A. 耳痛　B. 耳鸣
   C. 听力减退　D. 眩晕、头痛
   E. 鼻窦压痛
10. 静脉补钾的浓度一般不超过
    A. 0.3‰　B. 0.3%
    C. 3%　D. 2‰
    E. 2%
11. 失眠患者最常见的形式，下列哪一项正确
    A. 睡眠缺失　B. 入睡困难
    C. 睡眠表浅　D. 早醒
    E. 维持睡眠困难
12. 3岁小儿的平均身长为
    A. 71cm　B. 75cm
    C. 81cm　D. 85cm
    E. 91cm
13. 用新九分法评估成人的烧伤面积，错误的是
    A. 头、面、颈部各为3%　B. 双上臂为8%
    C. 双臀为5%　D. 双前臂为6%
    E. 躯干为27%
14. 下列不属于新生儿常见的正常生理状态的是
    A. 马牙　B. 乳腺肿大
    C. 假月经　D. 臀红
    E. 生理性黄疸
15. 精神分裂症的特异临床表现为
    A. 思维奔逸　B. 情绪低落
    C. 焦虑　D. 恐怖
    E. 强制性思维
16. 根据小儿运动功能的发育，正常小儿开始会爬的年龄是
    A. 3～4个月　B. 5～6个月

C. 8～9个月　D. 10～11个月
E. 11～12个月

17. 判断心搏骤停的最可靠而最早出现的临床征象是
A. 意识与大动脉搏动消失
B. 呼吸停止
C. 无应答
D. 口唇苍白
E. 瞳孔散大

18. 下列哪项不属于新生儿卡介苗接种的禁忌
A. 早产儿、难产儿
B. 新生儿体重低于2 500g或伴有明显先天性畸形的新生儿
C. 发热＞37.5℃
D. 生理性黄疸
E. 感染性疾病

19. 膀胱刺激征的主要症状有
A. 高热、尿频、尿急　B. 高热、尿少、尿急
C. 尿频、尿急、尿痛　D. 尿频、尿急、腹痛
E. 血尿、尿急、尿痛

20. 二尖瓣面容的特点是
A. 两颊部紫红，口唇轻度发绀
B. 两颊部蝶形红斑
C. 午后两颊潮红
D. 两颊黄褐斑
E. 面部毛细血管扩张

21. 对人工肛门患者的护理，错误的是
A. 左侧卧位
B. 用氧化锌软膏保护瘘口周围皮肤
C. 保护腹部切口不被污染
D. 肛袋用后洗净、消毒
E. 肛袋应坚持长期使用

22. 患者使用人工呼吸机时，若通气不足可出现
A. 皮肤潮红、出汗　B. 昏迷
C. 抽搐　D. 呼吸音清晰
E. 呼吸性碱中毒

23. 对颅内高压患者的处理哪项是错误的
A. 密切观察病情变化　B. 便秘时高压灌肠
C. 应用脱水剂　D. 限制液体入量
E. 呼吸不畅可行气管切开

24. 90%慢性粒细胞白血病患者血液中会出现
A. 大量原始粒细胞　B. 大量早幼粒细胞
C. 嗜酸粒细胞　D. 巨核细胞
E. Ph染色体

25. 大面积烧伤患者24h内主要的护理措施是
A. 镇静　B. 止痛
C. 保证液体输入　D. 保持呼吸道通畅
E. 预防感染

26. 急性肾盂肾炎患者出院指导错误的是
A. 低盐饮食　B. 避免劳累
C. 多饮水、勤排尿　D. 禁止盆浴
E. 保持大便通畅

27. 内痔的早期症状是
A. 排便时出血　B. 痔核脱出
C. 排便时疼痛　D. 肛门瘙痒
E. 里急后重

28. 下列情况首选取出宫内节育器的是
A. 节育器无移位者　B. 带器妊娠
C. 绝经半年者　D. 轻微下腹坠胀
E. 阴道炎

29. 某患者，使用长春新碱后引起末梢神经炎、手足麻木，应采取的措施是
A. 停药　B. 缓慢静滴
C. 0.5%普鲁卡因含漱　D. 多饮水
E. 应用甲酰四氢叶酸钙对抗其毒性

30. 某儿科护士，为小儿测量体重时，方法错误的是
A. 晨起空腹时、排尿后测量
B. 进食后立即测量
C. 脱去外套后测量
D. 测量时应先在矫正正确磅秤为零点
E. 每次测量应在同一磅秤上

31. 患者，男性，69岁，诊断为“前列腺增生”，其最早出现的症状应是
A. 尿滴沥　B. 尿频及夜尿次数增多
C. 急性尿潴留　D. 尿线变细
E. 尿失禁

32. 为保证老年人的居家安全，社区护士指导其家人正确的照顾方法是
A. 沐浴时调节水温不宜过高，以40～45℃为宜
B. 冬季房间尽量减少通风时间，避免着凉
C. 夜晚入睡时开灯，以保证夜间入厕安全
D. 老年人皮肤感觉迟钝，使用热水袋保暖时水温宜稍高
E. 家中行走通道的两侧应尽量摆放家具，便于老人行走时扶持

33. 患者，女性，45岁。转移性右下腹痛，诊断为“急

性阑尾炎”行阑尾切除术。术后第4天，患者自诉伤口疼痛，T 38.4℃，局部红肿，有脓性分泌物。患者可能是

A. 切口裂开　B. 切口疼痛
C. 腹腔脓肿　D. 切口感染
E. 肺炎

34. 患儿，2岁，哭闹不止，护士适宜采用的沟通技巧是

A. 倾听　B. 阐述
C. 亲切的抚摸或拥抱　D. 微笑
E. 目光注视

35. 患者黄某，因化疗后白细胞 1.0×10^9/L，对该患者应进行

A. 严格隔离　B. 接触隔离
C. 消化道隔离　D. 呼吸道隔离
E. 保护性隔离

36. 患者，男性，56岁，行肺段切除术后，护士应给予患者

A. 仰卧位　B. 头低足高仰卧位
C. 健侧卧位　D. 俯卧位
E. 患侧卧位

37. 患者，男性，47岁。久站后左下肢出现酸胀感，小腿内侧可见静脉突起，诊断为下肢静脉曲张。对此患者健康教育中不正确的是

A. 尽量避免久站　B. 尽量避免患肢外伤
C. 休息时抬高患肢　D. 使用弹力袜
E. 尽量减少下肢活动

38. 患儿，女性，2岁，需留取粪便标本做细菌培养，护士在对其父母进行标本留取方法指导时，应告知

A. 留取新鲜粪便，立即送检，注意保暖
B. 留取新鲜粪便最上部少许
C. 留取中央部分
D. 留取全部粪便
E. 不同部位留取带血或黏液部分粪便

39. 患者，女性，35岁，诊断为“肝外胆管结石”，出现重度黄疸及皮肤瘙痒，对其皮肤的护理措施不妥的是

A. 温水擦洗皮肤　B. 防止皮肤损伤
C. 保持皮肤清洁　D. 遵医嘱适当用药
E. 瘙痒时可用手抓挠

40. 某产妇，临产4h，宫缩25～35s，间隔4～5min，胎心142次/min，先露部头、高浮，突然阴道流水，色清，宫口开大1指。护士的处理错误的是

A. 立即听胎心
B. 记录破膜时间
C. 卧床，抬高臀部
D. 鼓励产妇在宫缩时运用腹压加速产程进展
E. 若超过12h尚未分娩，加用抗生素

41. 患者，男性，26岁，阑尾炎术后第2天，为预防术后肠粘连，护士指导患者应采取的最关键的措施为

A. 合理饮食　B. 取半坐卧位
C. 进行深呼吸运动　D. 早期下床活动
E. 腹部放松

42. 患者，女性，64岁，诊断为“肺气肿”入院，患者感觉呼气费力，护士在护理该患者时不妥的是

A. 经常巡视，满足患者安全需要
B. 调节病室内温度和湿度，保持舒适
C. 测量呼吸时，做好解释，以便配合
D. 协助患者取舒适体位，减少耗氧量
E. 必要时给予吸痰或吸氧

43. 黄某，男性，32岁，车祸大出血至多器官衰竭，抢救无效死亡，护士小王为其做尸体料理时，先将尸体放平，头下垫一软枕，目的是

A. 保持良好姿势
B. 防止下颌骨脱位
C. 便于进行尸体护理操作
D. 避免头面部淤血变色
E. 接近自然状态

44. 患者，张某，女性，48岁，因乳腺癌住院，患者情绪低落，常常哭泣，焦虑不安。护士正确的处理是

A. 说服患者理智面对病情
B. 热情鼓励，帮助其树立信心
C. 指导用药，减轻患者痛苦
D. 安排患者与亲朋好友会面，让家属陪伴在身旁
E. 对患者的任何反应不表态、不作为

45. 患者，男性，61岁，近1周食欲减退、呕吐、疲乏无力，尿黄。自昨日起烦躁不安，呼气中有腥臭味，巩膜、皮肤黄染，皮肤见散在瘀斑，肝未扪及，腹水征阳性。目前患者最主要的护理问题是

A. 体液过多
B. 活动无耐力
C. 皮肤完整性受损
D. 营养失调：低于机体需要量
E. 潜在并发症：肝性脑病

46. 患者，女性，36 岁，诊断为“滴虫性阴道炎”，其白带的特点下列哪项正确
A. 白带增多，呈稀薄泡沫样，伴外阴瘙痒
B. 白带不多，呈凝乳状、豆渣样，伴外阴奇痒
C. 白带增多，呈黄水样或脓血性，阴道黏膜萎缩
D. 白带增多，呈乳白色黏液状或淡黄色脓性
E. 白带增多，呈黄色、脓性，常伴急性尿道炎症状
47. 患者，男，26 岁，左下肢发生气性坏疽，其换下的敷料应
A. 紫外线消毒　B. 高压蒸汽灭菌
C. 过氧乙酸浸泡　D. 焚烧
E. 甲醛熏蒸
48. 患者，男性，34 岁。右胫骨骨折行石膏管型固定后 5h，诉石膏型内非骨折部位疼痛难忍，不正确的护理措施是
A. 及时使用止痛药
B. 继续观察病情变化
C. 禁忌向石膏型内填棉花
D. 在疼痛部位石膏开窗
E. 鼓励患者功能锻炼
49. 患者，女性，婚后 3 个月，停经 40 天，轻度腰酸，右腹部疼痛，阴道多量出血，查体：子宫孕 40d 大小，宫口未开，宫体质软。尿妊娠试验(+)，诊断可能性最大为
A. 宫外孕　B. 先兆流产
C. 葡萄胎　D. 完全流产
E. 过期流产
50. 患者，女性，27 岁，妊娠 34 周，突感有较多液体自阴道流出，诊断为“胎膜早破”，为防止脐带脱垂，应给予其采用的卧位是
A. 膝胸位　B. 中凹卧位
C. 头高足低位　D. 头低足高位
E. 屈膝仰卧位
51. 患者，男性，31 岁，2 个月来出现发热、乏力、盗汗、食欲不振等症状，查体：体重减轻。实验室检查：痰结核分支杆菌阳性。初步诊断为“肺结核”收住入院，医嘱行 PPD 试验。试验结果阳性，其判定标准为皮肤硬结直径达
A. ≤4mm　B. 5～9mm
C. 10～19mm　D. ≥20mm
E. ≥25mm
52. 患者苏小姐，手术的前一天下午，护士巡视病房，发现其情绪低落，关心地问道：“苏小姐，您好像心情不太好？”患者回答说：“我很担心明天的手术。”此时，护士的最佳反应是
A. 保持沉默，继续巡视其他患者
B. 悄然离开病房
C. 对患者说：“您不必担心，手术肯定会成功的。”
D. 对患者说：“您能告诉我，您担心的问题是什么吗？”
E. 对患者说：“如果您不去想这件事，您的心情很快就会好起来的。”
53. 患儿，女性，6 个月，人工喂养，平日多汗、烦燥易惊、睡眠不安。因突然出现惊厥入院，查血钙 1.3mmol/L，诊断为“维生素 D 缺乏性手足搐搦症”。当前患儿首要的护理问题是
A. 知识缺乏　B. 有感染的危险
C. 营养失调　D. 有窒息的危险
E. 焦虑
54. 患者，女性，30 岁。诊断特发性血小板减少性紫癜。血常规显示红细胞 3.6×10^{12}/L，血红蛋白 90g/L，白细胞 6.8×10^{9}/L，血小板 15×10^{9}/L，目前该患者最大的危险是
A. 贫血　B. 继发感染
C. 颅内出血　D. 心衰
E. 牙龈出血
55. 患者，女性，39 岁，既往体健，近 1 个月以来发现记忆力减退、反应迟钝、乏力、畏寒，住院检查：体温 35℃，心率 60 次/分，黏液水肿，血 TSH 升高，血 FT_4 降低，可能的诊断是
A. 甲状腺功能亢进　B. 甲状腺功能减退
C. 呆小症　D. 痴呆
E. 幼年型甲减
56. 患者，女性，68 岁。有肝硬化病史 5 年，因呕血、黑便 3h 入院。初步诊断为“门静脉高压症”。手术前护理措施，不妥的是
A. 避免劳累　B. 暂禁食
C. 绝对卧床　D. 放置胃管
E. 避免腹压增加
57. 患者，男性，76 岁。以“COPD”收住院。护士在收集资料时认为目前存在以下问题，属于首优问题的是
A. 舒适的改变：疼痛　B. 恐惧
C. 清理呼吸道无效　D. 知识缺乏
E. 营养不良
58. 患者，男性，29 岁。车祸致重症颅脑外伤，护士接

诊时首先应

A. 检查神志、瞳孔

B. 给予止血剂和抗感染药物

C. 测量呼吸、脉搏、血压

D. 应用脱水剂

E. 保持呼吸道通畅

59. 某患者，输液过快导致急性肺水肿，护士采取的措施中，哪项是错误的

A. 端坐位，两腿下垂

B. 高流量、30%乙醇湿化给氧

C. 口服地高辛

D. 静脉注射呋塞米

E. 静脉滴注硝普钠

60. 患者，男性，35岁。吸烟15年，出现右下肢麻木、发凉、间歇性跛行8年。患者初次门诊，尤为重要的措施是

A. 使用抗生素　B. 使用激素

C. 使用免疫抑制药物　D. 嘱患者防止受寒

E. 嘱患者戒烟

61. 某孕妇，妊娠30周，护士给予其健康教育，正确的是

A. 饭后需过半小时才能进行沐浴，以免影响消化

B. 不可淋浴，以免受凉

C. 可盆浴，以防滑倒等意外发生

D. 沐浴时水温调节在50～52℃，防止烫伤

E. 感觉身体不适时，如头晕、心悸、乏力等不宜盆浴和淋浴

62. 患儿，女性，7个月，确诊为营养性缺铁性贫血，需服用铁剂。护士指导家长口服铁剂的最佳方法是

A. 加大剂量　B. 餐前服药

C. 与牛乳同服　D. 与维生素C同服

E. 使用三价铁

63. 患者，女性，26岁，诊断为白血病，护士为其进行口腔护理时，发现其舌尖部有一小块血痂，错误的操作方法是

A. 协助患者侧卧，头偏向护士

B. 用过氧化氢溶液漱口

C. 轻轻擦拭牙齿、舌及口腔各面

D. 观察口腔黏膜和舌苔的变化

E. 将舌尖部的小血痂轻轻擦去，涂上龙胆紫保护创面

64. 患者，男性，70岁。以“风湿性心脏病、心房纤维颤动、左侧肢体偏瘫”收住院。护士为其测量心率、脉率的正确方法是

A. 先测心率，再在健侧测脉率

B. 先测心率，再在患侧测脉率

C. 一人同时测心率和脉率

D. 一人听心率，一人在健侧测脉率，同时测1min

E. 一人听心率，一人在患侧测脉率，同时测1min

65. 患儿，男性，6岁，因面部水肿2周，拟诊“肾病综合征”入院。现患儿阴囊水肿明显，并有少许渗液。正确的护理措施为

A. 严格控制水、盐摄入量

B. 用丁字带托起阴囊，保持干燥

C. 绝对卧床休息

D. 高蛋白饮食

E. 保持床铺清洁、干燥、柔软

66. 患者，女性，73岁。高血压病史30年，在做家务活动时突发头晕，随即倒地，急送医院检查，患者呈昏迷状态，左侧肢体偏瘫，CT检查见高密度影。最可能的诊断是

A. 脑梗死　B. 脑出血

C. 脑血栓形成　D. 短暂性脑缺血发作

E. 蛛网膜下隙出血

67. 患者，男性，63岁，处于濒死期，患者呼吸表浅微弱，不易观察。此时测量呼吸频率的方法是

A. 仔细听呼吸声响并计数

B. 手置患者鼻孔前，以感觉气流通过并计数

C. 手按胸腹部，以胸腹壁起伏次数计数

D. 用少许棉花置患者鼻孔前观察棉花飘动次数计呼吸频率

E. 测量30s，再乘以2

68. 患者，男性，50岁，既往有高血压病史15年，护士对其进行饮食指导，错误的是

A. 低盐、低脂

B. 低胆固醇

C. 清淡、宜少量多餐

D. 富含维生素和蛋白质

E. 高热量、高纤维素饮食

69. 患儿，男性，早产儿，出生1d，有窒息史，烦躁不安，高声尖叫，惊厥，诊断为新生儿颅内出血，护士护理该患儿时，错误的一项是

A. 保持安静，避免各种惊扰

B. 头肩部抬高15°～30°，以减轻脑水肿

C. 注意保暖，必要时给氧

D. 经常翻身，防止肺部淤血

E. 喂乳时应卧在床上，不要抱起患儿

70. 患者，男性，68岁，高血压。突然出现气促，不能平卧，双肺满布湿啰音，测 BP 200/120mmHg。该患者治疗时，首选的血管扩张剂是

A. 酚妥拉明　　B. 硝酸甘油

C. 硝普钠　　D. 硝酸异山梨酯

E. 卡托普利

71. 患者，男性，68岁。发作性晕厥5次入院。心电图检查：三度房室传导阻滞，心室率40次/min。首选的治疗是

A. 利多卡因临时　　B. 肾上腺素

C. 胺碘酮　　D. 心脏起搏

E. 心外按压

72. 患者，女性，30岁。胃溃疡出血入院，经治疗病情缓解，现需做潜血试验，适宜的食谱是

A. 洋葱炒猪肝、青菜、榨菜肉丝汤

B. 鱼、菠菜、豆腐汤

C. 芹菜炒肉丝、青椒豆腐干、蛋汤

D. 鲶鱼烧豆腐、土豆丝、豆腐汤

E. 红烧肉、西红柿鸡蛋、蛋汤

73. 患儿，男性，14岁。篮球比赛时不慎扭伤踝关节，1h后到校医务室就诊，正确处理方法是

A. 冷敷　　B. 热敷

C. 冷热交替使用　　D. 热水足浴

E. 局部按摩

74. 李某，男性，58岁。诊断为破伤风，抽搐频繁，呼吸道分泌物多，有窒息的可能。下列护理措施哪项有误

A. 床边常规放置抢救用品

B. 放置牙垫防止舌咬伤

C. 加床栏防止坠床

D. 各种护理操作要轻柔

E. 保持室内光线明亮

75. 患者，男性，59岁。车祸头部受伤致颅内出血，继发颅内压增高，其最危急的并发症是

A. 失血性休克　　B. 脑疝

C. 癫痫　　D. 肢体功能障碍

E. 肺部感染

76. 某患者，诊断为“心绞痛”，护士给予其用药指导，错误的是

A. 坚持服用预防心绞痛发作的药物

B. 运动和情绪激动前含服硝酸甘油预防胸痛发作

C. 随身携带硝酸甘油片

D. 硝酸甘油应避光保存，放置在固定地方

E. 每年更换1次药物

77. 某患者，因上消化道出血，出现休克症状，此时护士应采取的首要护理措施为

A. 准备急救用品和药物

B. 迅速配血备用

C. 去枕平卧，头偏向一侧

D. 遵医嘱应用止血药

E. 建立静脉通道

78. 患儿，7个月，腹泻2d，稀水便，每日5～6次，呕吐2次，医生建议口服补液，护士指导家长正确的喂服方法是

A. 少量多次　　B. 1次全量

C. 配制后再加糖　　D. 服用期间不饮水

E. 用等量水稀释

79. 患者，男性，30岁，患阿米巴痢疾，其病变部位在回盲部，对其进行保留灌肠时，应取

A. 仰卧位　　B. 头低脚高位

C. 头高脚低位　　D. 左侧卧位

E. 右侧卧位

80. 患者，女性，68岁。慢性充血性心力衰竭。医嘱：地高辛0.25mg PO qd。护士发药时应

A. 嘱患者服药后多饮水

B. 先测脉率、心率，注意节律

C. 看患者服下后多饮水

D. 将药研碎后喂服

E. 嘱患者服药后不宜饮水

81. 患者，女性，50岁，1型糖尿病，需注射胰岛素，护士对其进行的注射指导中，正确的是

A. 饭后30min注射

B. 注射时只需乙醇消毒

C. 应选用5ml注射器

D. 注射部位可选在腹壁

E. 进针时针头与皮肤呈5°

82. 某男，62岁。右上腹持续性胀痛、阵发性加重10h，疼痛向右肩背部放射，伴发热、黄疸。既往有“肝内胆管结石”病史。查体：体温38.8℃，呼吸22次/min，脉搏110次/min，血压60/40mmHg，昏迷，巩膜深度黄染。B超提示胆总管明显扩张。诊断为急性梗阻性化脓性胆管炎。该患者目前最合适的治疗方案是

A. 行PTCD术

B. 消炎利胆治疗
C. 急诊手术行胆总管切开引流
D. 解痉、镇痛、抗炎
E. 抗休克治疗

83. 患者，女性，诊断为“急性胰腺炎”，护士观察病情时，提示患者为重症及预后不良的临床表现为
A. 低钾血症 B. 低镁血症
C. 高血糖 D. 代谢性碱中毒
E. 低钙血症

84. 某患者，诊断为“消化性溃疡”，其最常见的并发症为
A. 出血 B. 穿孔
C. 癌变 D. 幽门梗阻
E. 急性腹膜炎

85. 患儿，男性，5岁。体重12kg，身高96cm，经常烦躁不安，皮肤干燥苍白，肌肉松弛，腹部皮下脂肪0.3cm。对该患儿的诊断首先考虑为
A. 中度脱水 B. 营养不良性贫血
C. 轻度营养不良 D. 中度营养不良
E. 重度营养不良

86. 护士巡视病房时，发现某患者出现面色苍白、四肢厥冷、脉搏减慢、眩晕等低血糖表现，护士首先应执行的治疗措施是
A. 肌内注射地西泮
B. 吸氧
C. 静脉输入0.9%氯化钠
D. 静脉推注10%的葡萄糖酸钙
E. 静脉缓慢推注25%葡萄糖

87. 患者，男性，42岁，诊断为“胃溃疡活动期”，其最可能的腹痛特点是
A. 夜间腹痛明显 B. 空腹时腹痛明显
C. 餐后半小时腹痛明显 D. 餐后即刻腹痛明显
E. 进餐时腹痛明显

88. 某患者，因呼吸困难应用呼吸机辅助通气。若患者通气过度，通常表现为
A. 皮肤潮红、多汗 B. 抽搐，昏迷
C. 烦躁，脉率快 D. 血压升高
E. 胸部起伏规律

89. 患儿，男性，母乳喂养，体重8kg，身长72cm，坐稳并能左右转身，能发简单的“爸爸”、“妈妈”的音节，刚开始爬行，其月龄可能是
A. 3～5个月 B. 6～7个月
C. 8～9个月 D. 10～11个月
E. 12个月

90. 护士巡视病房时，发现某患者呼之不应，但压迫其眶上神经有痛苦表情，该患者的意识障碍程度是
A. 嗜睡 B. 昏睡
C. 意识模糊 D. 浅昏迷
E. 深昏迷

91. 患者，女性，25岁，心跳呼吸突然消失2min，对其适用简易人工呼吸器1次可挤压入肺的空气量为
A. 100～200ml B. 300～400ml
C. 500～1 000ml D. 1 200～1 500ml
E. 1 800～2 000ml

92. 患者，女性，30岁，汽车撞伤左侧大腿，致股骨中段闭合性骨折，行骨牵引复位固定。牵引术后，下列护理能防止牵引过度的是
A. 将床尾抬高15～30cm
B. 每天用70%乙醇滴牵引针孔
C. 定时测定肢体长度
D. 保持有效的牵引作用
E. 鼓励功能锻炼

93. 某患者因腹股沟直疝行疝修补术后5d，护士为患者进行出院前健康教育，应告知术后避免重体力劳动
A. 15d B. 1个月
C. 2个月 D. 3个月
E. 半年

94. 某患者，乳癌根治术后第3天，患侧手臂出现皮肤发绀、手指发麻、皮温下降、脉搏不能扪及等情况。正确的处理是
A. 患处用沙袋加压
B. 及时调整包扎胸带的松紧度
C. 立即拆除患处的包扎胸带
D. 给予高流量吸氧
E. 继续观察，无需做特殊处理

95. 婴儿，男性，出生3个月，护士指导其母亲最好给予的喂养方法是
A. 混合喂养 B. 纯母乳喂养
C. 奶粉喂养 D. 牛奶喂养
E. 羊奶喂养

96. 某患者，诊断为“幽门梗阻”，其呕吐的临床表现下列哪项除外
A. 呕吐量大 B. 多为隔夜宿食

C. 病人常自行诱发呕吐　D. 呕吐物呈粪臭味
E. 呕吐后腹胀减轻

97. 某患者，暴饮暴食导致胃穿孔，采用非手术疗法时，最重要的护理措施是
A. 取半坐卧位　B. 禁食、静脉输液
C. 准确记录出入量　D. 有效的胃肠减压
E. 按时应用抗生素

98. 患者王某，因肝硬化腹水，需采取低盐饮食，护士告知其应禁食的食品是
A. 油条　B. 挂面
C. 汽水　D. 皮蛋
E. 馒头

99. 患者，男性，57岁，直肠癌行Miles手术。术后10天，出现腹部胀痛、恶心。腹壁造口检查：肠壁浅红色，弹性差，可伸入一小指。该患者可能出现的术后并发症是
A. 造口肠段血运障碍　B. 吻合口瘘
C. 肠粘连　D. 造口狭窄
E. 便秘

100. 患者，男性，44岁，有吸烟史16年，在全麻下行腹腔镜胆囊切除术，术后已拔除气管插管，患者意识模糊，针对该患者，护士应给予的最重要的护理措施是
A. 保持呼吸道通畅　B. 监测生命体征
C. 约束肢体活动　D. 防止输液针头脱出
E. 保暖

101. 患者，男性，34岁，因外伤致开放性气胸，送至急诊室，护士给予处理时，首要的措施是
A. 保持呼吸道通畅　B. 穿刺放气
C. 多块棉垫加压包扎　D. 封闭伤口
E. 止痛

102. 患者，男性，45岁，反复发作咳嗽、咳脓痰2年，加重2d，门诊以“支气管扩张”收入院。住院后患者突然出现喷射性咯血，并突然中止，护士采取的下列措施，其中不正确的是
A. 置患者于半坐卧位
B. 轻拍其背部
C. 给予高流量吸氧
D. 遵医嘱使用呼吸兴奋剂
E. 使用鼻导管或气管插管进行负压吸引

103. 汪女士，妊娠28周，产前检查均正常，咨询护士监护胎儿情况最简单的方法，护士应指导其采用
A. 胎心听诊　B. 自我胎动计数
C. 测宫高、腹围　D. B超检查
E. 电子胎心监护

104. 患者，男性，36岁，有胃溃疡病史3年，近日胃痛发作来院就诊。为了明确诊断，需进行大便潜血试验，实验前3d应指导患者禁止摄入的食物是
A. 牛奶　B. 土豆
C. 豆浆　D. 青菜
E. 面条

105. 患者，男性，35岁，心搏骤停，护士对其行胸外心脏按压，错误的方法是
A. 患者仰卧背部垫板
B. 急救者用手掌根部按压
C. 按压部位在心尖区
D. 使胸骨下陷5cm
E. 按压每分钟100次

106. 某孕妇，孕38周，产前检查时B超显示：羊水过少。该孕妇羊水量应少于
A. 300ml　B. 400ml
C. 500ml　D. 800ml
E. 1 000ml

107. 患者，女性，37岁，诊断为“甲亢”，接受放射性^{131}I治疗，治疗后护士嘱患者定期复查，其目的是有利于及早发现
A. 突眼恶化　B. 粒细胞减少
C. 诱发甲状腺危象　D. 甲状腺癌变
E. 永久性甲状腺功能减退

二、以下提供若干个案例，每个案例下设若干个考题，请根据各考题题干所提供的信息，在每题下面A、B、C、D、E五个备选答案中选择一个最佳答案。

（108、109题共用题干）

患儿，男性，1岁。发热、流涕、咳嗽3d就诊，查体：T 39.5℃，耳后发际处可见红色斑疹，疹间皮肤正常，在第一磨牙相对应的颊黏膜处可见灰白色点。

108. 护士考虑该患儿为麻疹，最重要的症状是
A. 体温高热
B. 疹间皮肤正常
C. 皮疹为红色斑疹
D. 皮疹从耳后发际处开始出现
E. 在第一磨牙相对应的颊黏膜处可见灰白色点

109. 护士指导家长采取的隔离措施中正确的是
A. 对患儿宜采取呼吸道隔离至出疹后3d
B. 对患儿宜采取呼吸道隔离至出疹后5d

C. 如有并发症，隔离至出疹后15d

D. 患儿的玩具应清洁后再保管起来

E. 患儿的衣被应暴晒1h

(110、111题共用题干)

患者，男性，47岁。出现口渴、多饮、消瘦3个月，诊断“糖尿病入院”。入院后患者突发昏迷，检查：血糖30mmol/L，血钠132mmol/L，血钾4.0mmol/L，尿素氮9.8mmol/L，CO_2结合力18.3mmol/L，尿糖、尿酮体强阳性。

110. 根据检查结果，护士考虑该患者最可能的健康问题是

A. 高渗性昏迷

B. 糖尿病酮症酸中毒

C. 糖尿病乳酸性酸中毒

D. 糖尿病合并脑血管意外

E. 应激性高血糖

111. 护士应首先采取的护理措施是

A. 每2小时监测血糖、神志和生命体征

B. 皮肤护理

C. 监测尿量

D. 预防感染

E. 口腔护理

(112～114题共用题干)

患者，男性，30岁。右侧腹股沟区肿块1年，渐增大，平卧后肿块可消失。今弯腰搬重物时突感右下腹疼痛，伴呕吐2次，2h后来院。体查：右下腹压痛，肠鸣音12～14次/min，右腹股沟区有一梨形肿块约7cm×4cm×3cm，有明显压痛，不能回纳，局部皮肤无红肿。

112. 最可能的诊断是

A. 右侧腹股沟斜疝

B. 右侧可复性腹股沟斜疝

C. 右侧难复性腹股沟斜疝

D. 右侧嵌顿性腹股沟斜疝

E. 右侧绞窄性腹股沟斜疝

113. 此时最合适的处理是

A. 抗生素静脉滴注　　B. 使用解痉镇痛药

C. 急症手术　　D. 胃肠减压

E. 手法复位

114. 如果继续观察，最可能发生

A. 腹腔脓肿　　B. 疝内容物缺血坏死

C. 脓毒血症　　D. 水电解质紊乱

E. 休克

(115～117题共用题干)

患者，女性，48岁。家住平房，晚上睡觉时生煤火取暖，晨起感到头痛、头晕、视物模糊而摔倒，被他人发现后送至医院。急查血液碳氧血红蛋白试验呈阳性，诊断为CO中毒。

115. 为了纠正缺氧，应给予吸氧的流量为

A. 4～6L/min　　B. 5～7L/min

C. 6～8L/min　　D. 8～10L/min

E. 7～9L/min

116. 患者有可能出现的并发症是

A. 迟发性脑病　　B. 水电解质紊乱

C. 肺水肿　　D. 昏迷

E. 脑水肿

117. 出现上述并发症时，患者主要的临床表现是

A. 呼吸循环衰竭　　B. 去大脑皮质状态

C. 意识障碍　　D. 大小便失禁

E. 震颤麻痹

(118、119题共用题干)

患者，男性，28岁。突然出现意识丧失，全身抽搐，眼球上翻，瞳孔散大，牙关紧闭，小便失禁，持续约3min，清醒后对抽搐全无记忆。

118. 根据临床征象，该患者可能为

A. 癔症　　B. 精神分裂症

C. 癫痫　　D. 脑血管意外

E. 吉兰-巴雷综合征

119. 对该患者急性发作时的急救处理首先是

A. 遵医嘱快速给药，控制发作

B. 注意保暖，避免受凉

C. 急诊做CT、脑电图检查，寻找原因

D. 保持呼吸道通畅，防止窒息

E. 移走身边危险物体，防止受伤

(120～122题共用题干)

患者，男性，43岁。因大量饮酒后突然发生中上腹持续性胀痛，伴反复恶心、呕吐，呕吐物为胃内容物，来院急诊。查体：T 37.7℃，P 90次/min，R 18次/min，BP 105/80mmHg，血淀粉酶明显升高。

120. 该患者最可能的诊断为

A. 急性胆囊炎、胆石症

B. 胃溃疡穿孔

C. 十二指肠壶腹部溃疡

D. 急性胰腺炎

E. 肝癌结节破裂

121. 该患者现存的最主要的护理问题是

A. 体液不足　　B. 疼痛
C. 体温升高　　D. 焦虑
E. 知识缺乏

122. 针对患者目前的情况，护士应采取的首要护理措施是
A. 监测生命体征
B. 遵医嘱补液输血
C. 禁食、胃肠减压
D. 应用抗生素
E. 解痉镇痛

(123～125 题共用题干)

患者，女性，38 岁，被自行车撞伤左上腹就诊，自诉心慌、胸闷、腹痛。查体：神志清，面色苍白，血压 90/60mmHg，腹部膨胀，左上腹压疼明显。门诊以“腹部闭合性损伤、皮肤挫裂伤”收入院。

123. 患者观察期间，不正确的做法是
A. 尽量少搬动患者
B. 禁饮食
C. 疼痛剧烈时，应用止痛药
D. 绝对卧床休息
E. 随时做好术前准备

124. 入院半小时后，患者出现全腹压痛，左下腹抽出不凝固血，需急诊手术。术前准备内容不包括
A. 注射破伤风抗毒素　　B. 皮肤准备
C. 交叉配血　　D. 皮肤过敏试验
E. 留置胃管、尿管

125. 手术后第 2 天，患者神志清醒，血压平稳，宜采取的体位是
A. 平卧位　　B. 侧卧位
C. 半卧位　　D. 去枕平卧位
E. 头高足低位

(126～129 题共用题干)

患儿，女性，3 岁。自幼发现心脏杂音，经常患肺炎，查体：胸骨左缘第 3～4 肋间Ⅳ级粗糙的收缩期杂音，心电图左室及右室均肥大，X 线示肺充血。

126. 该患儿的诊断可能是
A. 室间隔缺损　　B. 房间隔缺损
C. 动脉导管未闭　　D. 法洛四联症
E. 肺动脉狭窄

127. 该病最常见的并发症是
A. 脑出血　　B. 脑栓塞
C. 脑脓肿　　D. 呼吸衰竭
E. 呼吸道感染

128. 患儿出现心力衰竭时，护士给予正确的饮食指导是
A. 低脂饮食　　B. 低盐饮食
C. 半流食　　D. 普通饮食
E. 无渣饮食

129. 若患儿服用强心苷，护士正确的护理措施是
A. 服药前数脉搏　　B. 服药后数脉搏
C. 药物饭中服用　　D. 药物饭后服用
E. 与果汁同时服用

(130～133 题共用题干)

患者，女性，45 岁，发现左侧乳房内无痛性肿块 3 个月。查体：左侧乳房外上象限扪及一直径为 5cm 的肿块，表面不光滑，边界不清，质地硬。活组织病理学检查结果为乳腺癌。拟行乳腺癌改良根治术。

130. 乳癌淋巴转移的最早和最常见部位是
A. 胸骨旁淋巴结　　B. 颈部淋巴结
C. 腋窝淋巴结　　D. 锁骨下淋巴结
E. 锁骨上淋巴结

131. 乳腺癌改良根治术的主要特点是
A. 保留乳头　　B. 切除部分肋骨
C. 保留胸肌　　D. 切除整个乳房
E. 仅切除肿瘤

132. 乳腺癌根治术后，为了预防皮下积液，采取的主要措施是
A. 半坐卧位　　B. 高蛋白、高热量饮食
C. 患肢抬高制动　　D. 切口用沙袋压迫
E. 皮瓣下置管负压引流

133. 乳腺癌根治术后，护士给予患者的下列护理措施中，不正确的是
A. 患侧垫软枕，抬高患肢制动
B. 观察患侧肢端的血液循环
C. 保持伤口引流管通畅
D. 指导患侧肩关节尽早活动
E. 禁止在患侧手臂测量血压、输液

(134～137 题共用题干)

患者，男性，20 岁，在海中游泳时不慎溺水，神志不清，心跳、呼吸骤停。被他人送至急诊室，当时医生不在场。

134. 作为一名急诊科护士，你首先给予患者的处理是
A. 立即呼叫医生，等待医生到达立即开始急救
B. 立即将头偏向一侧，清理口腔异物，行人工呼吸

C. 立即进行心外按压,并且双人交替
D. 立即心电监护,静脉补液
E. 立即进行心外按压,除颤

135. 护士为其实施心肺复苏,错误的方法是
A. 首先必须畅通气道
B. 吹气时不要按压胸廓
C. 吹气频率为8～10次/min
D. 胸外心脏按压与人工呼吸的比例为30:2
E. 吹气时捏紧患者鼻孔

136. 判断心肺复苏的有效指征,下列哪项除外是
A. 心跳、呼吸恢复,可扪及颈动脉、股动脉搏动
B. 口唇、皮肤黏膜由苍白青紫转为红润
C. 瞳孔由大变小
D. 意识恢复,收缩压在60mmHg以上
E. 心电图恢复正常

137. 在实施胸外心脏按压时,可能出现的主要并发症下列哪项除外
A. 肋骨骨折　　B. 胸骨骨折
C. 血气胸　　D. 胃扩张
E. 肝破裂

参考答案

1～5　CBDAD　6～10　BBBEB
11～15　BEBDE　16～20　CADCA
21～25　EABEC　26～30　DABAB
31～35　BADCE　36～40　CEEED
41～45　DCDDE　46～50　ADABD
51～55　CDDCB　56～60　DCECE
61～65　EDEDB　66～70　BDEDC
71～75　DDAEB　76～80　EEAEB
81～85　DCEAD　86～90　ECBCD
91～95　CCDBB　96～100　DDDDA
101～105　DABDC　106～110　AEEBB
111～115　ADEBD　116～120　ABCDD
121～125　BCCAC　126～130　AEBAC
131～135　CEDBC　136～137　ED

实践能力

一、以下每道题下面有A、B、C、D、E五个备选答案,请从中选择一个最佳答案。

1. 贯穿于护理活动全过程是
A. 护理评估和护理诊断
B. 护理诊断和护理计划
C. 护理计划和护理评估
D. 护理诊断和护理评价
E. 护理评估和护理评价

2. 下列属于医护合作性问题的是
A. 便秘:与长期卧床有关
B. 知识缺乏:与缺乏高血压病自我护理知识有关
C. 有皮肤完整性受损的危险:与长期卧床有关
D. 潜在并发症:脑出血
E. 睡眠型态紊乱:与环境陌生有关

3. 衔接是指胎头
A. 进入中骨盆
B. 顶骨进入骨盆入口平面
C. 双顶径进入骨盆入口平面
D. 顶骨已出骨盆出口平面
E. 双顶径已达中骨盆平面

4. 预产期(公历)的推算方法是
A. 末次月经第1天起,月份减7或加9,日期加7
B. 末次月经第1天起,月份减3或加7,日期加7
C. 末次月经第1天起,月份减3或加9,日期加15
D. 末次月经第1天起,月份减2或加9,日期加7
E. 末次月经第1天起,月份减3或加9,日期加7

5. 外源性支气管哮喘,浆细胞产生使人体致敏的抗体是
A. IgA　　B. IgG
C. IgM　　D. IgE
E. IgD

6. 典型心绞痛患者含服硝酸甘油后疼痛缓解多在
A. 几秒钟内　　B. 1～5min内
C. 10～15min内　　D. 20min左右
E. 30min以上

7. 下列药物应放置在2～10℃冰箱内的是
A. 糖衣片　　B. 氨茶碱
C. 乙醇　　D. 白蛋白
E. 盐酸肾上腺素

8. 下列外文缩写的中文译意,错误的是
A. qod,隔日1次　　B. qd,每次1次
C. Hs,每晚1次　　D. qid,每日4次
E. biw,每周2次

9. 新生儿出生后脐带脱落的时间一般为

A. 1～7d　　B. 8～14d
C. 15～21d　　D. 22～28d
E. 29～35d

10. 下列哪项是脑死亡的标准之一
A. 无自主呼吸
B. 无肢体活动
C. 脑电波消失
D. 对各种刺激均无反射
E. 无血压

11. 中药的五味是指
A. 酸、甜、苦、辣、涩　　B. 酸、苦、甘、辛、咸
C. 酸、甜、苦、辣、腥　　D. 酸、苦、麻、辣、咸
E. 酸、苦、麻、辣、腥

12. 脑疝形成的主要机制是
A. 脑组织水肿
B. 脑血流量的调节失常
C. 二氧化碳分压增高
D. 各颅腔之间存在压力差
E. 脑脊液生理调节作用减退

13. 膀胱过度充盈，压力增高，尿液不断溢出，提示
A. 张力性尿失禁　　B. 压力性尿失禁
C. 真性尿失禁　　D. 急迫性尿失禁
E. 充溢性尿失禁

14. 2岁以下婴幼儿肌内注射的最佳部位是
A. 股外侧肌　　B. 臀大肌
C. 臀中肌、臀小肌　　D. 上臂三角肌
E. 后背

15. 在建立护患关系的初期，护患关系发展的主要任务是
A. 收集患者资料
B. 明确患者的健康问题
C. 为患者制定护理计划
D. 与患者建立信任关系
E. 解决患者的健康问题

16. 门静脉高压症常引起的肛管疾病是
A. 痔　　B. 肛裂
C. 肛瘘　　D. 直肠脱垂
E. 直肠息肉

17. 烧伤早期造成休克的主要原因是
A. 大量红细胞丧失　　B. 大量水分蒸发
C. 大量液体渗出　　D. 细菌感染中毒
E. 强烈疼痛刺激

18. 抢救患者时不需要记录的时间是
A. 患者到达的时间　　B. 医生到达的时间
C. 家属到达的时间　　D. 用药时间
E. 给氧时间

19. 有关体温生理性变化的错误描述是
A. 一昼夜中以清晨2～6时最低，下午2～8时最高
B. 儿童体温略高于成人
C. 老年人体温为正常范围低值
D. 女性月经前期和妊娠早期体温略降低
E. 进食、运动后体温一过性增高

20. 系统性红斑狼疮检查中阳性率最高的是
A. 抗-Sm抗体　　B. 抗-DNA抗体
C. 抗核抗体　　D. LE细胞
E. 补体C3

21. 风湿性心脏瓣膜病患者容易发生晕厥的病变基础是
A. 二尖瓣狭窄　　B. 二尖瓣关闭不全
C. 主动脉瓣狭窄　　D. 主动脉瓣关闭不全
E. 三尖瓣狭窄

22. 早产儿的外观特点
A. 肤色红润，毳毛少　　B. 头发分条清楚
C. 乳晕明显　　D. 足底纹少
E. 耳舟直挺

23. 下列可引起缺血性肌挛缩的创伤是
A. 肩关节脱位　　B. 肱骨髁上骨折
C. 肘关节脱位　　D. 桡骨下端骨折
E. 锁骨骨折

24. 下列各项中，属于护士权利的是
A. 护士执业，应当遵守法律、法规、规章和诊疗技术规范的规定
B. 护士在执业活动中，发现患者病情危急，应当立即通知医师
C. 在紧急情况下为抢救垂危患者生命应当先行实施必要的紧急救护
D. 护士应当尊重、关心、爱护患者，保护患者的隐私
E. 有获得与其所从事的护理工作相适应的卫生防护、医疗保健服务的权利

25. 多尿是指
A. 24h尿量1 000～2 000ml
B. 24h尿量大于2 500ml
C. 24h尿量小于400ml
D. 24h尿量小于100ml

E. 24h 尿量小于 17ml

26. 心电图主要特征为窦性 P 波消失，代之以大小、形态及规律不一的 f 波，R-R 间隔完全不规则，主要见于

A. 房颤　　B. 室颤
C. 期前收缩　　D. 房室传导阻滞
E. 窦性心律失常

27. 常见的青紫型先天性心脏病是

A. 室间隔缺损　　B. 房间隔缺损
C. 动脉导管未闭　　D. 法洛四联症
E. 肺动脉狭窄

28. 子宫脱垂Ⅲ度是指

A. 宫颈外口距处女膜缘＜4cm，未达处女膜缘
B. 宫颈已达处女膜缘，阴道口可见子宫颈
C. 宫颈脱出阴道口，宫体仍在阴道内
D. 部分宫体脱出阴道口
E. 宫颈及宫体全部脱出阴道口外

29. 引起医院内感染的主要因素不包括

A. 严格监控消毒灭菌效果
B. 介入性诊疗手段增加
C. 抗生素的广泛应用
D. 医务人员不重视
E. 易感染人群增加

30. 低盐饮食指每日食盐量不超过

A. 2g　　B. 4g
C. 6g　　D. 8g
E. 10g

31. 护士小王，选用纯乳酸对外科门诊小手术室进行熏蒸法空气消毒，该小手术室长 5m、宽 4 m、高 3m，应取用纯乳酸的量是

A. 0. 12ml　　B. 0. 72ml
C. 1. 2ml　　D. 7. 2ml
E. 72ml

32. 患者陈某，急性外伤至多脏器衰竭，需进入 ICU 进一步治疗，进入 ICU 前，医护人员告知家属有关患者的治疗目的、治疗方案、预后和费用，经家属同意后，患者被送入 ICU 治疗。此案例体现了患者的

A. 知情同意权　　B. 疾病认知权
C. 隐私权　　D. 平等医疗权
E. 免除责任权

33. 下述哪条是强迫症状

A. 患者由公共场所返回家，将外衣、裤脱换下来
B. 某人每天上班边走边习惯的数便道上的小方格，1、2、3、4、5
C. 总是怀疑自己有病，检查证实无病，仍不放心
D. 患者总认为自己说错话了，反复问对方，自称控制不住
E. 常做噩梦

34. 让患者解释“虎口拔牙”是什么意思，患者思考许久后回答：“那就没命了”。此属于下述哪种思维障碍

A. 思维松弛　　B. 思维贫乏
C. 思维迟缓　　D. 逻辑推理障碍
E. 思维奔逸

35. 林小姐，20 岁。右上唇疖肿，跌倒时疖肿受到碰击，8h 后出现寒战、高热，面部高度肿胀，以两眼附近软组织肿胀最为明显。应考虑的主要原因是

A. 唇部疖肿被挤压　　B. 眼部受伤
C. 两眼急性感染　　D. 脓毒症
E. 菌血症

36. 患者，男性，28 岁。阑尾切除术后第 5 天，体温又上升至 38.5℃，下腹胀痛，排便次数增多，并有尿频、尿急症状，首先考虑的并发症是

A. 泌尿系感染　　B. 盆腔脓肿
C. 膈下脓肿　　D. 肠间脓肿
E. 急性肠炎

37. 患者，女性，43 岁。因头晕头痛原因待查入院，医嘱测血压每日 3 次。为其测血压时，应

A. 定血压计、定部位、定时间、定护士
B. 定血压计、定部位、定时间、定听诊器
C. 定听诊器、定部位、定时间、定体位
D. 定血压计、定部位、定时间、定体位
E. 定听诊器、定护士、定时间、定体位

38. 患者，女性，46 岁，风湿性心脏病伴心功能不全，双下肢及身体下垂部位严重水肿，该患者每日饮食中应控制

A. 摄入盐量不超过 5g　　B. 摄入盐量不超过 2g
C. 摄入盐量不超过 0.5g　　D. 摄入钠量不超过 2g
E. 摄入钠量不超过 0.5g

39. 某乳癌患者，肿块直径约 8cm，与皮肤粘连并有溃疡，其发生溃疡的主要原因是

A. 血管分布少
B. 无包膜易被破坏
C. 生长迅速致相对供血不足

D. 肿瘤分泌血管破坏性物质
E. 损伤

40. 某男，41岁。阵发性腹痛、腹胀、呕吐、肛门排气排便停止2d，查体腹膨隆、肠鸣音亢进。既往曾因车祸行脾切除术，初步诊断为“急性肠梗阻”。该患者属于哪种类型的肠梗阻
A. 血运性肠梗阻　B. 动力性肠梗阻
C. 不完全性肠梗阻　D. 高位肠梗阻
E. 机械性肠梗阻

41. 患者，男性，因美曲磷脂中毒急送医院，护士为其洗胃。禁用的洗胃溶液是
A. 高锰酸钾　B. 生理盐水
C. 碳酸氢钠　D. 温开水
E. 牛奶

42. 护士张某，给病区一名病情危重的患者实施抢救后，补写护理记录，书写过程中发现有错别字，她应该采用的的处理方法是
A. 用双线划在错字上，注明修改时间，签全名
B. 把原记录涂黑，在旁边写上正确的字
C. 采用刮、粘、涂等方法掩盖或去除原来的字迹
D. 用红笔注明“取消”字样并签全名
E. 为了保持病历美观，重抄整页护理记录单

43. 张颖，女性，33岁。因车祸致左侧多根多处肋骨骨折，其左侧胸廓出现反常呼吸运动。正确的征象是
A. 吸气时正常，呼气时外凸
B. 吸气和呼气时均外凸
C. 吸气时外凸，呼气时内陷
D. 吸气时内陷，呼气时外凸
E. 吸气和呼气时均内陷

44. 患者，男性，25岁。自高处坠下，头侧面着地，乳突区血肿，右耳有血性液体流出，听力明显下降。可考虑为
A. 鼻出血　B. 颅前窝骨折
C. 脑挫伤　D. 颅中窝骨折
E. 眼球损伤

45. 患者，男性，25岁。患化脓性扁桃体炎，在注射青霉素数秒钟后出现胸闷、气促、面色苍白、出冷汗。护士首先应
A. 给予氧气吸入
B. 应用呼吸兴奋剂
C. 开放静脉通道，大量快速输液
D. 皮下注射0.1%盐酸肾上腺素1ml
E. 静脉注射地塞米松5mg

46. 患者，男性，45岁，护士为其静脉注射25%葡萄糖溶液时，患者自述疼痛，推注时稍有阻力，推注部位局部隆起，抽无回血，此情况应考虑是
A. 静脉痉挛　B. 针头部分阻塞
C. 针头滑出血管外　D. 针头斜面紧贴血管壁
E. 针头斜面部分穿透血管壁

47. 男孩，8岁，参加学校的体能训练，为了了解其身体发育情况，对其进行相关指标测量，按生长发育公式计算，该儿童的体重应该是
A. 18kg　B. 20kg
C. 24kg　D. 28kg
E. 30kg

48. 朱某，女性，24岁。平时月经规律，月经周期30d，现停经48d，黄体酮试验无阴道流血，最可能的诊断是
A. 子宫内膜炎　B. 早期妊娠
C. 继发性闭经　D. 卵巢早衰
E. 宫颈粘连

49. 侯女士，35岁，妊娠35周并发妊高征，2h前突然发生持续性腹痛伴阴道少量流血。首先考虑为
A. 先兆早产　B. 先兆临产
C. 先兆子宫破裂　D. 前置胎盘
E. 胎盘早期剥离

50. 某男性患者，68岁，慢性咳嗽、咳痰10年，活动后胸闷、气急2年，有吸烟史40年，拟诊“COPD”。下列对明确诊断最有价值的是
A. 潮气量低于正常　B. 肺活量减低
C. 残气量/肺总量=45%　D. PaO_2=67mmHg
E. $PaCO_2$=40mmHg

51. 患者右侧胸痛；查胸部对称，右侧呼吸运动减弱，气管居中，右下语颤增强，叩诊浊音；右下肺有湿啰音。可能为
A. 右下肺炎　B. 右侧胸膜积液
C. 右侧气胸　D. 右侧肺气肿
E. 右支气管扩张

52. 患者，女性，22岁。骑自行车不慎被汽车撞倒，30min前来医院，诉腹痛。体检：全腹压痛、反跳痛及肌紧张，腹穿抽到不凝固血液。应考虑为
A. 肠系膜血肿　B. 实质性脏器破裂
C. 腹膜后血肿　D. 空腔脏器穿孔
E. 误穿入腹内血管

53. 患者，男性，45岁。乙型肝炎病史20年，肝区隐

痛6个月。查体无特殊发现。化验:甲胎蛋白阳性。B超未发现肿块。为明确诊断,需选择下列哪项检查

A. X线　　B. CT
C. MRI　　D. 肝血管造影
E. 腹腔镜

54. 秦女士,60岁。3h前胸骨后压榨样疼痛发,伴呕吐、冷汗及濒死感而入院。护理体检:神清,合作,心率112次/分,律齐,交替脉,心电图检查显示有急性广泛性前壁心肌梗死。在监护过程中护士发现秦女士烦躁不安、面色苍白、皮肤湿冷、脉细速、尿量减少,应警惕发生

A. 严重心律失常　　B. 急性左心衰竭
C. 心源性休克　　D. 并发感染
E. 紧张、恐惧

55. 马女士,有风心病史。因心源性水肿给予噻嗪类利尿剂治疗时,特别应注意预防

A. 低钾血症　　B. 高钠血症
C. 低钠血症　　D. 高钾血症
E. 低镁血症

56. 患者,男性,43岁。近半年出现头晕、头痛伴心悸、多汗、烦躁等,1h前因情绪激动出现耳鸣、眼花,急查血压185/115mmHg,。该患者为

A. 高血压Ⅰ级　　B. 高血压Ⅱ级
C. 高血压Ⅲ级　　D. 高血压危象
E. 高血压性脑出血

57. 患者,男性,66岁。因心房颤动入院,护士在测脉搏前推断患者的脉搏最可能为

A. 间歇脉　　B. 二联律
C. 三联律　　D. 细脉
E. 洪脉

58. 患者,李某,男性,63岁,处于濒死期,患者呼吸表浅微弱,不易观察。此时测量呼吸频率的方法是

A. 仔细听呼吸声响并计数
B. 手置患者鼻孔前,以感觉气流通过并计数
C. 手按胸腹部,以胸腹壁起伏次数计数
D. 用少许棉花置患者鼻孔前观察棉花飘动次数计呼吸频率
E. 测量30s,再乘以2

59. 赵先生,50岁。因肝硬化食管静脉曲张、腹水入院治疗。放腹水后出现昼夜颠倒、言语不清、幻觉、扑翼样震颤、巴宾斯基征阳性等肝性脑病表现。此时患者可能处于肝性脑病的哪一期

A. 前驱期　　B. 昏迷前期
C. 昏睡期　　D. 浅昏迷期
E. 深昏迷期

60. 患者,女性,70岁,高血压15年,晨起发现右侧肢体瘫痪,当时意识清楚,被家人送到医院进行治疗。CT结果为低密度影,选择溶栓治疗的最佳时间是

A. 发病后2h内　　B. 发病后4h内
C. 发病后6h内　　D. 发病后24h内
E. 发病后48h内

61. 患者,男性,26岁,反复颜面及双下肢水肿5年,血压升高3年,近半年反复牙龈出血,2天前出现解柏油样稀大便,并感口渴,呼吸困难,2h前出现昏迷,儿童时患过急性肝炎并治愈,为尽快确诊,应首选下列哪项检查

A. 血尿素氮测定　　B. 血肌酐测定
C. 肝功能检查　　D. 血糖及尿酮检查
E. 血常规检查

62. 患者,男性,59岁,大学教授,长期患有慢性支气管炎,护士与患者相处时,应采用哪种护患关系模式

A. 主动-被动系统　　B. 指导-合作型
C. 部分补偿系统　　D. 支持-教育系统
E. 共同参与型

63. 患者,男性,49岁。医嘱口服磺胺药抗感染,护士嘱其服药后需多饮水,目的是

A. 避免损害造血系统　　B. 维持血液pH
C. 减轻胃肠道刺激　　D. 增强药物疗效
E. 增加药物溶解度,避免结晶析出

64. 患者,女性,70岁。糖尿病病史20余年,诉视不清,胸闷憋气,两腿及足底刺痛,夜间难以入睡多年。近来,足趾渐变黑。该患者的并发症不包括下列哪一项

A. 白内障或视网膜病变　　B. 冠心病
C. 神经病变　　D. 肢端坏疽
E. 多汗脱发

65. 门诊护士小李在常规情况下,依据医院规定,按照挂号顺序安排患者就诊,这是基于下列哪一项护理伦理原则

A. 自主原则　　B. 不伤害原则
C. 行善原则　　D. 公平原则
E. 尊重原则

66. 某ICU护士,毕业工作3年来,基本上是一个人

护理某个患者，患者需要的全部护理由她全面负责，实施个体化护理。该护理工作方式是

A. 个案护理　B. 功能制护理
C. 责任制护理　D. 小组护理
E. 临床路径

67. 患儿，2岁，化脓性脑膜炎。入院后出现意识不清，呼吸不规则，两侧瞳孔不等大，对光反射迟钝。该患儿可能出现的并发症是

A. 脑疝　B. 脑脓肿
C. 脑积水　D. 脑室管膜炎
E. 颅神经损伤

68. 患儿，女性，3岁。护士为其测量血压，表明此患儿收缩压正常的测量值是

A. 45mmHg　B. 65mmHg
C. 85mmHg　D. 105mmHg
E. 115mmHg

69. 患者，男性，14岁。晨起眼睑浮肿，排尿不适，疑为急性肾小球肾炎，需作尿蛋白定量，在标本中应加入的防腐剂为

A. 40%甲醛溶液　B. 冰醋酸
C. 甲苯　D. 浓硫酸
E. 浓盐酸

70. 患者，男性，36岁，有胃溃疡病史3年，近日胃痛发作来院就诊。为了明确诊断，需进行大便潜血试验，实验前3d应指导患者禁止摄入的食物是

A. 牛奶　B. 土豆
C. 豆浆　D. 青菜
E. 面条

71. 患者，女性，60岁，冬天烧煤炉取暖过夜。清晨被家人发现昏迷不醒急送医院。体查：口唇樱桃红色。对诊断最有帮助的检查是

A. 全血胆碱酯酶活力测定
B. 血气分析
C. 血糖测定
D. 颅脑CT或磁共振
E. 血COHb测定

72. 患者，男性，40岁。下肢静脉曲张，平卧抬高下肢待静脉塌陷，在大腿根部扎一止血带，然后站立30s不充盈，放开止血带，曲张静脉迅速由上而下充盈，说明

A. 交通支瓣膜功能不全
B. 小隐静脉瓣膜功能不全
C. 大隐静脉瓣膜功能不全
D. 下肢深静脉阻塞
E. 下肢深静脉瓣膜功能不全

73. 护士甲在参与抢救失血性休克的患者时需要电话联系上级主管医师，在执行电话医嘱时应注意

A. 听清医嘱立即执行
B. 听到医嘱后直接执行
C. 迅速执行自己听到的医嘱
D. 听到医嘱应简单复述1次
E. 重复1次，确认无误后执行

74. 患者，女性，30岁。颈椎骨折行骨牵引，现需更换卧位，错误的是

A. 核对患者　B. 做好解释
C. 固定床轮　D. 放松牵引后再翻身
E. 翻身动作应轻巧

75. 某产妇，26岁，宫口开全胎膜破裂后突然出现呛咳、烦躁、呼吸困难，随即昏迷，血压50/30mmHg。应考虑为

A. 胎膜早剥　B. 子宫破裂
C. 先兆子宫破裂　D. 羊水栓塞
E. 胎儿窘迫

76. 30岁产妇，经阴道分娩，现产后7个月，尚在哺乳中，咨询避孕方法，下列措施中合适的是

A. 安全期避孕　B. 套避孕
C. 口服短效避孕药　D. 长效避孕针
E. 长效缓释避孕药皮下埋植

77. 某患者，男性，75岁。体重67kg，双侧腹股沟直疝4年。患者身体健康，无慢性支气管炎和前列腺增生症，二便正常。该患者发生腹股沟直疝最可能的病因是

A. 肥胖　B. 年老
C. 慢性咳嗽　D. 排尿困难
E. 直疝三角发育不良

78. 患者，女性，45岁。行胆总管切开取石，T管引流液每天均在1 000ml左右，提示

A. 胆汁量过少　B. 胆汁量正常
C. 胆管下端梗阻　D. 胆管上端梗阻
E. 胆汁分泌过多

79. 患者，男性，45岁。因脑外伤入院，神志不清，意识昏迷。查体：T 39℃，P 108次/min，R 24次/min，BP 195/120mmHg，现需通过鼻饲维持营养。胃管插入后，应验证其在胃内，正确的方法是

A. 注入少量温开水，于胃部听气过水声

B. 注入少量温开水，听肠鸣音

C. 注入少量气体，听肠鸣音

D. 注入少量气体，于胃部听气过水声

E. 将胃管末端放入水中，见有气泡溢出

80. 患者，男性，76 岁。需输 500ml 液体，用滴系数为 20 的输液器，每分钟 40gtt，输完需用

A. 2h10min　　B. 2h30min

C. 3h10min　　D. 3h30min

E. 4h10min

81. 患者，男性，65 岁。以往进食时偶发哽噎感，胸骨后刺痛，食后症状消失，近来自觉吞咽困难，明显消瘦，乏力，首先考虑

A. 食管炎　　B. 食管癌

C. 食管息肉　　D. 胃癌

E. 胃十二指肠溃疡

82. 某患者，前臂行石膏绷带包扎后 1h，自觉手指麻木剧痛，护士观察见手指发凉、发钳，主动活动不能。最可能的原因是

A. 室内温度过低　　B. 石膏绷带包扎过紧

C. 神经损伤　　D. 体位不当

E. 静脉损伤

83. 中年女性，关节痛 3 个月，发热，泡沫尿，纳差，双手双腿无力 1 个月，消瘦 5kg。见蝶形红斑，双上睑红斑，上下肢近端肌力Ⅳ，血色素 69g/L。最可能的诊断是

A. 系统性红斑狼疮　　B. 风湿性关节炎

C. 皮肌炎　　D. 慢性肝病

E. 慢性贫血

84. 患者，男性，60 岁。因突发心前区疼痛，疼痛难忍，并伴有胸闷憋气来医院就诊，患者既往有糖尿病史 10 年，胃溃疡 15 年。经检查诊断为局限前壁心肌梗死，特征性心电图变化出现在

A. V_1～V_6及Ⅰ、aVL 导联

B. V_6，Ⅰ、aVL 导联

C. V_1～V_4导联

D. V_1～V_3导联

E. V_3～V_5导联

85. 某女，36 岁。右上腹持续性胀痛、阵发性加重，伴发热、呕吐近 3h。查体：神清，痛苦面容。右上腹压痛、反跳痛、肌紧张，Murphy 征阳性。为进一步明确诊断，首选的检查方法是

A. B超　　B. OCG

C. PTC　　D. ERCP

E. MRCP

86. 患者，男性，27 岁，因深夜酒后驾驶发生车祸，全身多处骨折、严重颅脑损伤，被送至某医院急诊科，值夜班护士处理措施错误的是

A. 应立即通知医师

B. 医师不能马上到达，护士应先行实施必要的紧急救护

C. 护士实施必要的抢救措施，但要避免对患者造成伤害

D. 因为值夜班，护士有权独立抢救危重患者

E. 护士必须依照诊疗技术规范救治患者

87. 吴某，71 岁，因慢性支气管炎合并铜绿假单胞菌感染入院，患者高热，疲乏无力，护士为其实施口腔护理时，应选用的漱口溶液是

A. 0.9%氯化钠　　B. 0.1%醋酸

C. 0.2%呋喃西林　　D. 1%～3%过氧化氢

E. 1%～4%碳酸氢钠

88. 患者，女性，30 岁，甲状腺大部切除术后回病房，清醒，护士询问病情，发现患者说话声音嘶哑，最有可能的原因是

A. 碘迟缓反应　　B. 甲状腺危象先兆

C. 喉上神经内支损伤　　D. 喉返神经损伤

E. 血钙降低

89. 患者，女性，33 岁。在火灾中吸入毒气后出现呼吸困难，鼻导管吸氧未见好转。入院后动脉血气分析显示：PaO_2 50mmHg，$PaCO_2$ 55mmHg。临床诊断为急性呼吸窘迫综合征。为了进一步明确诊断，最有意义的辅助检查是

A. 心电图　　B. 血流动力学监测

C. 呼吸功能检测　　D. X 线胸片

E. 血气分析

90. 60 岁妇女，主诉绝经 10 年之后，重现阴道流血，妇科检查：子宫稍大，较软，附件(一)。首要怀疑的疾病是

A. 老年性阴道炎　　B. 卵巢浆液性囊腺瘤

C. 宫颈糜烂　　D. 子宫内膜癌

E. 子宫肌瘤

91. 杨某，32 岁，妊娠 31 周，少量阴道流血，曾有 3 次早产史。主要处理为

A. 抑制宫缩，促进胎儿肺成熟

B. 氧气吸入，给予止血剂

C. 注意休息，并给以镇静剂

D. 任其自然

E. 左侧卧位

92. 患者，女性，34 岁，听诊心脏有舒张期叹气样杂音，触桡动脉时感觉脉搏骤起骤落，犹如潮水涨落，该患者可能有
A. 二尖瓣狭窄　B. 二尖瓣关闭不全
C. 主动脉瓣狭窄　D. 主动脉瓣关闭不全
E. 肺动脉瓣狭窄

93. 患者，女性，28 岁。风心病 10 年，心房颤动 3 年，长期服用地高辛治疗，停经 3 个月，诊为早孕。1 周来恶心、呕吐、纳差就诊。体检：心脏增大，心率 70 次/分，律不齐，心尖部第一心音减弱，可闻及 3/6 级收缩期杂音，向左腋下传导并可及舒张期杂音。胸骨左缘第 2～4 肋间 2/6 级收缩期杂音，P_2 亢进，心电图示心房颤动、室性期前收缩。患者恶心呕吐应考虑是哪种原因
A. 妊娠反应　B. 洋地黄中毒
C. 右心功能不全　D. 洋地黄不足
E. 低血钾

94. 患者，男性，65 岁。有肝硬化病史 6 年，因上消化道大出血伴休克入院，行门腔静脉分流术，术后 1d 应重点观察的并发症是
A. 血管吻合口破裂出血　B. 肝性脑病
C. 血小板增高　D. 肠系膜血管栓塞
E. 腹腔感染

95. 患儿，男性，7 岁，2 周前患扁桃体炎。近日眼睑浮肿，尿少，有肉眼血尿，BP 135/90mmHg，诊断为急性肾小球肾炎，与本病关系密切的病史为
A. 1d 来腹痛　B. 2d 来腹泻
C. 2 周前腰部外伤　D. 2 周前扁桃体炎
E. 2 个月前尿路感染

96. 患者，男性，65 岁，突然右侧肢体瘫痪，讲话不清，于次日晨呕血，黑便 3 次，既往无腹痛病史，上消化道出血最可能的病因是
A. 胃癌
B. 胃黏膜脱垂
C. 消化性溃疡活动期
D. 肝硬化食管静脉曲张破裂出血
E. 应激性溃疡

97. 患者，男性，36 岁，因发热、咳嗽，伴间断腹泻、食欲减退及明显消瘦就诊，既往有静脉吸毒史。查血清抗-HIV(＋)，诊断为艾滋病进行治疗，能反映此病预后和疗效的检查项目是
A. $CD4^+/CD8^+$ 比值　B. 血清抗-HIV 检测
C. 骨髓检查　D. 血培养
E. 淋巴结活检

98. 2 个月小儿体检，体重 5.6kg，身长 60cm，握持反射存在，腹壁反射、提睾反射未引出，双侧巴宾斯基征阳性，属于
A. 正常　B. 化脓性脑膜炎
C. 发育迟缓　D. 病毒性脑膜炎、脑炎
E. 呆小病

99. 患者，女性，66 岁。有肺心病病史 22 年，1 周前受凉后出现咳嗽、咳脓痰、呼吸困难，下肢水肿，医生考虑用洋地黄类强心药。为该患者使用强心药的原则是
A. 缓慢，小剂量　B. 缓慢，大剂量
C. 缓慢，中剂量　D. 快速，大剂量
E. 快速，小剂量

100. 某高血压患者，同时患有支气管哮喘，他不能使用以下哪种降压药物
A. 呋塞米　B. 阿替洛尔
C. 硝苯地平　D. 卡托普利
E. 哌唑嗪

101. 患儿，男性，8 个月，母乳喂养，6 个月起添加辅食，为了保证其生理需要，其每日摄入热量为
A. 60kcal/kg　B. 70kcal/kg
C. 80kcal/kg　D. 90kcal/kg
E. 110kcal/kg

102. 患儿，1 岁半，因腹泻 3d、6h 无尿入院，目前经补液后已排尿，护士遵医嘱继续补液 400ml，该液体中最多可加入 10%的氯化钾
A. 6ml　B. 8ml
C. 10ml　D. 12ml
E. 14ml

103. 黄某，男性，32 岁，车祸大出血至多器官衰竭，抢救无效死亡，护士小王为其做尸体料理时，先将尸体放平，头下垫一软枕，目的是
A. 保持良好姿势
B. 防止下颌骨脱位
C. 便于进行尸体护理操作
D. 避免头面部淤血变色
E. 接近自然状态

104. 患儿，男性，14 岁。篮球比赛时不慎扭伤踝关节，1h 后到校医务室就诊，正确的处理方法是
A. 冷敷　B. 热敷
C. 冷热交替使用　D. 热水足浴

E. 局部按摩

105. 患儿，11个月，腹泻合并中度脱水、代谢性酸中毒，给予补液纠正酸中毒后出现抽搐，最可能的原因是

A. 低血钾　　B. 低血钠
C. 低血镁　　D. 低血钙
E. 低血糖

106. 患儿8个月，生后人工喂养，未添加辅食，近2个月来面色苍白，食欲低下。体检发现口唇及睑结膜苍白，肝、脾轻度肿大。血常规显示血红蛋白明显降低，考虑为缺铁性贫血。导致该患儿缺铁的主要原因是

A. 先天储铁不足　　B. 铁的摄入不足
C. 铁需要量增加　　D. 某些疾病影响
E. 铁丢失过多

107. 孕足月，G_1P_0 LOA，规律宫缩已17h，宫口开大2cm，胎心140次/分，产妇一般情况良好。宫缩较间歇时间长，约10～15min 1次，持续时间30s，宫缩时，子宫不硬，经详细检查无头盆不称。该产妇除有宫缩乏力外，还应诊断

A. 第二产程延长　　B. 活跃期延长
C. 活跃期缩短　　D. 潜伏期延长
E. 潜伏期缩短

108. 某支气管扩张患者咯出血液约80ml，并出现了口唇发绀、大汗淋漓等窒息表现，此患者的咯血属于

A. 呕血　　B. 轻度咯血
C. 小量咯血　　D. 中等量咯血
E. 大咯血

109. 40岁，近3日白带增多，伴外阴搔痒就诊，检查外阴黏膜充血，阴道壁充血，分泌物黄色，中等量，呈稀薄泡沫状，宫颈充血。此患者应进行的辅助检查是

A. 血常规
B. 尿常规
C. 阴道分泌物细菌培养及药敏试验
D. 悬滴法阴道分泌物查滴虫
E. 阴道细胞学检查

110. 患者，女性，26岁，因患葡萄胎住院治疗50d，经清宫后行各项必要化验，均在正常范围。出院后应

A. 出现异常情况随诊
B. 定期做阴道细胞涂片检查
C. 定期复查血HCG
D. 定期胸片检查
E. 半年后可继续妊娠

二、以下提供若干个案例，每个案例下设若干个考题，请根据各考题题干所提供的信息，在每题下面A、B、C、D、E五个备选答案中选择一个最佳答案。

（111、112题共用题干）

患者，男性，27岁，急性阑尾炎，行阑尾切除术后，医嘱给予青霉素静脉输液治疗。护士未为患者做青霉素过敏试验，即给患者静脉输入青霉素，导致患者过敏性休克死亡。

111. 该事件属于

A. 医疗事故　　B. 医疗纠纷
C. 护理差错　　D. 查对失误
E. 护理质量缺陷

112. 下列措施中，不属于医疗事故预防措施的是

A. 设立医疗质量监控部门或人员
B. 提高护理人员的业务水平
C. 加强风险管理
D. 严格控制探视人员
E. 持续质量改进

（113～115题共用题干）

吴先生，30岁，胸部X线片示右上肺薄壁空洞及周围有少许渗出病灶。给予利福平＋异烟肼＋乙胺丁醇治疗。

113. 确定是否为为开放性肺结核，应检查

A. 血沉　　B. 痰结核杆菌培养
C. OT试验　　D. 胸部CT
E. 胸部磁共振

114. 该患者治疗方案的疗程多为

A. 1～3个月　　B. 4～6个月
C. 6～9个月　　D. 12～18个月
E. 2年以上

115. 治疗一段时间后，患者出现了周围神经炎症状，应考虑是

A. 肺结核的肺外并发症
B. 利福平引发的不良反应
C. 异烟肼引发的不良反应
D. 乙胺丁醇引发的不良反应
E. 合并糖尿病

（116、117题共用题干）

患者，男性，60岁。无痛性间歇性肉眼血尿3个

月，血尿常于排尿终末加重。近1周来有轻度尿痛。

116. 初步考虑是
  A. 输尿管癌　B. 肾肿瘤
  C. 膀胱癌　D. 肾结核
  E. 膀胱结石

117. 为了明确诊断，首选下列哪项检查
  A. 膀胱镜检查　B. 膀胱造影
  C. 尿细胞学检查　D. B超检查
  E. 放射性核素检查

(118、119题共用题干)

患儿，1岁，呕吐腹泻5d，12h无尿。查体：精神委靡，前囟及眼窝极度凹陷，皮肤弹性极差，四肢冰凉，脉细弱，血清钠125mmol/L。

118. 该患儿的脱水程度和性质是
  A. 中度低渗性脱水　B. 重度低渗性脱水
  C. 中度等渗性脱水　D. 重度等渗性脱水
  E. 中度高渗性脱水

119. 根据患儿脱水程度和性质，首选的液体是
  A. 2:1等张含钠液　B. 1/2张含钠液
  C. 1/3张含钠液　D. 1/4张含钠液
  E. 1/5张含钠液

(120、121题共用病例)

陈女士，25岁，未产妇。平时月经规律，30d一次，每次持续5d。其末次月经是1月21日，距今已有7周未来月经，自述现食欲不振，易疲乏，乳房触痛明显。医生诊断"早孕"。

120. 以下何项不属早孕反应的症状
  A. 喜食酸咸　B. 流涎
  C. 腹痛　D. 嗜睡
  E. 晨起呕吐

121. 尿妊娠试验(+)，此化验的原理是查尿内的
  A. 缩宫素　B. 黄体酮
  C. 雌激素　D. 绒毛膜促性腺激素
  E. 黄体生成素

(122、123题共用题干)

患儿，男性，1个月，发现心脏杂音，哭吵后青紫，无抽搐。体查：胸骨左缘第1～2肋间闻及Ⅲ级收缩期杂音，周围血管征阳性，胸片示肺血增多。

122. 该患儿的诊断是
  A. 室间隔缺损　B. 房间隔缺损
  C. 动脉导管未闭　D. 法洛四联症
  E. 肺动脉狭窄

123. 首选治疗药物是
  A. 抗生素　B. 利尿剂
  C. 氧气吸入　D. 吲哚美辛(消炎痛)
  E. 血管扩张剂

(124～127题共用题干)

患者，男性，71岁。诊断为慢性阻塞性肺疾病，血气分析结果显示：动脉血氧分压32mmHg，二氧化碳分压93mmHg。

124. 判断该患者的缺氧程度为
  A. 无缺氧　B. 轻度缺氧
  C. 中度缺氧　D. 重度缺氧
  E. 极重度缺氧

125. 给予该患者吸氧，适宜的是
  A. 高浓度、高流量、持续给氧
  B. 高浓度、高流量、间断给氧
  C. 低浓度、低流量、持续给氧
  D. 低浓度、低流量、间断给氧
  E. 低浓度与高流量交替持续给氧

126. 护士给予患者氧气吸入，安装氧气表时，先打开总开关是为了
  A. 检查氧气筒内有无氧气
  B. 观察氧气流出是否通畅
  C. 估计氧气筒内氧气量
  D. 清洁气门，保护压力表
  E. 测定氧气筒的压力

127. 吸氧过程中需要调节氧流量时，正确的是
  A. 先关总开关，再调氧流量
  B. 先关流量表，再调氧流量
  C. 先拔出吸氧管，再调氧流量
  D. 先分离吸氧管与氧气连接管，再调氧流量
  E. 先拔出氧气连接管，再调氧流量

(128～131题共用题干)

患者，男性，76岁。偏瘫，长期卧床。近日发现其骶尾部皮肤出现红、肿、热、麻木、有触痛，但皮肤表面无破损。

128. 该患者骶尾部皮肤症状属于压疮的
  A. 淤血红润期　B. 炎性浸润期
  C. 浅度溃疡期　D. 深度溃疡期
  E. 坏死期

129. 此期给予患者的护理措施正确的是
  A. 每3～4h翻身1次，防止局部长时间受压
  B. 定期用0.9%氯化钠溶液冲洗受压部位，保持局部清洁
  C. 定时用红外线照射，保持局部干燥

D. 定时用乙醇局部按摩,促进血液循环

E. 给予低蛋白、低脂肪、低盐、低糖饮食

130. 若该患者骶尾部皮肤组织转为紫红色,触摸皮下有硬结,表皮出现小水疱。正确的护理措施是

A. 剪破小水疱表皮,引流

B. 呋喃西林溶液冲洗局部皮肤后,无菌纱布擦干

C. 无菌纱布包裹,减少摩擦,促进小水疱自行吸收

D. 外喷抗生素,防止感染

E. 乙醇局部按摩,促进血液循环和炎症吸收

131. 若该患者骶尾部皮肤组织出现坏死,有脓液流出,并伴有臭味。此时采取的护理措施重点是

A. 积极采取各种预防措施,勤翻身,防止局部继续受压

B. 保护皮肤,避免感染

C. 定时用乙醇局部按摩,促进血液循环

D. 改善全身营养状况,增进组织修复

E. 清洁创面,祛腐生新,促进愈合

(132～135 题共用题干)

患者,女性,55 岁,高处坠落后出现严重呼吸困难、四肢不能自主活动。查体:颈椎明显压痛,大小便失禁,四肢瘫痪。X 线摄片提示:颈 4～5 骨折合并脱位。

132. 导致其呼吸困难的最主要原因为

A. 膈肌上移

B. 呼吸肌麻痹

C. 血肿压迫呼吸中枢

D. 痰液堵塞气道

E. 气管受压

133. 应如何搬运患者

A. 一人背起患者搬运

B. 一人抱起患者搬运

C. 二人搬运,其中一人抬头,一人抬腿

D. 三人将患者平托到木板上搬运

E. 四人搬运,三人将患者平托到木板上,一人固定头颈部

134. 减轻脊髓水肿和继发性损伤可采取

A. 口服地塞米松

B. 静脉滴注 20%甘露醇

C. 输液或输血

D. 卧硬板床

E. 枕颌吊带牵引

135. 为了预防该患者并发坠积性肺炎及肺不张,所采取的措施不包括

A. 翻身叩背　　B. 咳嗽排痰

C. 吸痰　　D. 人工机械通气

E. 雾化吸入

参考答案

1～5 EDCED　6～10 BDCAC　11～15 BDECD
16～20 ACCDC　21～25 CDBEB　26～30 ADEAA
31～35 DADBA　36～40 DCCDC　41～45 CADDD
46～50 CCBEC　51～55 ABBCA　56～60 CDDBC
61～65 BEEED　66～70 AACCD　71～75 ECEDD
76～80 BBADE　81～85 BBAEA　86～90 DBDDD
91～95 ADBAD　96～100 EAAEB
101～105 EDDAD　106～110 BDEDC
111～115 ADBCC　116～120 CABAC
121～125 DCDDC　126～130 DDADC
131～135 EBEBD

参考文献

陈建章,陈文松.2005.中医护理基础习题集.北京:人民卫生出版社
陈燕.2006.中医护理学.北京:人民卫生出版社
李丹.2006.成人护理.北京:人民卫生出版社
李秋萍.2006.内科护理学.第2版.北京:人民卫生出版社
罗先武,王冉.2011.2011护士执业资格考试:冲刺跑.北京:人民卫生出版社
全国护士执业资格考试用书编写专家委员会.2011.2011全国护士执业资格考试指导:同步练习题集.北京:人民卫生出版社
全国护士执业资格考试用书编写专家委员会.2011.2011全国护士执业资格考试指导:要点精编.北京:人民卫生出版社
全国护士执业资格考试用书编写专家组专家委员会.2011.2011护士执业资格考试:试题金典.北京:人民卫生出版社
全国卫生专业技术资格考试专家委员会.2009.全国卫生专业技术资格考试指导:护理学(执业护士含护士).北京:人民卫生出版社
全国卫生专业技术资格考试专家委员会.2009.全国卫生专业技术资格考试指导:护理学(执业护士含护士)练习题集.北京:人民卫生出版社
沈曙红.2008.成人护理.第2版.北京:科学出版社
唐宋,张永平.2003.中医基础理论习题集.上海:上海中医药大学出版社
魏娟.2008.内科护理学.北京:北京科学技术出版社
叶任高,陆再英.2004.内科学.第6版.北京:人民卫生出版社
尤黎明,吴瑛.2006.内科护理学.第4版.北京:人民卫生出版社